安装工程计量与计价

主　编　李晓璠　黎　诚
副主编　金　晶
主　审　时　思

北京理工大学出版社
BEIJING INSTITUTE OF TECHNOLOGY PRESS

内 容 提 要

本书共六章，主要内容包括工程造价基础知识、安装工程施工图识读、安装工程定额与定额计价、安装工程定额运用及工程量计算、安装工程清单计价体系、安装工程造价审核与管理。按照“识图—列项—计量—套价—计费”五步骤，阐述安装工程各专业造价计算的原理，旨在使学生快速学习、掌握安装工程造价知识。

本书可作为高等院校土木工程专业学习造价管理的教材，也可作为建筑学、城市规划、给排水、建筑技术、工程监理、项目管理以及测绘工程等专业的教材，还可作为土建工程技术人员的继续教育教材及相关工程技术人员的参考用书。

图书在版编目（CIP）数据

安装工程计量与计价/李晓璠，黎诚主编. —北京：北京理工大学出版社，2015.2

ISBN 978-7-5682-0277-0

Ⅰ.①安… Ⅱ.①李… ②黎… Ⅲ.①建筑安装工程－工程造价 Ⅳ.①TU723.3

中国版本图书馆CIP数据核字(2015)第033140号

出版发行 / 北京理工大学出版社有限责任公司
社　　址 / 北京市海淀区中关村南大街5号
邮　　编 / 100081
电　　话 / (010)68914775(总编室)
82562903(教材售后服务热线)
68948351(其他图书服务热线)
网　　址 / http://www.bitpress.com.cn
经　　销 / 全国各地新华书店
印　　刷 / 北京紫瑞利印刷有限公司
开　　本 / 787毫米×1092毫米　1/16
印　　张 / 23
字　　数 / 546千字
版　　次 / 2015年2月第1版　2015年2月第1次印刷
定　　价 / 59.00元

责任编辑 / 王玲玲
文案编辑 / 王玲玲
责任校对 / 孟祥敬
责任印制 / 边心超

前言 FOREWORD

“安装工程计量与计价”是高等院校工程造价专业的一门核心技能课程，同时是一门技术性、专业性和综合性极强的课程，涉及建筑、建筑电气（强电、弱电）、水暖、通风空调等工程的识图，安装施工技术和施工工艺，设备、材料与元件，计量与计价原理与运用。由于涉及的专业多、内容多、知识面广，本书在阐述基本原理、基本方法的同时，依据《全国统一安装工程预算定额》、《建设工程工程量清单计价规范》（GB 50500—2013）、《通用安装工程工程量计算规范》（GB 50856—2013）《云南省通用安装工程消耗量定额》、《云南省建设工程造价计价规则及机械仪器仪表台班费用定额》、《云南省建设工程造价管理文件汇编》及相关规定，通过识图、计量、计价、工程实际案例分析设计等步骤，从简单到综合，将上述有关课程知识有机结合起来，使学生具备安装工程费用划分、计算工程量和各项费用、进行施工图预算和独立编制基本造价文件的能力。

本书从基础知识入手，使学生掌握工程造价、建筑识图、建筑工艺、造价组价的基本技能。后面章节介绍了安装工程工程量计算规则、安装定额，常用的计量方法；人工、材料、机械消耗量和相应单价的组成内容，计算人、材、机三项费用方法；安装工程各项费用的计算方法和计算程序，运用定额模式进行施工图预算的编制方法；安装工程工程量清单编制方法，根据工程量清单，系统运用清单计价模式编制各种相关费用表格，并完成招标控制价及投标报价的计算方法；安装工程结算及竣工决算文件的编制方法。

本书由李晓璠、黎诚担任主编，李晓璠负责总策划及组稿，金晶担任副主编。具体编写分工如下：李晓璠编写第一、三、四、五章和附录一，黎诚、金晶共同编写第二、六章和附录二，全书由李晓璠统稿，时思教授主审并对本书提出了许多宝贵建议，在此表示衷心的感谢。

由于编者水平有限，书中不当之处敬请读者、同行批评指正。

编　者

目 录 CONTENTS

第一章 工程造价基础知识

第一节 基本建设基础知识

一、基本建设的相关概念

固定资产是指使用年限在一年以上，单位价值在规定限额(2 000 元)以上的主要劳动资料(包括生产用房屋建筑物、机械设备、工具用具等)和非生产用房屋建筑物、设备等。

固定资产投资是指经货币形式表现的计划期内建造、购置、安装或更新生产性和非生产性固定资产的工作量。一般将固定资产投资分为基本建设投资和更新改造措施投资两大类别。

二、基本建设与建设项目

基本建设是指形成固定资产的经济活动过程。它包括各个国民经济部门的生产性和非生产性固定资产的新建、扩建、改建、迁建、恢复工程及与之相连带的其他有关工作。

基本建设投资活动的最终结果是完成某项基本建设项目(或称建设项目)。

建设项目是指在总体设计或初步设计的范围内，由一个或若干个单项工程所组成的经济上实行统一核算、行政上有独立机构或组织形式、实行统一管理的建设工程实体。

三、建设工程项目的构成

根据我国现行的有关规定，建设项目的构成层次可分为单项工程、单位工程、分部工程、分项工程四个层次。

1. 单项工程

单项工程又称工程项目，是指具有单独的设计文件、独立的施工条件，建成后能够独立发挥生产能力或使用效益的工程。一个建设项目可以是一个单项工程，也可以包括多个单项工程。工业建设项目的单项工程，一般是指能够生产出设计所规定的主要产品的生产车间或生产线以及其他辅助或附属工程，如工业项目中某机械厂的一个铸造车间或装配车间等。非工业建设项目的单项工程，一般是指能够独立发挥设计规定的使用功能和使用效益的各项独立工程，如民用建筑项目中某大学的一幢教学楼或实验楼、图书馆等。

2. 单位工程

单位工程是指具有单独的设计文件、独立的施工条件，但建成后不能独立发挥生产能力和效益的工程。单位工程是单项工程的组成部分，如建筑工程中的一般土建工程、装饰装修工程、给排水工程、采暖工程、燃气工程、电气设备安装工程、通风空调工程、煤气管道工程、园林绿化工程等均可作为单位工程。

3. 分部工程

分部工程是指各单位工程的组成部分。它一般根据建筑物、构筑物的主要部位、工程结构、工种内容、材料结构或施工程序等来划分。如给排水、采暖、燃气安装工程可划分为管道安装、阀门安装、水标尺安装、卫生器具制作安装等分部工程。

4. 分项工程

分项工程是指能够单独地经过一定的施工工序完成，并且可以采用适当计量单位计算的建筑或安装工程。分项工程是分部工程的组成部分，一般按照不同的施工方法、不同构造、不同的规格等来划分。它是工程造价计算的基本要素和概预算最基本的计量单元。如管道安装工程中直径 50 mm 以内的镀锌钢管的安装、直径 100 mm 以内的镀锌钢管的安装等，均为分项工程。图 1-1 所示为某土建工程项目的构成。

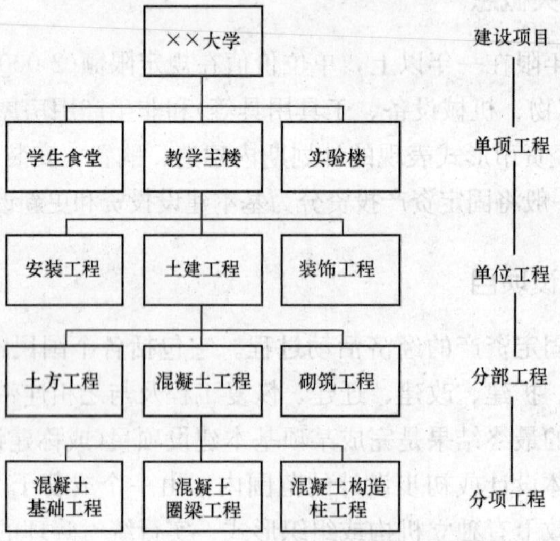

图 1-1　某土建工程项目的构成

四、基本建设程序认知

(一)基本建设程序组成

建设项目的建设程序是指建设项目从策划、选择、评估、决策、设计、施工到竣工验收、投入生产或交付使用的整个建设过程中，各项工作必须遵循的先后工作次序。按照我国现行的规定，一般大中型及限额以上建设项目的建设程序可以分为以下几个阶段：

(1)根据国民经济和社会发展的长远规划，结合行业和地区发展规划的要求，提出项目建议书。(项目建议书阶段)

(2)在勘察、试验、调查研究及详细技术经济论证的基础上编制可行性研究报告。(可行性研究阶段)

(3)根据咨询评估情况，对工程项目进行决策。(评估决策阶段)

(4)根据可行性研究报告，编制设计文件。(设计阶段)

(5)初步设计经批准后，做好施工前的各项准备工作。(建设准备阶段)

(6)组织施工，并根据施工进度做好生产或动工前的准备工作。(施工阶段)(生产准备阶段)

(7)项目按批准的设计完成，经投料试车验收合格后正式投产交付使用。(竣工验收阶段)

(8)生产运营一段时间(通常为1年)后，进行项目后评价。(后评价阶段)

(二)建设项目建设各阶段工作内容

1. 项目建议书阶段

项目建议书是业主单位向国家提出的要求建设某一建设项目的建议文件，是对建设项目建设轮廓的设想。项目建议书的主要作用是推荐一个拟建项目，论述其建设的必要性、建设条件的可行性和获利的可能性，供国家选择并确定是否进行下一步工作。项目建议书一般包括以下方面的内容：

(1)建设项目提出的必要性和依据。

(2)产品方案、拟建规模和建设地点的初步设想。

(3)资源情况、建设条件、协作关系等的初步分析。

(4)投资估算和资金筹措的设想。

(5)项目的进度安排。

(6)经济效益和社会效益的估计。

(7)环境影响的初步评价。

对于政府投资项目，项目建议书按要求编制完成后，应根据建设规模和限额划分分别报有关部门审批。项目建议书经批准后，可以进行详细的可行性研究工作，但并不表明项目非上马不可，批准的项目建议书不是项目的最终决策。

根据《国务院关于投资体制改革的决定》(国发〔2004〕20号)，对于企业不使用政府投资建设的项目，一律不再实行审批制，区别不同情况实行核准制或备案制，企业不需要编制项目建议书而可直接编制可行性研究报告。

2. 可行性研究阶段

可行性研究阶段是对建设项目在技术上是否可行和经济上是否合理进行科学分析和论证。

(1)可行性研究应完成的工作内容。

1)进行市场研究，以解决建设项目的必要性问题。

2)进行工艺技术方案的研究，以解决建设项目技术可能性的问题。

3)进行财务和经济分析，以解决建设项目经济合理性的问题。

(2)可行性研究报告包括的基本内容。

1)项目提出的背景、投资的必要性和研究工作的依据。

2)需求预测以及拟建规模、产品方案和发展方向的技术经济比较和分析。

3)资源、原材料、燃料和公用设施情况。

4)项目设计方案及协作配套工程。

5)建厂条件和选址方案。

6)环境保护、防震、防洪等要求及相应的措施。

7)企业组织、劳动定额和人员培训。

8)建设工期和实施进度。

9)投资估算和资金筹措方式。

10)经济效益和社会效益。

3. 评估决策阶段

项目评估决策阶段是通过对可行性研究报告的评价，从客观经济和微观经济相结合的角度，在不同的建设方案中筛选并提出更优化的方案或措施，供主管部门决策后，使项目投资效果最好或者用最少的投资来取得最大的经济和社会效益。

项目评估决策的作用概括为以下几个方面：

(1)优化建设方案，完善项目可行性研究。

(2)实事求是地校核投资，落实资金筹措方法和渠道。

(3)促进项目决策科学化，避免重复建设和盲目建设。

(4)有利于宏观经济调控，落实科学发展规划。

(5)有助于统一认识，协调行动，为项目实施创造条件。

4. 设计阶段

设计是对拟建工程的实施，在技术上和经济上所进行的全面而详尽的安排，是基本建设的具体化，同时也是组织施工的依据。建设项目的设计工作一般分为两个阶段：初步设计阶段和施工图设计阶段。重大、技术复杂项目，可根据不同行业的特点和需要，在初步设计阶段后增加技术设计或扩大初步设计阶段，即进行初步设计、技术设计和施工图设计。

(1)初步设计是根据可行性研究报告的要求所做的具体实施方案。初步设计由主要投资方组织审批。初步设计总概算超过可行性研究报告确定的投资估算的10%以上或其他指标必须变更时，需重新报批可行性研究报告。

(2)技术设计是进一步解决初步设计中的重大技术问题，如工艺流程、建筑结构、设备选型及数量确定等。

(3)施工图设计是根据已批准的初步设计或技术设计的要求，结合现场实际情况，完整地表现建筑外形、内部空间分割、结构体系、构造状况以及建筑群的组成和周围环境的配合。编制施工图设计后，应报建设主管部门审查批准，并编制施工图预算，施工图预算的工程造价应控制在设计概算以内。

5. 建设准备阶段

建设项目在开工建设之前要切实做好各项准备工作，主要包括：征地、拆迁和场地平整；完成施工用水、电、路等工作；组织设备、材料订货；准备必要的施工图纸；组织施工招标，择优选定施工单位等工作内容。建设单位完成工程建设准备工作并具备工程开工条件后，应及时办理工程质量监督手续和施工许可证。

6. 施工阶段

建设项目在取得建筑施工许可证后方可开工建设，项目即进入施工阶段。项目开工时间是指工程建设项目设计文件中规定的任何一项永久性工程第一次正式破土开槽开始施工的日期。不需要开槽的工程，正式开始打桩的日期就是开工日期。铁路、公路、水库等需要进行大量土石方工程的，以开工进行土石方工程的日期为准。工程地质勘察、平整场地、旧建筑物的拆除、临时建筑、施工用的临时道路和水、电等工程的开始施工的日期不能算作正式开工的日期。

7. 生产准备阶段

对于生产性工程建设项目而言，生产准备是项目投产前由建设单位进行的一项重要工作。它是衔接建设与生产的桥梁，是项目建设转入生产经营的必要条件。生产准备阶段的主要工作内容包括：人员准备，招收和培训生产人员，组织人员参加设备的安装调试；组织准备，做好生产管理机构的设置、管理制度的制定、生产人员的配备等工作；技术准备，做好国内外设计技术资料汇总建档、施工技术资料的收集整理、编制生产岗位操作规程和采用新技术的准备工作；物质准备，落实产品原材料、协作配套产品、燃料、水、电气等的来源和其他协作配合条件。

8. 竣工验收阶段

当建设项目按照设计文件的规定内容和施工图纸的要求全部建成后，便可组织验收。竣工验收是工程建设过程的最后一个环节，是投资成果转入生产或使用的标志，也是全面考核基本建设成果、检验设计和工作质量的重要步骤，其对促进建设项目及时投产、发挥投资效益及总结建设经验都具有重要作用。

9. 后评价阶段

项目后评价是工程项目竣工投产、生产运营一段时间后，再对项目的立项决策、设计施工、竣工投产、生产运营等全过程进行系统评价的一种技术经济活动，是固定资产投资管理的一项重要内容。通过后评价以达到肯定成绩、总结经验、吸取教训、改进工作、不断提高项目决策水平和投资效果的目的。建设项目从效益评价、过程评价两方面进行后评价。

第二节　工程造价构成

一、工程造价的含义

工程造价直译就是工程的建造价格。工程造价有两种含义，即工程投资费用和工程建造价格。

(1)工程投资费用(固定资产投资)。从投资者(业主)的角度来定义，工程造价是指建设一项工程，预期开支或实际开支的全部固定资产投资费用。投资者选定一个投资项目，为了获得预期的效益，就要通过项目评估进行决策，然后进行设计招标、工程招标，直至竣工验收等一系列投资管理活动。在投资活动中所支付的全部费用形成了固定资产和无形资产，所有这些开支就构成了工程造价。从这个角度来说，工程投资费用就是建设项目工程造价，也就是建设项目的固定资产投资。其费用构成的主要内容为：设备及工、器具购置费；建筑安装工程费用；工程建设其他费用；预备费；建设期贷款利息；固定资产方向调节税。

(2)工程建造价格(建安工程费)。从承包者(承包商)，或供应商，或规划、设计等机构的角度来定义，工程建造价格为建成一项工程，预计或实际在土地市场、设备市场、技术劳务市场，以及承包市场等交易活动中所形成的建筑安装工程的价格和建设工程总价格。工程建造价格又叫建安工程费，我国现行的建安工程费由人工费、材料费、施工机械使用费构成。

二、工程造价的特点

(1)工程造价的大额性。要发挥工程项目的投资效用，其工程造价都非常高昂，动辄数百万、数千万，特大的工程项目造价可达百亿人民币。

(2)工程造价的个别性、差异性。任何一项工程都有特定的用途、功能和规模。因此，对每一项工程的结构、造型、空间分割、设备配置和内外装饰都有具体的要求，所以，工程内容和实物形态都具有个别性、差异性。产品的差异性决定了工程造价的个别性差异。同时，每期工程所处的地理位置也不相同，从而使这一特点得到了强化。

(3)工程造价的动态性。任何一项工程从决策到竣工交付使用，都有一个较长的建设期间，在建设期内，往往由于不可控制因素的原因，造成许多影响工程造价的动态因素。如设计变更，材料和设备价格，工资标准以及取费费率的调整，贷款利率、汇率的变化，都必然会影响到工程造价的变动。所以，工程造价在整个建设期处于不确定状态，直至竣工决算后才能最终确定工程的实际造价。

(4)工程造价的层次性。工程造价的层次性取决于工程的层次性。一个建设项目往往包含多项能够独立发挥生产能力和工程效益的单项工程。一个单项工程又由多个单位工程组成。与此相适应，工程造价有三个层次，即建设项目总造价、单项工程造价和单位工程造价。如果专业分工更细，分部分项工程也可以作为承发包的对象，如大型土方工程、桩基础工程、装饰工程等。这样工程造价的层次因增加分部工程和分项工程而成为五个层次。即使从工程造价的计算程序和工程管理角度来分析，工程造价的层次也是非常明确的。

(5)工程造价的兼容性。首先表现在其本身具有的两种含义，其次表现在工程造价构成的广泛性和复杂性，工程造价除建筑安装工程费用，设备及工、器具购置费用外，征用土地费用、项目可行性研究费用、规划设计费用、与一定时期政府政策(产业和税收政策)相关的费用也占有相当的份额。盈利的构成较为复杂，资金成本较大。

三、工程造价的计价特征

1. 计价的单件性

每个建设产品都为特定的用途而建造，在结构、造型、选用材料、内部装饰、体积和面积等方面都会有所不同，建筑物要有个性，不能千篇一律，只能单独设计、单独建造。由于建造地点的地质情况不同，建造时人工材料的价格变动，使用者不同的功能要求，最终导致工程造价的千差万别。

2. 计价的多次性

建设产品的生产过程是一个周期长、规模大、消耗多、造价高的投资生产活动，必须按照规定的建设程序分阶段进行。工程造价多次性计价的特点，表现在建设程序的每个阶段都有相对应的计价活动，以便有效地确定与控制工程造价。各个阶段的造价文件是相互衔接的，由粗到细、由浅到深、由预期到实际，前者制约后者，后者修正和补充前者。工程造价多次性计价与建设程序的关系(计价过程)如图 1-2 所示。

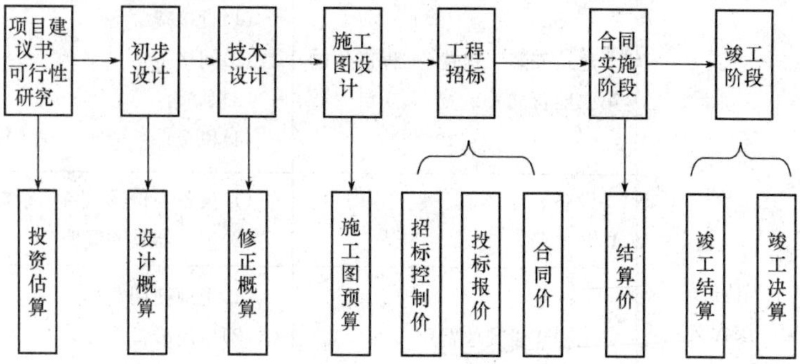

图 1-2　工程造价多次性计价与建设程序的关系

3. 计价的组合性

每个工程项目都可以按照建设项目、单项工程、单位工程、分部工程、分项工程的层次分解，然后按相反的次序组合计价。工程计价的最小单元是分项工程或构配件。

工程计价的基本对象是单位工程。

4. 方法的多样性

工程造价多次性计价有各自不同的计价依据，对造价的精度要求也不相同，这就决定了计价方法的多样性特征。

5. 依据的复杂性

影响工程造价的因素主要有以下几类：

(1)项目建议书、可行性研究报告、设计文件、招标文件等。

(2)投资估算指标、概算指标、概算定额、消耗量定额、企业定额文件等。

(3)人工、材料费、机械台班、设备的单价。

(4)计价规则、取费标准等。

(5)政府和有关部门规定的税费。

(6)物价指数和工程造价指数。

第三节　建设项目投资构成

建设项目投资包含工程项目按照确定的建设内容、建设规模、建设标准、功能和使用要求等全部建成并验收合格后交付使用所需的全部费用。

按照原国家计委审定发布的《投资项目可行性研究指南》(计办投资〔2002〕15 号)的规定，我国现行工程造价的构成主要内容为设备及工、器具购置费用，建筑安装工程费用，工程建设其他费用，预备费，建设期贷款利息，固定资产投资方向调节税六项。

建设工程项目总投资费用构成见表 1-1。

表 1-1　建设工程项目总投资费用构成表

	投资性质	投资组成	费　用
建设工程项目总投资	固定资产投资（工程造价的第一层含义）	建筑安装工程费（工程造价的第二层含义）	(1)直接费 (2)间接费 (3)利润 (4)税金
		设备、工器具、生产家具用具购置费	(1)设备原价及设备运杂费 (2)工、器具购置费
		工程建设其他费用	(1)土地使用费 (2)生产准备费 (3)建设相关费
		预备费	(1)基本预备费 (2)调价预备费
		建设期贷款利息	
		固定资产投资方向调节税	
	流动资产投资	经营性项目铺底流动资金	

建设工程项目总投资费用计算表见表 1-2。

表 1-2　建设工程项目总投资费用计算表

序号	费用名称	参考计算方法
1	(1)建筑安装工程费	①＋②＋③＋④
	①直接费	$\sum$(工程量×单价)＋措施费
	②间接费	(直接工程费×取费费率)或(人工费×取费费率)
	③利润	(①＋②)×利润率
	④税金	(①＋②＋③)×税率
2	(2)设备购置费(包括备用件)	$\sum$设备原价×(1＋运杂费费率)＋成套设备供应服务费
3	(3)工、器具购置费	设备购置费×工、器具购置费费率(或规定金额)
4	(4)工程建设其他费用	按所涉及的各项费用规定的方法进行计算
5	(5)预备费	按项目涉及的费用进行计算
6	(6)建设工程项目固定投资总费用	(1)＋(2)＋(3)＋(4)＋(5)
7	(7)固定资产投资方向调节税	(6)×规定调节税率
8	(8)建设期贷款利息	[(6)＋(7)]分年度贷款额×利息率
9	建设工程项目总投资	(6)＋(7)＋(8)

一、建筑安装工程费用项目的组成

根据住房和城乡建设部、财政部颁布的《关于印发〈建筑安装工程费用项目组成〉的通知》(建标〔2013〕44 号)，我国现行建筑安装工程费用项目按两种不同的方式划分，即按费用构成要素划分和按造价形成划分，其具体构成如图 1-3 所示。

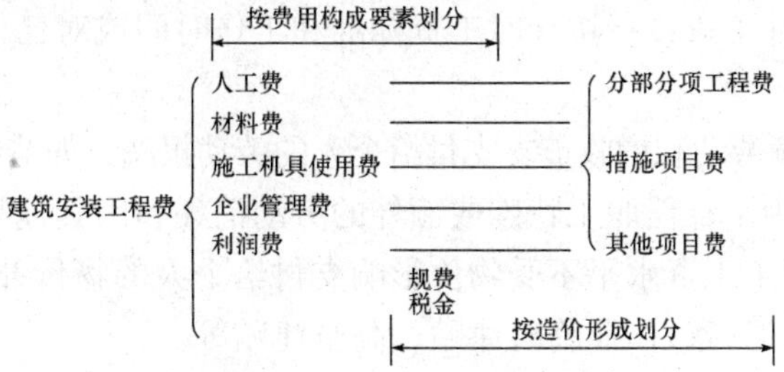

图 1-3　建筑安装工程费用项目构成

(一)按费用构成要素划分建筑安装工程费用

建筑安装工程费按照费用构成要素划分：由人工费、材料(包含工程设备，下同)费、施工机具使用费、企业管理费、利润、规费和税金组成。其中人工费、材料费、施工机具使用费、企业管理费和利润包含在分部分项工程费、措施项目费、其他项目费中，其具体构成如图 1-4 所示。

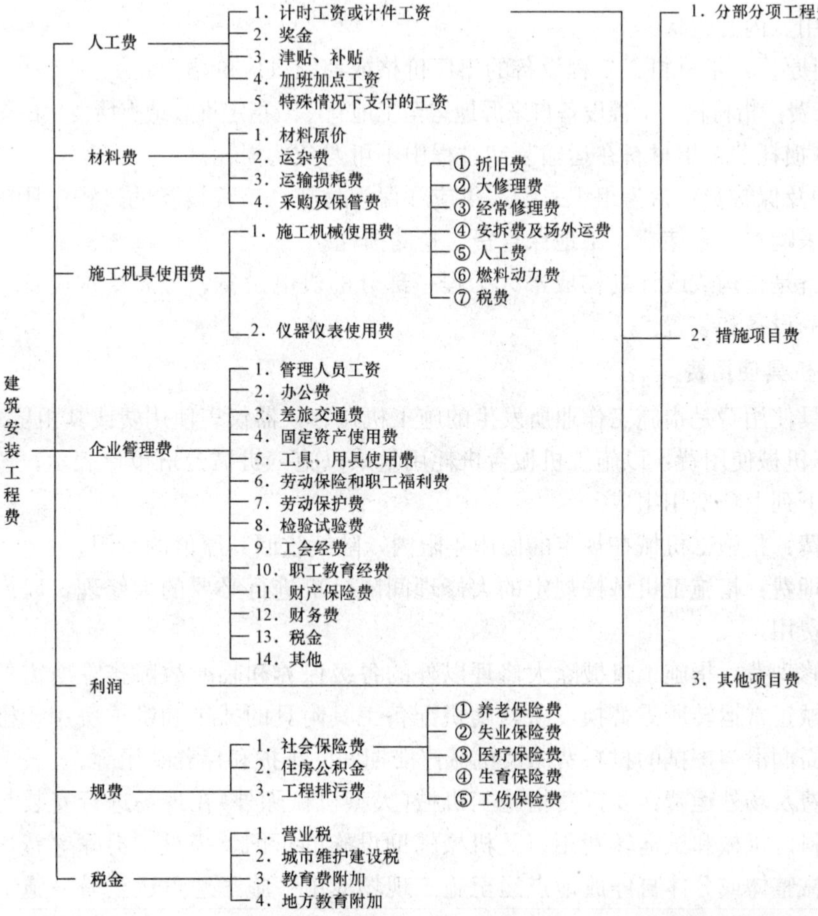

图 1-4　建筑安装工程费用项目组成表(按费用构成要素划分)

1. 人工费

人工费是指按工资总额构成规定，支付给从事建筑安装工程施工的生产工人和附属生产单位工人的各项费用。内容包括：

(1)计时工资或计件工资：指按计时工资标准和工作时间或对已做工作按计件单价支付给个人的劳动报酬。

(2)奖金：指对超额劳动和增收节支支付给个人的劳动报酬。如节约奖、劳动竞赛奖等。

(3)津贴补贴：指为了补偿职工特殊或额外的劳动消耗和因其他特殊原因支付给个人的津贴，以及为了保证职工工资水平不受物价影响支付给个人的物价补贴。如流动施工津贴、特殊地区施工津贴、高温(寒)作业临时津贴、高空津贴等。

(4)加班加点工资：指按规定支付的在法定节假日工作的加班工资和在法定日工作时间外延时工作的加点工资。

(5)特殊情况下支付的工资：指根据国家法律、法规和政策规定，因病、工伤、产假、计划生育假、婚丧假、事假、探亲假、定期休假、停工学习、执行国家或社会义务等原因按计时工资标准或计时工资标准的一定比例支付的工资。

2. 材料费

材料费是指施工过程中耗费的原材料、辅助材料、构配件、零件、半成品或成品、工程设备的费用。内容包括：

(1)材料原价：指材料、工程设备的出厂价格或商家供应价格。

(2)运杂费：指材料、工程设备自来源地运至工地仓库或指定堆放地点所发生的全部费用。

(3)运输损耗费：指材料在运输装卸过程中不可避免的损耗。

(4)采购及保管费：指为组织采购、供应和保管材料、工程设备的过程中所需要的各项费用。包括采购费、仓储费、工地保管费、仓储损耗。

工程设备是指构成或计划构成永久工程一部分的机电设备、金属结构设备、仪器装置及其他类似的设备和装置。

3. 施工机具使用费

施工机具使用费是指施工作业所发生的施工机械、仪器仪表使用费或其租赁费。

(1)施工机械使用费：以施工机械台班耗用量乘以施工机械台班单价表示，施工机械台班单价应由下列七项费用组成。

1)折旧费：指施工机械在规定的使用年限内，陆续收回其原值的费用。

2)大修理费：指施工机械按规定的大修理间隔台班进行必要的大修理，以恢复其正常功能所需的费用。

3)经常修理费：指施工机械除大修理以外的各级保养和临时故障排除所需的费用。包括为保障机械正常运转所需替换设备与随机配备工具附具的摊销和维护费用，机械运转中日常保养所需润滑与擦拭的材料费用及机械停滞期间的维护和保养费用等。

4)安拆费及场外运费：安拆费指施工机械(大型机械除外)在现场进行安装与拆卸所需的人工、材料、机械和试运转费用以及机械辅助设施的折旧、搭设、拆除等费用；场外运费指施工机械整体或分体自停放地点运至施工现场或由一施工地点运至另一施工地点的运输、装卸、辅助材料及架线等费用。

5)人工费：指机上司机(司炉)和其他操作人员的人工费。

6)燃料动力费：指施工机械在运转作业中所消耗的各种燃料及水、电等。

7)税费：指施工机械按照国家规定应缴纳的车船使用税、保险费及年检费等。

(2)仪器仪表使用费：指工程施工所需使用的仪器仪表的摊销及维修费用。

4. 企业管理费

企业管理费是指建筑安装企业组织施工生产和经营管理所需的费用。内容包括：

(1)管理人员工资：指按规定支付给管理人员的计时工资、奖金、津贴补贴、加班加点工资及特殊情况下支付的工资等。

(2)办公费：指企业管理办公用的文具、纸张、账表、印刷、邮电、书报、办公软件、现场监控、会议、水电、烧水和集体取暖降温(包括现场临时宿舍取暖降温)等费用。

(3)差旅交通费：指职工因公出差、调动工作的差旅费、住勤补助费，市内交通费和误餐补助费，职工探亲路费，劳动力招募费，职工退休、退职一次性路费，工伤人员就医路费，工地转移费以及管理部门使用的交通工具的油料、燃料等费用。

(4)固定资产使用费：指管理和试验部门及附属生产单位使用的属于固定资产的房屋、设备、仪器等的折旧、大修、维修或租赁费。

(5)工具、用具使用费：指企业施工生产和管理使用的不属于固定资产的工具、器具、家具、交通工具和检验、试验、测绘、消防用具等的购置、维修和摊销费。

(6)劳动保险和职工福利费：指由企业支付的职工退职金、按规定支付给离休干部的经费，集体福利费、夏季防暑降温、冬季取暖补贴、上下班交通补贴等。

(7)劳动保护费：企业按规定发放的劳动保护用品的支出。如工作服、手套、防暑降温饮料以及在有碍身体健康的环境中施工的保健费用等。

(8)检验试验费：指施工企业按照有关标准规定，对建筑以及材料、构件和建筑安装物进行一般鉴定、检查所发生的费用，包括自设试验室进行试验所耗用的材料等费用。不包括新结构、新材料的试验费，对构件做破坏性试验及其他特殊要求检验试验的费用和建设单位委托检测机构进行检测的费用，对此类检测发生的费用，由建设单位在工程建设其他费用中列支。但对施工企业提供的具有合格证明的材料进行检测不合格的，该检测费用由施工企业支付。

(9)工会经费：指企业按《工会法》规定的全部职工工资总额比例计提的工会经费。

(10)职工教育经费：指按职工工资总额的规定比例计提，企业为职工进行专业技术和职业技能培训，专业技术人员继续教育，职工职业技能鉴定、职业资格认定以及根据需要对职工进行各类文化教育所发生的费用。

(11)财产保险费：指施工管理用财产、车辆等的保险费用。

(12)财务费：指企业为施工生产筹集资金或提供预付款担保、履约担保、职工工资支付担保等所发生的各种费用。

(13)税金：指企业按规定缴纳的房产税、车船使用税、土地使用税、印花税等。

(14)其他：包括技术转让费、技术开发费、投标费、业务招待费、绿化费、广告费、公证费、法律顾问费、审计费、咨询费、保险费等。

5. 利润

利润是指施工企业完成所承包工程获得的盈利。

6. 规费

规费是指按国家法律、法规规定，由省级政府和省级有关权力部门规定必须缴纳或计取的费用。包括：

(1)社会保险费。

1)养老保险费：指企业按照规定标准为职工缴纳的基本养老保险费。

2)失业保险费：指企业按照规定标准为职工缴纳的失业保险费。

3)医疗保险费：指企业按照规定标准为职工缴纳的基本医疗保险费。

4)生育保险费：指企业按照规定标准为职工缴纳的生育保险费。

5)工伤保险费：指企业按照规定标准为职工缴纳的工伤保险费。

(2)住房公积金：指企业按规定标准为职工缴纳的住房公积金。

(3)工程排污费：指按规定缴纳的施工现场工程排污费。

其他应列而未列入的规费，按实际发生计取。

7. 税金

税金是指国家税法规定的应计入建筑安装工程造价内的营业税、城市维护建设税、教育费附加以及地方教育附加。

(二)按造价形成划分建筑安装工程费用

建筑安装工程费按照工程造价形成，由分部分项工程费、措施项目费、其他项目费、规费、税金组成，分部分项工程费、措施项目费、其他项目费包含人工费、材料费、施工机具使用费、企业管理费和利润，其具体构成如图 1-5 所示。

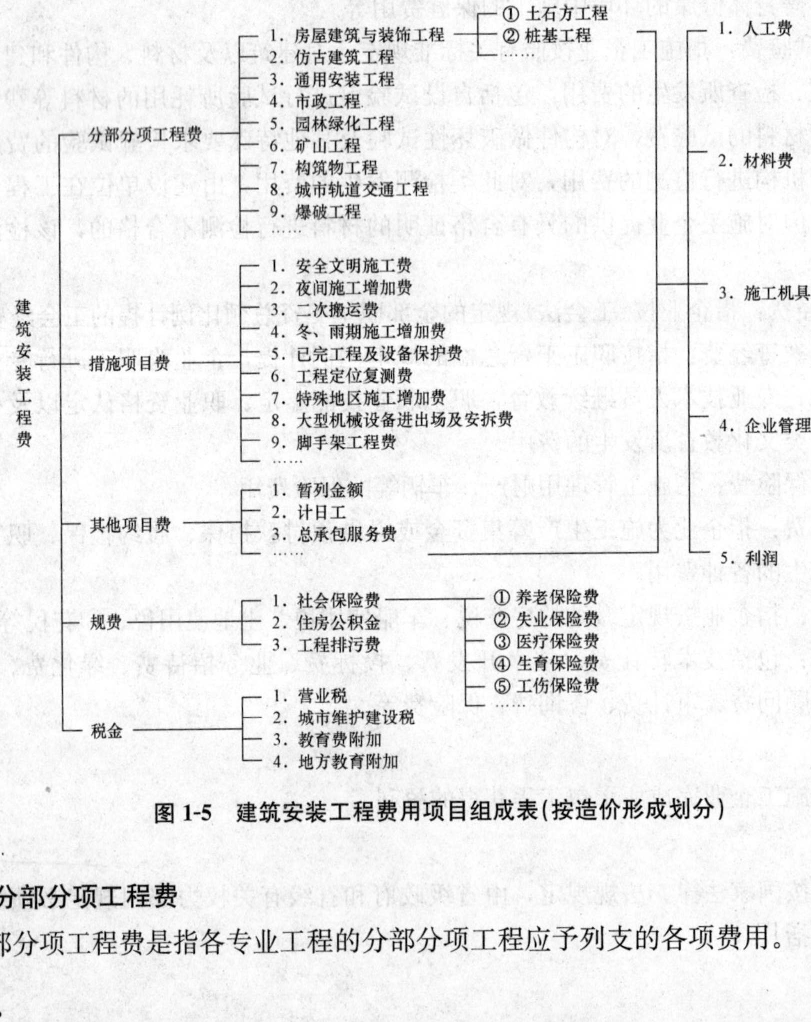

图 1-5 建筑安装工程费用项目组成表(按造价形成划分)

1. 分部分项工程费

分部分项工程费是指各专业工程的分部分项工程应予列支的各项费用。

(1)专业工程：指按现行国家计量规范划分的房屋建筑与装饰工程、仿古建筑工程、通用安装工程、市政工程、园林绿化工程、矿山工程、构筑物工程、城市轨道交通工程、爆破工程等各类工程。

(2)分部分项工程：指按现行国家计量规范对各专业工程划分的项目。如房屋建筑与装饰工程划分的土石方工程、地基处理与桩基工程、砌筑工程、钢筋及钢筋混凝土工程等。

各类专业工程的分部分项工程划分见现行国家或行业计量规范。

2. 措施项目费

措施项目费是指为完成建设工程施工，发生于该工程施工前和施工过程中的技术、生活、安全、环境保护等方面的费用。内容包括：

(1)安全文明施工费。

1)环境保护费：指施工现场为达到环保部门要求所需要的各项费用。

2)文明施工费：指施工现场文明施工所需要的各项费用。

3)安全施工费：指施工现场安全施工所需要的各项费用。

4)临时设施费：指施工企业为进行建设工程施工所必须搭设的生活和生产用的临时建筑物、构筑物和其他临时设施费用。包括临时设施的搭设、维修、拆除、清理费或摊销费等。

(2)夜间施工增加费：指因夜间施工所发生的夜班补助费、夜间施工降效、夜间施工照明设备摊销及照明用电等费用。

(3)二次搬运费：指由于施工场地条件限制而发生的材料、成品、半成品等一次运输不能达到堆放地点，必须进行二次或多次搬运的费用。

(4)冬、雨期施工增加费：指在冬期或雨期施工需增加的临时设施、防滑、排除雨雪、人工及施工机械效率降低等费用。

(5)已完工程及设备保护费：指竣工验收前，对已完工程及设备采取的覆盖、包裹、封闭、隔离等必要保护措施所发生的费用。

(6)工程定位复测费：指工程施工过程中进行全部施工测量放线和复测工作的费用。

(7)特殊地区施工增加费：指工程在沙漠或其边缘地区、高海拔、高寒、原始森林等特殊地区施工增加的费用。

(8)大型机械设备进出场及安拆费：指机械整体或分体自停放场地运至施工现场或由一个施工地点运至另一个施工地点，所发生的机械进出场运输及转移费用，以及机械在施工现场进行安装、拆卸所需的人工费、材料费、机械费、试运转费和安装所需的辅助设施的费用。

(9)脚手架工程费：指施工需要的各种脚手架搭、拆、运输费用以及脚手架购置费的摊销(或租赁)费用。

措施项目及其包含的内容详见各类专业工程的现行国家或行业计量规范。

3. 其他项目费

(1)暂列金额：指建设单位在工程量清单中暂定并包括在工程合同价款中的一笔款项。用于施工合同签订时尚未确定或者不可预见的所需材料、工程设备、服务的采购，施工中可能发生的工程变更、合同约定调整因素出现时的工程价款调整以及发生的索赔、现场签证确认等的费用。

(2)计日工：指在施工过程中，施工企业完成建设单位提出的施工图纸以外的零星项目或工作所需的费用。

(3)总承包服务费：指总承包人为配合、协调建设单位进行的专业工程发包，对建设单位自行采购的材料、工程设备等进行保管以及施工现场管理、竣工资料汇总整理等服务所需的费用。

4. 规费和税金

规费和税金的构成和计算与按费用构成要素划分建筑安装工程费用项目组成部分是相同的。

二、设备及工、器具购置费用

设备及工、器具购置费用由设备购置费和工、器具及生产家具购置费组成。在生产性工程建设中，设备及工、器具购置费用占工程造价比重的增大，意味着生产技术的进步和资本有机构成的提高。

设备购置费是指为建设项目购置或自制的达到固定资产标准的各种国产或进口设备、工具、器具的购置费用。其计算式为：

设备购置费＝设备原价＋设备运杂费 (1-1)

1. 设备原价

设备原价是指国产设备原价或进口设备原价。

(1)国产设备原价一般是指设备制造厂的交货价，或订货合同价。一般根据生产厂或供应商的询价、报价、合同价确定。国产设备原价一般分为国产标准设备原价和国产非标准设备原价。

1)国产标准设备原价。国产标准设备原价有带备件的原价和不带备件的原价两种，在计算时，一般采用带备件的原价。

2)国产非标准设备原价。非标准设备原价有多种不同的计算方法，如成本计算估价法、分部组合估价法、定额估价法等。无论采用哪种方法，都应该使非标准设备的原价接近实际出厂价，并且计算方法要简便。

(2)进口设备原价是指进口设备的抵岸价，即抵达买方边境口岸或边境车站，并且交完关税等税费后形成的价格。当进口设备采用装运港船上交货价(FOB)时，进口设备抵岸价由以下公式计算：

进口设备抵岸价＝货价＋国际运费＋运输保险费＋银行财务费＋外贸手续费＋关税＋增值税＋消费税＋海关监管手续费＋车辆购置附加税 (1-2)

2. 设备运杂费

设备运杂费由运费和装卸费、包装费、设备供销部门的手续费、采购与仓库保管费组成。其计算式为：

设备运杂费＝设备原价×设备运杂费费率 (1-3)

三、工程建设其他费用

工程建设其他费用，是指从工程筹建到工程竣工验收交付使用的整个建设期间，除建筑安装工程费用和设备及工、器具购置费用以外，为保证工程建设顺利完成和交付使用后能够正常发挥效用而发生的各项费用。工程建设其他费用通常包括以下内容。

1. 土地使用费

为获得建设用地所支付的费用。

2. 与建设项目有关的其他费用

(1)建设单位管理费：包括建设单位开办费、建设单位经费。

(2)勘察设计费：提供项目建议书、可行性研究报告及设计文件等所需的费用。

(3)研究实验费：提供和验证设计参数、数据、资料进行的必要实验费用以及设计规定在施工中必须进行试验、验证所需的费用。

(4)建设单位临时设施费：建设期间建设单位所需临时设施的搭设、维修、摊销或租赁的费用。

(5)工程监理费：建设单位委托工程监理单位对工程实施监理工作所需的费用。

(6)工程保险费：建筑工程一切险、安装工程一切险和机器损坏保险的费用。

(7)引进技术和进口设备其他费用：包括出国人员费用；国外工程技术人员来华费用；技术引进费；分期和延期付款利息；担保费和进口设备检验鉴定费用。

(8)工程承包费：指具有总承包条件的工程公司，对工程建设项目从开始建设至竣工投产全过程的总承包所需的管理费用。

具体内容包括组织勘察设计、设备材料采购、非标准设备设计制造与销售、施工招标、发包、工程预决算、项目管理、工程质量监督、隐蔽工程检查、验收和试车直至竣工投产的各种管理费用。

3. 与未来企业生产经营有关的其他费用

(1)联合试运转费：竣工验收前进行整个车间的负荷和无负荷联合试运转发生的费用支出大于试运转收入的亏损部分。

(2)生产准备费：生产工人培训费、生产单位提前进厂的各项费用。

(3)办公和生活家具购置费：该项费用按照设计定员人数乘以综合指标计算，一般为600～800元/人。

四、预备费

1. 基本预备费

基本预备费是指在初步设计及概算内难以预料的工程费用。其计算式为：

$$\text{基本预备费}=(\text{设备及工、器具购置费}+\text{建筑安装工程费用}+\text{工程建设其他费用})\times\text{基本预备费费率} \tag{1-4}$$

费用内容包括：

(1)在批准的初步设计范围内，技术设计、施工图设计及施工过程中所增加的工程费用；设计变更、局部地基处理等增加的费用。

(2)一般自然灾害造成的损失和预防自然灾害所采取的措施费用。

(3)竣工验收时，为鉴定工程质量对隐蔽工程进行必要的挖掘和修复费用。

2. 涨价预备费

涨价预备费是指建设项目在建设期间内由于价格等变化引起工程造价变化的预测预留费用。

其计算式为：

$$PF = \sum_{t=1}^{n} I_t[(1+f)^t - 1] \tag{1-5}$$

式中 PF——涨价预备费；

n——建设期年费数；

I_t——建设期中第 t 年的投资计划额，包括设备及工、器具购置费，建筑安装工程费，工程建设其他费用及基本预备费；

f——年均投资价格上涨率。

【例 1-1】 某建设项目，建设期为 3 年，各年投资计划额如下：第一年投资 500 万元，第二年投资 860 万元，第三年投资 400 万元，年均投资价格上涨率为 5%，求建设项目建设期间涨价预备费。

【解】 第一年涨价预备费为：

$$PF_1 = I_1[(1+f)-1] = 500\times(1.05-1) = 25(\text{万元})$$

第二年涨价预备费为：

$$PF_2 = I_2[(1+f)^2-1] = 860\times(1.1025-1) = 88.15(\text{万元})$$

第三年涨价预备费为：

$$PF_3 = I_3[(1+f)^3-1] = 400\times(1.1576-1) = 63.04(\text{万元})$$

所以，建设期的涨价预备费为：

$$PF = 25+88.15+63.04 = 176.19(\text{万元})$$

五、建设期贷款利息

建设期贷款利息包括向国内银行和其他非银行金融机构贷款、出口信贷、外国政府贷款、国际商业银行贷款以及在境内外发行的债券等在建设期应偿还的借款利息，按复利计算法计算。

当总贷款是分年均衡发放时，建设期利息的计算可按当年借款在年中支用考虑，即当年贷款按半年计息，上年贷款按全年计息。其计算式如下：

$$q_j = (P_{j-1} + 1/2A_j)\cdot i \tag{1-6}$$

式中 q_j——建设期第 j 年应计利息；

P_{j-1}——建设期第 $(j-1)$ 年年末贷款累计金额和利息累计金额之和；

A_j——建设期第 j 年贷款金额；

i——年利率。

【例 1-2】 某新建项目，建设期为 3 年，分年均衡进行贷款，第一年贷款 200 万元，第二年贷款 300 万元，第三年贷款 200 万元，年利率为 6%，一年计息一次，建设期内利息只计息不支付，计算建设期贷款利息。

【解】 建设期各年利息计算如下：

第一年贷款利息：$Q_1 = (200/2)\times 6\% = 6$(万元)

第二年借款利息：$Q_2 = (206+300/2)\times 6\% = 21.36$(万元)

第三年借款利息：$Q_3 = (206+321.36+200/2)\times 6\% = 37.64$(万元)

该项目建设期利息：$Q = Q_1+Q_2+Q_3 = 6+21.36+37.64 = 65$(万元)

六、固定资产投资方向调节税

国务院规定从 2000 年 1 月 1 日起新发生的投资额暂停征收方向调节税，但该税种并未取消。费用归属：

(1)生产工人工资、操作施工机械人员工资、施工企业管理人员工资、建设单位管理人员工资、监理工程师工资。

(2)劳动保护费和劳动保险费。

(3)安拆费及场外运费与大型机械设备进出场及安拆费。

(4)检验试验费与研究试验费。

(5)施工单位的临时设施费与建设单位的临时设施费。

(6)企业管理费中的“税金”与建设安装工程费中的“税金”。

(7)财务保险和工程保险。

复习思考题

1. 下列关于固定资产的说法，正确的是(　　)。

A. 使用年限一定在一年以上

B. 使用年限一定在两年以上

C. 单位价值在规定限额以上

D. 只能是生产用的房屋建筑、机械设备、工具用具等

E. 在经营过程中以折旧的方式来保证其价值的补偿和实物形态的更新

2. 在建设项目中，凡具有独立的设计文件，竣工后可以独立发挥生产能力或投资效益的工程，称为(　　)。

A. 单项工程　　B. 单位工程　　C. 分部工程　　D. 分项工程

3. 在建设项目中，凡具有独立的设计文件，但竣工后不可以独立发挥生产能力或投资效益的工程，称为(　　)。

A. 单项工程　　B. 单位工程　　C. 分部工程　　D. 分项工程

4. 某学校“1 号教学楼”工程中“土建工程”“给排水工程”均为(　　)。

A. 单项工程　　B. 单位工程　　C. 分部工程　　D. 分项工程

5. 在项目建议书和可行性研究阶段，应编制(　　)。

A. 投资估算　　B. 设计概算　　C. 修正设计概算　　D. 施工图预算

6. 建设项目的建设程序是指从项目筹建到项目投入生产或交付使用的整个过程中，各项工作必须遵循的先后工作次序。根据我国现行的规定，一般大中型及限额以上建设项目的程序有这些阶段：①可行性研究阶段；②项目建议书阶段；③设计阶段；④施工阶段；⑤建设准备阶段；⑥竣工验收阶段；⑦生产准备阶段；⑧后评价阶段；⑨评估决策阶段。则这些阶段正确的顺序是(　　)。

A. ①②③④⑤⑥⑦⑧⑨　　B. ②①⑨③④⑤⑥⑦⑧

C. ②①⑨③⑤④⑥⑦⑧　　D. ②①⑨③⑤④⑦⑥⑧

7. 关于工程造价的含义，下列说法正确的是(　　)。

A. 工程造价的直译就是工程的建造价格

B. 工程造价有两种含义，即工程投资费用和工程建造价格

C. 工程投资费用是指建设一项工程预期开支的全部固定资产投资费用，不包含无形资产投资费用

D. 工程建造价格是为建成一项工程，预计或实际在土地市场、设备市场、技术劳务市场，以及承包市场等交易活动中所形成的建筑安装工程的价格和建设工程总价格

E. 工程造价的两种含义是以不同角度把握同一事物的本质

8. 下列描述中，属于工程造价特点的是(　　)。

A. 大额性　　B. 个别性和差异性　　C. 动态性

D. 单件性和多次性　　E. 层次性和兼容性

9. 计算施工图预算的方法有定额计价法和清单计价法；计算投资估算的方法有设备系数法、生产能力指数估算法等。以上描述表现了工程造价计价的(　　)特征。

A. 方法多样性　　B. 组合性

C. 依据的复杂性　　D. 多次性

10. 我国现行工程造价的构成主要划分为建筑安装工程费、(　　)和固定资产投资方向调节税。

A. 设备及工、器具购置费　　B. 工程建设其他费　　C. 预备费

D. 建设期贷款利息　　E. 土地使用费

11. 在生产性工程建设中，设备及工、器具购置费用占工程造价比重的增大，意味着(　　)。

A. 生产技术的进步　　B. 生产技术的落后

C. 资本有机构成提高　　D. 资本有机构成降低

E. 与生产技术和资本有机构成无关

12. 设备购置费由(　　)构成。

A. 设备原价　　B. 设备运杂费　　C. 消费税

D. 运输保险费　　E. 包装费

13. 下列关于设备原价的说法，正确的是(　　)。

A. 设备原价是指国产设备或进口设备的原价

B. 国产设备原价又分为国产标准设备原价和国产非标准设备原价两种

C. 国产标准设备原价又分为带备件的原价和不带备件的原价

D. 进口设备的原价是指进口设备的到岸价

E. 进口设备的原价是指进口设备的抵岸价

14. 设备运杂费由(　　)构成。

A. 运费和装卸费　　B. 包装费　　C. 设备供销部门手续费

D. 采购与仓库保管费　　E. 海关监管手续费

15. 下列关于预备费的说法中，正确的是(　　)。

A. 基本预备费是指在初步设计及概算内难以预料的工程费用

B. 基本预备费=(设备及工、器具购置费+建安工程费用+工程建设其他费用)×基本预备费费率

C. 涨价预备费是指建设项目在建设期间内由于价格等变化引起工程造价变化的预测预留费用

D. 涨价预备费的计算方法一般是根据国家规定的投资综合价格指数，以估算年份价格水平的投资额为基数，采用单利法计算

E. 估算年份价格水平的投资额包括设备及工、器具购置费，建筑安装工程费，工程建设其他费及基本预备费

16. 某建设项目，建设期为3年，各年投资计划额如下：第一年投资500万元，第二年投资800万元，第三年投资400万元，年均投资价格上涨率为5%，则该项目建设期间涨价预备费为(　　)万元。

A. 88　　B. 90.2　　C. 170　　D. 180.2

17. 下列关于建设期贷款利息的说法，不正确的是(　　)。

A. 建设期贷款利息包括向国内银行和其他非银行金融机构贷款、出口信贷、外国政府贷款、国际商业银行贷款以及在境内外发行的债券等在建设期应偿还的利息

B. 建设期贷款利息按复利法计算

C. 建设期贷款利息按单利法计算

D. 当总贷款是分年均衡发放时，建设期利息的计算可按当年借款在年中支用考虑，即当年贷款按半年计息，上年贷款按全年计息

E. 国外贷款利息的计算，还应包括国外贷款银行根据贷款协议向贷款方以年利率方式收取的手续费、管理费、承诺费，以及国内代理机构经国家主管部门批准的以年利率方式向贷款单位收取的转贷费、担保费、管理费等

18. 某新建项目，建设期为3年，分年均衡进行贷款，第一年贷款300万元，第二年贷款600万元，第三年贷款400万元，年利率为12%，计息周期为一年，建设期内利息只计息不支付，则建设期贷款利息为(　　)元。

A. 156　　B. 235.22　　C. 176.22　　D. 180.32

19. 检验试验费应计入(　　)。

A. 直接工程费中的人工费　　B. 直接工程费中的材料费

C. 直接工程费中的机械费　　D. 措施费

20. 工程定位复测费应计入(　　)。

A. 管理费　　B. 其他项目费　　C. 措施费　　D. 规费

21. 某住宅建筑采用平行发包形式，投资概算金额为1 000万元，则工程承包费为(　　)。

A. 60万～80万元　　B. 40万～60万元

C. 0　　D. 40万～80万元

第二章　安装工程施工图识读

第一节　电气工程施工图识读

一、电气工程的概念与划分

电气工程是以电能、电气设备和电气技术为手段，创造、维持与改善建筑环境来实现某些功能的一门学科，它是由强电和弱电综合组成的，也是随着建筑科学技术由初级阶段向高级阶段发展的产物。

根据《建筑工程施工质量验收统一标准》(GB 50300—2013)，比较大的建筑工程可分为：地基与基础、主体结构、建筑装饰装修、屋面工程、建筑给水排水及供暖、通风与空调、建筑电气、建筑智能化、建筑节能、电梯 10 个分部工程。建筑电气分部工程可分为室外电气、变配电室、供电干线、电气动力、电气照明安装、备用和不间断电源安装、防雷及接地安装 7 个子分部工程，属于强电工程。建筑智能化分部工程可分为通信网络系统、计算机网络系统、建筑设备监控系统、火灾报警及消防联动系统、会议系统与信息导航系统、专业应用系统、安全防范系统、综合布线系统、智能化集成系统、电源与接地、计算机机房工程、住宅(小区)智能化系统 12 个子分部工程，属于弱电工程。各子分部工程又可分为若干个分项工程，例如：住宅(小区)智能化系统又可分为火灾报警及消防联动系统、安全防范系统(含电视监控系统、入侵报警系统、巡更系统、门禁系统、楼宇对讲系统、住户对讲呼救系统、停车管理系统)、物业管理系统(多表现场计量及远程传输系统、建筑设备监控系统、公共广播系统、小区网络及信息服务系统、物业办公自动化系统)、智能家庭信息平台等分项工程。

二、电气工程施工图的特点

电气工程施工图，是用规定的图形符号和文字符号表示系统的组成及连接方式、装置与线路的具体安装位置和走向的图纸。

电气工程施工图的特点如下。

(1)电气工程施工图大多是采用统一的图形符号并加注文字符号绘制的。

(2)电气工程包括的设备、器具、元器件之间是通过导线连接起来的，构成一个整体，导线可长可短，能比较方便地表达较远的空间距离。

(3)电气设备的形状及外形尺寸在平面图中并不是按比例画出的，通常是用图形符号来表示的，线路的长度则用规定的线路图形符号按比例绘制而成。

三、电气工程施工图的类别

(1)系统图。系统图是用规定的符号表示系统的组成和连接关系，它用单线将整个工程的供电线路用示意图连接起来，主要表示整个工程或某一项目的供电方案和方式，也可以表示某一装置各部分的关系。系统图包括供配电系统图(强电系统图)和弱电系统图。

1)供配电系统图(强电系统图)表示供电方式、供电回路、电压等级及进户方式；标注回路个数、设备容量及启动方法、保护方式、计量方式、线路敷设方式。它分为高压系统图、低压系统图、电力系统图以及照明系统图等。

2)弱电系统图表示元器件的连接关系。它包括通信电话系统图、广播线路系统图、共用天线系统图、火灾报警系统图、安全防范系统图、微机系统图等。

(2)平面图。平面图是用设备、器具的图形符号和敷设的导线(电缆)或穿线管路的线条画在建筑物或安装场所，用以表示设备、器具、管线实际安装位置的水平投影图。它是表示装置、器具、线路具体平面位置的图纸。

强电平面图包括电力平面图、照明平面图、防雷接地平面图和厂区电缆平面图等；弱电平面图包括消防电气平面布置图和综合布线平面图等。

(3)原理图。原理图是表示控制原理的图纸，在施工过程中指导调试工作。

(4)接线图。接线图是表示系统的接线关系的图纸，在施工过程中指导调试工作。

四、电气工程施工图的组成

电气工程施工图纸的组成包括首页、电气系统图、平面布置图、安装接线图和标准图集。

(1)首页：主要包括目录、设计说明、图例和设备器材图表。

1)设计说明：包括设计依据、工程概况、负荷等级、保安方式、接地要求、负荷分配、线路敷设方式、设备安装高度、施工图未能表明的特殊要求、施工注意事项、测试参数及业主的要求和施工原则。

2)图例：即图形符号，通常只列出本套图纸中涉及的图形符号，在图例中可以标注装置与器具的安装方式和安装高度。

3)设备器材表：表明本套图纸中的电气设备、器具及材料明细。

(2)电气系统图：指导组织订购、安装调试。

(3)平面布置图：指导施工与验收的依据。

(4)安装接线图：指导电气安装、检查接线。

(5)标准图集：指导施工与验收的依据。

五、电气工程施工图的常用符号

(1)常用图形符号的文字标注见表 2-1。

表 2-1 常用图形符号的文字标注

序号	图形符号	说明	项目种类	标注文字符号
1	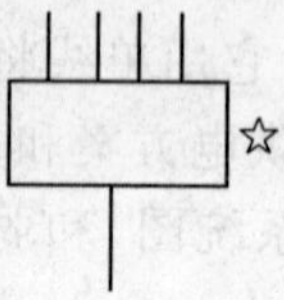	配电中心的一般符号，示出 5 路馈线。符号就近标注种类代号“☆”，表示配电柜(屏)、箱、台	动力配电箱	AP
			应急动力配电箱	APE
			照明配电箱	AL
			应急照明配电箱	ALE
2	⊗★	灯的一般符号，如需要指出灯具种类，则在“★”位置标出字母	壁灯	W
			吸顶灯	C
			筒灯	R
			密闭灯	EN
			防爆灯	EX
			圆球灯	G
			吊灯	P
			花灯	L
			局部照明灯	LL
			安全照明灯	SA
			备用照明灯	ST
3	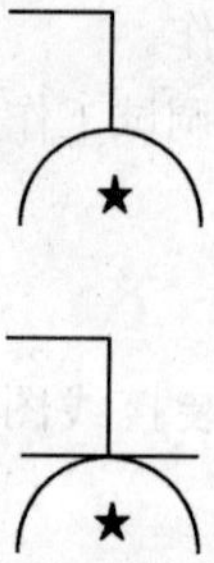	(电源)插座和带保护接点(电源)插座的一般符号。根据需要可在“★”处用文字区别不同插座	单相(电源)插座	1P
			三相(电源)插座	3P
			单相暗敷(电源)插座	1C
			三相暗敷(电源)插座	3C
			单相防爆(电源)插座	1EX
			三相防爆(电源)插座	3EX
			单相密闭(电源)插座	1EN
			三相密闭(电源)插座	3EN
4	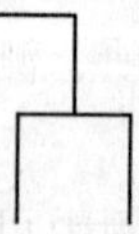	电信插座的一般符号，可用文字区别不同插座	电话插座	TP
			传真	FX
			传声器	M
			电视	TV
			信息	TO
5		导线一般符号，可用文字区别不同用途	电力干线(动力线路)	WP
			常用照明干线	WL
			控制回路干线	WC
			事故照明干线	WEL
			封闭母线槽	WB
			滑触器	WT
			信号线路	WS
			接地线	E
			保护接地线	PE
			避雷线、避雷带、避雷网	LP

(2)照明与动力平面图的文字符号标注见表 2-2～表 2-5。

表 2-2　建筑电气工程设计常用文字符号标注摘录

序号	项目种类	标注方式	说明	示例
1	用电设备	$\frac{a}{b}$	a——设备编号或设备位号 b——额定功率，kW 或 kV·A	$\frac{\text{M01}}{\text{37 kW}}$ 热媒泵的位号为 M01，容量为 37 kW
2	概略图的电气箱（柜、屏）标注	$-a+\frac{b}{c}$	a——设备种类代号 b——设备安装的位置代号 c——设备型号	－AP1＋1·B6/XL21-15 动力配电箱种类代号－AP1，位置代号＋1·B6，即安装位置在一层 B、6 轴线，型号 XL21-15
3	平面图的电气箱（柜、屏）标注	－a	a——设备种类代号	－AP1 动力配电箱－AP1，在不会引起混淆时，可取消前缀“－”，即表示为 AP1
4	照明、安全、控制变压器标注	a　b/c　d	a——设备种类代号 b/c——一次电压/二次电压 d——额定容量	TA1 220/36 V 500 VA 照明变压器 TA1 变比，电压 220/36 V，容量 500 VA
5	照明灯具标注	a－b $\frac{c\times d\times L}{e}$f	a——灯数 b——型号或编号(无则省略) c——每盏照明灯具的灯泡数 d——灯泡安装容量 e——灯泡安装高度，m，“—”表示吸顶安装 f——安装方式 L——光源种类	管型荧光灯的标注方式 5-FAC41286P $\frac{2\times 36}{3.5}$CS 5 盏 FAC41286P 型灯具，灯管为双管 36 W 荧光灯，灯具链吊安装，安装高度距地 3.5 m (管型荧光灯标注中，光源种类 L 可以省略) 紧凑型荧光灯(节能灯)的标注方式 6-YAC70542 $\frac{14\times FL}{—}$ 6 盏 YAC70542 型灯具，灯具为单管 14 W紧凑型荧光灯，灯具吸顶安装 (灯具吸顶安装时，安装方式 f 可以省略)
6	线路的标注	a b－c(d×e＋f×g)i－jh	a——线缆编号 b——型号(不需要可省略) c——线缆根数 d——电缆线芯数 e——线芯截面，mm^2 f——PE、N 线芯数 g——线芯截面，mm^2 i——线缆敷设方式 j——线缆敷设部位 h——线缆敷设安装高度，m 上述字母无内容则省略该部分	WP201 YJV-0.6/1 kV－2(3×150＋2×70) SC80-WS3.5 电缆编号为 WP201 电缆型号、规格为 YJV-0.6/1 kV－2(3×150＋2×70) 2 根电缆并联连接 敷设方式为穿 *DN*80 焊接钢管沿墙明敷 线缆敷设高度距地 3.5 m
7	电缆桥架标注	$\frac{a\times b}{c}$	a——电缆桥架宽度，mm b——电缆桥架高度，mm c——电缆桥架安装高度，m	$\frac{600\times 150}{3.5}$ 电缆桥架宽度 600 mm，桥架高度 150 mm，安装高度距地 3.5 m

续表

序号	项目种类	标注方式	说明	示例
8	电缆与其他设施交叉点标注	a–b–c–d e–f	a——保护管根数 b——保护管直径，mm c——保护管长度，m d——地面标高，m e——保护管埋设深度，m f——交叉点坐标	6–DN100–2.0 m–(–0.3 m) –1.0 m–(x=174.235, y=243.621) 电缆与设施交叉，交叉点坐标为(x=174.235，y=243.621)，埋设6根长2.0 m的DN100焊接钢管，钢管埋设深度为−1.0 m(地面标高为−0.3 m) 上述字母根据需要可省略
9	电话线路的标注	a–b(c×2×d)e–f	a——电话线缆编号 b——型号(不需要可省略) c——导线对数 d——线缆截面，mm e——敷设方式和管径，mm f——敷设部位	W1-HYV(5×2×0.5)SC15-MS W1为电话电缆回路编号 HYV(5×2×0.5)为电话电缆的型号、规格 敷设方式为穿DN15焊接钢管沿墙敷设 上述字母根据需要可忽略

表 2-3　灯具安装方式的标准

序号	名称	标注文字符号		序号	名称	标注文字符号	
		新标准	旧标准			新标准	旧标准
1	线吊式	SW	WP	7	顶棚内安装	CR	无
2	链吊式	CS	C	8	墙壁内安装	WR	无
3	管吊式	DS	P	9	支架上安装	S	无
4	壁装式	W	W	10	柱上安装	CL	无
5	吸顶式	C	—	11	座装	HM	无
6	嵌入式	R	R	12	台上安装	T	无

表 2-4　线路敷设方式的标注

序号	名称	标注文字符号		序号	名称	标注文字符号	
		新标准	旧标准			新标准	旧标准
1	穿低压流体输送用焊接钢管敷设	SC	S或C	8	钢索敷设	M	M
				9	直接埋设	DB	无
2	穿电线管敷设	MT	T	10	穿可挠金属电线保护套管敷设	CP	F
3	穿硬塑料导管敷设	PC	P				
4	穿阻燃半硬塑料导管敷设	FPC	无	11	穿塑料波纹电线管敷设	KPC	无
5	电缆桥架敷设	CT	CT	12	电缆沟敷设	TC	无
6	金属线槽敷设	MR	MR	13	混凝土排管敷设	CE	无
7	塑料线槽敷设	PR	PR	14	用瓷瓶或瓷柱敷设	K	无

表 2-5 导线敷设部位的标注

序号	名称	标注文字符号		序号	名称	标注文字符号	
		新标准	旧标准			新标准	旧标准
1	沿梁或跨梁(屋架)敷设	AB	B	6	暗敷设在墙内	WC	WC
2	暗敷设在梁内	BC	B	7	沿顶棚或顶板面敷设	CE	CE
3	沿柱或跨柱敷设	AC	C	8	暗敷设在屋面或顶板内	CC	无
4	暗敷设在柱内	CLC	C	9	吊顶内敷设	SCE	SC
5	沿墙面敷设	WS	WS	10	地板或地面下敷设	FC	F

六、电气工程施工图的识读方法及步骤

(1)读图的原则。电气施工图一般遵循“六先六后”的读图原则。即先强电后弱电、先系统后平面、先动力后照明、先下层后上层、先室内后室外、先简单后复杂。

(2)读图的方法及顺序(图 2-1)。

标题栏→目录→设计说明→图例→系统图→平面图→电路图、接线图→标准图→设备材料表

图 2-1 电气工程施工图读图顺序

1)看标题栏：了解工程的项目名称、内容、设计单位、设计日期、绘图比例。

2)看目录：了解单位工程图纸的数量及各种图纸的编号。

3)看设计说明：了解工程概况、供电方式、线路敷设方式以及安装技术要求。特别注意的是，有些分项局部问题是在各分项工程图纸上说明的，看分项工程图纸时，也要先看设计说明。

4)看图例：充分了解各图例符号所表示的设备器具名称及标注说明。

5)看系统图：各分项工程都有系统图，例如变配电工程的供电系统图、电气工程的电力系统图、电气照明工程的照明系统图。看系统图的目的是了解主要设备、元器件连接关系及它们的规格、型号、参数等。

导线的文字标注形式为：

$$a-b(c\times d)e-f$$

式中 a——线路的编号；

b——导线的型号；

c——导线的根数；

d——导线的截面积(mm^2)；

e——敷设方式；

f——线路的敷设部位。

例如：WP1－BV(3×50＋1×35)CT，则表示：1 号动力线路，导线型号为铜芯塑料绝缘线，3 根 50 mm^2、1 根 35 m^2，沿顶板面用电缆桥架敷设。

又如：WL2－BV(3×2.5)SC15 WC，则表示：2 号照明线路，3 根 2.5 mm^2 铜芯塑料绝缘导线穿钢管沿墙内暗敷。

6)看平面图：了解建筑物的平面布置、轴线、尺寸、比例，各种变配电设备、用电设备的编号、名称以及它们在平面上的位置，各种变配电设备的起点、终点、敷设方式以及在建筑物中的走向。

读平面图的一般顺序如图 2-2 所示。

总干线 → 总配电箱 —支干线→ 分配电箱 → 用电器具(负载)

图 2-2　平面图读图顺序

电气平面图是表示电气设备、装置与线路平面布置的图纸，是进行电气安装的主要依据。电气平面图是以建筑平面图为依据，在图上绘出电气设备、装置的安装位置及标注线路敷设方法等。常用的电气平面图有变配电所平面图、动力平面图、照明平面图、接地平面图、弱电平面图等。

7)看电路图、接线图：了解系统中用电设备的控制原理，用来指导设备安装及调试工作，在进行控制系统调试及校线工作中，应依据功能关系从上至下或从左至右逐个回路地阅读，电路图与接线图、端子图配合阅读。

8)看标准图：标准图详细表达设备、装置、器材的安装方式。

9)看设备材料表：设备材料表提供了该工程所使用的设备、材料的型号、规格、数量，是编制施工方案、编制预算、材料采购的重要依据。

(3)读图注意事项。就建筑电气工程而言，读图时应注意如下事项。

1)注意阅读设计说明，尤其是施工注意事项及各分部分项工程的做法，特别是一些暗设线路、电气设备的基础及各种电气预埋件与土建工程密切相关，读图时要对应其他专业图纸阅读。

2)注意将系统图与系统图对照看，例如，将供配电系统图与电力系统图、照明系统图对照看，核对其对应关系；将系统图与平面图对照看、电力系统图与电力平面图对照看、照明系统图与照明平面图对照看，核对有无不对应的地方。看系统的组成与平面对应的位置，看系统图与平面图线路的敷设方式及线路的型号、规格是否保持一致。

3)注意看设备、器具、线路在平面图中的位置与其空间位置。

4)注意线路的标注，注意电缆的型号、规格，注意导线的根数及线路的敷设方式。

5)注意核对图中标注的比例。

第二节　水暖工程施工图识读

一、水暖工程制图基本规定

1. 图线

(1)图线的宽度 b，应根据图纸的类型、比例和复杂程度，按现行国家标准《房屋建筑制图统一标准》(GB/T 50001—2010)中的规定选用。线宽 b 宜为 0.7 mm 或 1.0 mm。

(2)建筑给水排水专业制图，常用的各种线型宜符合表 2-6 的规定。

表 2-6 线型

名称	线型	线宽	用途
粗实线		b	新设计的各种排水和其他重力流管线
粗虚线		b	新设计的各种排水和其他重力流管线的不可见轮廓线
中粗实线		$0.7b$	新设计的各种给水和其他压力流管线；原有的各种排水和其他重力流管线
中粗虚线		$0.7b$	新设计的各种给水和其他压力流管线；原有的各种排水和其他重力流管线的不可见轮廓线
中实线		$0.5b$	给水排线设备、零(附)件的可见轮廓线；总图中新建的建筑物的可见轮廓线；原有的各种给水和其他压力流管线
中虚线		$0.5b$	给水排线设备、零(附)件的不可见轮廓线；总图中新建的建筑物和构筑物的不可见轮廓线；原有的各种给水和其他压力流管线的不可见轮廓线
细实线		$0.25b$	建筑的可见轮廓线；总图中原有建筑物和构筑物的可见轮廓线；制图中的各种标注线
细虚线		$0.25b$	建筑的不可见轮廓线；总图中原有建筑物和构筑物的不可见轮廓线
单点长面线		$0.25b$	中心线、定位轴线
折断线		$0.25b$	断开界线
波浪线		$0.25b$	平面图中水面线；局部构造层次范围线；保温范围示意线

2. 比例

(1)建筑给水排水专业制图常用的比例，宜符合表 2-7 的规定。

表 2-7 常用比例

名称	比例	备注
区域规划图、区域位置图	1∶50 000、1∶25 000、1∶10 000、1∶5 000、1∶2 000	宜与总图专业一致
总平面图	1∶1 000、1∶500、1∶300	与总图专业一致
管道纵断面图	竖向 1∶200、1∶100、1∶50 纵向 1∶1 000、1∶500、1∶300	—
水处理厂(站)平面图	1∶500、1∶200、1∶100	—
水处理构筑物、设备间、卫生间、泵房平、剖面图	1∶100、1∶50、1∶40、1∶30	—
建筑给水排水平面图	1∶200、1∶150、1∶100	宜与建筑专业一致
建筑给水排水轴测图	1∶150、1∶100、1∶50	宜与相应图纸一致
详图	1∶50、1∶30、1∶20、1∶10、1∶5、1∶2、1∶1、2∶1	—

(2)在管道纵面图中，竖向与纵向可采用不同的组合比例。

(3)在建筑给水排水轴测系统中，如局部表达有困难，该处可不按比例绘制。

(4)水处理工艺流程断面图和建筑给水排水管道展开系统图可不按比例绘制。

3. 标高

(1)标高符号及一般标注方法应符合现行国家标准《房屋建筑制图统一标准》(GB/T 50001—2010)的规定。

(2)室内工程应标注相对标高，室外工程宜标注绝对标高。当无绝对标高资料时，可标注相对标高，但应与总图专业一致。

(3)压力管道应标注管中心标高；重力流管道和沟渠宜标注管(沟)内底标高。标高单位以 m 计，可注写到小数点后第二位。

(4)在下列部位应标注标高。

1)沟渠和重力流管道：

①建筑物内应标注起点、变径(尺寸)点、变坡点、穿外墙及剪力墙处；

②需控制标高处；

③小区内管道按《建筑给水排水制图标准》(GB/T 50106—2010)的有关规定执行。

2)压力流管道中的标高控制点。

3)管道穿外墙、剪力墙和构筑物的壁及底板等处。

4)不同水位线处。

5)建(构)筑物中土建部分的相关标高。

(5)标高的标注方法应符合下列规定：

1)平面图中，管道标高应按图 2-3 的方式标注；

2)平面图中，沟渠标高应按图 2-4 的方式标注；

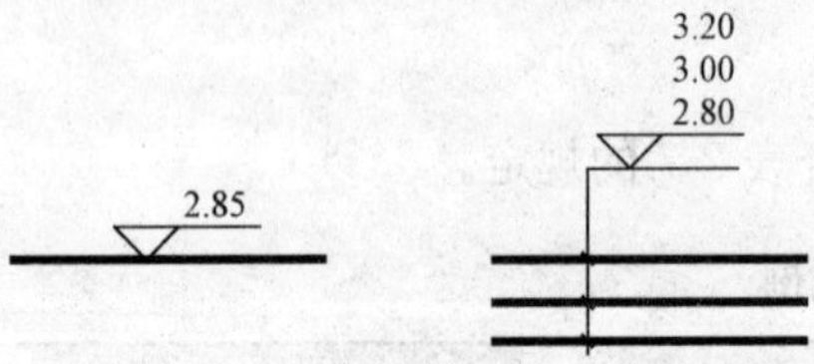

图 2-3　平面图中管道标高标注法

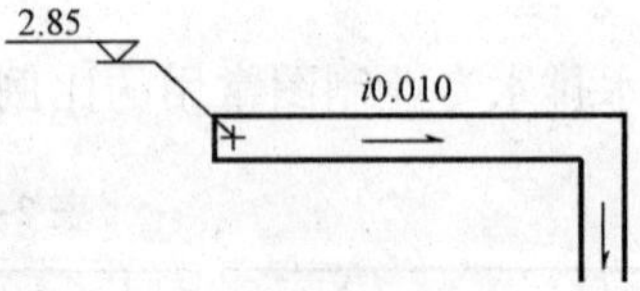

图 2-4　平面图中沟渠标高标注法

3)剖面图中，管道及水位的标高应按图 2-5 的方式标注；

4)轴测图中，管道标高应按图 2-6 的方式标注。

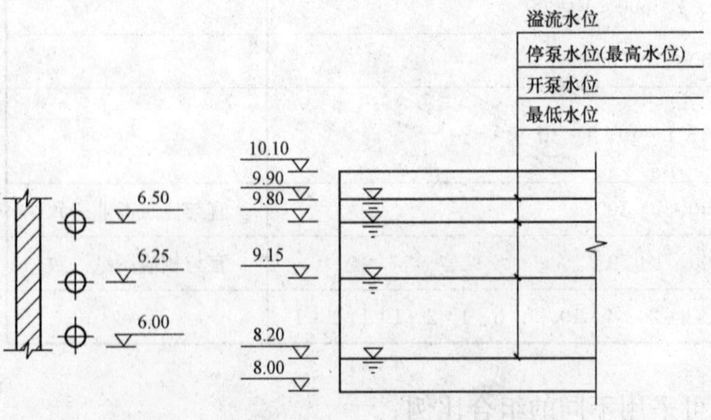

图 2-5　剖面图中管道及水位标高标注法

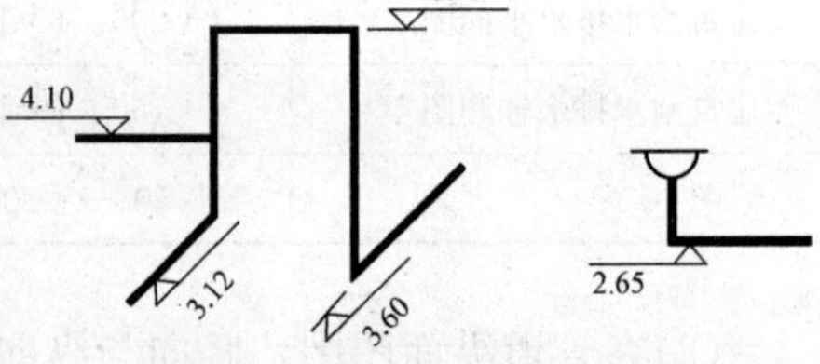

图 2-6　轴测图中管道标高标注法

(6)建筑物内的管道标高也可按本层建筑地面的标高加管道安装高度的方式标注，标注方法应为 H+×.×××，H 表示本层建筑地面标高。

4. 管径

(1)管径的单位应为 mm。

(2)管径的表达方法应符合下列规定：

1)水煤气输送钢管(镀锌或非镀锌)、铸铁管等管材，管径宜以公称直径 *DN* 表示；

2)无缝钢管、焊接钢管(直缝或螺旋缝)等管材，管径宜以外径 *D*×壁厚表示；

3)铜管、薄壁不锈钢管等管材，管径宜以公称外径 *Dw* 表示；

4)建筑给水排水塑料管材，管径宜以公称外径 *dn* 表示；

5)钢筋混凝土(或混凝土)管材，管径宜以内径 *d* 表示；

6)复合管、结构壁塑料管等管材，管径应按产品标准的方法表示；

7)当设计中均采用公称直径 *DN* 表示管径时，应有公称直径 *DN* 与相应产品规格对照表。

(3)管径的标注方法应符合下列规定：

1)单根管道时，管径应按图 2-7 的方式标注；

2)多根管道时，管径应按图 2-8 的方式标注。

图 2-7　单管管径表示法

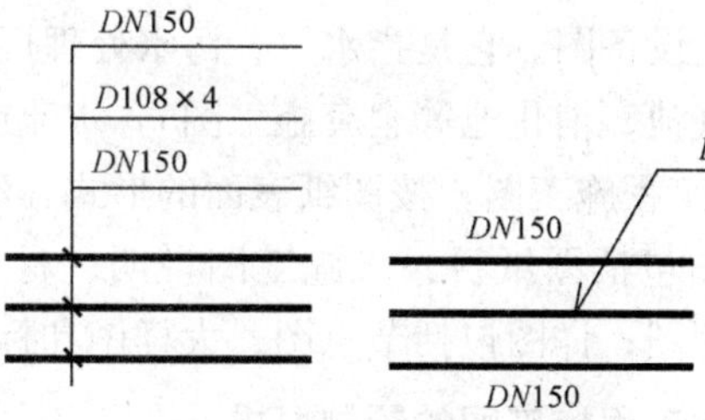

图 2-8　多管管径表示法

5. 编号

(1)当建筑物的给水引入管或排水排出管的数量超过一根时，应进行编号，编号宜按图 2-9 的方式表示。

(2)建筑物内穿越楼层的立管，其数量超过一根时应进行编号，编号宜按图 2-10 的方式表示。

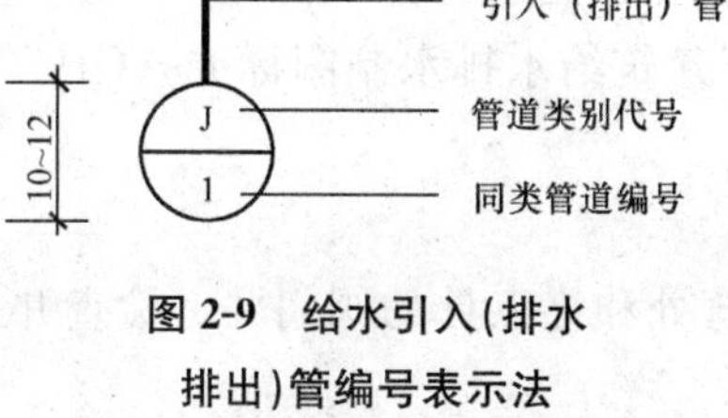

图 2-9　给水引入(排水排出)管编号表示法

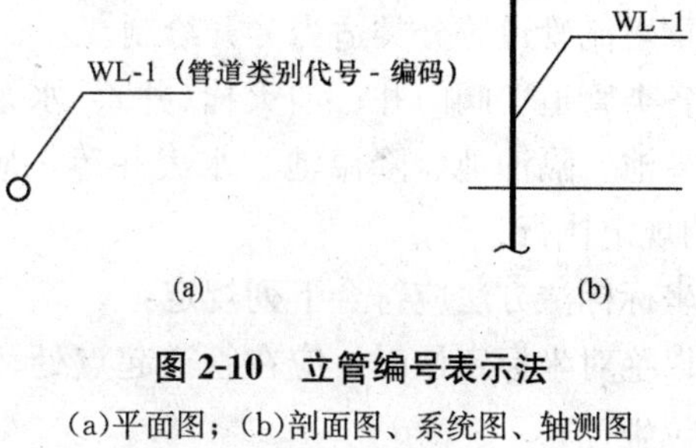

图 2-10　立管编号表示法

(a)平面图；(b)剖面图、系统图、轴测图

(3)在总图中，当同种给水排水附属构筑物的数量超过一个时，应进行编号，并应符合下列规定：

1)编号方法应用构筑物代号加编号表示；

2)给水构筑物的编号顺序宜为从上水源到干管，再从干管到支管，最后到用户；

3)排水构筑物的编号顺序宜为从上游到下游，先干管后支管。

(4)当给水排水工程的机电设备数量超过一台时，宜进行编号，并应有设备编号与设备名称对照表。

二、给水排水工程施工图识读

(一)给水排水工程施工图的分类

(1)给水排水工程施工图按内容来分，大致可以分为三类。

1)室外管道及附属设备图。它是指城镇居住区和工矿企业区的给水排水管道施工图。属于这类图样的有区域管道平面图、街道管道平面图、工矿企业厂区管道平面图、管道纵剖面图、管道上的附属设备图、泵站及水池和水塔管道施工图、污水及雨水出口施工图。

2)室内管道及卫生设备图。它是指一幢建筑物内的用水房屋(如厕所、浴室、厨房、试验室、锅炉房)以及工厂车间用水设备的管道平面布置图，管道系统平面图，卫生设备、用水设备、加热设备和水箱、水泵等的施工图。

3)水处理工艺设备图。它是指水厂、污水处理厂的平面布置图，水处理设备图(如沉淀池、过滤池、曝气池、消化池等全套施工图)，水流或污流流程图。

(2)给水排水工程施工图。按图纸表面的形式，给水排水工程施工图可分为基本图和详图两大类。基本图包括图纸目录、施工图说明、材料设备明细表、工艺流程图、平面图、轴测图和立(剖)面图；详图包括节点图、大样图和标准图。

(二)给水排水工程施工图的绘制要求

1. 总平面图绘制要求

(1)总平面图管道布置应符合下列规定。

1)建筑物和构筑物的名称、外形、编号、坐标、道路形状、比例和图样方向等，应与总图专业图纸一致，但所用图线应符合《建筑给水排水制图标准》(GB/T 50106—2010)的规定。

2)给水、排水、热水、消防、雨水和中水等管道宜绘制在一张图纸内。

3)当管道种类较多，地形复杂，全部管道在同一张图纸内表示不清楚时，宜按压力流管道、重力流管道等分类适当分开绘制。

4)各类管道、阀门井、消火栓(井)、水泵接合器、洒水栓井、检查井、跌水井、雨水口、化粪池、隔油池、降温池、水表井等，应按《建筑给水排水制图标准》(GB/T 50106—2010)的规定执行。

5)坐标标注方法应符合下列规定：

①以绝对坐标定位时，应在管道起点处、转弯处和终点处的阀门井、检查井等的中心标注定位坐标；

②以相对坐标定位时，应以建筑物外墙或轴线作为定位起始基准线，标注管道与该基准线的距离；

③圆形构筑物应以圆心为基点标注坐标或距建筑物外墙(或道路中心)的距离；

④矩形构筑物应以两对角线为基点标注坐标或距建筑外墙(或道路中心)的距离；

⑤坐标线、距离标注线均采用细实线绘制。

6)标高标注方法应符合下列规定：

①总图中标注的标高应为绝对标高；

②建筑物标注室内±0.00处的绝对标高时，应按图2-11的方式标注；

③管道标高应按“(3)总图管道布置图上标注管道标高宜符合下列规定”标注。

图2-11　室内±0.00处的绝对标高标注

7)管径标注方法应符合下列规定：

①管径代号应按《建筑给水排水制图标准》(GB/T 50106—2010)的规定选用；

②管径的标注方法应符合《建筑给水排水制图标准》(GB/T 50106—2010)的规定。

8)指北针或风玫瑰图应绘制在总图管道布图图样的右上角。

(2)给水管道节点图宜按下列规定绘制。

1)管道节点图可不按比例绘制，但节点位置、编号、接出管方向应与给水排水管道总图一致。

2)管道应注明管径、管长及泄水方向。

3)节点阀门井的绘制应包括下列内容：

①节点的平面形状和大小；

②阀门和管件的布置、管径及连接方式；

③节点阀门井中心与井内管道的定位尺寸。

4)必要时，节点阀门井应绘制剖面示意图。

5)给水管道节点图图样如图2-12所示。

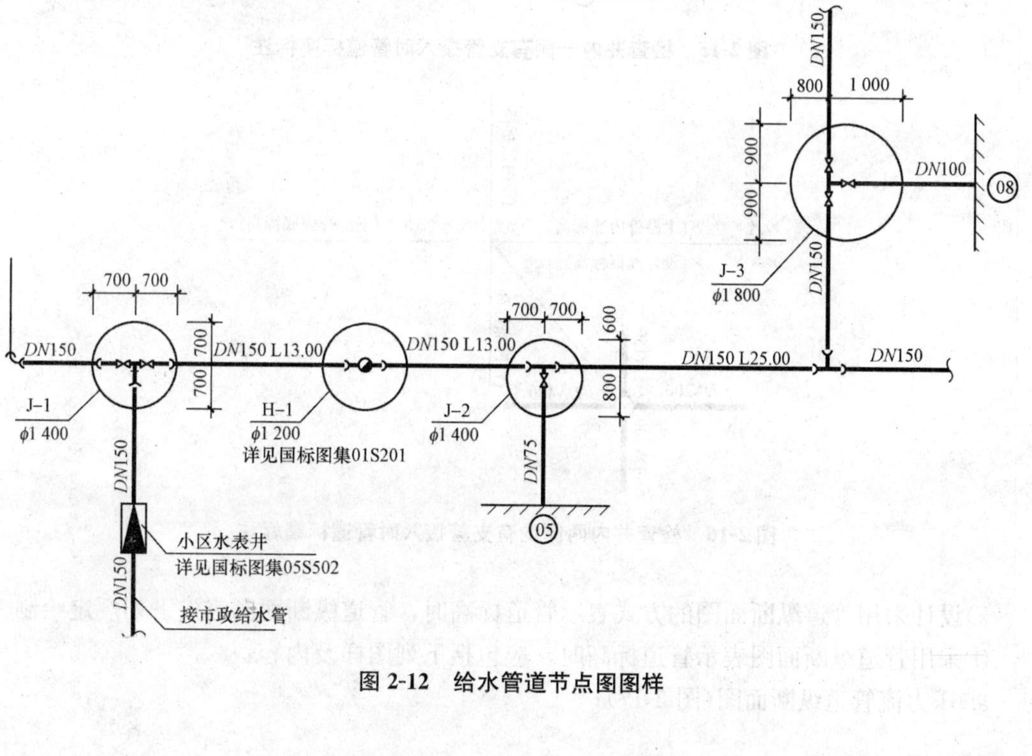

图2-12　给水管道节点图图样

(3)总图管道布置图上标注管道标高宜符合下列规定。

1)检查井内上、下游管道的管径无变径且无跌水时，宜按图 2-13 的方式标注。

2)检查井内上、下游管道的管径有变化或有跌水时，宜按图 2-14 的方式标注。

3)检查井内一侧有支管接入时，宜按图 2-15 的方式标注。

4)检查井内两侧均有支管接入时，宜按图 2-16 的方式标注。

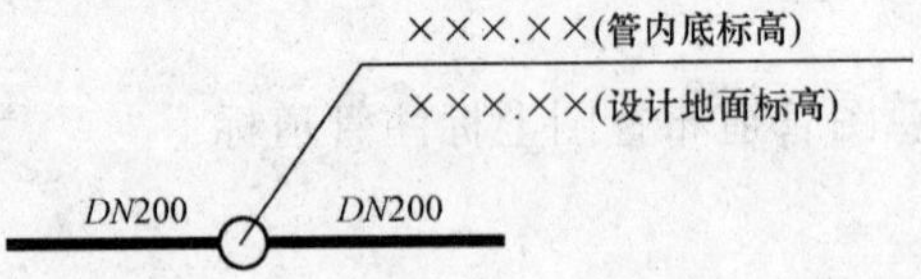

图 2-13　检查井内上、下游管道的管径无变径且无跌水时管道标高标注

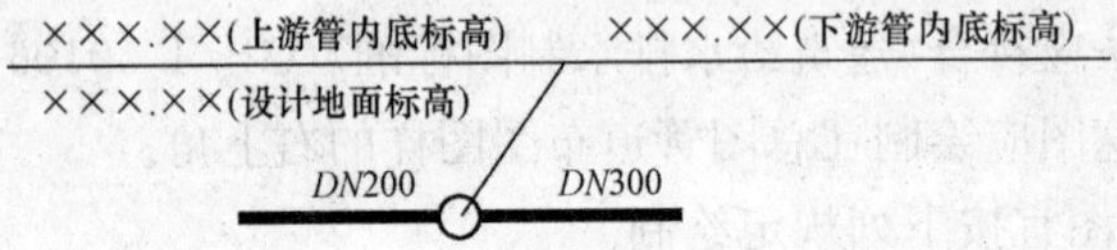

图 2-14　检查井内上、下游管道的管径有变化或有跌水时管道标高标注

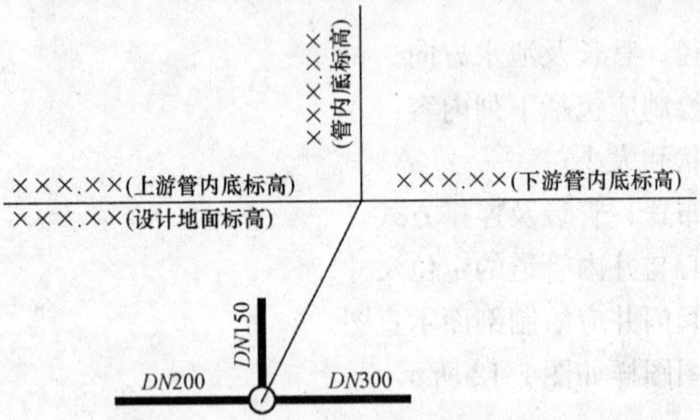

图 2-15　检查井内一侧有支管接入时管道标高标注

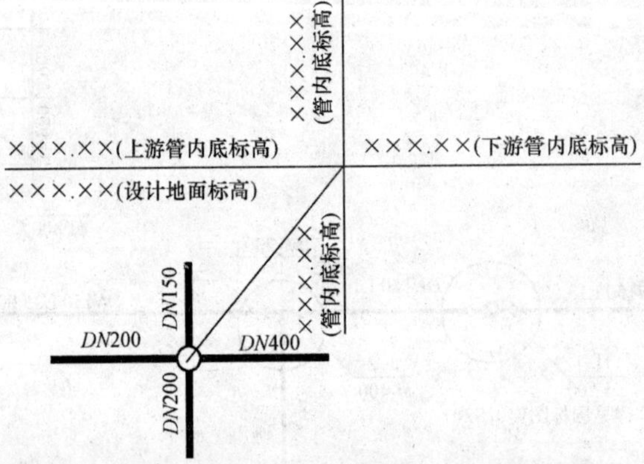

图 2-16　检查井内两侧均有支管接入时管道标高标注

5)设计采用管道纵断面图的方式表示管道标高时，管道纵断面图宜按下列规定绘制。

①采用管道纵断面图表示管道标高时，应包括下列图样及内容：

a. 压力流管道纵断面图(图 2-17)；

b. 重力管道纵断面图(图 2-18)。

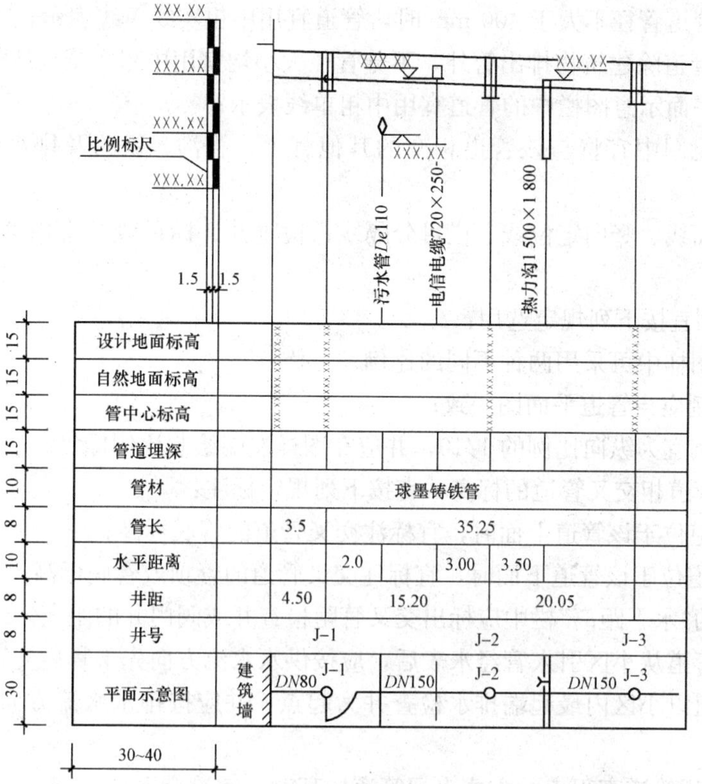

图 2-17　给水管道纵断面图(纵向 1∶500，竖向 1∶50)

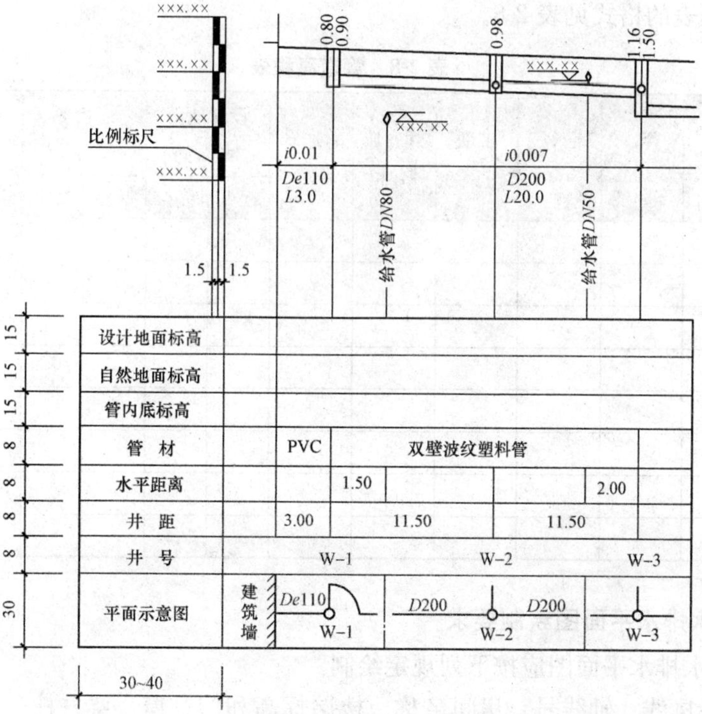

图 2-18　污水(雨水)管道纵断面图(纵向 1∶500，竖向 1∶50)

②管道纵断面图所用图线宜按下列规定选用：

a. 压力流管道管径不大于 400 mm 时，管道宜用中粗实线单线表示；

b. 重力流管道除建筑物排出管外，不分管径大小均宜用中粗实线双线表示；

c. 图样中平面示意图栏中的管道宜用中粗单线表示；

d. 平面示意图中宜将与该管道相交的其他管道、管沟、铁路及排水沟等按交叉位置给出；

e. 设计地面线、竖向定位线、栏目分隔线、检查井、标尺线等宜用细实线，自然地面线宜用细虚线。

③图样比例宜按下列规定选用：

a. 在同一图样中可采用两种不同的比例；

b. 纵向比例应与管道平面图一致；

c. 竖向比例宜为纵向比例的 1/10，并应在图样左端绘制比例标尺。

④绘制与管道相交叉管道的标高，宜按下列规定标注：

a. 交叉管道位于该管道上面时，宜标注交叉管道的管底标高；

b. 交叉管道位于该管道下面时，宜标注交叉管道的管顶或管底标高。

⑤图样中的“水平距离”栏中应标出交叉管距检查井或阀门井的距离，或相互间的距离。

⑥压力流管道从小区引入管经水表后，应按供水水流方向先干管后支管的顺序绘制。

⑦排水管道以小区内最起端排水检查井为起点，并应按排水水流方向先干管后支管的顺序绘制。

(4)设计采用管道高程表的方式表示管道标高时，宜符合下列规定。

1)重力流管道也可采用管道高程表的方式表示管道敷设标高。

2)管道高程表的格式见表 2-8。

表 2-8　管道高程表

序号	管段编号		管长/m	管径/mm	坡度/%	管底坡降/m	管底跌落/m	设计地面标高/m		管内底标高/m		埋深/m		备注
	起点	终点						起点	终点	起点	终点	起点	终点	
1														
2														
3														
4														
5														
6														
7														
8														

2. 建筑给水排水平面图绘制要求

(1)建筑给水排水平面图应按下列规定绘制。

1)建筑物轮廓线、轴线号、房间名称、楼层标高和门、窗、梁、柱、平台和绘图比例等，均应与建筑专业一致，但图线应用细实线绘制。

2)各类管道、用水器具和设备、消火栓、喷洒水头、雨水斗、立管、管道、上弯或下弯以及主要阀门、附件等，可参照《建筑给水排水制图标准》(GB/T 50106—2010)规定的图例。

管道种类较多，在一张平面图内表达不清楚时，可将给水排水、消防或直饮水管分开绘制相应的平面图。

3)各类管道应标注管径和管道中心距建筑墙、柱或轴线的定位尺寸，必要时还应标注管道标高。

4)管道立管应按不同管道代号在图面上自左至右按《建筑给水排水制图标准》(GB/T 50106—2010)的规定分别进行编号，且不同楼层同一立管编号应一致。

消火栓也可分楼层自左至右按顺序进行编号。

5)敷设在该层的各种管道和为该层服务的压力流管道均应绘制在该层的平面图上；敷设在下一层而为本层器具和设备排水服务的污水管、废水管和雨水管应绘制在本层平面图上。当有地下层时，各种排出管、引入管可绘制在地下层平面图上。

6)设备机房、卫生间等另绘制放大图时，应在这些房间内按《房屋建筑制图统一标准》(GB/T 50001—2010)的规定绘制引出线，并应在引出线上面注明“详见水施-××”字样。

7)平面图、剖面图中局部部位需另绘制详图时，应在平面图、剖面图和详图上按《房屋建筑制图统一标准》(GB/T 50001—2010)的规定绘制被索引详图图样和编号。

8)引入管、排出管应注明与建筑轴线的定位尺寸、穿建筑外墙的标高和防水套管形式，并应按《建筑给水排水制图标准》(GB/T 50106—2010)的规定，以管道类别自左至右按顺序进行编号。

9)管道布置不同的楼层应分别绘制平面图；管道布置相同的楼层可绘制一个楼层的平面图，并按现行国家标准《房屋建筑制图统一标准》(GB/T 50001—2010)的规定标注楼层地面标高。

平面图应按《建筑给水排水制图标准》(GB/T 50106—2010)的规定标注标高、管径和定位尺寸。

10)地面层(±0.000)平面图应在图幅的右上方按《房屋建筑制图统一标准》(GB/T 50001—2010)的规定绘制指北针。

11)建筑专业的建筑平面图采用分区绘制时，本专业的平面图也应分区绘制，分区部位和编号应与建筑专业一致，并应绘制分区组合示意图，各区管道相连但在该区中断时，第一区应用“至水施-××”，第二区左侧应用“自水施-××”，右侧应用“至水施-××”的方式表示，并应依此类推。

12)建筑各楼层地面标高应以相对标高标注，并应与建筑专业一致。

(2)屋面给水排水平面图应按下列规定绘制。

1)屋面形状、伸缩缝或沉降位置、图面比例、轴线号等应与建筑专业一致，但图线应采用细实线绘制。

2)同一建筑的楼层面如有不同标高，应分别注明不同高度屋面的标高和分界线。

3)屋面应绘制出雨水汇水天沟、雨水斗、分水线位置、屋面坡向、每个雨水斗的汇水范围，以及雨水横管和主管等。

4)雨水斗应进行编号，每个雨水斗宜注明汇水面积。

5)雨水管应标注管径、坡度。如雨水管仅绘制系统原理图，应在平面图上标注雨水管起始点及终止点的管道标高。

6)屋面平面图中还应绘制污水管、废水管、污水潜水泵坑等通气立管的位置，并应注明立管编号。当某标高层屋面设有冷却塔时，应按实际设计数量表示。

3. 管道系统图

(1)管道系统图应表示出管道内的介质流经的设备、管道、附件、管件等的连接和配置情况。

(2)管道展开系统图应按下列规定绘制。

1)管道展开系统图可不受比例和投影法则限制，可采用展开图绘制方法按不同管道种类分别用中粗实线进行绘制，并应按系统编号。一般高层建筑和大型公共建筑宜绘制管道展开系统图。

2)管道展开系统图应与平面图中的引入管、排出管、立管、横干管、给水设备、附件、仪器仪表及用水和排水器具等要素相对应。

3)应绘出楼层(含夹层、跃层、同层升高或下降等)地面线。层高相同时，楼层地面线应等距离绘制，并应在楼层地面线左端标注楼层层次和相对应的楼层地面标高。

4)立管排列应以建筑平面图左端立管为起点，顺时针方向自左向右按立管位置及编号依次排列。

5)横管应与楼层线平行绘制，并应与相应立管连接，为环状管道时两端应封闭，封闭线处宜绘制轴线号。

6)立管上的引出管和接入管应按所在楼层用水平线绘出，可不标注标高(标高应在平面图中标注)，其方向、数量应与平面图一致，为污水管、废水管和雨水管时，应按平面图接管顺序对应排列。

7)管道上的阀门、附件，给水设备、给水排水设施和给水构筑物等，均应按图例示意绘出。

8)立管偏置(不含乙字管和2个45°弯头偏置)时，应在所在楼层用短横管表示。

9)立管、横管及末端装置等应标注管径。

10)不同类别管道的引入管或排出管，应绘出所穿建筑外墙的轴线号，并应标注出引入管或排出管的编号。

(3)管道轴测系统图应按下列规定绘制。

1)轴测系统图应以45°正面斜轴测的投影规则绘制。

2)轴测系统图应采用与相对应的平面图相同的比例绘制。当局部管道密集或重叠处不容易表达清楚时，应采用断开绘制画法，也可采用细虚线连接画法绘制。

3)轴测系统图应绘出楼层地面线，并应标注出楼层地面标高。

4)轴测系统图应绘出横管水平转弯方向、标高变化、接入管或接出管以及末端装置等。

5)轴测系统图应将平面图中对应的管道上的各类阀门、附件、仪表等给水排水要素按数量、位置、比例一一绘出。

6)轴测系统图应标注管径、控制点标高或距楼层面的垂直尺寸、立管和系统编号，并应与平面图一致。

7)引入管和排出管均应标出所穿建筑外墙的轴线号、引入管和排出管编号、建筑室内地面线与室外地面线，并应标出相应标高。

8)卫生间放大图应绘制管道轴测图。多层建筑宜绘制管道轴测系统图。

(4)卫生间采用管道展开系统图时，应按下列规定绘制。

1)给水管、热水管应以立管或入户管为基点，按平面图的分支、用水器具的顺序依次绘制。

2)排水管道应按用水器具和排水支管接入排水横管的先后顺序依次绘制。

3)卫生器具、用水器具给水和排水接管，应以其外形或文字形式予以标注，其顺序、数量应与平面图相同。

4)展开系统图可不按比例绘制。

4. 局部平面放大图、剖面图

(1)局部平面放大图应按下列规定绘制。

1)本专业设备机房、局部给水排水设施和卫生间等按《建筑给水排水制图标准》(GB/T 50106—2010)第 4.3.1 条规定的平面图难以表达清楚时，应绘制局部平面放大图。

2)局部平面放大图应将设计选用的设备和配套设施，按比例全部用细实线绘制出其外形或基础外框、配电、检修通道、机房排水沟等平面布置图和平面定位尺寸，对设备、设施及构筑物等应按《建筑给水排水制图标准》(GB/T 50106—2010)的规定自左向右、自上而下地进行编号。

3)应按图例绘出各种管道与设备、设施及器具等相互接管关系以及在平面图中的平面定位尺寸，当管道用双线绘制时，应采用中粗实线按比例绘出，管道中心线应用单点长画细线表示。

4)各类管道上的阀门、附件应按图例、按比例、按实际位置绘出，并应标注出管径。

5)局部平面放大图应以建筑轴线编号和地面标高定位，并应与建筑平面图一致。

6)绘制设备机房平面放大图时，应在图签的上部绘制“设备编号与名称对照表”(图 2-19)。

7)卫生间如绘制管道展开系统图，应标出管道的标高。

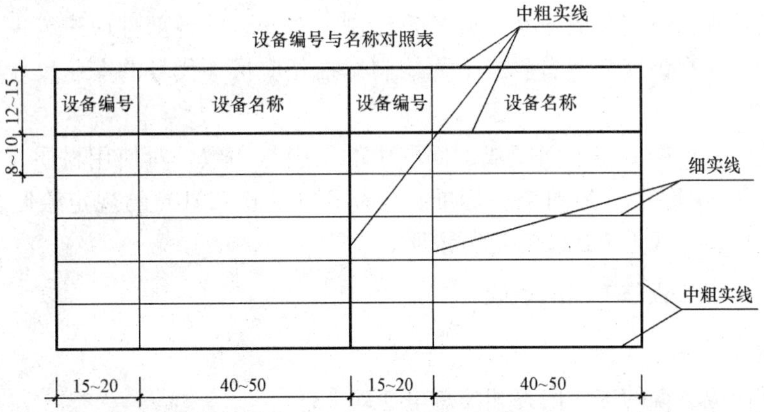

图 2-19　设备编号与名称对照表

(2)剖面图应按下列规定绘制。

1)设备、设施数量多，各类管道重叠、交叉多，且用轴测图难以表示清楚时，应绘制剖面图。

2)剖面图的建筑结构外形应与建筑结构专业一致，应用细实线绘制。

3)剖面图的剖切位置应选在能反映设备、设施及管道全貌的部位。剖切线、投射方向、剖切符号编号、部切线转折等，应符合《房屋建筑制图统一标准》(GB/T 50001—2010)的规定。

4)剖面图应在剖切面处按直接正投影法绘制出沿投影方向看到的设备和设施的形状、基础形式、构筑物内部的设备设施和不同水位线标高、设备设施和构筑物的各种管道连接关系、仪器仪表的位置等。

5)剖面图还应表示出设备、设施和管道上的阀门、附件和仪器仪表等的位置及支架(或吊架)形式。剖面图局部部位需要另绘详图时，应标注索引符号，索引符号应按《房屋建筑制图统一标准》(GB/T 50001—2010)的规定绘制。

6)应标注出设备、设施、构筑物、各类管道的定位尺寸、标高、管径，以及建筑结构的空间尺寸。

7)仅表示某楼层管道密集处的剖面图，宜绘制在该层平面图内。

8)剖切线应用中粗线，剖切面编号应用阿拉伯数字按从左至右的顺序编号，剖切编号应标注在剖切线一侧，剖切编号所在侧应为该剖切面的剖示方向。

(3)安装图和详图应按下列规定绘制。

1)无定型产品可供设计选用的设备、附件、管件等应绘制制造详图。无标准图可供选用的用水器具安装图、构筑物节点图等，应绘制施工安装图。

2)设备、附件、管件等制造详图，应以实际形状绘制总装图，并应对各零部件进行编号，再对零部件绘制制造图。该零部件下面或左侧应绘制包括编号、名称、规格、材质、数量、质量等内容的材料明细表；其图线、符号、绘制方法等应按现行国家标准《机械制图　图样画法　图线》(GB/ T 4457.4—2002)、《机械制图　剖面区域的表示法》(GB/T 4457.5—2013)、《机械制图　装配图中零、部件序号及其编排方法》(GB/T 4458.2—2003)的有关规定绘制。

3)设备及用水器具安装图应按实际外形绘制，对安装图各部件应进行编号，应标注安装尺寸代号，并应在该安装图右侧或下面绘制包括相应尺寸代号的安装尺寸表和安装所需的主要材料表。

4)构筑物节点详图应与平面图或剖面图中的索引号一致，对使用材质、构造做法、实际尺寸等，应按《房屋建筑制图统一标准》(GB/T 50001—2010)的规定绘制多层共用引出线，并应在各层引出线上方用文字进行说明。

(三)给水排水工程施工图的识读

1. 平面图的识读

识读平面图应掌握的主要内容和注意事项如下：

(1)查明卫生器具、用水设备(开水炉、水加热器等)和升压设备(水泵、水箱)的类型、数量、安装位置、定位尺寸。卫生器具及各种设备通常是用图例来表示的，它只能说明器具和设备的类型，而没有具体表现各部分的尺寸及构造。因此，必须结合有关详图或技术资料，搞清楚这些器具和设备的构造、接管方式和尺寸。对常用的卫生器具和设备的构造和安装尺寸应做到心中有数，以便于准确无误地计算工程量。

(2)弄清楚给水引入管和污水排出管的平面位置、走向、定位尺寸、与室外给水排水管网的连接形式、管径、坡度等。给水引入管通常是从用水量最大或不允许间断供水的位置引入，这样可使大口径管道最短，供水可靠。给水引入管上一般都装设阀门。阀门如果装在室外阀门井内，在平面图上就能够表示出来，这时要查明阀门的型号、规格及距建筑物的距离。

污水排出管与室外排水总管的连接，是通过检查井来实现的。要了解检查井距外墙的距离，即排出管的长度。排出管在检查井内通常取管顶平接(排出管与检查井内排水管的管顶标高相同)，以免排出管埋设过深或产生倒流。

给水引入管和污水排出管通常都标注上系统编号，编号和管道种类分别写在直径为8～10 mm的圆圈内，圆圈内过圆心画一水平线，线上面标注管道种类，例如给水系统写“给”或汉语拼音字母“J”，污水系统写“污”或汉语拼音字母“W”。线下面，用阿拉伯数字标注编号。

(3)查明给水排水干管、立管、支管的平面位置、走向、管径及立管编号。平面图上的管线虽然是示意性的，但是它还是按一定比例绘制的，所以，计算平面图上的工程量可以结合详图、图注尺寸或用比例尺计算。

如果系统内立管较少，可只在引入管处进行系统编号。只有当立管较多时，才在每个立管旁边进行编号。立管编号标注方法与系统编号标注方法基本相同。

(4)在给水管道上设置水表时，要查明水表的型号、安装位置以及水表前后的阀门设置。

(5)对于室内排水管道，还要查明清通设备的布置情况，明露敷设弯头和三通。有时为了便于清扫，在适当位置设置有门弯头和有门三通(即设有清扫口的弯头和三通)。在识读时也要注意：对于大型厂房，要注意其是否设置有检查井及检查井进口管的连接方向；对于雨水管道，要查明雨水斗的型号、数量及布置情况，并结合详图搞清楚雨水斗与天沟的连接方式。

2. 系统轴测图的识读

给水和排水管道系统轴测图，通常按系统画成正面斜等测图，主要表明管道系统的立体走向。在给水系统轴测图上，卫生器具不画出来，只画出水龙头、淋浴器莲蓬头、冲洗水箱等符号；用水设备(例如锅炉、热交换器、水箱等)则画出示意性的立体图，并在支管上注以文字说明，在排水系统轴测图上也只画出相应的卫生器具的存水弯或器具排水管。

识读系统轴测图应掌握的主要内容和注意事项如下：

(1)查明给水管道系统的具体走向、干管的敷设形式、管径及其变径情况，阀门的设置，引入管、干管及各支管的标高。

识读给水管道系统图时，一般按引入管、干管、立管、支管及用水设备的顺序进行。

(2)查明排水管道系统的具体走向、管路分支情况、管径、横管坡度、管道各部位标高、存水弯形式、清通设备的设置情况以及弯头和三通的选用(90°弯头还是135°弯头，正三通还是斜三通等)。

识读排水管道系统图时，一般是按卫生器具或排水设备的存水弯、器具排水管、排水横管、立管、排出管的顺序进行。

在识读时，结合平面图及说明，了解和确定管材和管件。为了保证水流通畅，根据管道敷设的位置，排水管道往往选用135°弯头和斜三通，在分支处变径不用大小头而用变径三通。存水弯头有铸铁、黑铁和P式、S式以及有清扫口和不带清扫口之分。在识读图纸时，也要弄清楚卫生器具的种类、型号和安装位置等。

(3)在给水排水施工图上一般不表示管道支架，而由施工人员按规程和习惯做法自己确定。给水管支架一般分为管卡、钩钉、吊环和角钢托架，支架需要的数量及规格应在识读图纸时确定下来。民用建筑的明装给水管通常用管卡，工业厂房给水管则多用角钢托架或吊环。铸铁排水立管通常用铸铁立管卡子，装设在铸铁排水管的承口上面，每根管子上设1个；铸铁排水横管则采用吊卡，间距不超过2 m，吊在承口上。

第三节　采暖工程施工图识读

一、采暖工程施工图的内容

(1)设计说明书。设计说明书用来说明设计意图和施工中需要注意的问题。通常在设计说明书中应说明的事项主要包括总耗热量，热媒的来源及参数，各个不同房间内的温度、相对湿度，采暖管道材料的种类、规格，管道保温材料、保温厚度及保温方法，管道及设备的刷油遍数及要求等。

(2)施工图。采暖施工图分为室外与室内两部分。室外部分表明一个区域(例如一个住宅小区或一个工矿区)内的供热系统热媒输送干管的管网布置情况，其中包括管道敷设总平面图、管道横剖面图、管道纵剖面图和详图。室内部分表明一幢建筑物的供暖设备、管道安装情况和施工要求。它一般包括供暖平面图、系统图、详图。

(3)设备材料表。采暖工程所需要的设备和材料，在施工图册中都列有设备材料清单，以备订货和采购之用。

二、室内采暖工程施工图的识读

1. 平面图的识读

室内采暖工程平面图主要表示管道、附件及散热器在建筑物平面上的位置以及它们之间的相互关系。平面图是采暖施工的主要图纸，识读时要掌握的主要内容和注意事项如下：

(1)了解建筑物内散热器(热风机、辐射板等)的平面位置、种类、片数以及散热器的安装方式(明装、暗装或半暗装)。

(2)了解水平干管的布置方式、干管上的阀门、固定支架、补偿器等的平面位置和型号以及干管的管径。

(3)通过立管编号查清系统立管的数量和布置位置。

(4)在热水采暖系统平面图上还标有膨胀水箱、集气罐等设备的位置、型号以及设备上连接管道的平面布置和管道直径。

(5)在蒸汽采暖系统平面图上还标有疏水装置的平面位置及其规格尺寸。水平管的末端常积存凝结水，为了排除这些凝结水，在系统末端设有疏水装置。另外，当水平干管抬头登高时，在转弯处也要设疏水器。识读时，要了解疏水器的规格及疏水装置的组成。

(6)查明热媒入口及入口地沟的情况。当热媒入口无节点图时，平面图上一般将入口装置中各配件、阀件(直口减压阀、混水器、疏水器、分水器、分气缸、除污器、控制阀门等)管径、规格，以及热媒来源、流向、参数等表示清楚。如果入口装置是按标准图设计的，则在平面图上注有规格及标准图号，识读时可按标准图号查阅标准图。如果施工图中画有入口装置节点图，可按平面图标注的节点图编号查找热媒入口放大图进行识读。

2. 系统轴测图的识读

采暖系统轴测图表示从热媒入口至出口的管道、散热器、主要设备、附件的空间位置和相互关系。系统轴测图是以平面图为主视图进行斜投影绘制的斜等测图。识读系统轴测图要掌握的主要内容和注意事项如下：

(1)采暖系统轴测图可以清楚地表达出干管与立管之间以及立管、支管与散热器之间的连接方式、阀门安装位置及数量，使整个系统的管道空间布置等一目了然。散热器支管都有一定的坡度，其中供水支管坡向散热器，回水支管则坡向回水立管。同时，要了解各管段管径、坡度坡向、水平管的标高、管道的连接方法，以及立管编号等。

(2)了解散热器的类型及片数。光排管散热器，要查明散热器的型号(A 型或 B 型)、管径、排数及长度；翼型或柱型散热器，要查明散热器的规格、片数以及带脚散热器的片数；其他采暖方式，则要查明采暖器具的形式、构造及标高等。

(3)要查清各种阀件、附件与设备在系统中的位置，凡注有规格型号者，要与平面图和材料明细表进行核对。

(4)查明热媒入口装置中各种设备、附件、阀门、仪表之间的关系及热媒的来源、流向、坡向、标高、管径等。当有节点详图时，要查明详图编号。

3. 详图的识读

详图是表明某些供暖设备的制作、安装和连接的详细情况的图样。

室内采暖详图包括标准图和非标准图两种。标准图包括散热器的连接与安装、膨胀水箱的制作与安装、集气罐和补偿器的制作与连接等，它可直接查阅标准图集或有关施工图。非标准图是指为在平面图、系统图中表示不清而又无标准详图的节点和做法另绘制出的详图。

燃气工程施工图包括设计总说明、庭院燃气管道平面布置图、室内燃气管道平面布置图、室内燃气管道系统图和详图、设备材料表等部分。

(1)设计总说明。设计总说明是用文字对施工图上无法表示出来而施工人员必须知道的内容予以说明，例如工程规模、燃气种类、燃气用具情况、管道压力、管道材料、管道气密性检验方法、管道防腐方式和敷设方式、管道之间的安全净距等，以及设计上对施工的特殊要求等。

(2)平面图。平面图分为庭院燃气管道平面布置图和室内燃气管道平面布置图。庭院燃气管道平面布置图主要表示室外燃气管道的平面分布、管道的走向；室内燃气管道平面布置图主要表示燃气引入管、立管和下垂管的位置。根据引入管引入位置的不同，施工图应分层表示。室内燃气管道平面布置图常用的比例有 1∶50、1∶100、1∶200，在图中均应有标注。庭院燃气管道平面布置图常用的比例有 1∶500、1∶1 000、1∶10 000 等。

庭院燃气管道平面布置图主要反映以下内容：

1)现状道路或规划道路的中心线及折点坐标。

2)燃气主管与市政燃气管道的连接位置和管径。

3)庭院管道的分布、管径、坡度，分支管道变径等。

4)凝水缸的位置。

5)阀门井的位置。

6)楼前管道的管径、管材，燃气管道与建筑物和其他主要管道、设备的间距。

7)调压设施的布置。

室内燃气管道平面布置图主要反映以下内容：

1)单元燃气管道引入管的位置、引入方法。

2)室内立管、下垂管的管径、位置和坡向等。

3)燃气表的安装位置及方式。

4)室内燃气具的安装位置。

(3)系统图。燃气系统图表示燃气管道的立体走向，是根据各层立管、下垂管的位置及竖向标高，用斜轴测投影绘制而成的。燃气系统图所用比例通常为1∶100或1∶50，也可以不按比例绘制。系统图应标注立管管径、支管管径、水平管道坡度、管道标高，以及活接位置、套管位置等。

(4)设备材料表。燃气工程所需要的设备和材料，在施工图册中都列有设备材料清单，以备订货和采购之用。

三、燃气工程施工图的识读

燃气工程施工图分为室内和室外燃气管道的施工图。识读燃气管道施工图应按照燃气流向进行。

1. 室内燃气管道平面图

识读室内燃气管道平面图时，应注意了解以下内容：

(1)燃气引入管的位置、方法和管径。

(2)楼前燃气管道与建筑物的间距。

(3)底层和标准层中立管、下垂管的位置。

(4)燃气具安装位置。燃气具安装时，应考虑具体的安全距离要求。

2. 室外(庭院)燃气管道平面图

识读室外(庭院)燃气管道平面图时，应注意了解以下内容：

(1)整个燃气工程的燃气接入点及参数。

(2)燃气调压设施的位置。

(3)庭院管道的埋设深度。

(4)燃气管道的坡度和凝水缸的位置。

(5)庭院管道的管径、长度以及与建(构)筑物的间距。

3. 燃气管道系统图

燃气管道系统图是用正面斜等轴测方法绘制的，表明各层立管、燃气表、下垂管的位置及竖向标高。识读系统图时，应将平面图和系统图结合对照进行，以弄清空间布置关系。

识读系统图时，应注意了解以下内容：

(1)室内、室外地坪标高基准。

(2)建筑物的层高。

(3)明确室外燃气管道的埋设深度、坡度。

(4)引入管与庭院管道的连接结构。

(5)引入管的安装方式，是地上引入还是地下引入。

(6)立管管径、立管阀的位置。

(7)燃气表的连接形式，是左进右出还是右进左出。

(8)灶前阀的安装高度。

第四节　通风空调工程施工图识读

一、通风空调工程管道常见画法

(1)各工程、各阶段的设计图纸应满足相应的设计深度要求。

(2)本专业设计图纸编号应独立。

(3)在同一套工程设计图纸中，图样的线宽组、图例、符号等应一致。

(4)在工程设计中，宜依次表示图纸目录、选用图集(纸)目录、设计施工说明、图例、设备及主要材料表、总图、工艺图、系统图、平面图、剖面图、详图等，当单独成图时，其图纸编号应按所述顺序排列。

(5)图样需要的文字说明，宜以“注:”“附注:”或“说明:”的形式在图纸右下方、标题栏的上方书写，并用“1、2、3、…”进行编号。

(6)一张图幅内绘制平、剖面等多种图样时，平面图、剖面图、安装详图宜按从上至下、从左至右的顺序排列。当一张图幅绘有多层平面图时，宜按建筑层次由低至高、由下而上的顺序排列。

(7)图纸中的设备或部件不使用文字标注时，可进行编号。图样中仅标注编号时，其名称宜以“注:”“附注:”或“说明:”表示。当需表明其型号(规格)、性能等内容时，宜用“明细栏”表示，如图 2-20 所示。

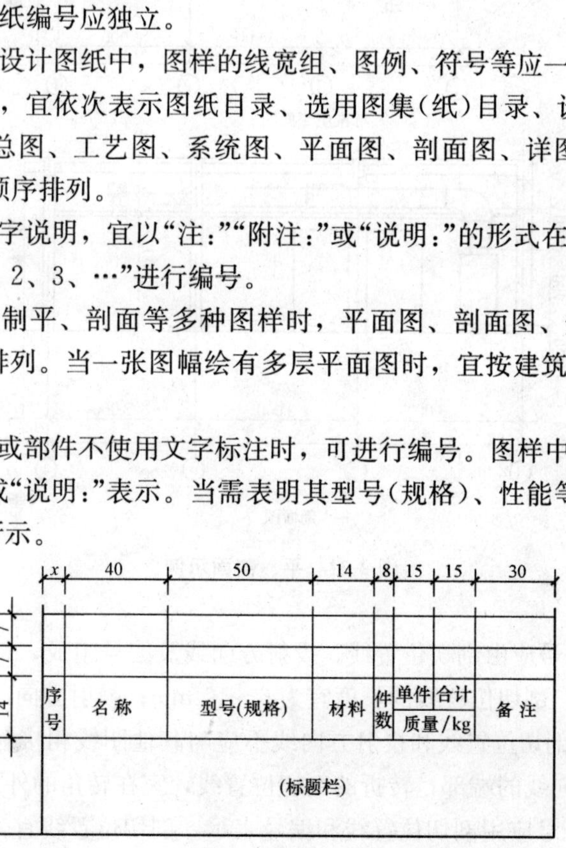

图 2-20　明细栏示例

(8)初步设计和施工图设计的设备表应至少包括序号(或编号)、设备名称、技术要求、数量、备注栏；材料表应至少包括序号(或编号)、材料名称、规格或物理性能、数量、单位、备注栏。

二、管道和设备布置平面图、剖面图及详图

(1)管道和设备布置平面图、剖面图应以直接正投影法绘制。

(2)用于暖通空调系统设计的建筑平面图、剖面图，应用细实线绘出建筑轮廓线和与暖通空调系统有关的门、窗、梁、柱、平台等建筑构配件，并应标明相应定位轴线编号、房间名称、平面标高。

(3)管道和设备布置平面图应按假想除去上层板后俯视规则绘制，其相应的垂直剖面图应在平面图中标明剖切符号，如图 2-21 所示。

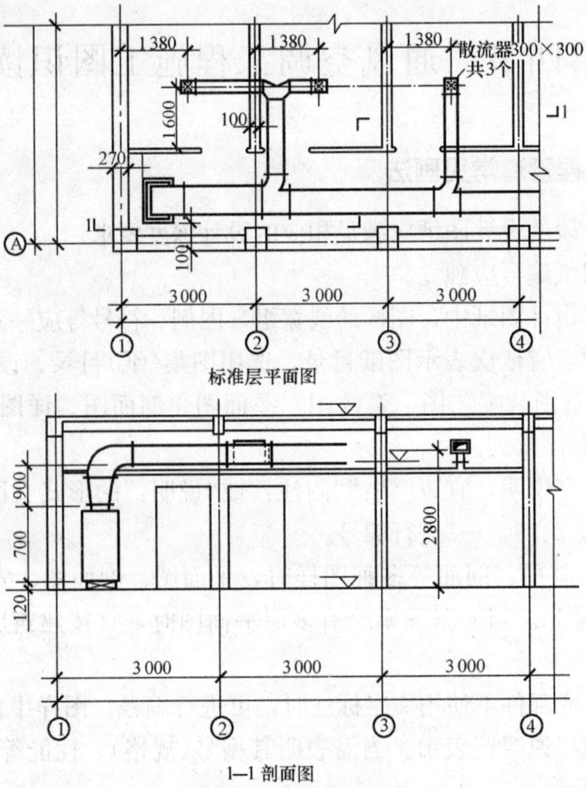

图 2-21　平、剖面示例

(4)剖视的剖切符号应由剖切位置线、投射方向线及编号组成，剖切位置线和投射方向线均应以粗实线绘制。剖切位置线的长度宜为 6～10 mm；投射方向线长度应短于剖切位置线，宜为 4～6 mm；剖切位置线和投射方向线不应与其他图线相接触；编号宜用阿拉伯数字，并宜标在投射方向线的端部；转折的剖切位置线，宜在转角的外顶角处加注相应编号。

(5)断面的剖切符号应用剖切位置线和编号表示。剖切位置线宜为长度 6～10 mm 的粗实线；编号可用阿拉伯数字、罗马数字或小写拉丁字母标在剖切位置线的一侧，并应表示投射方向。

(6)平面图上应标注设备、管道定位(中心、外轮廓)线与建筑定位(轴线、墙边、柱边、

柱中)线间的关系；剖面图上应标注出设备、管道(中、底或顶)标高。必要时，还应标注出距该层楼(地)板面的距离。

(7)剖面图应在平面图上选择反映系统全貌的部位垂直剖切后绘制。当剖切的投射方向为向下和向右且不致引起误解时，可省略剖切方向线。

(8)建筑平面图采用分区绘制时，暖通空调专业平面图也可分区绘制，但分区部位应与建筑平面图一致，并应绘制分区组合示意图。

(9)除方案设计、初步设计及精装修设计外，平面图、剖面图中的水、气管道可用单线绘制，风管不宜用单线绘制。

(10)平面图、剖面图中的局部需另绘详图时，应在平、剖面图上标注索引符号。索引符号的画法如图 2-22 所示。

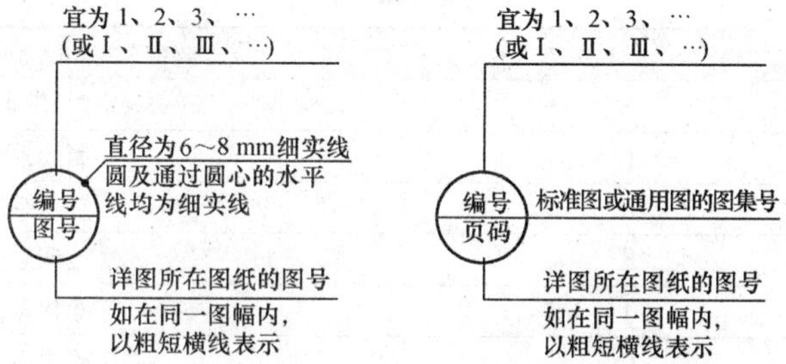

图 2-22　索引符号的画法

(11)当表示局部位置的相互关系时，在平面图上应标注内视符号，如图 2-23 所示。

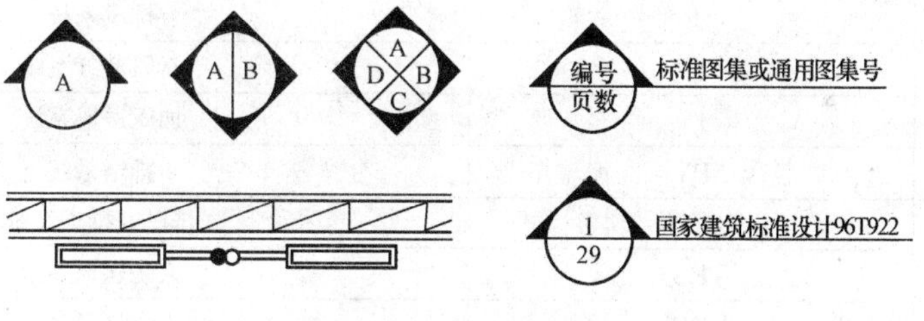

图 2-23　内视符号画法

三、管道系统图、原理图

(1)管道系统图应能确认管径、标高及末端设备，可按系统编号分别绘制。

(2)管道系统图采用轴测投影法绘制时，宜采用与相应的平面图一致的比例。按正等轴测或正面斜二轴测的投影规则绘制，可按现行国家标准《房屋建筑制图统一标准》(GB/T 50001—2010)绘制。

(3)在不致引起误解时，管道系统图可不按轴测投影法绘制。

(4)管道系统图的基本要素应与平、剖面图相对应。

(5)水、气管道及通风、空调管道系统图均可用单线绘制。

(6)系统图中的管线重叠、密集处，可采用断开画法。断开处宜以相同的小写拉丁字母表示，也可用细虚线连接。

(7)室外管网工程设计宜绘制管网总平面图和管网纵剖面图。

(8)原理图可不按比例和投影规则绘制。

(9)原理图基本要素应与平面图、剖视图及管道系统图相对应。

四、系统编号

(1)在一个工程设计中同时有供暖、通风、空调等两个及其以上的不同系统时，应进行系统编号。

(2)暖通空调系统编号、入口编号，应由系统代号和顺序号组成。

(3)系统代号用大写拉丁字母表示(表 2-9)，顺序号用阿拉伯数字表示，如图 2-24 所示。当一个系统出现分支时，可采用图 2-24(b)的画法。

表 2-9　系统代号

序号	字母代号	系统名称
1	N	(室内)供暖系统
2	L	制冷系统
3	R	热力系统
4	K	空调系统
5	J	净化系统
6	C	除尘系统
7	S	送风系统
8	X	新风系统
9	H	回风系统
10	P	排风系统
11	XP	新风换气系统
12	JY	加压送风系统
13	PY	排烟系统
14	P(PY)	排风兼排烟系统
15	RS	人防送风系统
16	RP	人防排风系统

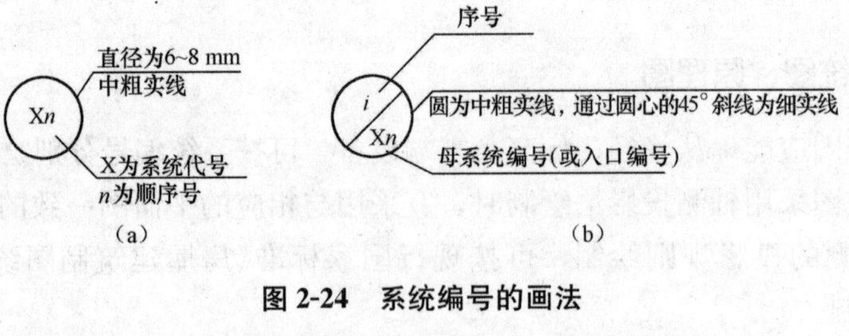

图 2-24　系统编号的画法

(4)系统编号宜标注在系统总管处。

(5)竖向布置的垂直管道系统，应标注立管号，如图 2-25 所示。在不致引起误解时，可只标注序号，但应与建筑轴线编号有明显区别。

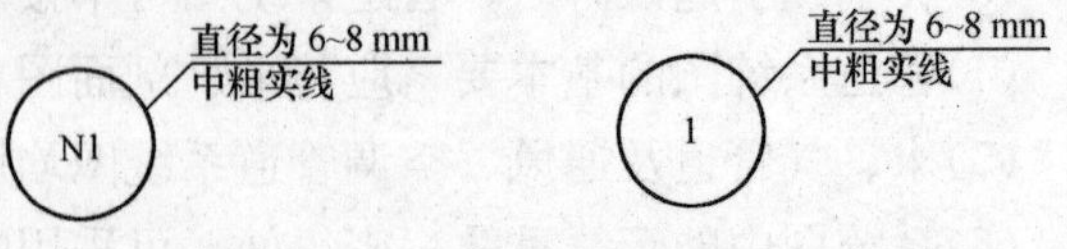

图 2-25　立管号的画法

五、管道标高、管径(压力)、尺寸标注

(1)在无法标注垂直尺寸的图样中，应标注标高。标高应以 m 为单位，并应精确到 cm 或 mm。

(2)标高符号应以等腰直角三角形表示。当标准层较多时，可只标注本层楼(地)板面的相对标高，如图 2-26 所示。

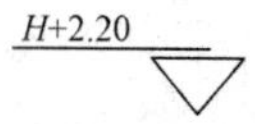

图 2-26　相对标高的画法

(3)水、气管道所注标高未予说明时，应表示管中心标高。

(4)水、气管道标注管外底或顶标高时，应在数字前加“底”或“顶”字样。

(5)矩形风管所注标高应表示管底标高；圆形风管所注标高应表示管中心标高。当不采用此方法标注时，应进行说明。

(6)低压流体输送用焊接管道规格应标注公称通径或公称压力。公称通径的标记应由字母“*DN*”后跟一个以毫米表示的数值组成；公称压力的代号应为“*PN*”。

(7)输送流体用无缝钢管、螺旋缝或直缝焊接钢管、铜管、不锈钢管，当需要注明外径和壁厚时，应用“*D*(或 ϕ)外径×壁厚”表示。在不致引起误解时，也可采用公称通径表示。

(8)塑料管外径应用“*de*”表示。

(9)圆形风管的截面定型尺寸应以直径“ϕ”表示，单位应为 mm。

(10)矩形风管(风道)的截面定型尺寸应以“$A\times B$”表示。A 应为该视图投影面的边长尺寸，B 应为另一边尺寸。A、B 单位均应为 mm。

(11)平面图中无坡度要求的管道标高可标注在管道截面尺寸后的括号内。必要时，应在标高数字前加“底”或“顶”字样。

(12)水平管道的规格宜标注在管道的上方；竖向管道的规格宜标注在管道的左侧；双线表示的管道，其规格可标注在管道轮廓线内，如图 2-27 所示。

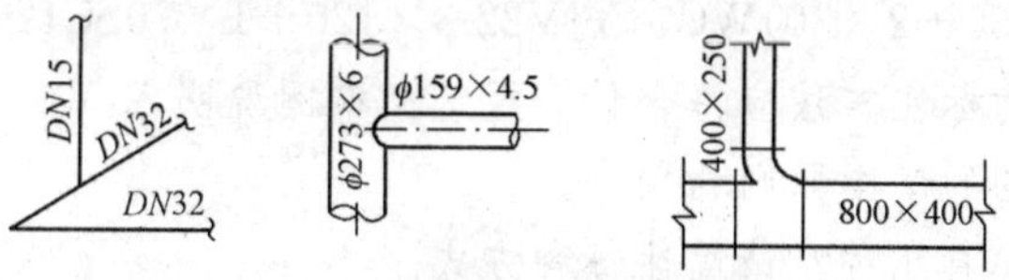

图 2-27　管道截面尺寸的画法

(13)当斜管道不在图 2-28 所示 30°范围内时，其管径(压力)、尺寸应平行标在管道的斜上方。不用图 2-28 的方式标注时，可用引出线标注。

(14)多条管线的规格标注方法如图 2-29 所示。

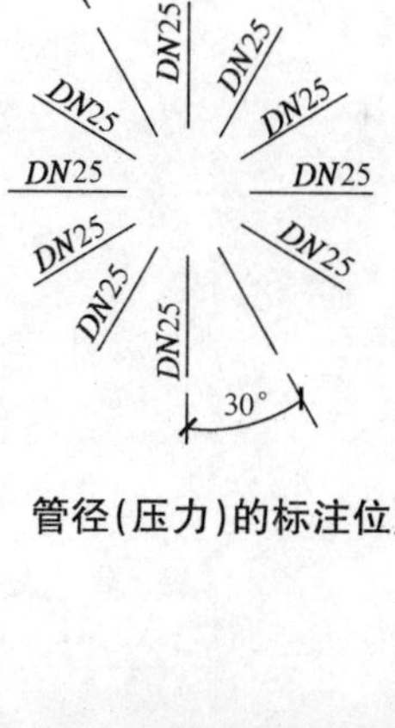

图 2-28　管径(压力)的标注位置示例

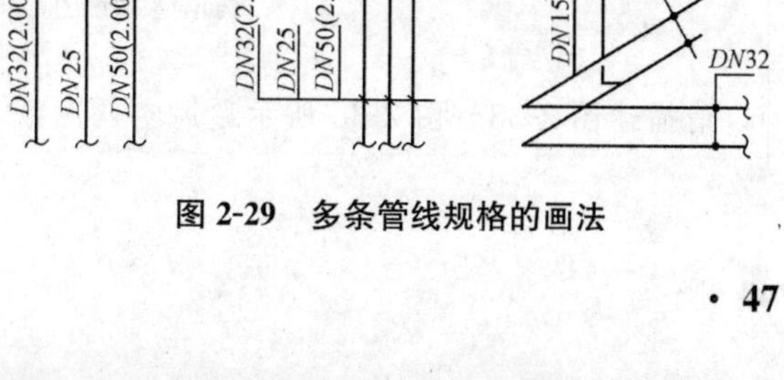

图 2-29　多条管线规格的画法

(15)风口的表示方法如图 2-30 所示。

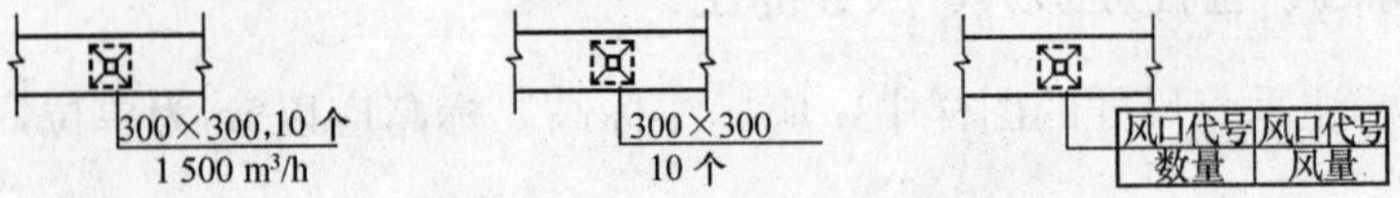

图 2-30　风口、散流器的表示方法

(16)图样中尺寸标注应按现行国家标准的有关规定执行。

(17)平面图、剖面图上如需标注连续排列的设备或管道的定位尺寸和标高时，应至少有一个误差自由段，如图 2-31 所示。

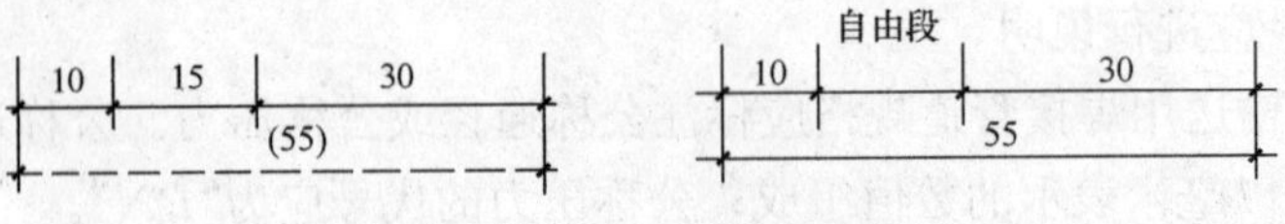

图 2-31　定位尺寸的表示方法

(18)挂墙安装的散热器说明安装高度。

(19)设备加工(制造)图的尺寸标注应按现行国家标准《机械制图　尺寸注法》(GB/T 4458.4—2003)的有关规定。焊缝应按现行国家标准《技术制图　焊缝符号的尺寸、比例及简化表示法》(GB/T 12212—2012)的有关规定执行。

复习思考题

1. WP1-BLV(4×50+2×30)WC、YJV22-3×120+1×70SC120 分别代表什么？
2. 给排水管管径的标注方法应符合什么规定？举例说明。
3. 简述电气施工图的读图原则和顺序。
4. 低压配电的方式有几种？请简述每种方式。
5. 请描述图 2-32 所示水系统图。

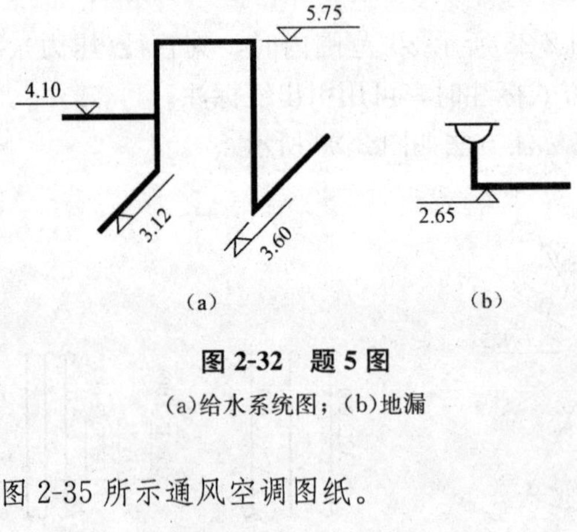

(a)　(b)

图 2-32　题 5 图

(a)给水系统图；(b)地漏

6. 请描述图 2-33～图 2-35 所示通风空调图纸。

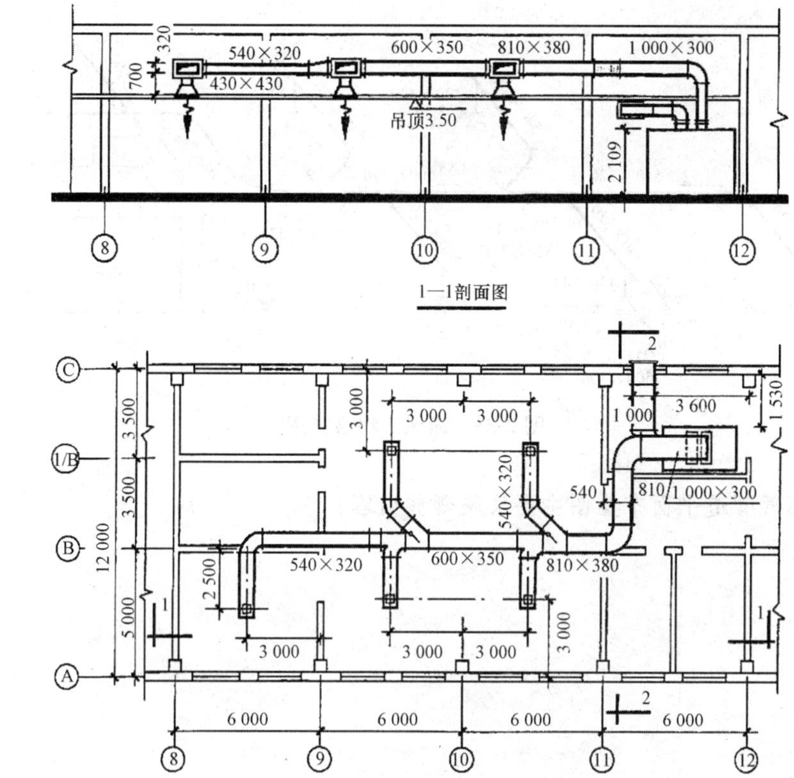

图 2-33 通风系统平面图

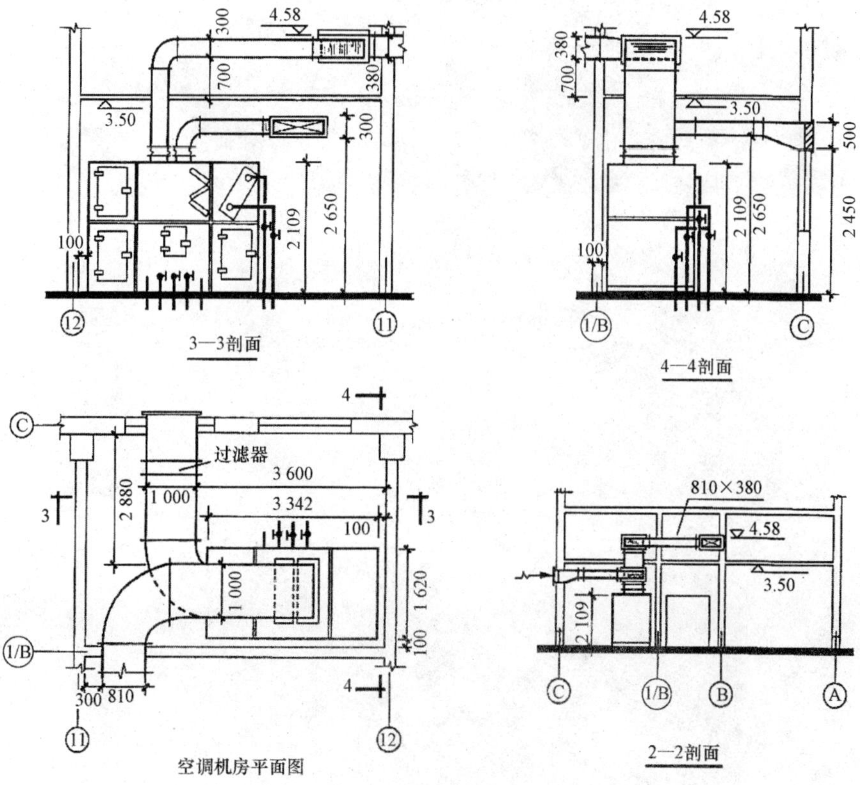

图 2-34 通风工程剖面图

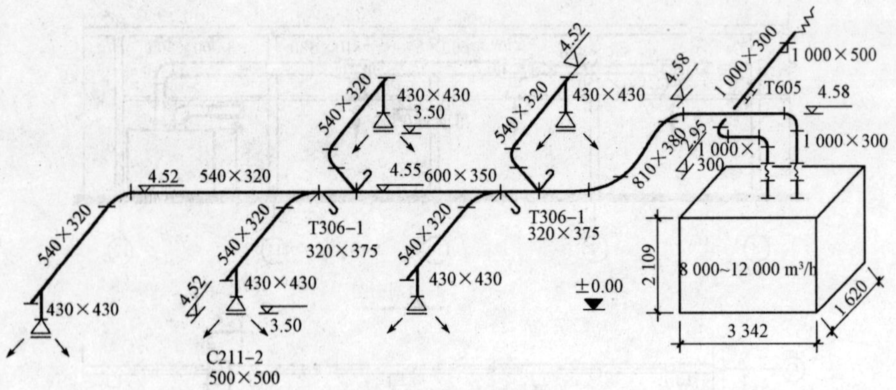

图 2-35 通风工程系统图

7. 室内燃气管道平面布置图主要反映哪些内容?

第三章　安装工程定额与定额计价

第一节　建设工程定额的概念与性质

一、建设工程定额的概念

建设工程定额是由国家授权有关部门和地区统一组织编制、颁布实施的工程建设标准。

二、建设工程定额的性质

(1)科学性。建设工程定额的科学性包括两种含义：一种含义是指工程建设定额必须和生产力发展水平相适应，反映出工程建设生产消耗的客观规律；另一种含义是指工程建设定额管理在理论、方法和手段上必须科学化，以适应现代科学技术和信息、社会发展的需要。

(2)统一性。建设工程定额的统一性，是由国家对经济发展的有计划的宏观调控职能决定的。

(3)指导性。由于建设工程定额具有指导意义，因此必须具有严密的科学性，只有科学的定额才能正确地指导客观的交易行为。

(4)稳定性与时效性。建设工程定额中的任何一种都是一定时期技术发展和管理水平的反映，因而在一段时期内定额表现出稳定的状态。

第二节　建设工程定额的分类

建设工程定额是工程建设中各类定额的总称，它包括许多种类的定额，为了对建设工程定额有一个全面的了解，可以按照不同的原则和方法对它进行科学的分类。

(1)按定额反映的生产要素内容分类，可以把建设工程定额分为劳动消耗定额、材料消耗定额和机械消耗定额三种。

1)劳动消耗定额，简称劳动定额，也称人工定额，是指完成单位合格产品所需活劳动(人工)消耗的数量标准。劳动定额的主要表现形式是时间定额，同时也表现为产量定额。人工时间定额和产量定额互为倒数关系。

2)材料消耗定额，简称材料定额，是指完成单位合格产品所需消耗材料的数量标准。材料是工程建设中使用的原材料、成品、半成品、构配件、燃料以及水、电等动力资源的统称。

3)机械消耗定额，简称机械定额，是指为完成单位合格产品所需施工机械消耗的数量标准。机械消耗定额的主要表现形式是机械时间定额，同时也表现为产量定额。机械时间定额和产量定额互为倒数关系。

(2)按照定额的用途分类，可以把建设工程定额分为施工定额、预算定额、概算定额、概算指标和投资估算指标五种。

1)施工定额。施工定额是以“工序”为研究对象编制的定额。它由劳动定额、机械定额和材料定额三个相对独立的部分组成，是建设工程定额中分项最细、定额子目最多的一种定额，也是建设工程定额中的基础性定额。

2)预算定额。预算定额是以建筑物或构筑物的各个分部分项工程为对象编制的定额。预算定额的内容包括劳动定额、材料定额和机械定额三个组成部分。预算定额是一种计价定额。

3)概算定额。概算定额是以扩大的分部分项工程为对象编制的定额，是在预算定额的基础上综合扩大而成的，每一综合分项概算定额都包含了数项预算定额的内容。概算定额的内容也包括劳动定额、材料定额和机械定额三个组成部分。概算定额也是一种计价定额。

4)概算指标。概算指标是以整个建筑物和构筑物为对象，以更为扩大的计量单位来编制的一种计价指标。概算指标是在初步设计阶段计算和确定工程的初步设计概算造价，是编制投资估算指标的依据。

5)投资估算指标。投资估算指标是以独立的单项工程或完整的工程项目为对象，根据历史形成的预决算资料编制的一种指标。内容一般可分为建设项目综合指标、单项工程指标和单位工程指标三个层次。

投资估算指标也是一种计价指标，它是在项目建议书和可行性研究阶段编制投资估算、计算投资需要量时使用的定额，也可作为编制固定资产长远计划投资额的参考。

(3)按照投资的费用性质分类，可以把建设工程定额分为建筑工程定额，设备安装工程定额，建筑安装工程费用定额，工、器具定额，工程建设其他费用定额。

1)建筑工程定额。建筑工程定额是建筑工程的施工定额、预算定额、概算定额和概算指标的统称。建筑工程，一般理解为房屋和构筑物工程，具体包括一般土建工程、电气工程(动力、照明、弱电)、卫生技术(水、暖、通风)工程、工业管道工程、特殊构筑物工程等。广义上，它也被理解为，除房屋和构筑物外，还包含其他各类工程，如道路、铁路、桥梁、隧道、运河、堤坝、港口、电站、机场等工程。

2)设备安装工程定额。设备安装工程是对需要安装的设备进行定位、组合、校正、调试等工作的工程。在工业项目中，机械设备安装和电气设备安装工程占有重要地位。因为生产设备大多要安装后才能运转，不需要安装的设备很少。在非生产性的建设项目中，由于社会生活和城市设施的日益现代化，设备安装工程量也在不断增加。设备安装工程定额是安装工程施工定额、预算定额、概算定额和概算指标的统称。

3)建筑安装工程费用定额。建筑安装工程费用定额一般包括以下两部分内容：

①措施费用定额。措施费用定额是指除预算定额分项内容以外，为完成工程项目施工，发生于工程施工前和施工过程中非工程实体项目费用的开支标准。

②间接费定额。间接费定额是指与建筑安装施工生产的个别产品无关，而为企业生产全部产品所必需、为维持企业的经营管理活动所必须发生的各项费用开支的标准。

4)工、器具定额。工、器具定额是为新建或扩建项目投产运转首次配置的工、器具数量标准。工具和器具是指按照有关规定不够固定资产标准而起劳动手段作用的工具、器具和生产用家具，如翻砂用模型、工具箱、计量器、容器、仪器等。

5)工程建设其他费用定额。工程建设其他费用定额是独立于建筑安装工程费、设备和工器具购置费之外的其他费用开支的额度标准。工程建设的其他费用的发生与整个项目的建设密切相关，它一般占项目总投资的10%左右。工程建设其他费用定额是按各项独立费用分别制定的，以便合理控制这些费用的开支。

(4)按主编单位和管理权限分类，建设工程定额可分为全国统一定额、行业统一定额、地区统一定额、企业定额、补充定额。

1)全国统一定额。全国统一定额是由国家建设行政主管部门综合全国工程建设中技术和施工组织管理的情况编制，并在全国范围内执行的定额，如《全国统一建筑工程基础定额》、《全国统一安装工程预算定额》、《全国统一市政工程定额》等。

2)行业统一定额。行业统一定额是考虑到各行业部门专业工程技术特点，以及施工生产和管理水平编制的，一般只在本行业和相同专业性质的范围内使用的专业定额，如《矿井建设工程定额》、《铁路建设工程定额》等。

3)地区统一定额。地区统一定额包括省、自治区、直辖市定额。地区统一定额主要是考虑地区性特点和全国统一定额水平做适当调整补充编制的，如《上海市建筑工程预算定额》、《广东省建筑工程预算定额》等。

4)企业定额。企业定额是指由施工企业考虑本企业具体情况，参照国家、部门或地区定额的水平制定的定额。企业定额只在企业内部使用，是企业素质的一个标志。企业定额水平一般应高于国家现行定额，这样才能满足生产技术发展、企业管理和市场竞争的需要。

第三节 安装工程预算定额的概念及作用

一、安装工程预算定额的概念

安装工程预算定额，是指在合理的施工组织设计、正常施工条件下，完成规定计量单位的合格安装产品所需的人工、材料和机械台班的社会平均消耗数量或资金数量标准。

二、安装工程预算定额的作用

(1)安装工程预算定额是统一全国安装工程预算工程量计算规则、项目划分、计量单位的依据。

(2)安装工程预算定额是编制施工图预算、确定安装工程造价的依据。

(3)安装工程预算定额是在工程招投标中合理确定招标标底、投标报价的依据。

(4)安装工程预算定额是施工企业编制施工组织设计，确定劳动力、材料、机械台班需用量计划的依据。

(5)安装工程预算定额是建设单位拨付工程价款、建设资金和编制竣工结算的依据。

(6)安装工程预算定额是施工企业实施经济核算制、考核工程成本、进行经济活动分析的依据。

(7)安装工程预算定额是对设计方案和施工方案进行技术经济评价的依据。

(8)安装工程预算定额是编制概算定额(指标)、投资估算指标的基础。

(9)安装工程预算定额是制定企业定额的基础。

第四节 安装工程预算定额编制的原则及依据

一、安装工程预算定额的编制原则

(1)社会平均水平的原则。预算定额应遵循价值规律的客观要求，按建筑安装产品生产过程中所消耗的社会平均必要劳动时间确定定额水平。

(2)简明适用的原则。预算定额的简明与适用是统一体中的两个方面，如果只强调简明，适用性就差；如果只强调适用，简明性就差。

(3)统一性和差别性相结合的原则。所谓统一性，就是从培育全国统一市场、规范计价行为出发，由国务院建设行政主管部门负责全国统一预算定额的制定或修订，颁发工程造价管理的规章制度办法，使建筑安装工程具有一个统一的计价依据，使考核设计和施工的经济效果具有一个统一尺度。

二、安装工程预算定额的编制依据

(1)全国统一建筑安装劳动定额，全国统一安装工程基础定额。

(2)现行设计规范，施工及质量验收规范，安全操作规程。

(3)通用的标准图和具有代表性的典型工程施工图。

(4)推广的新技术、新结构、新材料、新工艺。

(5)施工现场测定资料、实验资料和统计资料。

(6)现行预算定额、地区材料预算价格、工资标准及机械台班单价。

第五节 《全国统一安装工程预算定额》组成内容

《全国统一安装工程预算定额》共分14册：

第一册 《机械设备安装工程》(GYD—201—2000)

第二册 《电气设备安装工程》(GYD—202—2000)

第三册 《热力设备安装工程》(GYD—203—2000)

第四册 《炉窑砌筑工程》(GYD—204—2000)

第五册 《静置设备与工艺金属结构制作安装工程》(GYD—205—2000)

第六册 《工业管道工程》(GYD—206—2000)

第七册 《消防及安全防范设备安装工程》(GYD—207—2000)

第八册 《给排水、采暖、燃气工程》(GYD—208—2000)

第九册 《通风空调工程》(GYD—209—2000)

第十册 《自动化控制仪表安装工程》(GYD—210—2000)

第十一册 《刷油、防腐蚀、绝热工程》(GYD—211—2000)

第十二册 《通信设备及线路工程》(GYD—212—2000)

第十三册 《建筑智能化系统设备安装工程》(GYD—213—2000)

第十四册 《长距离输送管道工程》(GYD—214—2000)

以上第一册～第十一册定额由原国家建设部组织修订、批准发布，自 2000 年 3 月 17 日起施行；第十三册定额由电子工程标准定额站主编，于 2003 年 5 月出版并颁布施行。

《全国统一安装工程预算定额》每册通常由以下内容组成：

(1)总说明。总说明主要介绍全国统一安装工程预算定额的种类、编制依据、制定的工艺、施工条件，人工、材料、施工机械台班、施工仪器仪表台班消耗量，定额适用情况，水平、垂直运输的规定等。

(2)册说明。册说明主要介绍本册定额的适用范围，编制依据的标准、规范，与其他册定额之间的关系，有关定额系数的规定等。

(3)目录。目录中，定额按分部工程分章，为查、套定额提供索引。

(4)章说明。章说明主要介绍本章定额的适用范围、定额界限划分、定额工作内容、计算规则及有关定额系数的规定等。

(5)定额项目表。定额项目表是各册安装工程预算定额的核心内容，包括表头和表格两部分。

定额项目表示例：表 3-1 摘自《全国统一安装工程预算定额》第八册《给排水、采暖、燃气工程》；表 3-2 摘自《全国统一安装工程预算定额》第二册《电气设备安装工程》。

表 3-1 水龙头安装

工作内容：上水嘴、试水

定额编号				8-843	8-839	8-440
项目				公称直径(mm)，≤		
				15	20	25
名称		单位	单价/元	数量		
人工	综合工日	工日	23.22	0.280	0.280	0.280
材料	钢水嘴	个	—	(10.100)	(10.100)	(10.100)
	铅油	kg	8.770	0.100	0.100	0.100
	线麻	kg	10.100	0.010	0.010	0.010
基价/元				7.48	7.48	7.48
其中	人工费/元			6.50	6.50	8.59
	材料费/元			0.98	0.98	0.98
	机械费/元			—	—	—

表 3-2　接地极(板)制作、安装

工作内容：尖端及加固帽加工、接地极打入地下及埋设、下料、加工、焊接

定额编号				2-688	2-689	2-690	2-691
项　目				钢管接地极		角钢接地极	
				普通土	坚土	普通土	坚土
名称		单位	单价/元	数量			
人工	综合工日	工日	23.22	0.620	0.670	0.480	0.530
材料	电焊条 E4303 ϕ3.2	kg	5.410	0.200	0.200	0.200	0.200
	钢锯条	根	0.620	1.500	1.500	1.500	1.500
	镀锌扁钢－60×6	kg	4.300	0.260	0.260	0.260	0.260
	沥青清漆	kg	5.140	0.020	0.020	0.020	0.020
机械	交流电焊机 21 kW	台班	35.670	0.270	0.270	0.180	0.180
基价/元				27.26	28.42	20.22	21.38
其中	人工费/元			14.40	15.56	11.15	11.15
	材料费/元			3.23	3.23	2.65	2.65
	机械费/元			9.63	9.63	6.42	6.42

第六节　《云南省通用安装工程消耗量定额》概述

2013 年《云南省通用安装工程消耗量定额》兼顾了国家、建设单位和施工企业三者之间的利益，按大多数施工企业现有的技术装备水平，按正常的施工条件、合理的施工工艺和施工组织管理水平来确定总的定额水平，达到鼓励企业竞争，促进企业发展，提高企业装备、技术和施工组织管理水平的目的。

一、编制依据

(1)2000 年 11 册《全国统一安装工程预算定额》及其有关编制资料；

(2)《建设工程工程量清单计价规范》(GB 50500—2013)、《通用安装工程工程量计算规范》(GB 50856—2013)；

(3)2003 年《云南省建筑工程消耗量定额》及其有关编制资料；

(4)《全国建筑安装工程劳动定额》及其有关编制资料；

(5)2003 年《云南省施工机械台班费用计价办法》及其有关编制资料；

(6)2000 年《全国统一安装工程施工仪器台班费用定额》及其有关编制资料；

(7)现行的设计、施工质量验收规范，安全操作规程等。其中，有国家标准的，以国家标准为依据；无国家标准的，参照部门或地区相应标准规范；

(8)现行的标准图集和具有代表性的工程设计图纸等资料；

(9)经工程实践检验确已成熟，已推广应用的新工艺、新材料、新技术；

(10)有关省市和部门的补充定额以及有关编制资料等。

二、2003 年《云南省安装工程消耗量定额》(以下简称安装 03 定额)与 2000 年《全国统一安装工程预算定额》(以下简称 2000 年全统定额)的关系

(1)2000 年全统定额是安装 03 定额的基础和依托。安装 03 定额是在 2000 年全统定额的基础上产生的，没有 2000 年全统定额，就没有安装 03 定额。

(2)安装 03 定额与 2000 年全统定额相似，但并不相同。《云南省安装工程消耗量定额》与 2000 年全统定额的相同和不同点如下所述。

1)相同点：

①安装 03 定额各册中所有定额的表现形式，编排格式，定额所用人工、材料以及所用机械的排列顺序与 2000 年全统定额几乎相同。其中，编排格式、表格设置、项目内容、材料表达方式(带括号有量无价，辅助材料不带括号有量有价)。

②安装 03 定额各册所有定额中的综合人工、辅助材料、机械台班的定额消耗，无论是规格品种还是用量，与 2000 年全统定额绝大多数完全一致。

③安装 03 定额各册所有文字说明、附图、附表与 2000 年全统定额基本一致。

④安装 03 定额整体出书的装订方式与 2000 年全统定额基本一致。

2)不同点：

①定额所用的编号不同。如 2000 年全统定额中的定额编号为 1-0123，而在安装 03 定额中与其对应的就表达为 03010123。

②定额基价不同。其中：

a. 安装工程预算定额各册所有定额中的综合人工费的单价不同。2000 年全统定额是按 1996 年北京地区安装工程人工费单价 23.22 元/工日，23.22 元/工日的组成包括基本工资和工资性津贴等；安装 03 定额是按 2003 年云南省安装工程人工费单价 24.75 元/工日，24.75 元/工日的组成包括基本工资增资调级因素、工资性津贴、生产工人辅助工资、职工福利基金、劳动保护费等。

b. 辅助材料预算单价不同。2000 年全统定额是按北京地区 1996 年材料预算价格，安装 03 定额是按 2002—2003 年云南省市场平均材料价格，取定原则是：凡是土建、装饰定额新编的昆明地区材料预算单价中有安装工程定额各册所用的材料，一律采用(采用的部分只占少数，大致占 5 000 种材料的 10%左右)，大量的材料单价是通过 1994 年安装工程云南省价目表材机库中的数据适当调整后采纳引用；对于新出现的材料，其单价参照 2000 年全统定额中的数据加以调整后引用。

c. 机械台班预算单价不同。2000 年全统定额是按北京地区 2000 年以前的机械台班预算价格；安装 03 定额是 2003 年云南省机械台班费用计价办法，新编云南省施工机械台班单价比 1994 年安装工程云南省价目表中所列单价有大幅度的提高，安装所用机械单价总体水平略有上升。

③安装 03 定额总说明与 2000 年全统定额的总说明相比，文字内容上有一些变动，主要是要体现云南省的实际情况。如与工程量清单计价办法新的提法接轨、材料消耗量的确定方面提法上的修改、施工机械台班消耗量的确定方面提法上的修改、脚手架摊销费计算单列或另计等。

④部分修改预算定额的人、材、机的消耗量。主要是针对第十一册《刷油、防腐蚀、绝

热工程》中某些定额子目的不合理情况进行的。考虑到云南省的实际情况，在第四册《炉窑砌筑工程》中仍然保持部分已经被2000年全统定额删除的定额子目。

⑤转变某些定额子目中的材料费组成，将一些原来作为辅助材料消耗的，保持它的定额消耗量不变，从中抽出变成主要材料(主要是针对第八册《给排水、采暖、燃气工程》中某些定额子目辅助材料构成的不合理情况进行的)。

⑥调整册、章说明中的文字，使之更符合定额修改后的内容和精神；同时，把各册预算定额中的工程量计算规则融入相应册、章说明中。

⑦增加定额子目。主要是针对第四册《炉窑砌筑工程》和第八册《给排水、采暖、燃气工程》。

三、安装03定额与2013年《云南省通用安装工程消耗量定额》的关系

由于建筑市场不断发展变化，机械化程度不断提高，新工艺、新技术、新标准、新材料不断涌现，工程计价要素中的人工、材料、机械价格不断上涨，故对03安装定额进行修编，实施2013年《云南省通用安装工程消耗量定额》。

该次修编是结合《云南省2003版建设工程造价计价依据》使用情况调研回复问题及编制建议，主要调整施工工艺技术和方法、定额消耗量水平发生变化的子目，补充新技术、新工艺的消耗量子目，删除落后、淘汰、不适应市场的消耗量子目。对其施工技术和方法、消耗量标准无变化的子目予以保留。

云南省住房和城乡建设厅组织编制了2013版云南省建设工程造价计价依据，经审查通过，批准为云南省工程建设地方标准，自2014年4月1日起在云南省行政区内实施，云南省2003版建设工程造价计价依据同时停止执行。

四、定额适用范围

本定额适用于云南省行政区域内工业与民用建筑及构筑物的新建、扩建、改建的安装工程项目。境外工程使用本定额计价时，按省建设行政主管部门相关规定执行。本定额是以海拔高度在2 500 m以下施工条件编制的，如海拔高度超过2 500 m时，按照《云南省建设工程造价计价规则及机械仪器仪表台班费用定额》(DBJ 53/T-58-2013)的相关规定执行。

1. 定额组成

本定额共分13册，按工程专业类别汇编为4篇，即管道篇、电气自动化篇、设备篇、公共篇。

(1)管道篇包括：第六册《工业管道工程》、第七册《消防及安全防范设备安装工程》、第八册《给排水、采暖、燃气工程》、第九册《通风空调工程》、第十二册《长距离输送管道工程》。

(2)电气自动化篇包括：第二册《电气设备安装工程》、第十册《自动化控制仪表安装工程》、第十一册《建筑智能化及通信设备线路安装工程》。

(3)设备篇包括：第一册《机械设备安装工程》、第三册《热力设备安装工程》、第四册《炉窑砌筑工程》、第五册《静置设备制作安装工程》。

(4)公共篇包括：第十三册《金属结构制作安装及刷油、防腐蚀、绝热工程》。

2. 各册定额介绍

第一册《机械设备安装工程》。内容包括：金属切削、锻压、铸造、起重、输送用机械

设备及其附属设备的安装工程。

第二册《电气设备安装工程》。内容包括：10 kV 以下变、配电设备及线路安装工程，车间动力电气设备及电气照明器具，防雷及接地装置安装，配管配线的安装工程。

第三册《热力设备安装工程》。内容包括：25 MW 以下机组汽轮发电机设备、130 t/h 以下锅炉设备等安装工程。

第四册《炉窑砌筑工程》。内容包括：各种工业炉窑的砌筑工程。另外，根据云南省的特殊性，尽管 2000 年全国统一安装工程预算定额已经不再列入，但仍然要保留 1994 年云南省安装工程价目表中某些专业炉窑的砌筑工程定额子目，因为目前云南省一些地区还在继续使用、维修，甚至还在改、扩建这些专业炉窑。

第五册《静置设备制作安装工程》。内容包括：常压容器与一、二类金属压力容器，塔器，反应器，热交换器的制作与安装；贮罐、气柜、火炬、金属结构等及其附件的制作与安装工程。

第六册《工业管道工程》。内容包括：厂区、罐区、车间、装置、站以内的各类工业用输送各种生产介质的高、中、低压管道及其附件、管廊及管道支架和长距离输水管道工程。

第七册《消防及安全防范设备安装工程》。内容包括：各种消防设施、安全防范设备及线路的安装工程。

第八册《给排水、采暖、燃气工程》。内容包括：生活用给排水、采暖、燃气的管道、配件、器具等安装工程。

第九册《通风空调工程》。内容包括：为生产和生活服务的通风空调设备安装，管道、部件制作安装及相关器具制作等工程。

第十册《自动化控制仪表安装工程》。内容包括：各类自动化控制仪表安装与调校工程、工业计算机系统及其管缆敷设等工程。

第十一册《建筑智能化及通信设备线路安装工程》。内容包括：综合布线系统工程，通信系统设备安装工程，计算机网络系统设备安装工程，建筑设备监控系统安装工程，有线电视系统设备安装工程，扩声、背景音乐系统设备安装工程，电源与电子设备防雷接地装置安装工程，停车场管理系统设备安装工程，楼宇安全防范系统设备安装工程，住宅小区智能化系统设备安装工程。

第十二册《长距离输送管道工程》。内容包括：管道敷设工程，管道穿越、跨越工程，阴极保护工程，综合辅助项目，长输送管道技术措施项目。

第十三册《金属结构制作安装刷油、防腐蚀、绝热工程》。内容包括：设备、管道、金属结构等的刷油、绝热、防腐蚀工程。

随着科技的不断进步，安装工程建设中的新技术、新材料、新工艺不断出现，吸纳了北京和大连地区的为我所用的定额子目，以及云南省已经批准过的较为新颖的有用定额，作为增加补充部分。

五、人工、材料、机械(含施工仪器仪表)消耗量确定

1. 人工消耗量

(1)本定额的人工包括基本用工、超运距用工和人工幅度差，不分列工种和技术等级，一律以综合工日表示：

$$综合工日=\sum(基本用工+超运距用工)\times(1+人工幅度差率)$$

(2)基本用工：根据现场的施工工序、施工方法等，以《全国统一安装工程施工劳动定额》为基础，不足部分参照原定额及有关的劳动定额；

(3)超运距用工：指新定额取定的材料、成品、半成品的水平运距超过基础定额(或劳动定额)规定的运距所增加的用工；

(4)人工幅度差：指工种之间的工序搭接及土建与安装工程的交叉、配合中不可避免的停歇时间，施工机械在场内变换位置及施工中移动临时水、电线路引起的临时停水、停电所发生的不可避免的间歇时间，施工中水、电维修用工，隐蔽工程验收质量检查掘开及修复的时间，现场内操作地点转移影响的操作时间，施工过程中不可避免的少量零星用工。人工幅度差的计算式为：

$$人工幅度差=(基本用工+超运距用工)\times人工幅度差率$$

(5)本定额基价中作为计费基础的人工费，除定额中规定允许调整外，不得因具体的人工消耗量与定额规定不同而调整。定额中规定允许调整工日的，按63.88元/工日计取。

2. 材料消耗量

(1)本定额的材料包括直接消耗在安装工作内容中的主要材料、辅助材料和零星材料等，并计入相应损耗，其内容和范围包括：从工地仓库、现场集中堆放地点或现场加工地点至操作或安装地点的运输损耗、施工操作损耗、施工现场堆放损耗。

(2)用量很少，影响很小的零星材料合并为其他材料费，以该项目材料费之和的1%～5%计入材料费。

(3)施工措施性消耗部分，周转性材料按不同的施工方法分别列出一次使用量和一次摊销量。

(4)材料消耗量的确定，包括直接消耗在安装工程内容中的使用量和规定的消耗量。损耗包括的内容和范围：

1)从工地仓库运至现场堆放地点或现场加工地点至安装地点的搬运损耗；

2)施工操作损耗；

3)施工现场外的运输，仓库保管损耗和由于材料、成品、半成品的规格和质量不符合安装要求而报废的损耗，不包括在损耗内。

(5)对运输中的道木和道木堆用的道木摊销量按以下规定计算：运输用的道木，设备质量在80 t以内的，按10%计算；设备质量在80 t以外的，按15%计算；道木堆用的道木摊销量一般控制在3%以内，最高不得超过5%。

(6)辅助材料中乙炔和氧气的比例为：

切割　乙炔：氧气=1：3(kg：m^3)

焊接　乙炔：氧气=1：2.6(kg：m^3)

[使用瓶装乙炔的，乙炔：氧气=1：2.3(kg：m^3)]

(7)材料单价采用昆明地区2013年的材料价格。

(8)进入定额基价中的计价材料单价是以编制基区即离昆明市50 km范围内考虑的。若在其他地区施工时，定额中的材料费可按表3-3的系数调整。

表 3-3 材料费系数调整表

离昆里程 L/km	$50<L\leqslant100$	$100<L\leqslant200$	$200<L\leqslant300$	$300<L\leqslant400$	$400<L\leqslant500$
调整系数(C 地)	1.02	1.03	1.04	1.05	1.06
离昆里程 L/km	$500<L\leqslant600$	$600<L\leqslant700$	$700<L\leqslant800$	$800<L\leqslant900$	$900<L\leqslant1\,000$
调整系数(C 地)	1.07	1.08	1.09	1.10	1.11

(9)本定额内凡采用“××以内”或“以××以下”者，均包括“××”本身；凡采用“××以外”或“××以上”者，均不包括“××”本身。

六、施工机械消耗量

(1)定额中的施工机械台班消耗量水平和单价的取定是按正常、合理的机械配备和云南省大多数施工企业的机械化装备程度和成新率状况综合取定的，即便实际与定额不一致时，也不做调整；如必须调整时，不能分解拆细本定额中的组成格局，只能按系数方式综合调整。

(2)凡单位价值在 2 000 元以内，使用年限在两年以内的，不构成固定资产的工具、用具等未进入定额，应在施工管理费中考虑，如手动葫芦、双轮手推车、焊接用的角向磨光机等。

(3)纳入《云南省通用安装工程消耗量定额》的施工机械台班单价，参照了 2013 年《云南省建设工程造价计价规则及机械仪器仪表台班费用定额》进行计算。同时，也包括养路费和车船使用税在内。在计算机械费时，对于凡使用加工机械、焊接机械、无损探伤机械、热处理机械的安装定额子目，在确定其台班单价时，已经剔除了人工费因素(因人工因素已考虑在被安装对象的综合工日之中，安装定额子目不应该重复计取该人工费)。

本定额不再列其他机械费。

七、关于施工仪器仪表

(1)定额中的施工仪器仪表是按大多数施工企业的现场校验仪器仪表配备情况和合理的施工工艺综合取定的，实际与定额不一致时，均不做调整。

(2)凡单位价值在 2 000 元以内，使用年限在两年以内的，不构成固定资产的施工仪器仪表等未进入定额，应在施工管理费中考虑。

八、关于水平和垂直运输

(1)设备：包括自安装现场指定堆放地点运至安装地点的水平和垂直运输，取定为 100 m。

(2)材料、成品、半成品：包括自施工单位现场仓库或指定堆放地点运至安装地点的水平和垂直运输，取定为 300 m。

(3)设备、材料、成品、半成品的实际运距与定额取定不符时，均不得调整。

(4)垂直运输基准面：室内以室内地平面为基准面，室外以安装现场地平面为基准面。

(5)本定额适用海拔高程 2 000 m 以下，地震烈度 7 度以下地区；超过上述情况时，可按云南省建设厅相关规定进行调整。

九、关于下列各项降效费用的规定

1. 高层建筑增加费

高层建筑增加费是指在高层建筑(层数在 6 层或檐高在 20 m 以上的工业与民用建筑)施工应增加的人工降效及材料垂直运输增加的人工费用，以人工费为基数按各册规定的百分比计取，计算基数中应包括 6 层或 20 m 以下全部工程的人工费。计取的范围为给排水、采暖、燃气、电气、消防及安全防范、通风空调等工程。

原定额中高层建筑费包括人工降效、材料、工具垂直运输增加的机械台班费用、施工用加压泵的台班费用及工人上、下乘坐的升降设备台班费等，而新的《全国统一建筑工程基础定额》中的垂直运输机械台班定额是以《建筑安装工程工期定额》为依据进行编制的，其工作内容包括单位工程在合理工期范围内完成全部工程项目所需要的垂直运输机械，并将施工中有关机械，如外用电梯、通信用步话机及人工等列入定额；建筑物高度超过 6 层或设计室外标高至檐口高度超过 20 m 时，操作工人的工效降低，垂直运输运距加长影响的时间，以及由于人工降效引起的随工人班组配置并确定台班量的机械相应降效，以及主要考虑由于自来水水压不足所需增压的加压水泵台班，按全部工程工期已包括在定额内，所以不再重复计取。

2. 脚手架搭拆费

脚手架搭拆费以人工费为基数按各册规定的百分比计取，详见各册交底材料。各册在测算时，均已考虑了以下因素：

(1)各专业工程交叉作业施工时，可以互相利用脚手架的因素；

(2)测算安装工程脚手架费用时，大部分按简易架考虑；

(3)施工时如部分或全部使用土建的脚手架时，做有偿使用处理。

考虑到脚手架搭拆费将成为工程量清单计价中的措施项目费用处理，2003 年《云南省安装工程消耗量定额》各册说明中都非常明确地列出计算办法，同时，在所有消耗量定额中不再反映脚手架搭拆摊销费。

3. 超高增加费

超高增加费中操作物的高度，有楼层的按楼地面至安装物的距离，无楼层的按操作地点(或设计正负零)至操作物的距离。

4. 安装与生产同时进行增加的费用

安装与生产同时进行增加的费用，是指改、扩建工程在生产车间或装置内施工，因生产操作或生产条件限制(如不准动火)，干扰了安装工作正常进行而增加的降效费用，不包括为保证安全生产和施工所采取的措施费用，按人工费的 10%计取。如安装工作不受干扰，不应计取此项费用。

5. 在有害身体健康的环境中施工降效增加的费用

在有害身体健康的环境中施工降效增加的费用是指在民法规则有关规定允许的前提下，改、扩建工程由于车间、装置范围内有害气体或高分贝的噪声超过国家标准以致影响身体健康而增加的降效费用，不包括劳保条例规定应享受的工种保健费，按人工费的 10%计取。

十、定额执行中应注意的问题

(1)消耗量定额及计算规则的作用和适用范围。《云南省安装工程消耗量定额》是完成规定计量单位分项工程计价所需的人工、材料、施工机械台班的消耗量标准，是统一安装工程预算工程量计算规则、项目划分、计量单位的依据；是编制安装工程地区单位估价表、施工图预算、招标工程拦标价(或标底)及确定工程造价的依据；也是编制概算定额(指标)、投资估算指标的基础；还可作为制定企业定额和投标报价的基础。

《云南省安装工程消耗量定额》适用于各类工业、民用新建、扩建项目的安装工程。

预算工程量计算规则适用于安装工程施工图设计阶段编制工程预算，对于工程量清单设置和工程量清单计价也有相当多的共性，也适用于工程设计变更后的工程量计算。该规则与《云南省安装工程消耗量定额》相配套，作为确定安装工程造价及其消耗量的基础。

(2)本定额是按目前大多数施工企业采用的施工方法、机械化装备程度、合理的工期、施工工艺和劳动组织条件制定的，除各章节另有说明者外，均不得因上述因素有差异而对定额进行调整或换算。

(3)本定额是按下列正常的施工条件进行编制的：

1)设备、材料、成品、半成品、构件完整无损，符合质量标准和设计要求，附有合格证书和试验记录；

2)安装工程和土建工程之间的交叉作业正常；

3)安装地点、建筑物、设备基础、预留孔洞等均符合安装要求；

4)水、电供应均满足安装施工正常使用；

5)正常的气候、地理条件和施工环境[未考虑高海拔、高(低)温及在有害身体健康环境等特殊条件下的作业以及施工不受生产干扰和其他干扰]。

6)正常的施工工序衔接；

7)8 小时工作制；

8)正常工期要求，未考虑因某种需要的赶工、抢工和在其他不具备正常安装条件下的作业。

十一、本定额中常用名词解释

(1)施工现场(即工地)：指工厂(或电站、油气站)建设总平面图范围内，一般也指工厂(或电站、油气站)围墙范围内。

(2)安装现场：指各册规定的设备 100 m 和材料 300 m 场内搬运范围。

(3)安装地点：指设备基础及基础周围附近的安装作业点。

(4)指定堆放地点：指施工组织设计中所指定在安装现场范围内较合理的堆放点。

(5)现场仓库(工地仓库)：指施工单位在施工现场(工地)内，存放材料和机械(工具)的仓库(不指设备仓库)。

(6)设备仓库(工地仓库)：指专门存放设备的仓库，即设备自车站(码头、机场)运人仓库存放，直到需要安装时，再将设备自仓库运到安装现场指定堆放地点。设备仓库有的设在施工现场内，有的则设在施工现场外。

(7)场内搬运：指安装现场范围内的搬运工作。

(8)设备出库搬运：指设备从设备仓库运到安装现场指定堆放地点的搬运工作。

(9)材料或机(工)具出库搬运：指材料或机(工)具从现场仓库(工地仓库)运到安装地点的搬运工作。

(10)二次搬运：指设备、材料和机(工)具等的搬运工作，因场地狭小，有障碍物(沟、坑)等各种原因不能运到原定地点，而需将设备、材料和机(工)具等先行卸车，待障碍物等各种原因排除后，再装车运至原定地点。其所发生额外的装卸搬运工作，即为二次搬运，可按有关规定另计。

十二、工程量计算规则

(1)在《云南省安装工程消耗量定额》的编制中，与2000年版《全国统一安装工程预算定额》配套的《全国统一安装工程预算工程量计算规则》中的相关内容都已编制到本定额的有关章节说明中，这极大地方便了本定额的使用者。定额与工程量计算规则同书，是本定额的一大特点。

(2)《云南省安装工程消耗量定额》各册的册、章、节说明中的工程量计算规则也可详见与2000年版《全国统一安装工程预算定额》配套的《全国统一安装工程预算工程量计算规则》。

十三、安装定额各册和各章系数的应用

安装工程造价费用中，有些费用需按2000年全统定额中规定的系数计算，这部分费用计算后构成安装工程的定额直接费。

(1)章节系数。章节系数又称换算系数、子目修正系数，该系数通常在2000年全统定额各册的章说明中。

(2)子目系数。子目系数是针对特殊施工环境及条件、工程类型等因素影响进行调整的系数，该系数通常在2000年全统定额的册说明中。

1)高层建筑增加费。

高层建筑增加费＝单位工程全部定额人工费×高层建筑增加费系数(费率)

电气设备安装工程的高层建筑增加费系数见表3-4。

表3-4　电气设备安装工程高层建筑增加费系数

层　　数	9层以下(30 m)	12层以下(40 m)	15层以下(50 m)	18层以下(60 m)	21层以下(70 m)	24层以下(80 m)
占人工费的百分比/%	1	2	4	6	8	10
层　　数	27层以下(90 m)	30层以下(100 m)	33层以下(110 m)	36层以下(120 m)	39层以下(130 m)	42层以下(140 m)
按人工费的百分比/%	13	16	19	22	25	28
层　　数	45层以下(150 m)	48层以下(160 m)	51层以下(170 m)	54层以下(180 m)	57层以下(190 m)	60层以下(200 m)
占人工费的百分比/%	31	34	37	40	43	46

2)超高增加费。

超高增加费＝超高部分定额人工费或定额册规定的费用×超高增加费系数

①按施工安装物的操作高度(简称操作高度)计取。安装工程预算定额中，各册定额规定的操作高度界限有所不同：第二册定额为 5 m，第八册定额为 3.6 m(表 3-5)，第九册定额为 6 m，第十一册定额为 6 m(表 3-6)。

表 3-5　第八册定额超高增加费系数表

标高(±m)	3.6～8	3.6～12	3.6～16	3.6～20
超高系数	1.10	1.15	1.20	1.25

表 3-6　第十一册定额超高增加费系数表

标高(±m)	6～20	20～30	30～40	40～50	50～60	60～70	70～80	80～90
超高系数	0.30	0.40	0.50	0.60	0.70	0.80	0.90	1.00

②按设备底座安装标高计取。

3)地沟、管道间、管廊施工增加费。第八册定额规定，设置于管道间、管廊内的管道、阀门、法兰、支架安装，人工乘以系数 1.3。

4)主体结构为现场浇筑、采用钢模施工的工程，预留孔洞增加费。该项增加费全部列入定额人工费。

(3)综合系数。综合系数是针对专业工程特殊需要、特殊环境等进行调整的系数，该系数通常在 2010 全统定额的册说明中。

1)脚手架搭拆费。

脚手架搭拆费＝(单位工程定额人工费＋
子目系数费用中的人工费)×脚手架搭拆费系数

2)系统调整费。

系统调整费＝(单位工程定额人工费＋子目系数费用中的人工费)×系统调整费系数

3)安装与生产同时进行的施工降效费。

4)有害健康环境中施工降效费。

5)弄清材料与设备的区别。安装工程包括两个工作内容：一是安装设备；二是将材料加工制作并装配成安装产品。

【例 3-1】 在 25 m 高的单层厂房内安装电气设备，被安装物的高度为 21 m，设安装与生产同时进行，有害气体的危害等级为Ⅱ级，定额基价中的全部定额人工费为 100 元，求：用系数计取的各项费用各是多少？单位工程全部定额人工费应为多少元？

【解】

1. 高层建筑增加费：100×1%＝1(元)，其中，人工费＝1×100%＝1(元)；

2. 超高增加费：100×33%＝33(元)，其中，人工费＝33×100%＝33(元)；

3. 脚手架搭拆费：(100＋1＋33)×4%＝5.36(元)，其中，人工费＝5.36×25%＝1.34(元)，计价材料费＝5.36×50%＝2.68(元)，机械费＝5.36×25%＝1.34(元)；

4. 安装与生产同时进行的施工降效费：(100＋1＋33)×10%＝13.4(元)，其中，人工费＝13.4×100%＝13.4(元)；

5. 在有害身体健康环境中施工降效费：(100＋1＋33)×10%＝13.4(元)，其中，人工费＝13.4×100%＝13.4(元)；

6. 单位工程全部定额人工费：100＋1＋33＋1.34＋13.4＋13.4＝162.14(元)。

6)弄清计价材料和未计价材料的区别。由于全国各地材料价差较大，如果主材进入预算定额基价，材料价差的调整难度将增大。

7)注意材料、成品、半成品、设备的水平和垂直运输。水平运输是指安装物自施工单位现场仓库或现场指定堆放地点运至安装地点的运输。垂直运输是指安装物自设备安装现场基准面运至安装位置的运输。

8)专业定额执行界线的规定。在编制单位工程施工图预算中，除需要使用本专业工程定额外，还涉及其他专业定额的套用。如给、排水管道界线划分。

①给水管道定额执行界线划分(图3-1)。

a. 室内外界线以建筑物外墙皮1.5 m为界，入口处设阀门者以阀门为界。

b. 与市政管道界线以水表井为界，无水表井者，以与市政管道碰头点为界。

图3-1　室外给水管道定额执行界线

c. 与设在高层建筑内加压泵间管道的界线，以泵间外墙皮为界。

②排水管道定额执行界线划分(图3-2)。

a. 室内外以出户第一个排水检查井为界。

b. 室外管道与市政管道界线以与市政管道碰头井为界。

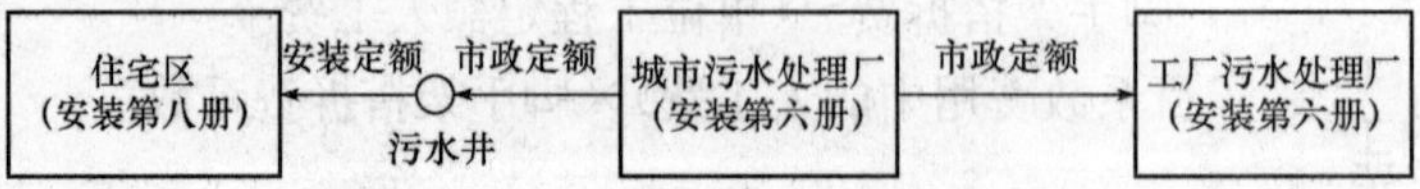

图3-2　室外排水管道定额执行界线

复习思考题

1. 建设工程定额的性质是什么？

2. 按照定额的用途，可将定额分为几类？简单介绍这几种类型的定额。

3. 简述安装工程概算定额的编制原则。

4. 简述安装工程概算定额的编制依据。

5. 脚手架搭拆费，以人工费为基数按各册规定的百分比计取，各册在测算时，均已考虑了哪些因素？

6. 安装与生产同时进行时，如何计算增加的降效费用？

7. 在35 m高的单层厂房内安装电气设备，被安装物的高度为30 m，设安装与生产同时进行，有害气体的危害等级为Ⅱ级，定额基价中的全部定额人工费为1 000元，求：用系数计取的各项费用各是多少？单位工程全部定额人工费应为多少元？

第四章　安装工程定额运用及工程量计算

第一节　电气设备安装工程定额运用及工程量计算

一、定额概述

1. 适用范围

第二册《电气设备安装工程》定额(以下简称本定额)适用一般工业与民用新建、扩建工程中 10 kV 以下变配电设备及线路安装工程，车间动力电气设备及电气照明器具，防雷及接地装置安装，配管配线、电梯电气装置、电气调整试验等的安装工程。

2. 材料损耗率

(1)绝缘导线、电缆、硬母线的裸软导线，其损耗率中不包括为连接电气设备、器具而预留的长度，也不包括因各种弯曲(包括弧度)而增加的长度。这些长度均应计算在工程量的基本长度中。

(2)用于 10 kV 以下架空线路中的裸软导线的损耗率中已包括因弧垂及因杆位高低差而增加的长度。

(3)拉线用的镀锌钢线损耗率中不包括为制作上、中、下把所需的预留长度。

3. 本定额的工作内容

本定额包括 10 kV 及以下电气设备安装，不包括 10 kV 以上及专业项目的电气设备安装，不包括电气设备(如电动机等)配合机械设备进行单体试运转和联合试运转工作。

4. 定额中各项费用的规定

(1)脚手架搭拆费(10 kV 以下架空线路除外)按人工费的 4%计算，其中人工工资占 25%。

(2)工程超高增加费(已考虑了超高因素的定额项目除外)：操作物高度离楼地面 5 m 以上、20 m 以下的电气安装工程，按超高部分人工费的 33%计算。

(3)高层建筑增加费(指高度在 6 层或 20 m 以上的工业与民用建筑)按表 3-4 计算(其中全部为人工工资)。

(4)安装与生产同时进行时，安装工程的总人工费增加 10%，全部为因降效而增加的人工费(不含其他费用)。

(5)在有害身体健康的环境(包括高温、多尘、噪声超过标准和在有害气体等有害环境)中施工时，安装工程的总人工费增加 10%，全部为因降效而增加的人工费(不含其他费用)。

二、照明工程工程量计算

(一)电气照明工程的控制设备

电气照明工程的控制设备主要指照明配电箱、板以及箱内组装的各种电气元件(控制开关、熔断器、计量仪表、盘柜配线等)。

(1)成套配电箱根据安装方式不同，分落地式和悬挂嵌入式两种，其中悬挂嵌入式以半周长分档列项。

(2)非成套配电箱(盘、板)定额中分为钢制箱盒制作、木配电箱制作、配电板制作、配电板安装等子目。

1)钢制箱盒制作定额的工作内容包括：制作、下料、焊接、油漆等。

2)木配电箱制作定额的工作内容包括：选料、下料、做榫、净面、拼缝、拼装、砂光、油漆。

3)配电板制作、配电板安装定额的工作内容包括：选料、下料、做榫、拼缝、钻孔、拼装、砂光、油漆、安装、接线、接地等。

当木制配电板用镀锌钢板包木板时，另计“木板包镀锌钢板”项目，以“m^2”为计量单位进行计算，套用定额子目。

(3)配电板内设备元件安装及端子板外部接线应另套单项定额。

1)成套配电箱。安装配电箱需做槽钢、角钢基座时，其制作安装以“m”计量，其长度 $L=2A+2B$，其中 A、B 的含义如图 4-1 所示。

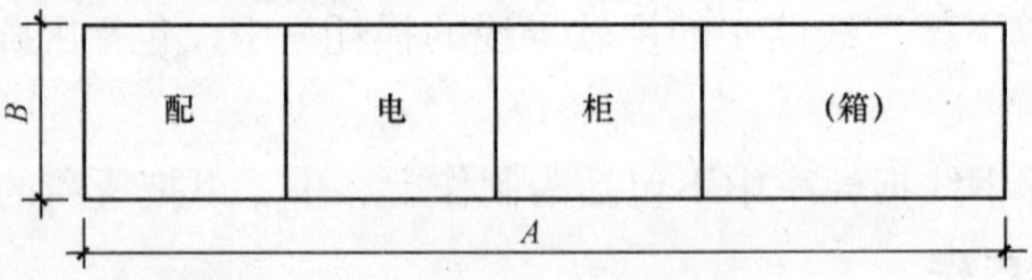

图 4-1　配电箱槽钢、角钢基座示意图

A—各柜、箱边长之和；B—柜的宽

2)非成套配电箱(盘、板)。

3)配电箱、盘、板内电气元件安装。

4)配电箱、盘、板内配线。

5)台、柜、屏母线配线。保护盘、信号盘、直流盘的盘顶小母线安装以“m”计量，按式(4-1)计算：

$$L = n\sum B + nl \tag{4-1}$$

式中　L——小母线总长；

n——小母线根数；

B——盘宽；

l——小母线预留长度。

小母线的材料质量，按式(4-2)计算：

$$小母线材料质量=计算长度\times单位长度质量\times(1+2.3\%损耗量) \tag{4-2}$$

(二)电气照明工程的配管、配线工程量计算

1. 配管工程量计算

(1)工程量计算规则。各种配管工程量根据管材材质、敷设方式和规格不同，以“延长米”计量，不扣除管路中间的接线盒(箱)、灯头盒、开关盒所占长度。

(2)工程量计算一般方法。

1)水平方向敷设的线管，以电气施工平面布置图的线管走向和敷设部位为依据，并借用建筑物平面图所标墙、柱轴线尺寸进行线管长度的计算，如图 4-2 所示。

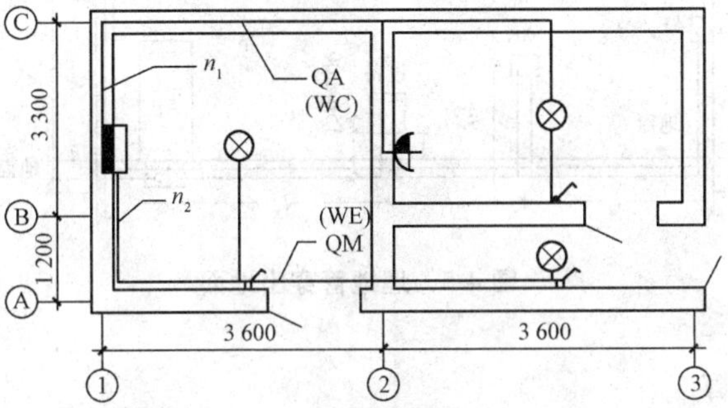

图 4-2　线管水平长度计算示意图

①当线管沿墙暗敷(WC)时，按相关墙轴线尺寸计算该配管长度。如 n_1 回路，沿Ⓑ一Ⓒ、①一③等轴线长度计算工程量。

②当线管沿墙明敷(WE)时，按相关墙面净空长度尺寸计算线管长度。如 n_2 回路，沿Ⓑ一Ⓐ、①一②等墙面净空长度计量。

2)垂直方向敷设的管(沿墙、柱引上或引下)，其工程量计算与楼层高度及与箱、柜、盘、板、开关等设备安装高度有关。无论配管是明敷或暗敷，均按图 4-3 计算线管长度。

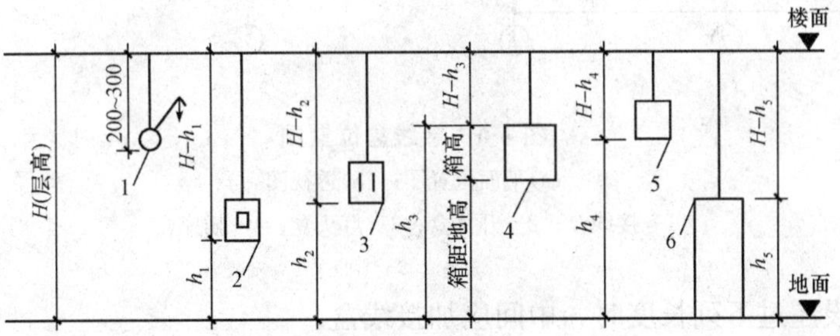

图 4-3　引下线管长度计算示意图

1—拉线开关；2—跷板开关；3—插座；4—配电箱；5—开关盒；6—配电柜

3)当埋地配管时(FC)，水平方向的配管按墙、柱轴线尺寸及设备定位尺寸进行计算，当图示斜向布管时，若图比例正确，可用比例尺量算。如图 4-4 所示。

穿出地面向设备或向墙上电气开关配管时，按埋的深度和引向墙、柱的高度进行计算，如图 4-5 所示。

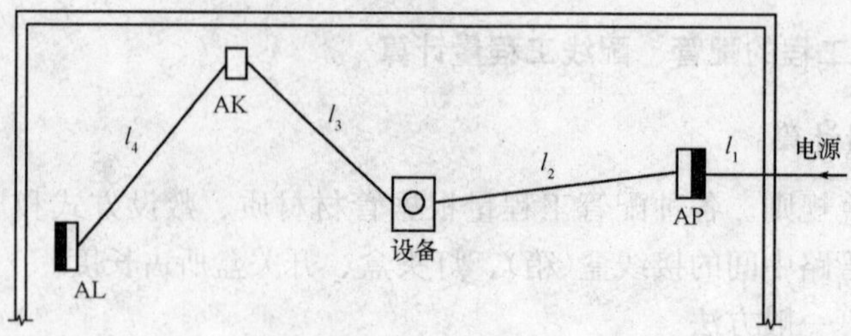

图 4-4　埋地水平管长度

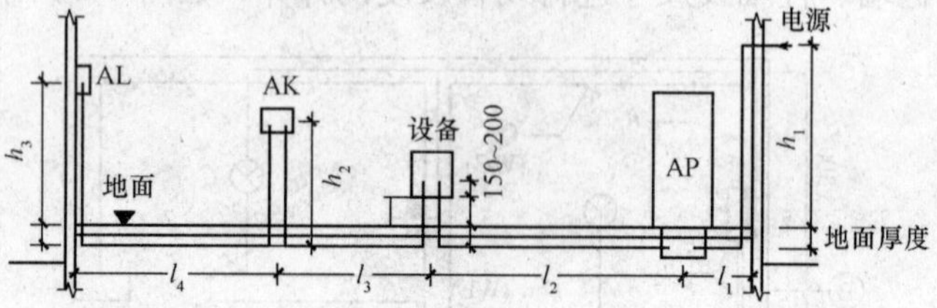

图 4-5　埋地管穿出地面

2. 配线工程量计算

(1)接线盒产生在管线分支处或管线转弯处，可按照图 4-6 接线盒位置示意图计算接线盒数量。

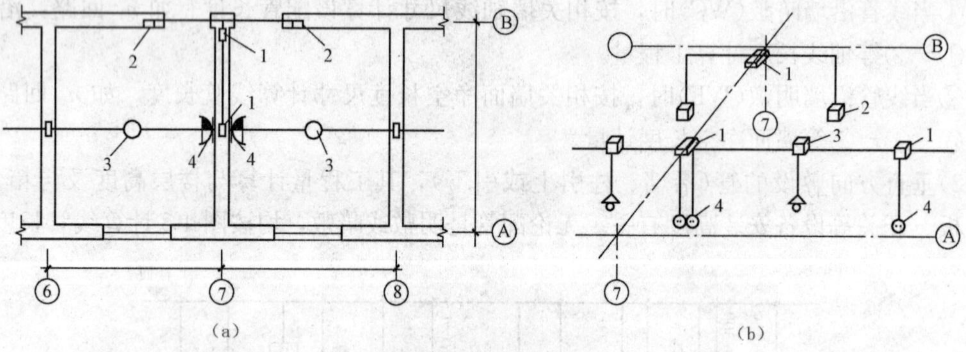

图 4-6　接线盒位置图

(a)平面位置图；(b)透视图

1—接线盒；2—开关盒；3—灯头盒；4—插座盒

(2)线管敷设超过下列长度时，中间应加接线盒。

1)管长＞30 m，且无弯曲。

2)管长＞20 m，有 1 个弯曲。

3)管长＞15 m，有 2 个弯曲。

4)管长＞8 m，有 3 个弯曲。

3. 配管内穿线工程量计算

(1)管内穿线。管内穿线工程量计算应区分线路用途(照明线路和动力线路)、导线材质(铝芯线、铜芯线和多芯软线)、导线截面，以“单线延长米”为计量单位计算，以“100 m 单线”套用相应定额子目。

(2)导线进入开关箱、柜及设备预留长度。导线进入开关箱、柜及设备预留长度如表 4-1及图 4-7 所示。

表 4-1　导线预留长度

序号	项　　目	预留长度/m	说明
1	各种开关箱、柜、板	宽+高	盘面尺寸
2	单独安装(无箱、盘)的铁壳开关、闸刀开关、起动器、母线槽进出线盒	0.3	从安装对象中心算起
3	由地面管子出口至动力接线箱	1.0	从管口算起
4	由电源与管内导线连接(管内穿线与硬、软母线接头)	1.5	从管口算起
5	出户线(或进户线)	1.5	从管口算起

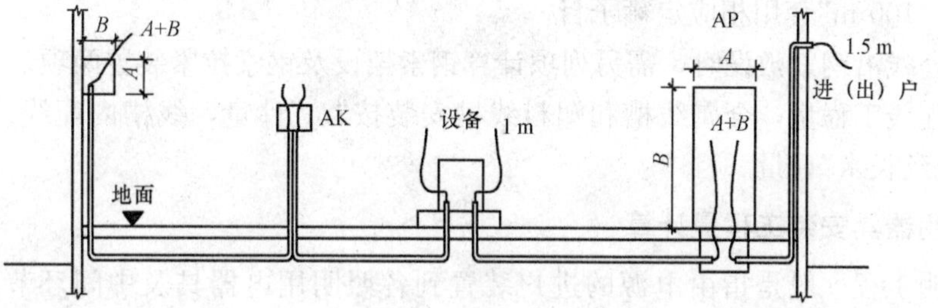

图 4-7　导线与柜、箱、设备等相连接预留长度

A—箱(柜)高度；*B*—箱(柜)宽度

4. 导线与设备相连需焊(压)接头端子的工程量计算

导线与设备相连需焊(压)接头端子的工程量按“个”计量，套用相应定额。

5. 其他配线工程量计算

(1)配线工程是以所配线的规格、敷设方式和部位来划分定额的，见表 4-2。

表 4-2　配线方式

配线方式	新符号	旧符号	备注
瓷绝缘子	K	CP	针式、蝶式、磁珠
瓷夹板		CJ	
塑料线卡	PL	VJ	含尼龙线卡
铝皮线卡	AL	QD	
木槽板		CB	
塑料槽板		VB	
塑料线槽	PR	VXC	
金属线槽	MR	GXC	
电缆桥架	CT		
钢索架设	M	S	

(2)配线工程量计算。

1)线夹配线工程量，应区别线夹材质(塑料线夹或瓷质线夹)、线式(二线式或三线式)、敷设位置(在木结构、砖结构或混凝土结构上)以及导线规格，以“线路延长米”计算，以“100 m线路”套用相应定额子目。

2)绝缘子配线工程量，应区分鼓形绝缘子(瓷柱)、针式绝缘子和蝶式绝缘子配线以及绝缘子配线位置、导线截面积，以“单线延长米”计量，以“100 m单线”套用相应定额子目。

当绝缘子配线跨越需要拉紧装置时，按“套”计算，其制作、安装套用相应定额子目。

3)槽板配线工程量，区分为槽板的材质(木槽板或塑料槽板)、导线截面、线式(二线式或三线式)以及配线位置(敷设在木结构、砖结构或混凝土结构上)，以“线路延长米”计量，以“100 m”套用相应定额子目。

4)塑料护套线配线，不论圆形、扁形、轨形护套线，以芯数(二芯或三芯)、导线截面大小及敷设位置(敷设于木结构、砖混凝土结构上或沿钢索敷设)区别，按“单根线路延长米”计量，以“100 m”套用相应定额子目。

塑料护套线沿钢索敷设时，需另列项计算钢索架设及钢索拉紧装置两项。

5)线槽配线工程量，金属线槽和塑料线槽安装按“m”计量，线槽内配线以导线规格分档，以“单线延长米”计量。

(三)照明器具安装工程量计算

电气照明工程一般是指由电源的进户装置到各照明用电器具及中间环节的配电装置、配电线路和开关控制设备的全部电气安装工程。某工程电气照明平面图如图 4-8 所示。

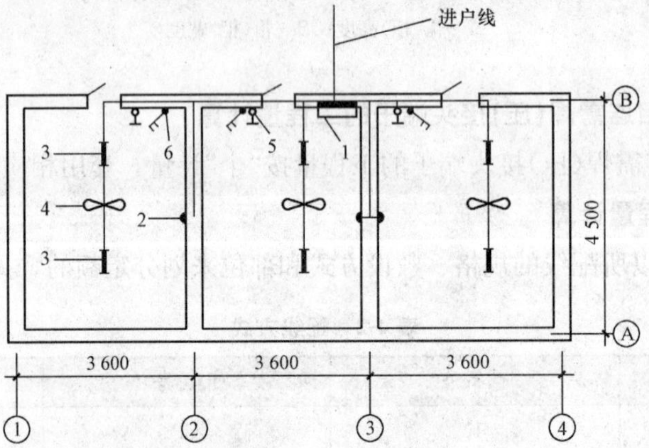

图 4-8　某工程电气照明平面图

1—配电箱；2—插座；3—日光灯；4—吊扇；5—吊扇开关；6—双联开关

照明器具安装包括灯具安装，照明用开关、按钮、安全变压器、插座、电铃和风扇及盘管风机开关等安装，其中以灯具安装为学习重点。灯具的安装方式有三类，即吊式、吸顶式、壁装式。以常见灯具为例讲解灯具的组成，如图 4-9 所示。

1. 灯具安装

照明灯具种类繁多，根据它们的用途及发光原理，定额将其分为八大类，即普通灯具安装、装饰灯具安装、荧光灯具安装、工厂灯及防水防尘灯安装、工厂其他灯具安装、医院灯具安装、艺术花灯安装和路灯安装。

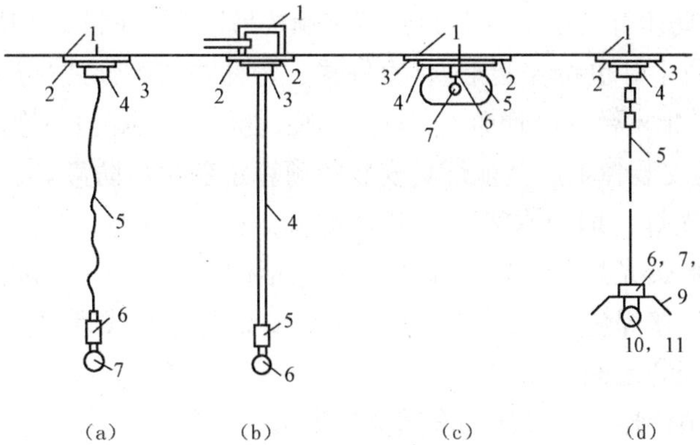

图 4-9 灯具的组成

(a)吊灯明装：1—固定木台螺钉；2—圆木台；3—固定吊线盒螺钉；4—吊线盒；
5—灯线(花线)；6—灯头(螺口 E、插口 C)；7—灯泡
(b)吊灯暗装：1—灯头盒；2—塑料台固定螺栓；3—吊杆盘；4—吊杆(吊链、灯线)；5—灯头；6—灯泡；
(c)吸顶灯：1—固定木台螺钉；2—木台；3—固定灯圈螺钉；4—灯圈(灯架)；
5—灯罩；6—灯头座；7—灯泡
(d)日光灯：1—固定木台螺钉；2—固定吊线盒螺钉；3—木台；4—吊线盒(或吊链底座)；
5—吊线(吊链、吊杆、灯线)；6—镇流器；7—辉光启动器；8—电容器；
9—灯罩；10—灯管灯脚(固定式和弹簧式)；11—灯管

(1)普通灯具安装的预算定额按吸顶灯具和其他普通灯具分类立项，均以“10 套”计量。

1)吸顶灯具安装。吸顶灯具安装的预算定额，根据灯罩形状划分为圆球形、半圆球形及方形三种。圆球形、半圆球形按灯罩直径的大小划分子目；方形吸顶灯具定额按灯罩形式划分子目。其工作内容包括：测位、划线、钻孔、埋螺栓、上木台、灯具安装、接线、接焊包头等。

2)其他普通灯具安装。其他普通灯具安装的预算定额根据灯的用途及安装方式分项，分为软线吊灯、吊链灯、防水吊灯、一般弯脖灯、一般壁灯、太平门灯、一般信号灯及座灯头项目，定额工作包括：测位、划线、钻孔、埋螺栓、上木台、支架安装、灯具组装、上绝缘子、上保险器、吊链加工、接线、接焊包头等。

(2)装饰灯具安装。装饰灯具定额共列 9 类灯具，19 个大项，184 个子目。为了减少因产品规格、型号不统一而发生争议，定额采用灯具彩色图片与子目对照方法编制，以便认定，给定额使用带来极大方便。

(3)荧光灯具安装。荧光灯具安装的预算定额按成套型和组装型分项。定额中的整套灯具均为未计价材料。

1)成套型荧光灯具安装。成套型荧光灯具安装的预算定额区分吊链式、吊管式、吸顶式，按灯管数目划分定额项目。定额内容包括测位，划线，钻孔，埋螺栓，上木台，吊链、吊管加工，灯具安装，接线，接焊包头等。

2)组装型荧光灯具安装。组装型荧光灯具安装的预算定额按灯管数、吊链式、吊管式、吸顶式、嵌入式分项。定额的工作内容与成套型荧光灯具安装的工作内容基本相同，只是灯具需组装。吊管式荧光灯具的电线管、法兰座按灯具带有考虑。如荧光灯具配有电容器时，应另加套电容器的安装定额。

(4)工厂灯及防水防尘灯安装 。工厂灯预算定额按吊管式、吊链式、吸顶式、弯杆式与悬挂式分别立项。防水防尘灯也按安装形式(直杆式、弯杆式与吸顶式)分项。定额包括测位、划线、钻孔、埋螺栓、上木台、吊管加工、灯具安装、接线、接焊包头等多项工作内容。

(5)工厂其他灯具安装。工厂其他灯具安装的预算定额包括防潮灯、腰形仓顶灯、碘钨灯、管形氙气灯、投光灯、烟囱水塔独立式塔架标志灯。密闭灯具包括安全灯、防爆灯、高压水银防爆灯、防爆荧光灯等。定额工作内容包括测位、划线、钻孔、上底台、支架安装、灯具安装、接线、接焊包头等。定额中不包括支架制作，成套灯具为未计价材料，应另行计算。管形氙灯安装定额中不包括接触器、按钮、绝缘子安装及管线敷设。此外，对于高压水银灯的外附镇流器安装，应加套镇流器安装定额子目。

(6)医院灯具安装。医院灯具安装的预算定额有病房指示灯、病房暗脚灯、紫外线杀菌灯及无影灯(吊管灯)等四项。定额包括测位、划线、钻孔、埋螺栓、灯具安装、接线、接焊包头等工作内容。

(7)艺术花灯安装。艺术花灯安装的预算定额分为吊装式花灯与吸顶式花灯。吊灯按照灯头数量从 3 头花灯至 48 头花灯划分定额子目，吸顶式花灯只有 1 个定额子目。定额包括测位、划线、钻孔、埋螺栓、上木台、灯具安装、接线、接焊包头等工作内容。成套灯具为未计价材料。

(8)路灯安装。路灯安装的预算定额分为大马路弯灯安装和庭院路灯安装。前者按弯灯臂长分项，后者按三火以下柱灯和七火以下柱灯分项。定额的工作内容包括测位、划线、支架安装、灯具组装、接线。不包括支架制作及导线架设。成套灯具为未计价材料。

2. 照明开关、按钮、插座安装

(1)开关及按钮安装。应注意本处所列“开关安装”是指第二册第十三章“照明器具”用的开关，而不是指第二册第四章“控制设备及低压电器”所列的自动空气开关、铁壳开关和胶盖开关等电源用“控制开关”，不能混用。

(2)插座安装。插座安装的预算定额分明插座、暗插座、防爆插座(不分明装暗装)三类。每类插座又按单相和三相、是否带接地插孔，以插座的电流规格分项。定额的工作内容同上述照明开关。插座为未计价材料。

3. 风扇、安全变压器、电铃安装

风扇安装的预算定额分为吊扇安装、壁扇安装、轴流排气扇安装。

4. 盘管风机开关、请勿打扰灯、须刨插座、钥匙取电器安装

定额中的工作内容包括：开箱、检查、测位、划线、清扫盒子、缠钢丝弹簧垫、接线、焊接包头、安装、调试等。

5. 定额应用应注意的问题

(1)各型灯具的引下线及预留线，除注明者外，均已综合在灯具安装定额内，不能另行计算。

(2)路灯、投光灯、碘钨灯、氙气灯、烟囱或水塔指示灯，均已考虑了一般工程的高空作业因素，不再计算工程超高费。

(3)定额中装饰灯具项目均已考虑了一般工程的超高作业因素，并包括脚手架搭拆费用。

(4)定额内已包括利用绝缘电阻表测量绝缘及一般灯具的试亮工作，但不包括调试工作。

(5)装饰灯具项目与示意图号配套使用。

(6)灯具安装定额包括灯具和灯管的安装。

灯具的未计价材料计算，以各地灯具预算价或市场价为准。

6. 照明工程量计算程序和计算方法

(1)照明工程量计算程序。根据照明平面图和系统图，按进户线、总配电箱、向各照明分配电箱配线、经各照明配电箱配向灯具、用电器具的顺序逐项进行计算，这样既可以缩短看图时间，从而提高计算速度，同时又可以避免漏算和重复计算。

(2)照明工程量计算方法。工程量的计算采用列表方式进行。照明工程量的计算，一般宜按一定顺序自电源侧逐一向用电侧进行，要求列出简明的计算式，可以防止漏项、重复，也便于复核。

三、接地装置工程量计算

防雷及接地装置工程执行《云南省安装工程预算定额》第二册相关内容，该定额内容适用于建筑物、构筑物的防雷接地，变配电系统接地，设备接地以及避雷针的接地装置。

(一)接地装置的工程内容

接地装置是指埋入土壤或混凝土基础中用于散流的金属导体，如图 4-10 所示。

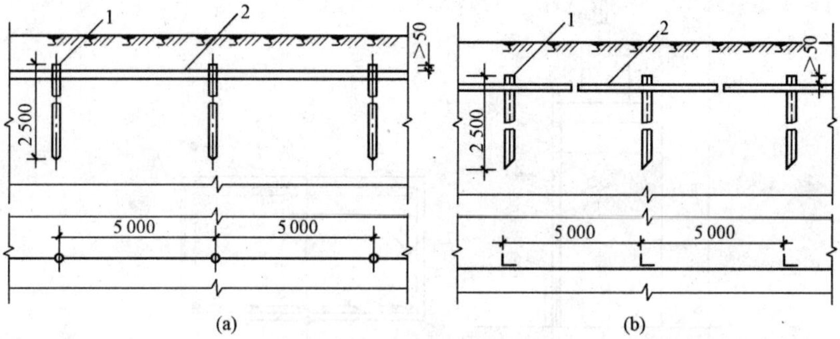

图 4-10　接地装置示意图

(a)垂直接地体的安装；(b)水平接地体的安装

1. 自然接地体

自然接地体是兼做接地用的直接与大地接触的各种金属构件、金属井管、钢筋混凝土建筑物的基础、金属管道和设备等。

2. 人工接地体

(1)人工接地体分垂直和水平安装两种。接地极制作安装，应配合土建工程施工。

(2)在基础土方开挖的同时，应挖好接地极沟并将接地极埋设好。

3. 接地跨接线

接地线遇有障碍时，须跨越相连的接头线，称为跨接线。

4. 接地调试

根据设计要求，防雷及接地装置中的接地体必须有足够小的接地电阻，在设计时，通常会根据土质等情况计算及布置接地极。

(二)接地装置的安装工程量计算

1. 接地极(板)制作安装

定额中按不同材料分为钢管、角钢、圆钢接地板和铜、钢接地极板(块)，按施工地质条件不同分为普通土和坚土，分别列出相应子目，定额的计量单位为“根”。

2. 接地母线敷设

定额分为户内、户外接地母线和铜接地绞线敷设，其中户外接地母线和铜接地绞线敷设还按截面分别划分子目。

3. 接地跨接线安装

接地跨接线安装定额分为接地跨接线、构架接地及钢铝窗接地子目。

4. 接地装置调试

接地装置调试定额分为独立接地装置调试和接地网调试子目。

四、防雷装置工程量计算

(一)防雷装置的组成

任何级别的防雷接地装置都由接闪器、引下线和均压环三大部分构成，如图 4-11 所示。

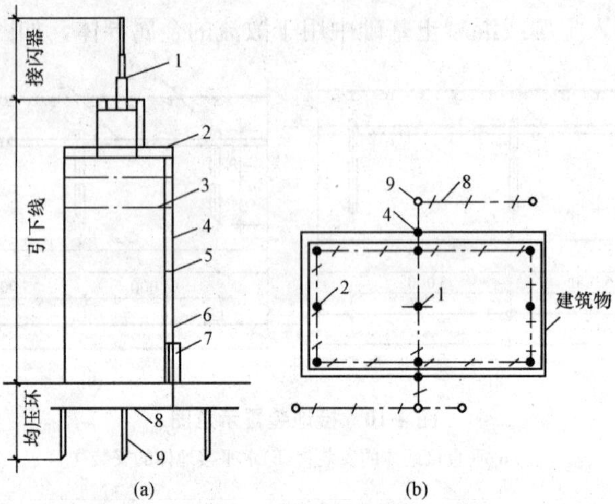

图 4-11　建筑物防雷接地装置组成示意图

(a)立面图；(b)屋顶平面图

1—避雷针；2—避雷网；3—避雷带；4—引下线；5—引下线卡子；

6—断接卡子；7—引下线保护管；8—接地母线；9—接地极

1. 接闪器

接闪器是指直接接受雷击的金属构件。

2. 引下线

引下线是指连接接闪器与接地装置的金属导体。

3. 均压环

均压环是高层建筑物利用圈梁中的水平钢筋与引下线可靠连接(绑扎或焊接)，用作降低接触电压、自动切断接地故障电路、防电击的一项装置。

(二)防雷装置安装工程量计算

1. 避雷针制作安装

定额子目分为普通避雷针制作、安装及独立避雷针安装。

2. 避雷网安装

定额按沿混凝土块敷设、沿折板支架敷设、混凝土块制作、利用圈梁钢筋做均压环敷设和柱子主筋与圈梁钢筋焊接划分子目。

3. 避雷引下线敷设

避雷引下线敷设定额根据引下线敷设方式不同，分为利用金属构件引下，沿建筑物、构筑物引下，利用建筑物主筋引下，断接卡子制作、安装 4 个子目。

五、电缆敷设工程工程量计算

(一)定额适用范围

电缆敷设因电缆所适应电压等级(kV)不同、用途不同，应分别用不同定额。

(二)工程量计算

1. 电缆工程量计算

电缆敷设的预算定额根据电缆芯的材质不同，分为铝芯、铜芯，按电缆截面分项。电缆长度组成平、剖面示意图和电缆端头预留长度分别如图 4-12 和表 4-3 所示。

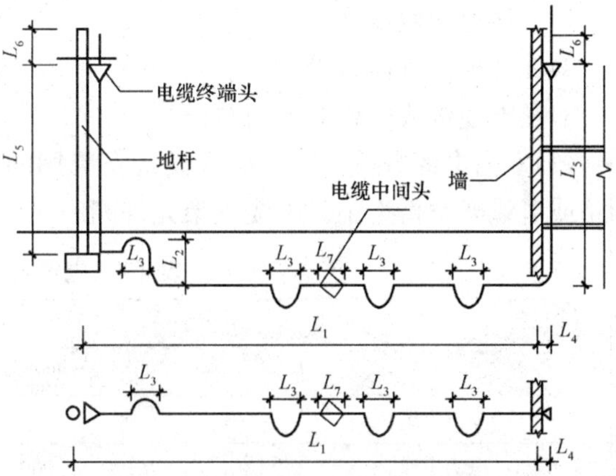

图 4-12　电缆长度组成平、剖面示意图

表 4-3　电缆端头预留长度

序号	项　目	预留长度(附加)	说　明
1	电缆敷设弛度、波形弯度、交叉	2.5%	按电缆全长计算
2	电缆进入建筑物	2.0 m	规范规定最小值
3	电缆进入沟内或吊架时引上(下)预留	1.5 m	规范规定最小值
4	变电所进线、出线	1.5 m	规范规定最小值
5	电力电缆终端头	1.5 m	检修余量最小值
6	电缆中间接头盒	两端各留 2.0 m	检修余量最小值
7	电缆进入控制、保护屏及模拟盘、配电箱等	高+宽	按盘面尺寸
8	高压开关柜及低压配电盘、箱	2.0 m	盘下进出线
9	电缆至电动机	0.5 m	从电动机接线盒算起
10	厂用变压器	3.0 m	从地坪算起
11	电缆绕过梁、柱等增加长度	按实计算	按被绕物的断面情况计算增加长度
12	电梯电缆与电缆架固定点	每处 0.5 m	规范规定最小值

2. 电缆敷设

电缆线路是把电缆埋设于土壤或敷设于沟道、隧道中、室内支架上的线路，电缆线路按其作用可分为输电线路、配电线路、通信线路。

(1)电缆敷设。

1)电力电缆的定额截面面积是指一根电缆的截面积，而非一根电缆所包含电缆芯数的全部截面积。

2)电力电缆敷设定额是按三芯(包括三芯连地)制定的，五芯电力电缆敷设按照定额乘以系数 1.3，六芯乘以系数 1.6，即每增加一根定额，增加 30%，依此类推。

3)厂外电缆(包括进厂部分)敷设，需按第二册定额第十章“工地运输”定额另计工地运输费。

4)电缆在一般山地、丘陵地区敷设时，其定额人工乘以系数 1.3。

(2)户外电缆敷设。户外电缆敷设有三种基本方式：

1)直接埋地敷设。

2)在埋地排管内敷设。

3)在电缆沟或电缆隧道内敷设。

(3)室内电缆敷设。室内电气设备安装用的电缆一般敷设于隧道、沟道、夹层、竖井、管路或电缆架空桥架中。电缆支架允许间距见表 4-4。

表 4-4 电缆支架允许间距 mm

电缆种类	各支点间的距离	
	水平敷设	垂直敷设
控制电缆	800	1 000
电力电缆	1 000	1 500

(4)电缆头和电缆接头的制作。电缆头和电缆接头的主要作用是把电缆封起来，以保证电缆的绝缘水平。电缆头示意图如图 4-13 所示。

(5)电缆沟挖填。

1)电缆沟(图 4-14)挖填土石方量计算见表 4-5。

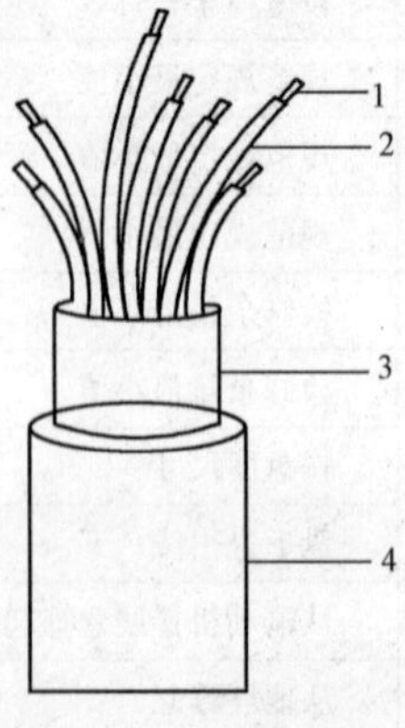

图 4-13 电缆头示意图

1—线芯；2—绝缘层；3—保护层；4—绝缘保护层

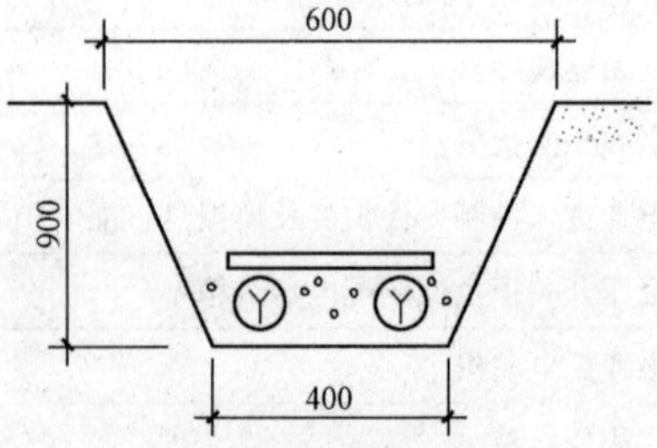

图 4-14 电缆沟

表 4-5　电缆沟计算土方量

项　　目	电缆根数	
	1～2	每增加一根
每米沟长挖方量/m^3	0.45	0.153

2)每增加一根电缆，其宽度增加 170 mm。

3)以上土方量是按埋深从自然地坪起算，如设计埋深超过 900 mm 时，多挖的土方量应另行计算。

4)挖混凝土、柏油等路面的电缆沟时，按设计的沟断面图计算挖方量，可按下式计算：

$$V=HBL \tag{4-3}$$

式中　V——电缆沟(槽)体积，m^3；

H——电缆沟(槽)实深，m；

B——电缆沟(槽)实宽，m；

L——电缆沟(槽)实长，m。

(6)电缆沟铺砂、盖砖及移动盖板。定额子目的工作内容包括：调整电缆间距、铺砂、盖砖(或保护板)、埋设标桩、揭(盖)盖板。

1)铺砂、盖砖(或盖保护板)。编制预算时，依据施工图，以“100 m”为单位计量，套用相应定额子目。

2)揭(盖)盖板。揭(盖)盖板预算定额用于电缆沟沟内明敷电缆，定额按盖板长度分项。定额中包括盖板的人工费。

(7)电缆保护管及顶管敷设。

1)保护管敷设。编制预算时，依据施工图，以“10 m”为单位计量，套用相应定额子目。

①横穿道路，按路基宽度两端各加 2 m。

②垂直敷设时，管口距地面加 2 m。

③穿过建筑物外墙时，按基础外缘以外增加 1 m。

④穿过排水沟，按沟壁外缘以外增加0.5 m，如图 4-15 所示。

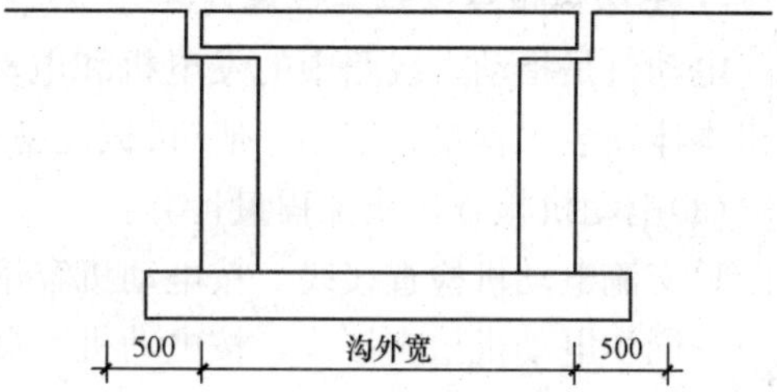

图 4-15　电缆管沟长度

2)顶管。

3)电缆保护管沟土石方量计算式如下：

$$V=(D+2\times 0.3)HL \tag{4-4}$$

式中　V——电缆保护管沟体积，m^3；

D——电缆保护管沟外径，m；

H——电缆保护管沟深度，m；

L——电缆保护管沟长度，m；

0.3——工作面填方不扣保护管体积。

(8)电缆桥架安装。桥架是指电缆敷设时所需的一种支架和槽(又称托盘)。

(9)电缆头制作安装。各种电缆头制作安装的预算定额以不同形式及不同作用分别立项。

(10)其他有关项目。

1)电缆沿钢索敷设。

2)电缆防火涂料、堵洞(每处指 0.25 m^2 以内)、隔板及阻燃槽盒安装，按不同子项内容分别以“m^2”“10 kg”“10 m”为定额单位计量。

3)电缆防腐、缠石棉绳、涂装、剥皮等，均以“10 m”为定额单位计算工程量。

(11)电缆工地运输工程量计算。

1)电缆工地运输工程量。电缆折算质量按下式计算：

$$Q=W+G \tag{4-5}$$

式中 Q——电缆折算总质量；

W——电缆理论质量；

G——电缆盘质量。

2)运距。

3)最后需要说明的是，电缆工程各项定额中均未包括下列工作内容：

①隔热层、保护层的制作安装。

②电缆冬期施工的加温工作及在其他特殊施工条件下的施工措施费和施工降效增加费。

六、动力控制设备工程量计算

1. 高压控制台、柜、继电保护屏安装

成套高压配电柜安装定额分为单母线柜和双母线柜安装，又分别按柜中主要元件分为断路器柜、互感器柜或电容器柜、其他柜等项目。

2. 动力控制设备安装

动力控制设备安装的工程量计算同照明控制设备工程量计算。

3. 电动机检查接线工程量计算

电动机是指动力线路中的发电机和电动机，多出现在各用电设备上，其设备安装或电动机本体安装工程量，用第一册《机械设备安装工程》定额。

(1)电动机检查接线工程量计算。

1)交流电动机检查接线，按电动机容量分档，以“台”计量。

2)同步电动机检查接线，按电动机容量分档，以“台”计量。

3)排风扇、鸿运扇(台扇)、吊风扇等民用电动机，不能计算电动机调试和检查接线。

(2)电动机干燥与电动机解体检查工程量计算。

1)电动机干燥。按一次干燥所需的工、料、机消耗量考虑的，应按实际干燥次数计算。

2)电动机解体拆装检查。应根据需要选用，如不需要解体时，可只执行电动机检查接线项目。

4. 配管、配线工程量计算

配管、配线工程量计算同照明工程配管、配线工程量计算。

七、起重设备电气装置工程量计算

起重设备的电气设备安装同照明设备、动力设备和变配电设备安装，母线、绝缘子分别是变配电设备之间连接线和支持母线的绝缘瓷器。

1. 母线安装工程量

母线有硬母线和软母线两类。硬母线配置安装预留长度见表 4-6。

表 4-6　硬母线配置安装预留长度

序号	项　　目	预留长度/m	说　　明
1	带形母线终端	1.3	从最后一个支点算起
2	带形母线与分支线连接	0.5	支线预留
3	带形母线与设备线连接	0.5	从设备端子接口算起
4	槽形、管形母线终端	1.0	从最后一个支点算起
5	槽形、管形母线与分支线连接	0.8	支线预留
6	槽形、管形母线与设备连接	0.5	从设备端子接口算起

(1)带形母线安装。带形母线计算公式如下：

$$L = \sum(\text{按设计图纸计算的单项延长米} + \text{母线预留长度}) \tag{4-6}$$

(2)带形母线引下线安装。带形母线安装与带形母线引下线安装的区别在于：某段母线，若其一端与馈线连接，另一端与设备(如变压器、隔离开关等)相连接，则该母线称为母线引下线。

(3)带形母线伸缩接头安装。带形母线伸缩接头的定额按不同材质(铜、铝)和每相片数分列子目。

(4)低压封闭式插接母线槽安装。低压封闭式插接母线槽安装定额按母线每相导体额定电流的大小划分子目，封闭母线槽进出分线箱安装定额按分线箱额定电流大小划分子目。

2. 绝缘子安装

(1)绝缘子安装。10 kV 以下绝缘子安装定额按绝缘子的特征和安装条件列有悬式绝缘子串、户内式支持绝缘子和户外式支持绝缘子三大项目，其中户内式支持绝缘子和户外式支持绝缘子又按绝缘子的安装孔数立项，有 1 孔、2 孔及 4 孔等子目。

(2)穿墙套管安装。定额中不分穿墙套管的型号、电流大小、水平安装、垂直安装、安装在墙上或其他设备的箱壳上，10 kV 以下均套用同一定额子目。

3. 车间滑触线(WT)安装工程量计算

车间滑触线安装工程量包括以下部分：

(1)钢滑触线安装。其长度计算公式为

$$\text{滑触线长度} = \sum(\text{单根延长米} + \text{预留长度}) \tag{4-7}$$

(2)滑触线支架制作及安装。

(3)滑触线及支架刷第二遍防锈漆。

(4)滑触线低压绝缘子(WX-01)安装。

(5)滑触线电源指示灯安装。

(6)滑触线支架安装高度。

4. 车间带形母线安装工程量计算

车间带形母线安装的安装子目包括电车绝缘子(WX-01 等型)的安装及价值，还包括母线支架安装和母线涂分相色漆，也包括母线的木质夹具和夹板的制作与安装及其价值，但不包括支架制作。

八、电梯电气装置工程量计算

1. 电梯电气装置安装定额项目划分依据

(1)电梯电气装置安装定额项目划分。电梯电气装置安装定额适用于国内生产的各种客、货、病床和杂物电梯，但不包括自动扶梯和观光电梯。

(2)电梯组成。如图 4-16 所示，电梯由井道与机房轿厢构成。

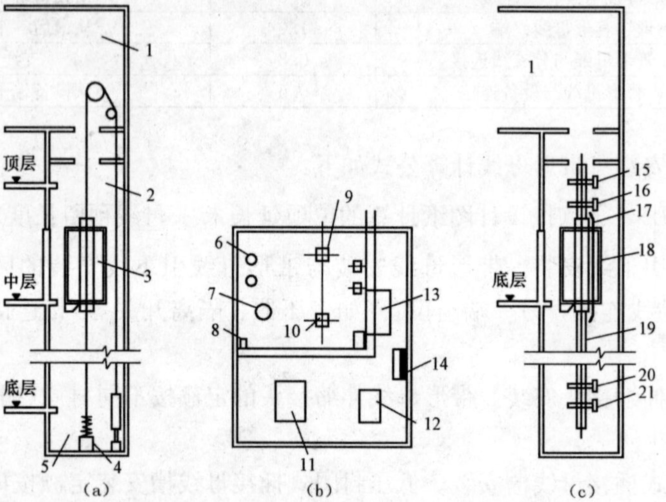

图 4-16　电梯井道及机房平面、限位开关位置构成示意图

(a)井道及机房剖面图；(b)电梯机房平面图；(c)限位开关位置示意图

1—机房；2—井道；3—轿厢；4—下缓冲；5—地坑；6—限速器；7—极限开关；8—线槽；9—轿架中心线；10—吊钩中心；11—控制柜；12—电阻箱；13—选层器；14—电源箱；15—上限位开关；16—上机械缓速开关；17—碰铁；18—轿厢；19—导轨；20—下机械缓速开关；21—下限位开关

2. 电梯电气装置安装工程量计算

(1)电梯电气装置安装工程量计算。电梯电气装置安装工程量以“层/站”分档，按“部”计量。

1)电梯电气安装材料包括电线管及线槽、金属软管、管子配件、紧固件、电缆、电线、接线箱(盒)、荧光灯具及其附件、备件等。

电梯电气安装所用材料定额是按设备配件考虑的。

2)定额是以室内首层为基站，±0.00 m 以下为地坑(下缓冲)考虑的。如果有“区间电梯”(基站不在首层)，下缓冲地坑设在中间层时，则基站以下部分楼层的垂直搬运应另行计算。

3)电梯是按每层一个厅门、一个轿厢门考虑的，增或减厅门、轿厢门时，按相关子目计算。

4)电梯安装楼层高度，是按平均高度 4 m 以内考虑的(包括上、下缓冲)，若平均层高超过 4 m，其超过部分可另按提升高度定额计算。

5)两部或两部以上并列运行或群控电梯，按相应的定额分别乘以 1.2 计算。

(2)电梯电气装置定额不包括的工作。

1)电源线路及控制开关的安装。

2)电动发电机组的安装。

3)基础型钢和钢支架制作。

4)接地极与接地干线敷设。

5)电气调试。

6)电梯的喷漆。

7)轿厢内的空调、冷热风机、闭路电视、呼叫机、音响设备。

8)群控集中监视系统以及模拟装置。

上述内容按安装定额相应项目计算。

3. 电梯电气装置调试

各种电梯电气调试以层、站为规格，按“部”计量，电梯程控调试已包括在电梯电气装置安装中，不另行计算调试。

4. 电梯本体安装

按《云南省安装工程消耗量定额》第一册《机械设备安装工程》定额使用。

九、变配电工程工程量计算

在电力系统中，变配电设备是根据需要改变电压高低和分配电能到用户端的电气装置，它由变压器、配电装置两大部分组成。

变配电站的电气设备大多数是成套的定型设备。配电装置主要包括开关设备、保护设备、连接母线、控制设备、测量仪表及其他附属设备等。

变电站的安装工程分为室外和室内两种：室外电压较高，一般为 35 kV 以上；室内电压在 35 kV 以下。车间厂房的变配电设备大多数设在室内，但有些 6～10 kV 的小功率终端或变配电设备也常安装在室外。

变配电工程设计所提供的图纸主要是变配电站的平面布置和剖面图、供配电系统图，以及非标准设备(盘、箱、柜、台等)的制造图。另外，为了保证供配电系统一次设备安全、可靠地运行，需要许多辅助电气设备对其工作状态进行监视、测量、控制和保护，如测量表计、控制电器、编号器具、继电保护装置、自动装置等。这些辅助电气设备习惯称为二次设备，用来表示二次设备上连点系及其作用原理的简图，称为二次回路电路图。

变配电工程量计算要点为根据变配电站的施工图进行计算。变配电施工图设计内容，原则上是从变配电站的进线开关开始，经变压器的高低压母线、高低压开关馈出为止。变配电站的进线和配出线，一般列入外网工程和动力工程中。

根据这一内容，变配电工程电气设计提供了变配电系统图、变配电站(所)平面图、剖面图以及辅助项目图纸，预算人员依据这些图纸来进行变配电工程量计算和编制变配电工程的预算。

变配电工程量计算以设备安装工程量为主要内容，一般在变配电施工图设计的平、剖面图中给出设备材料明细表所列项目进行工程量计算。在变配电工程设计中，许多辅助项目多引用标准图集中的有关项目，不另出图。一般属于设计单位自己设计的标准图均复制附于施工图中，对于国家标准图集，需预算人员自行准备，以便随时查阅。

变配电工程量计算程序应先高压后低压，在计算某一单项设备的安装时，注意其相关联项目的工程量计算，而后再分片计算控制盘、继电保护盘、直流盘、交流盘等的安装工程量。

架空进线变配电装置示意图如图 4-17 所示。

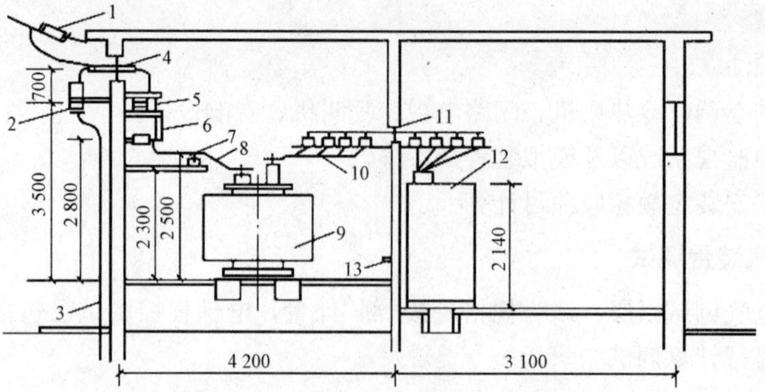

图 4-17　架空进线变配电装置示意图

1—高压架空引入线拉紧装置；2—避雷器；3—避雷器接地引下线套；4—高压穿通板及穿墙套管；5—负荷开关或断路器或隔离开关；6—高压熔断器；7—高压支柱绝缘子及钢支架；8—高压母线；9—电力变压器；10—低压母线及电车绝缘子和钢支架；11—低压穿通板；12—低压配电柜(屏)；13—室内接地母线

(一)变压器安装工程量计算

变压器是一种静止设备。

1. 变压器安装

定额分为油浸式变压器和干式变压器两大类型，并按变压器额定容量等级划分子目。

2. 变压器干燥

变压器的干燥定额与变压器的安装定额相对应，按电压等级来套用，定额计量单位为“台”。

3. 变压器油过滤

变压器油过滤预算定额的工作内容包括：过滤前的准备及过滤后的清理、油过滤、取油样、配合试验。

4. 组合式成套箱式变电站安装

定额按箱式变电站是否带有高压开关柜以及变压器容量划分子目。

5. 杆上变压器安装及台架制作

(1)杆上变压器安装。杆上变压器安装以变压器容量分档，按“台”计量。

(2)杆上配电设备安装。

1)跌开式熔断器、避雷器、隔离开关的安装分别以“组”计量。

2)油开关、配电箱分别以“台”计量。

杆上配变电设备安装，不要与第二册中“配电装置”所列项目混淆。

(二)配电装置工程量计算

1. 断路器安装

断路器安装定额根据断路器的种类与电流的大小分项，分列有油断路器、真空断路器、SF6 断路器、大型空气断路器等项目。

2. 隔离开关、负荷开关安装

隔离开关、负荷开关安装的预算定额分为户外与户内两类，根据开关的额定电流分项。

3. 互感器安装

电压互感器安装不区分三相或单相、油浸式或浇注式、安装于室内或室外、安装于基础上或支架上，均套用同一定额子目。

4. 熔断器安装

高压熔断器一般用于 35 kV 以下配电系统中，保护电压互感器和小容量电气设备，是串接在电路中最简单的一种保护电器。

5. 避雷器安装

避雷器安装的预算定额按电压 1 kV 以下、10 kV 以下等级分别立项，不区分室内外、支架上、墙上或基础上等安装方式。

6. 电力电容器安装

移相式及串联式电容器、集合式并联电容器均按单个质量划分子目。

7. 配电装置安装注意事项

(1)配电装置安装不包括以下工作内容，以下工作需另执行相应定额：端子箱安装、设备支架制作及安装、绝缘油过滤、基础槽(角)钢安装。

(2)设备安装所需的地脚螺栓按土建预埋考虑，也不包括二次灌浆。

(3)配电设备安装的支架、抱箍及延长轴、轴套、间隔板等，按施工图设计的需要量计算，执行第二册第四章铁构件制作安装定额或成品价。

(4)高压成套配电柜和箱式变电站的安装，均未包括基础槽钢、母线及引下线的配置安装。

(5)配电设备的端子板外部接线，应按定额第二册第四章相应定额子目另行计算。

(6)低压无功补偿的电容器屏(柜)安装列入第二册第四章。

8. 蓄电池、整流装置安装

蓄电池是产生直流电流的一种装置，是一种储存电能的设备。

十、电气调试工程工程量计算

(一)概述

变配电系统的设备在安装前，应按规定进行单项设备的试验，不合格者不准安装。电气调试系统示意图如图 4-18 所示。

(二)变压器系统调试工程量计算

电力变压器系统，即指变压器本体、断路器、隔离开关、互感器、风冷及油循环装置等一、二次回路。

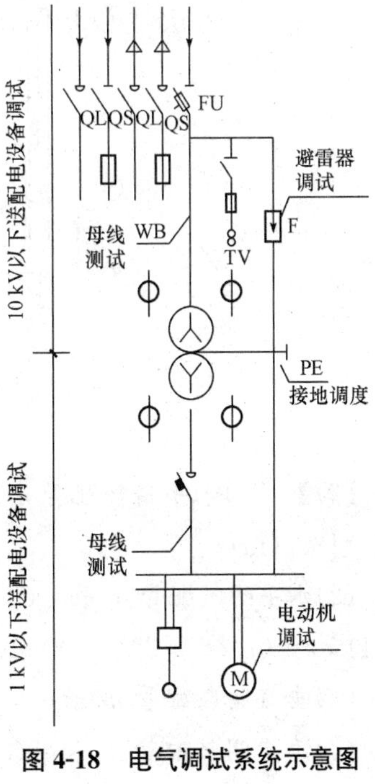

图 4-18　电气调试系统示意图

1. 定额内容

10 kV 以下电力变压器系统调试的预算定额根据变压器容量大小分别立项。

2. 注意事项

(1)调试定额中不包括避雷器、特殊保护装置和接地装置的调试，这些可另套用专项调试定额。

(2)系统调试以每个电压侧一台断路器为准。

(3)变压器一台(包括相应的附属开关设备及二次回路)为一个系统选用定额，变压器和电气调整定额均按不带负荷调整电压装置及不带强迫油循环装置考虑，如采用“带负荷调整装置”的调试，定额乘以系数 1.12。

(4)三相变压器、整流变压器、电炉变压器调试，按同容量电力变压器调试定额乘以系数 1.20 计算。

(5)干式变压器、油浸式电抗器调试，执行相应容量变压器调试定额，乘以系数 0.8 计算。

(三)送配电系统调试工程量计算

送配电系统是指配电用的开关、控制设备及一、二次回路。

送配电装置系统调试预算定额适用于各种送配电设备和低压电回路。

电气工程工程量计算实例

【案例 1】 某住宅图照明配电 n_1、n_2 回路及敷设方式如图 4-19 所示，层高 3 m，配电箱 320×420，安装高度 1.8 m，插座、开关安装高度为 1.2 m，试计算 n_1、n_2 回路配管的长度。

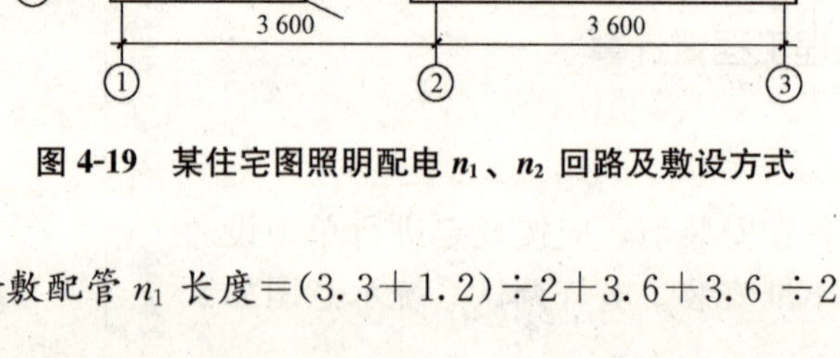

图 4-19 某住宅图照明配电 n_1、n_2 回路及敷设方式

【解】 (1)水平暗敷配管 n_1 长度=(3.3+1.2)÷2+3.6+3.6 ÷2+(3.3+1.2)÷2+3.3=13.2(m)

(2)水平明敷配管 n_2 长=(3.3+1.2−0.24)÷2+3.6+(3.6−0.24) ÷2+(3.3+1.2−0.24)÷2+(1.2−0.24) ÷ 2=10.02(m)

(3)垂直暗敷配管 n_1 长=(3−1.8)+(3−1.2)×2=4.8(m)

(4)垂直明敷配管 n_2 长=(3−1.2)×2=3.6(m)

小计：n_1 配管长度=13.2+4.8=18(m)

n_2 配管长度=10.02+3.6=13.62(m)

【案例 2】 某办公楼照明工程局部平面布置图如图 4-20 所示。建筑物为混合结构，层高 3.3 m。灯具为成套型，开关安装距楼地面 1.4 m；配电线路导线为 BV-2.5，穿电线管沿天棚、墙暗敷设，其中 2～3 根穿 MT15，4 根穿 MT20。试按工程量计算表形式列出该房间轴线内的所有电气安装分项工程名称，计算出各分项工程量。

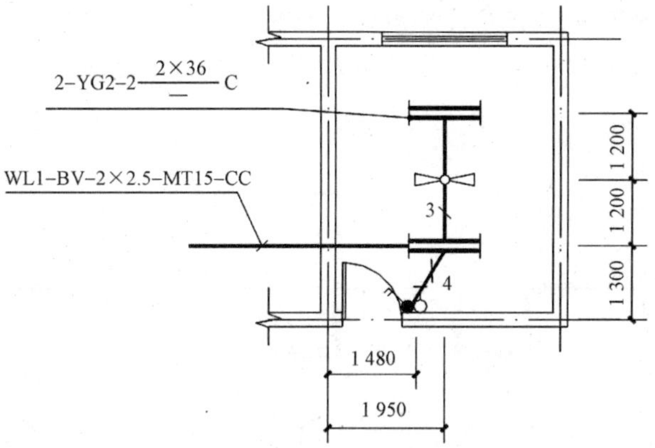

图 4-20　办公楼照明工程局部平面布置图

【解】 根据定额套用与工程量计算规则，按照电气照明工程系统组成，可按照明控制设备、配管配线、照明器具、接线盒等顺序计算工程量，如表 4-7 所示。

表 4-7　工程量计算表

序号	定额编号	项目名称	单位	计算式	数量
1	2-981	电线管暗配 MT15	100 m	进线至灯水平 1.95+灯至风扇水平 1.20+灯至风扇水平 1.20=4.35(m) 4.35÷100≈0.044	0.044
2	2-982	电线管暗配 MT20	100 m	灯至开关水平 $\sqrt{1.30^2+(1.95-1.48)^2}$ +灯至开关垂直(3.30−1.40) =1.38+1.90=3.28(m) 3.28÷100≈0.033	0.033
3	2-1172	管内穿线 BV−2.5	100 m	(1)+(2)=23.02(m) 23.02÷100≈0.230	0.230
		(1)MT15		两线 4.35×2+局部三线 1.20=9.90(m)	
		(2)MT20		四线 3.28×4=13.12(m)	
4	2-1595	吸顶式双管荧光灯安装	10 套	2÷10	0.2
5	2-1638	双联板式暗开关安装	10 套	1÷10	0.1
6	2-1702	吊风扇安装	台	1	1
7	2-1377	暗装钢质灯头盒安装	10 个	3÷10	0.3
8	2-1378	暗装钢质开关盒安装	10 个	2÷10	0.2

【案例 3】 某住宅楼防雷工程平面布置图如图 4-21 所示。避雷网在平屋顶四周沿檐沟外折板支架敷设，其余沿混凝土块敷设。折板上口距室外地坪 19 m，避雷引下线均沿外墙引下，并在距室外地坪 0.45 m 处设置接地电阻测试断接卡子，在距建筑 3 m 处设接地极 2.5 m 长角钢∟50×5(图 4-20)，埋深地下 0.7 m，顶部用－40×4 镀锌扁钢引下线和接地极相连接。土壤为普通土。试按工程量计算表形式列出该工程的所有分项工程名称，并计算出各分项工程量。

【解】 根据定额套用与工程量计算规则，按照防雷及接地工程系统组成，可按接闪器、引下线、接地装置、接地调试的顺序计算工程量，如表 4-8 所示。

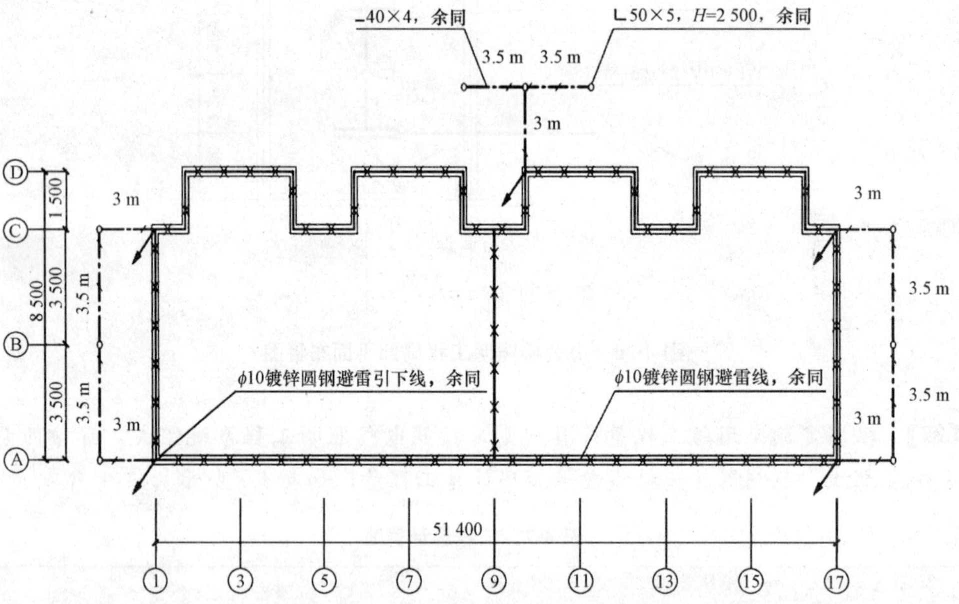

图 4-21 某住宅防雷接地平面布置图

表 4-8 工程量计算表

序号	定额编号	项目名称	单位	计算式	数量
1	2-749	避雷网沿折板支架安装 镀锌圆钢 φ10	10 m	51.4(Ⓐ轴全长)＋51.4(Ⓓ轴全长)＋1.5×8(Ⓓ轴凹凸部分)＋7(①轴全长)＋7(⑰轴全长)＝128.8(m) 128.8×(1＋3.9%)÷10＝13.382	13.382
2	2-748	避雷网沿混凝土块支架安装 镀锌圆钢 φ10	10 m	8.8－1.5(⑨轴全长减去凹凸部分)＝7.3(m) 7.3×(1＋3.9%)÷10＝0.758	0.758
3	2-750	混凝土块制作	10 块	7 块(直线段敷设按 1～1.5 m/块考虑) 7÷10＝0.7	0.7
4	2-745	避雷引下线敷设 镀锌圆钢 φ10	10 m	19×5(楼总高×引下线根数)－0.45×5(断接卡子距室外地坪高)＝92.75(m) 92.75÷10＝9.275	9.275
5	2-747	断接卡子制作、安装	10 套	5 套(每根引下线一套) 5÷10＝0.5	0.5

续表

序号	定额编号	项目名称	单位	计算式	数量
6	2-690	接地极制作、安装 ∟50×5，H=2 500	根	9 根，按图示数量计算	9
7	2-697	户外接地母线敷设 －40×4	10 m	[3(距墙)+0.7(埋深)+0.45(断接点高)]×5(5处)+3.5(地极间距)×6(6 段)=41.75(m) 41.75×(1+3.9%)÷10=4.338	4.338
8	2-885	独立接地装置调试	组	3 组(按每组接地装置测试计算)	3

【案例 4】 某氮气站动力安装工程如图 4-22 所示。

(1)PD1、PD2 均为定型动力配电箱，落地式安装，基础型钢用 10# 槽钢制作，其质量为 10 kg/m。

(2)PD1 至 PD2 电缆沿桥架敷设。其余电缆均穿钢管敷设。埋地钢管标准高为－0.2 m，埋地钢管至动力配电箱出口处高出地坪＋0.1 m。

(3)4 台设备基础标高均为＋0.3 m。至设备电动机处的配管管口高出基础面 0.2 m，均连接 1 根长 0.8 m 同管径的金属软管。

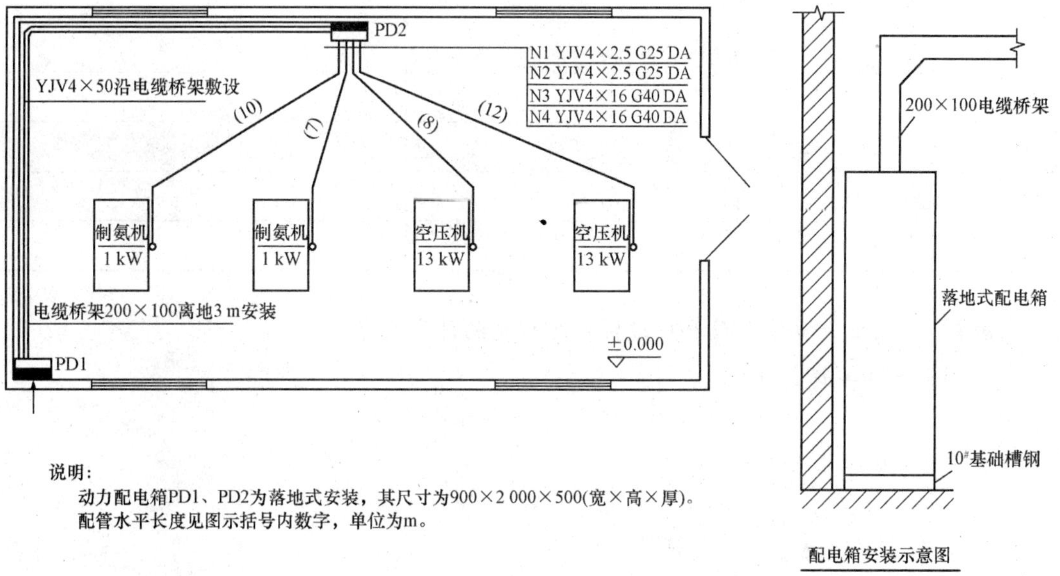

图 4-22 氮气站动力平面图

(4)计算电缆长度时，不计算电缆敷设弛度、波形弯度和交叉的附加长度，连接电动机处，出管口后电缆的预留长度为 1 m，电缆头为户内干包式，其附加长度不计。

(5)电缆桥架(200×100)的水平长度为 22 m。

分部分项工程量清单的统一编码见表 4-9。

表 4-9 分部分项工程量清单的统一编码

项目编码	项目名称	项目编码	项目名称
030411001	配管	030404031	小电器
030408001	电力电缆	030404015	控制台
030411003	桥架	030404004	低压开关柜(屏)
030406006	低压交流异步电动机	030404017	配电箱

问题：

根据图示内容和《建设工程工程量清单计价规范》的规定，计算相关工程量和编制分部分项工程量清单，并填写分部分项工程量清单(表 4-10)。

表 4-10 分部分项工程量清单

序号	项目编码	项目名称	计量单位	工程数量
1				
2				
3				
4				
5				
6				
7				
8				
9				

【解】 1. 配管、电缆敷设和电缆桥架工程量的计算式。

(1)钢管 ϕ25 工程量计算：

$$10+7=17(\text{m})$$

(2)钢管 ϕ40 工程量计算：

$$8+12=20(\text{m})$$

(3)电缆 YJV4×2.5 工程量计算：

$$10+7+(0.2+0.3)\times2+1=19(\text{m})$$

(4)电缆 YJV4×16 工程量计算：

$$8+12+(0.2+0.3)\times2+1=22(\text{m})$$

(5)电缆桥架 200×100 工程量计算：

$$22+[3-(2+0.1)]\times2=23.8(\text{m})$$

(6)电缆 YJV4×50 工程量计算：

$$22+[3-(2+0.1)]\times2+1=24.8(\text{m})$$

2. 填写分部分项工程量清单(表 4-11)。

表 4-11　分部分项工程量清单

序号	项目编号	项目名称	计量单位	工程数量
1	030411001001	配管(ϕ25 钢管暗敷)	m	19
2	030411001002	配管(ϕ40 钢管暗敷)	m	22
3	030408001001	电力电缆(YJV4×2.5 穿管敷设)	m	19
4	030408001002	电力电缆(YJV4×16 穿管敷设)	m	22
5	030408001003	电力电缆(YJV4×50 沿桥架敷设)	m	23.8
6	030411003001	桥架(200×100)	m	23.8
7	030404017001	配电箱(落地式安装)	m	2
8	030406006001	电动机检查接线及调试(低压交流异步电动机 1 kW)	m	2
9	030406006002	电动机检查接线及调试(低压交流异步电动机 13 kW)	m	2

第二节　给排水工程定额运用及工程量计算

一、管道安装工程量计算

(一)给排水管道界线划分

(1)室内外给水管道界线划分如图 4-23(a)所示。
(2)室内外排水管道界线划分如图 4-23(b)所示。

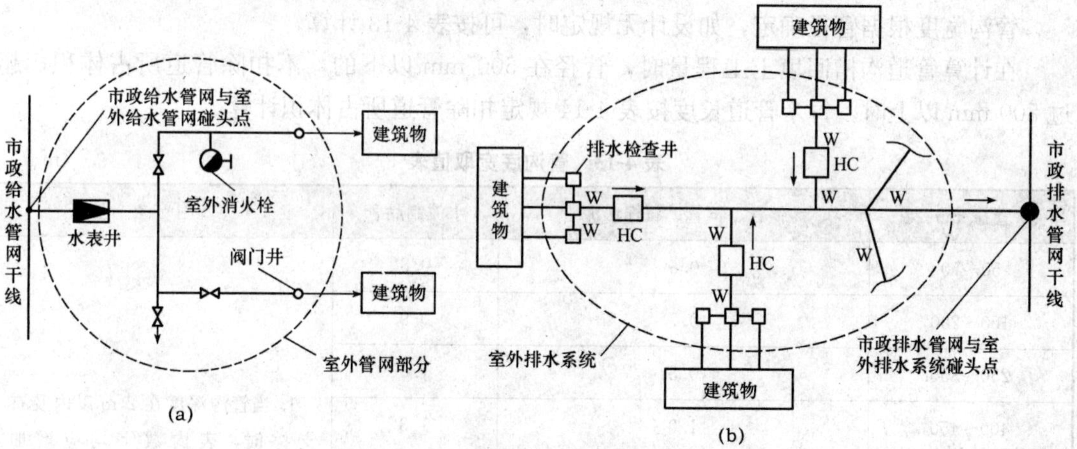

图 4-23　给排水管道界线划分
(a)室内外给水管道界线划分；(b)室内外排水管道划分

(二)工程量计算

1. 室内给水管道安装工程量计算

工程量计算总的顺序：由入(出)口起，先主干，后支管；先进入，后排出；先设备，后附件。

2. 室内排水管道安装工程量计算

管道安装工程量区分不同材质、连接方式、公称直径、接头材料分别以"m"计算，不扣除管件阀门所占长度。

3. 室外给水系统工程量计算

(1)室外给水管道安装。

(2)室外给水管道栓类、阀门、水表的安装。

1)阀门安装以螺纹、法兰连接分类，按直径大小分档次，以"个"计算。

2)水表安装计量同室内给水管道水表安装。

3)管道消毒、冲洗同室内给水管道安装。

4)管道土石方工程量计算要根据设计开挖深度和土壤类别，确定管沟的断面形状，当沟深小于表 4-12 所示的直槽最大深度时，管沟可为矩形，否则应设梯形断面。

表 4-12 深度在 5 m 以内的放坡系数表

土壤类别	直槽的最大深度/m	人工挖土	机械挖土	
			机械在槽底	机械在槽边
一、二类土	1.20	1∶0.5	1∶0.33	1∶0.75
三类土	1.50	1∶0.33	1∶0.25	1∶0.67
四类土	2.00	1∶0.25	1∶0.10	1∶0.33

5)计算放坡时，在交接处的重复工程量不予扣除，原槽、坑作基础垫层时，放坡自垫层下表面开始。

管沟宽度根据管径确定，如设计无规定时，可按表 4-13 计算。

在计算管道沟槽回填土工程量时，管径在 500 mm 以下的，不扣除管道所占体积，超过 500 mm 以上时，每米管道长度按表 4-14 规定扣除管道所占体积计算。

表 4-13 管沟底宽取值表

m

管径/mm	铸铁管、钢管、石棉水泥管	水泥制品管	附 注
50～70	0.6	0.8	1. 当管沟深度在 2 m 以内及有支撑时，表内数字均应增加 0.1 m； 2. 当管沟深度在 3 m 以内及有支撑时，表内数字均应增加 0.2 m
100～200	0.7	0.9	
250～350	0.8	1.0	
400～450	1.0	1.3	
500～600	1.3	1.4	
700～800	1.6	1.8	
900～1 000	1.8	2.0	
1 100～1 200	2.0	2.3	
1 300～1 400	2.2	2.6	

表 4-14　每米管道长度扣减的管道占回填土方量　　m³

管径/mm	钢管	铸铁管	水泥制品管
500～600	0.24	0.27	0.33
700～800	0.44	0.49	0.60
900～1 000	0.74	0.77	0.92
1 100～1 200	—	—	1.15
1 300～1 400	—	—	1.35
1 500～1 600	—	—	1.45

4. 室外排水管道工程量计算

(1)室外混凝土及钢筋混凝土排水管道安装，按土建定额规定计算及套用定额。

(2)检查井、污水池、化粪池等构筑物按土建定额规定计算及套用定额。

二、阀门、水位标尺安装工程量计算

1. 阀门安装

各种阀门安装工程量应按其不同类别、规格型号、公称直径和连接方式，分别以“个”为单位计算。

2. 浮标液面针、水塔、水池浮漂水位标尺制作安装

(1)浮标液面针的安装以“组”为单位计算。

(2)水塔、水池浮漂水位标尺制作安装均以“套”为单位计算。

三、水表组成与安装工程量计算

(一)定额套用

水表安装连接方式分为法兰水表连接[图 4-24(a)]和螺纹水表连接[图 4-24(b)]。实际运用中，根据连接方式确定定额套用子目，即管道为螺纹连接时，套用螺纹水表安装子目；管道为焊接或法兰连接时，套用法兰水表安装子目，水表安装包括了与之连接的阀门，组内的阀门应计算主材，但不能另计阀门安装工程量。

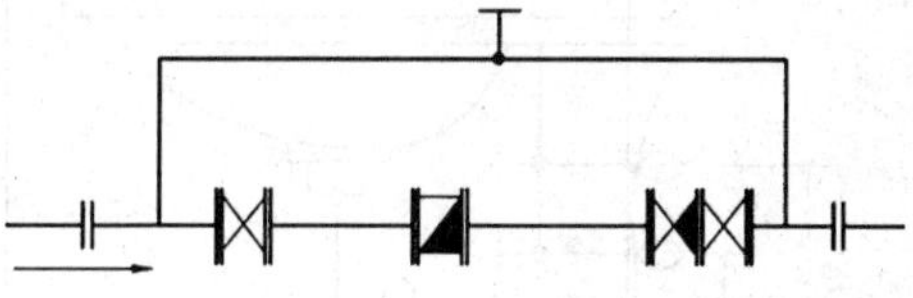

(a)

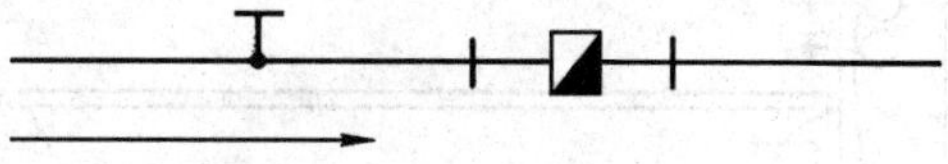

(b)

图 4-24　水表连接方式

(a)法兰连接；(b)螺纹连接

(二)工程量计算规则

(1)法兰水表安装以“组”计算。

(2)螺纹水表安装以“组”计算。

(三)注意事项

(1)法兰水表安装(带旁通管和止回阀)是按国家建筑标准设计图集 05S502 编制的，定额内容旁通管及止回阀如实际安装形式与此不同时，阀门及止回阀可按实际调整，其余不变。

(2)螺纹水表配驳喉组合安装适用于水表后配止回阀的项目。

(3)在承插铸铁管道上安装水表，套用法兰式水表配承插盘短管安装子目。

四、卫生器具制作安装工程量计算

(一)盆具安装工程量计算

盆具安装是指浴盆、净身盆、洗脸盆、洗手盆、洗涤盆、化验盆等陶瓷成品盆具的安装。

1. 定额套用

盆具全国统一安装工程预算定额是按国家建筑标准设计图集 05S502 编制的。水平给水管道高度见表 4-15。

表 4-15　水平给水管道高度　mm

卫生设备	水平管距地面的高度
浴盆	750
净身盆	250
洗脸盆	530
洗涤盆	995
化验盆	850

2. 计算方法

(1)浴盆安装(图 4-25)。

(2)妇女净身盆。

(3)洗脸盆(图 4-26)。

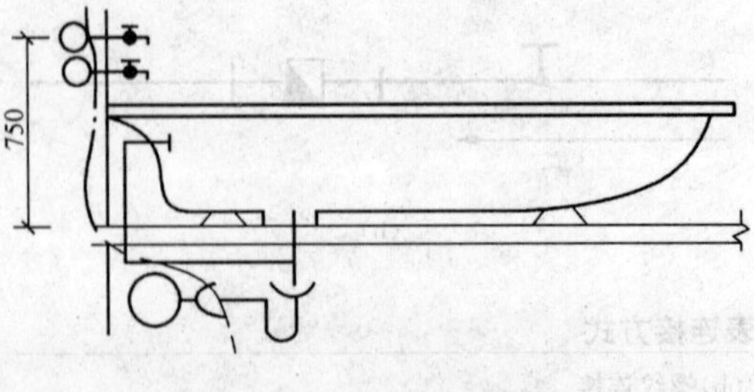

图 4-25　浴盆的安装范围

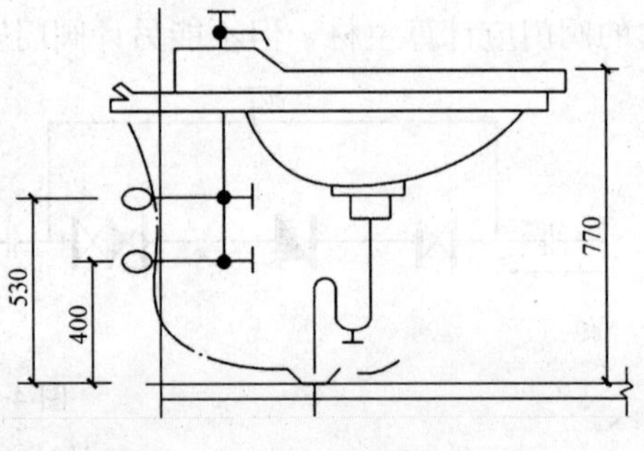

图 4-26　洗脸盆的安装范围

(4)洗涤盆。洗涤盆定额子目中未计价材料为盆具、水嘴等；肘式开关、脚踏开关、回转龙头、回转混合龙头开关洗涤盆定额子目，未计价材料为盆具、开关和龙头等。

(5)化验盆。

(二)淋浴器的安装工程量计算

淋浴器有成品的，也有用管件和管子在现场组装的(图 4-27)。

(三)便溺器具安装工程量计算

便溺器具有大便器和小便器，按其组成可分为便器和冲洗设备。

1. 坐式大便器

坐式大便器按水箱的设置方式分为低水箱坐式大便器(图 4-28)、带水箱坐式大便器、连体水箱坐式大便器。

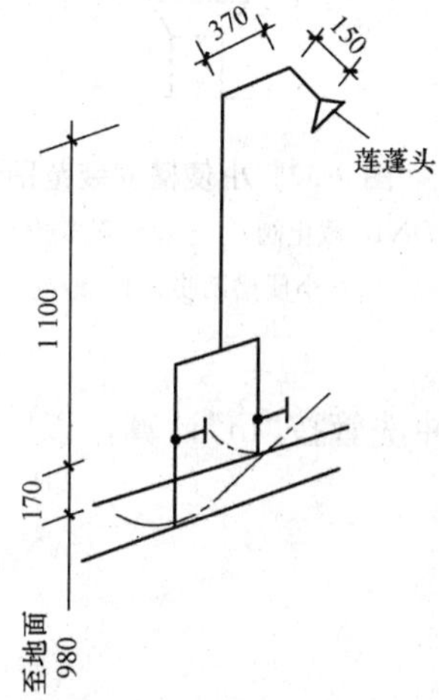

图 4-27　淋浴器安装范围

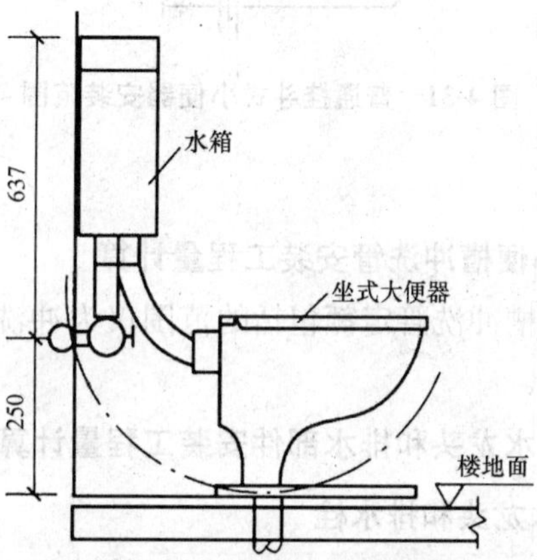

图 4-28　低水箱坐式大便器安装范围

2. 蹲式大便器

蹲式大便器按冲洗方式分为冲洗水箱式(图 4-29)和冲洗阀式(图 4-30)。

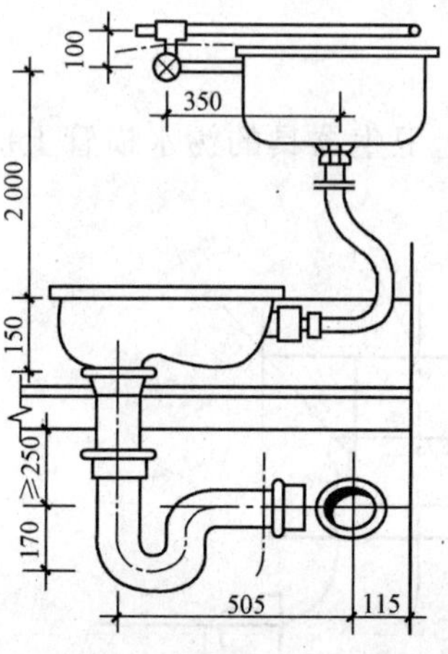

图 4-29　冲洗水箱蹲式大便器的安装范围

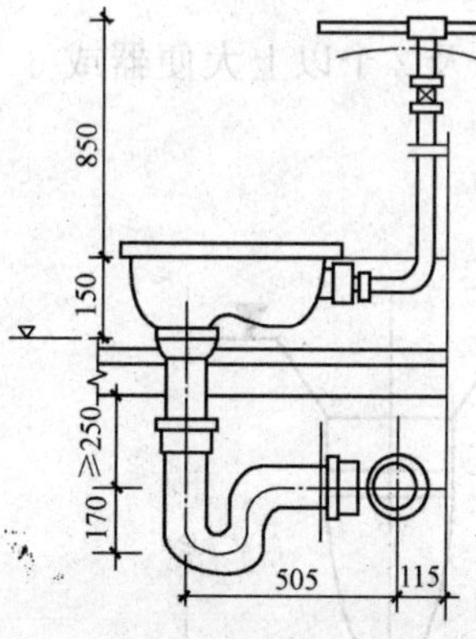

图 4-30　冲洗阀蹲式大便器的安装范围

3. 小便器

小便器按其形式和安装方式分为挂斗式(图 4-31)和立式。小便槽安装范围如图 4-32 所示。

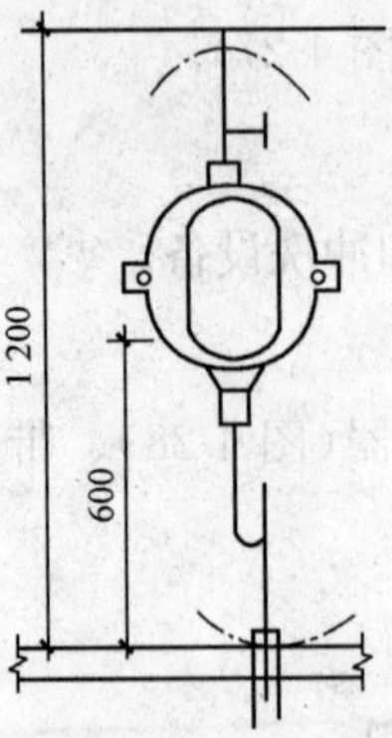

图 4-31　普通挂斗式小便器安装范围

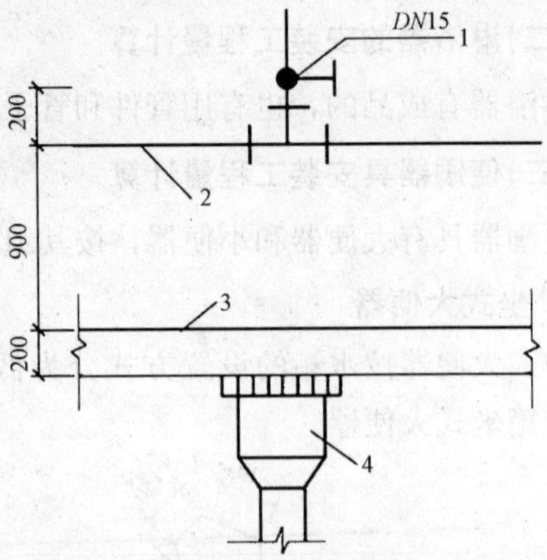

图 4-32　小便槽安装范围

1—DN15 截止阀；2—DN15 多孔冲洗管；3—小便槽踏步；4—地漏

4. 小便槽冲洗管安装工程量计算

小便槽冲洗管定额包括的范围仅为冲洗管本身，冲洗管按“m”计算，以“10 m”为单位套用定额。

(四)水龙头和排水部件安装工程量计算

1. 水龙头和排水栓

污水池、洗涤池、盥洗槽是钢筋混凝土结构物，在 1 m 处安装水龙头并在排水口处装设排水栓，以保护排水口、便于连接排水管和方便使用。

2. 地漏

地漏安装以“个”计量，以“10 个”为单位套用定额，未计价材料是地漏，地漏安装示意图详见图 4-33。

3. 地面清扫口

在连接 2 个及 2 个以上大便器或 3 个及 3 个以上卫生器具的污水横管上应设清扫口，如图 4-34 所示。

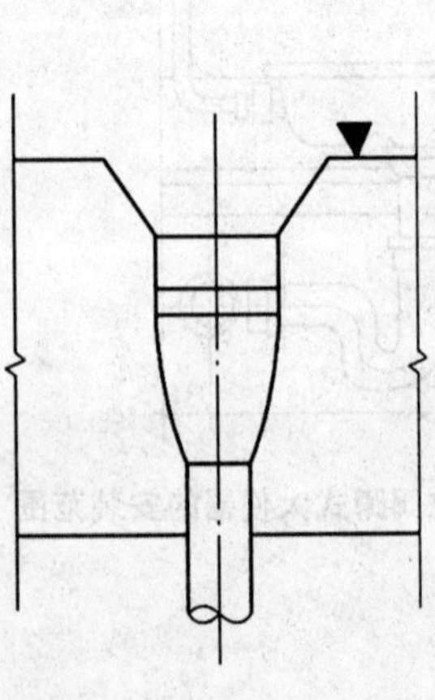

图 4-33　地漏安装示意图

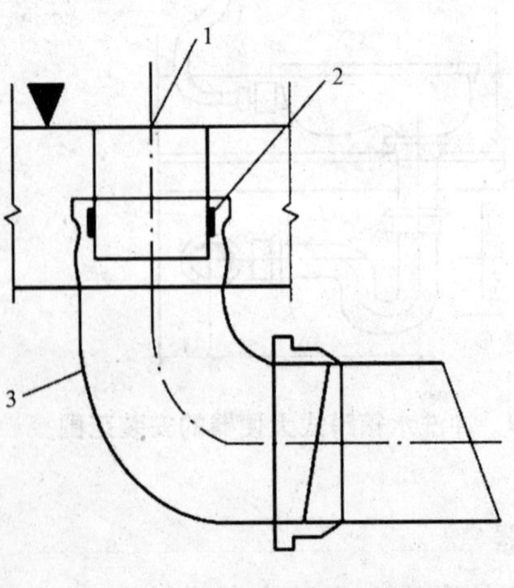

图 4-34　清扫口安装示意图

1—铜清扫口盖；2—铸铁清扫口身；3—排水管弯头

给排水工程量计算实例

【案例 1】 如图 4-35 所示，计算给水管道的工程量。

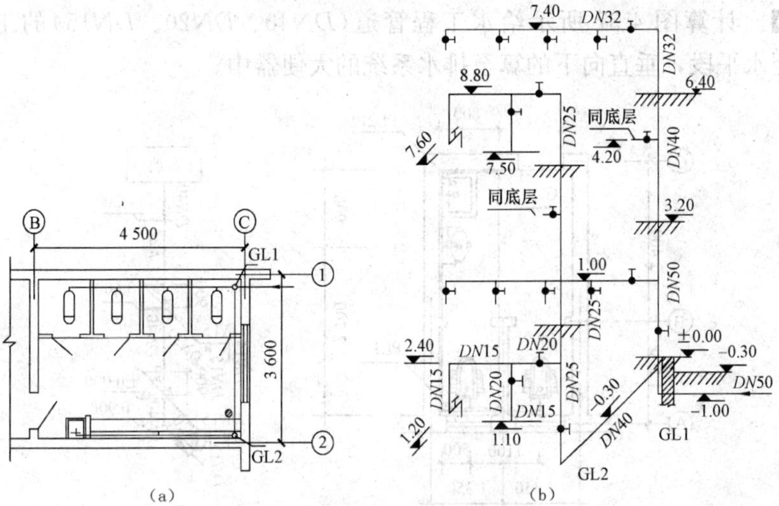

图 4-35　某工程给水工程图

(a)平面图；(b)系统图

【解】 该给水管道的工程量计算见表 4-16。

表 4-16　给水管道的工程量计算表

序号	项目名称	单位	工程数量	部位	计算式
1	聚丙烯 PPR *DN*50	m	3.94	GL2	出户管(1.5＋0.24＋0.2＋1)＋1
2	聚丙烯 PPR *DN*40	m	6.16	GL2	(4.2−1)＋(3.6−0.24−0.2×2)
3	聚丙烯 PPR *DN*32	m	13.68	GL2	7.4−4.2＋(4.5−0.24−0.5−0.2)×3
4	聚丙烯 PPR *DN*25	m	9.10	GL1	8.8＋0.3
5	聚丙烯 PPR *DN*20	m	8.49	GL1	(4.5−0.24−1−0.2)÷2×3＋(2.4−1.1)×3
6	聚丙烯 PPR *DN*15	m	8.49	GL1	(4.5−0.24−1−0.2)÷2×3＋(2.4−1.2)×3

【案例 2】 如图 4-36 所示，计算排水管道的工程量。

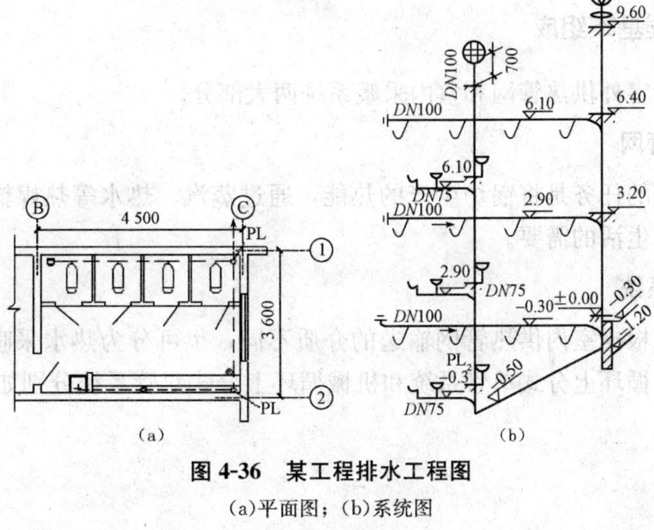

图 4-36　某工程排水工程图

(a)平面图；(b)系统图

【解】 DN100：水平加竖直 PL1 [1.5+0.24+1.2+(9.6+0.7)+(4.5−0.24−0.2×2)×3]+PL2[(9.6+0.7+0.5)+(3.6−0.24−0.2×2)×3]=44.5(m)

DN75：(4.5−0.24−0.2−1)×3=9.18(m)

【案例 3】 计算图 4-37 所示给水工程管道(DN40、DN20、DN15)的工程量。其中 DN15 只算至水平段，垂直向下的算至排水系统的大便器中。

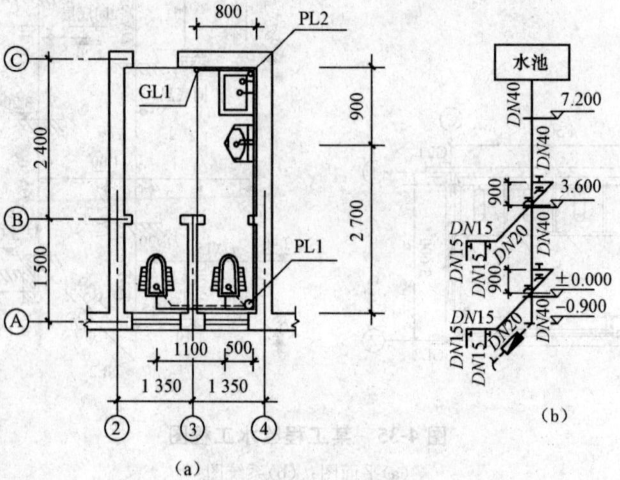

图 4-37 某给水工程图

(a)平面图；(b)系统图

【解】 DN40：水平加竖直 1.5+0.24+0.9+8.2=10.84(m)

DN20：(0.8+0.9+2.7+0.5)×2=9.8(m)

DN15：1.1×2=2.2(m)

第三节 采暖管道安装工程量计算

一、采暖工程基本组成

采暖工程包括室外供热管网和室内采暖系统两大部分。

1. 室外供热管网

室外供热管网的任务是将锅炉生产的热能，通过蒸汽、热水等热媒输送到室内采暖系统，以满足生产、生活的需要。

2. 室内采暖系统

室内采暖系统根据室内供热管网输送的介质不同，也可分为热水采暖系统和蒸汽采暖系统两大类。自然循环上分式单管系统和机械循环上分式双管系统分别如图 4-38 和图 4-39 所示。

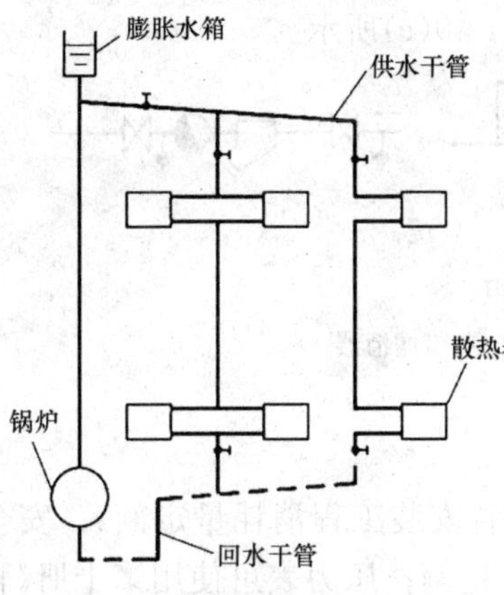

图 4-38　自然循环上分式单管系统

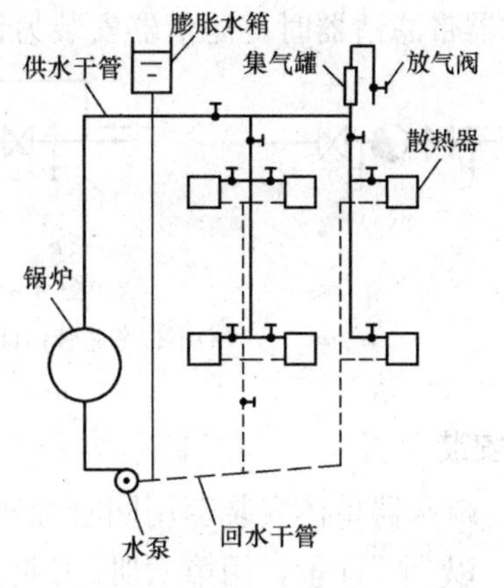

图 4-39　机械循环上分式双管系统

二、采暖管道工程量计算

1. 采暖管道界线划分

编制室内采暖工程施工图预算，必须先对采暖工程的范围进行划分。

(1)室内外管道划分规定：以入口阀门或建筑物外墙皮外 1.5 m 为界。

(2)生活管道与工业管道划分规定：以锅炉房或泵站外墙皮外 1.5 m 为界。

(3)工厂车间内采暖管道以车间采暖系统与工业管道碰头点为界。

(4)设在高层建筑内的加压泵间管道以泵间外墙皮为界，泵间管道执行工业管道定额。

2. 工程量计算规则

采暖管道工程量不分干管、支管，均按不同管材、公称直径、连接方法分别以“m”为单位计算。

(1)立管工程量计算。

(2)支管工程量计算。

三、阀门安装工程量计算

阀门的安装均以“个”计量，与给水管道相同。

四、低压器具的组成与安装工程量计算

采暖、热水工程中的低压器具是指减压器和疏水器。

1. 减压器安装

减压器按连接方式(螺纹连接或焊接)和公称直径不同，分别以“组”计算。

2. 疏水器安装

疏水器与减压器相类似，它也是由疏水器和前后的控制阀、旁通装置、冲洗和检查装置等组成的阀组的合称，按连接方式和公称直径的不同，分别以“组”计算。

(1)疏水器不带旁通管，如图 4-40(a)所示。

(2)疏水器带旁通管，如图 4-40(b)所示。

(3)疏水器带滤清器时，滤清器安装另计，如图 4-40(c)所示。

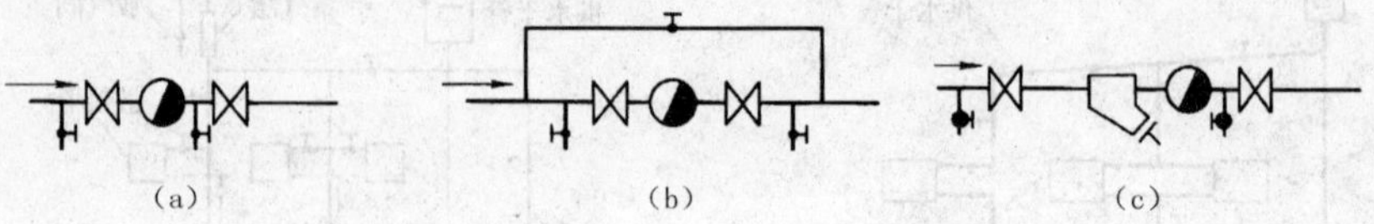

图 4-40 疏水器组

(a)不带旁通管；(b)带旁通管；(c)带滤清器

3. 单体安装

减压器、疏水器单体安装套用同管径阀门《云南省安装工程消耗量定额》；安全阀按公称直径不同，以"个"计量，用第六册《工业管道工程》定额；压力表可使用第十册《自动化控制仪表安装工程》定额，如图 4-41 所示。

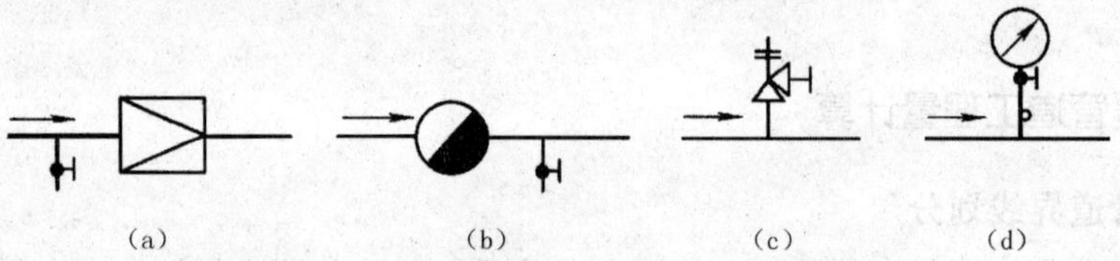

图 4-41 单体安装的减压阀、仪表等

(a)减压阀；(b)疏水器；(c)安全阀；(d)压力表

五、供暖器具制作安装工程量计算

1. 铸铁散热器安装工程量

铸铁散热器分为柱形、圆翼形和长翼形三种。

2. 钢制散热器安装工程量

钢制闭式散热器安装，以"片"计量；钢制板式散热器安装，以"组"计量；钢制壁式散热器安装，以"组"计量；钢制柱式散热器安装，以"组"计量。

3. 暖风机和热空气幕安装

暖风机和热空气幕的安装按质量不同，分别以"台"计量。

六、小型容器制作安装工程量计算

1. 各种类型的钢板水箱制作

各种类型的钢板水箱按每个质量的不同分档，以"100 kg"计量。

2. 水箱安装工程量

(1)补水箱、膨胀水箱、矩形和圆形钢板水箱的安装以容积(m^3)不同分档，按"个"计量。水箱安装工作包括水箱稳固、装配件(外人梯、内人梯)、水压试验。

(2)集气罐、分气缸制作与安装。

(3)除污器制作安装。

第四节　燃气管道安装工程量计算

一、管道安装工程量计算

室内燃气管道的组成如图 4-42 所示。

1. 管道分界

(1)室内外管道分界以地下引入室内的管道室内第一个阀门为界，地上引入室内的管道以墙外三通为界。

(2)室外管道与市政管道以两者的碰头点为界。

2. 进户管道(引入管)

自室外管网至用户总开闭阀门为止，这段管道称为进户管道(引入管)，引入管直接引入用气房间(如厨房)内，但不得敷设在卧室、浴室、厕所。

3. 室内管道

自用户总开闭阀门起至燃气表或用气设备的管道称为室内管道。

(1)水平干管。

(2)立管。

(3)用户支管。

4. 常用管材及连接方式

埋地管道通常用铸铁管或焊接钢管，采用柔性机械咬口或焊接连接，室内明装管道全部用镀锌钢管，螺纹连接，以生料带或厚白漆为填料。

5. 工程量计算

管道的安装工程量计算规则同给排水管道部分。

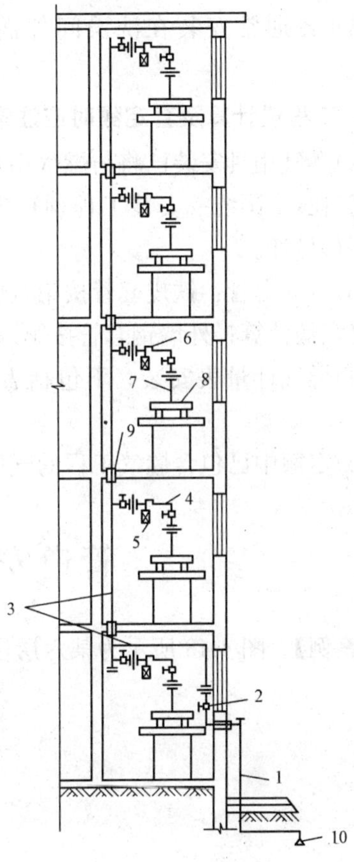

图 4-42　室内燃气管道的组成

1—用户引入管；2—引入口总阀；3—水平干管及立管；4—用户支管；5—计量表；6—软管；7—用具连接管；8—用具；9—套管；10—分配管道

二、阀门、法兰安装工程量计算

阀门、法兰安装工程量以图示数量计算；按第八册相应项目套用定额，其中阀门抹密封油、研磨已包括在管道安装中，不得另计。

三、其他项目工程量计算

1. 燃气表安装及工程量计算

居民家庭用户应装一只燃气表，集体、企业、事业用户，每个单独核算的单位最少应装一只燃气表。

2. 燃气炉灶安装及工程量计算

燃气炉灶通常是放置在砖砌的或混凝土板的台子上，进气口与燃气表的出口(或出口短管)以橡胶软管连接。

3. 热水器安装及工程量计算

热水器通常安装在洗澡间外面的墙壁上，安装时，热水器的底部距地面为 1.5～1.6 m。

4. 工程量计算及套定额时应注意的问题

(1)燃气用具安装已将与燃气用具前阀门连接的短管考虑在内，不得重复计算。

(2)在《全国统一安装工程预算定额》中，管道工程已包括托钩、角钢管卡的制作与安装，不得另计。

(3)穿墙套管：铁皮套管按第八册相应项目计算；内墙用钢套管按第八册第七章室外钢管焊接定额计算；外墙钢套管按第六册定额相应项目执行。

(4)燃气计量表安装，不包括表托、支架、表底基础，定额套用第八册第七章的相关内容。

(5)定额中已包含燃气工程的气压试验。

管道安装工程量计算实例

【案例】 图 4-43 所示为某六层住宅厨房人工煤气管道布置图及系统图，试计算管道工程量。

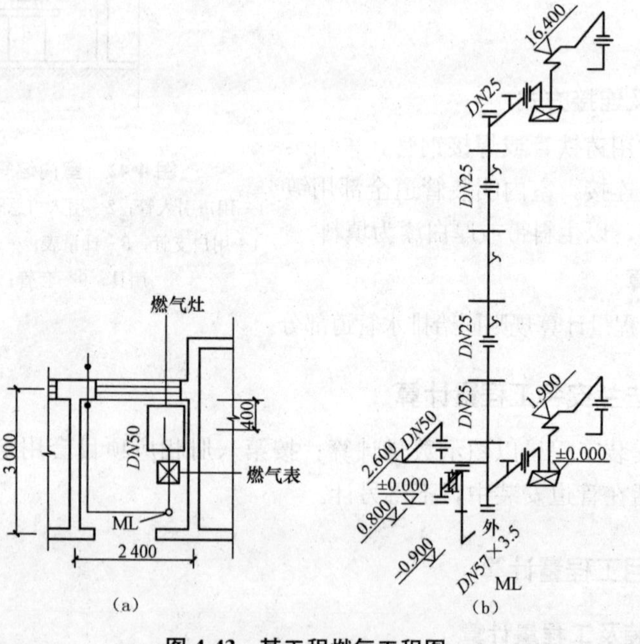

图 4-43　某工程燃气工程图

(a)平面图；(b)系统图

【解】 本例中工程量计算包括煤气管、煤气表、煤气灶、燃气嘴工程量。

(1)*DN*50 镀锌钢管(进户管)：0.04＋0.28＋0.04(穿墙管)＋(2.6－0.8)(竖管)＋(3－0.14－0.08－0.04－0.04)＋(2.4－0.16－0.08)＝7.02(m)＝0.702(10 m)

(2)*DN*25 镀锌钢管(立管)：16.4－1.9＝14.5(m)＝1.45(10 m)

(3)*DN*15 镀锌钢管(支管)：(3.0－0.14－0.08－0.4＋0.9×2)×6＝25.08(m)＝2.51(10 m)

(4)燃气表	6 只
(5)燃气灶	6 台
(6)燃气嘴	6 个
(7)旋塞阀门	6 个

(8)钢套管　*DN*40　5×0.21＝1.05(m)；*DN*80　1×0.32＝0.32(m)

第五节　通风空调工程定额运用及工程量计算

一、通风空调工程定额适用范围

第九册《通风空调工程》(以下简称本定额)适用于工业与民用建筑的新建、扩建项目中的通风、空调工程。

(一)本定额主要依据的标准、规范

(1)《民用建筑供暖通风与空气调节设计规范》(GB 50736—2012)。

(2)《通风与空调工程施工及验收规范》(GB 50243—2002)。

(3)《暖通空调设计选用手册》。

(4)《全国统一安装工程基础定额》。

(5)《全国统一建筑安装劳动定额》(1988 年)。

(6)《云南省通用安装工程消耗量定额管道篇》第九册。

(二)通风、空调刷油、绝热、防腐蚀工程相应定额

(1)薄钢板风管刷油按其工程量执行相应项目，仅外(或内)面刷油者，定额乘以系数 1.2，内外均涂装者，定额乘以系数 1.1(其法兰加固框、吊托支架已包括在此系数内)。

(2)薄钢板部件刷油按其工程量执行金属结构刷油项目，定额乘以系数 1.15。

(3)不包括在风管工程量内而单独列项的各种支架(不锈钢吊托支架除外)，按其工程量执行相应项目。

(4)薄钢板风管、部件以及单独列项的支架，其除锈不分锈蚀程度，一律按其第一遍涂装的工程量执行轻锈相应项目。

(5)绝热保温材料不需粘结者，执行相应项目时需减去其中的粘结材料，人工乘以系数 0.5。

(三)各项费用的规定

(1)脚手架搭拆费按人工费的 3%计算，其中人工费占 25%、材料费占 50%、机械费占 25%。

(2)高层建筑增加费。

(3)超高增加费(指操作物高度距离楼地面 6 m 以上的工程)按人工费的 15%计算。

(4)系统调整费按系统工程人工费的 13%计算，其中人工费占 25%。

(5)安装与生产同时进行增加的费用，按人工费的 10%计算。

(6)在有害身体健康的环境中施工增加的费用，按人工费的 10%计算。

(四)系统调试

通风空调工程中系统调试费按人工费的 13%计算，空调供回水管及非第九册子目的内容不可列入该项人工费中。

1. 通风空调测定与调整的项目

(1)室内空气温度、相对湿度的测定与调整。

(2)室内气流组织测定。

(3)室内洁净度和正压的测定。

(4)室内噪声的测定。

(5)通风除尘车间空气中含尘浓度与排放浓度的测定。

(6)自动调节系统应用参数整定和联动调试。

2. 洁净室综合性能评定检测

对洁净室综合性能全面评定检测项目应按表 4-17 规定的内容和顺序确定检测工作在系统调整好至少运行 24 h 后再进行。

表 4-17 洁净室综合性能全面评定检测项目和顺序

序号	项目	单向流(层流)洁净室		乱流洁净室
		洁净度高于 100 级	100 级	洁净度 1 000 级及低于 1 000 级
1	室内送风量，系统总新风量(必要时系统总送风量)，有排风时的室内排风量	检测		
2	静压差	检测		
3	截面平均风速	检测		不测
4	截面风速不均匀度	检测	必要时测	不测
5	洁净度级别	检测		
6	浮游菌和沉降菌	必要时测		
7	室内温度和相对湿度	检测		
8	室温(或相对湿度)波动范围和区域温差	必要时测		
9	室内噪声级	检测		
10	室内倍频程声压级	必要时测		
11	室内照度和照度均匀度	检测		
12	室内微震	必要时测		
13	表面导静电性能	必要时测		
14	室内气流流型	不测		必要时测
15	流线平行性	检测	必要时测	不测
16	自净时间	不测	必要时测	

二、通风管道制作安装工程量计算

(一)通风管道工程量计算

1. 风管工程量计算

用薄钢板、镀锌钢板、不锈钢板、铝板和塑料板等板材制作安装的风管工程量，以施工图图示风管中心线长度为准，按风管不同断面形状(圆、方、矩)的展开面积计算，以“m^2”计量。

(1)风管制作安装以施工图规格不同按展开面积计算，不扣除检查孔、测定孔、送风口、吸风口等所占面积。

$$\text{圆管 } F=\pi\times D\times L \tag{4-8}$$

式中 F——圆形风管展开面积，m^2；

D——圆形风管直径；

L——管道中心线长度。

(2)风管长度一般以施工图示中心线长度(主管与支管以其中心线交点划分)，包括弯头、三通、变径管、天圆地方等管件的长度，但不包括部件所占长度。直径和周长按图示尺寸为准展开，咬口重叠部分已包括在定额内，不得另行增加。

(3)塑料风管、复合型材料风管制作安装定额所列规格直径为内径，周长为内周长。

(4)柔性软风管安装，按图示管道中心线长度以“m”为计量单位，柔性软风管阀门安装以“个”为计量单位。

2. 风管弯头导流叶片

按叶片图示面积以“m^2”计量。

(1)导流片在弯管内的配置应符合设计规范，当设计无规定时，可按表 4-18 执行。

表 4-18　矩形弯管内导流片的配置　　mm

边长	片数	a_1	a_2	a_3	a_4	a_5	a_6	a_7	a_8	a_9	a_{10}	a_{11}	a_{12}
500	4	95	120	140	165	—	—	—	—	—	—	—	—
630	4	115	145	170	200	—	—	—	—	—	—	—	—
800	6	105	125	140	160	175	195	—	—	—	—	—	—
1 000	7	115	130	150	165	180	200	215	—	—	—	—	—
1 250	8	125	140	155	170	190	205	220	235	—	—	—	—
1 600	10	135	150	160	175	190	205	215	230	245	255	—	—
2 000	12	145	155	170	180	195	205	215	230	240	255	265	280

(2)导流片的材质及材料厚度应与风管一致。

(3)导流片面积的计算表，每单片导流片的近似面积见表 4-19(B 为风管的高度)。

表 4-19　每单片导流片近似面积

B 边长/mm	200	250	320	400	500	630	800	1 000	1 250	1 600	2 000
每片面积/mm^2	0.075	0.091	0.114	0.14	0.17	0.216	0.273	0.425	0.502	0.623	0.755

3. 软管(帆布接口)制作安装

软管(帆布接口)制作安装按图示尺寸以"m^2"为计量单位。

4. 风管测定孔制作安装

按其型号以"个"为计量单位。

(二)风管管件现场制作展开面积计算方法

风管管件在风管系统中的形状及组合情况如图 4-44 和图 4-45 所示。

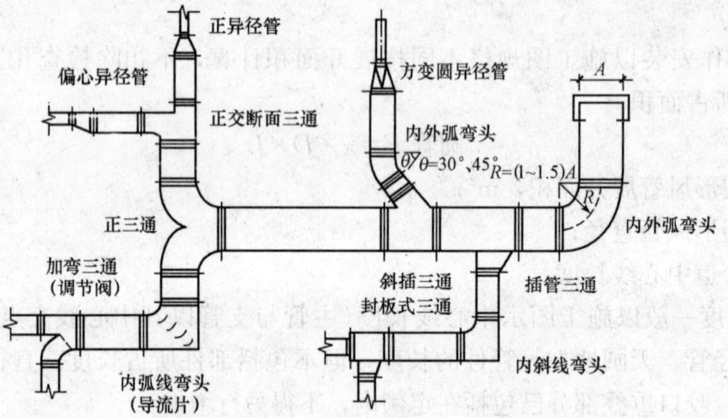

图 4-44 矩形风管管件形状示意图

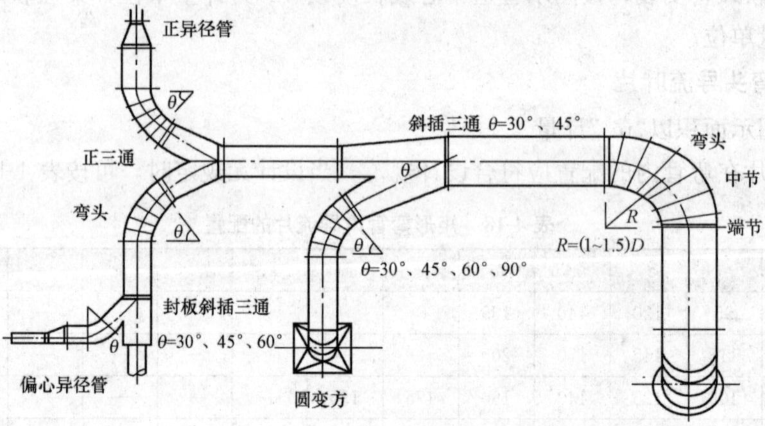

图 4-45 圆形风管管件形状示意图

(1)圆形管弯头(图 4-46)展开面积计算式:

$$F_{圆}=R\theta D/180° \tag{4-9}$$

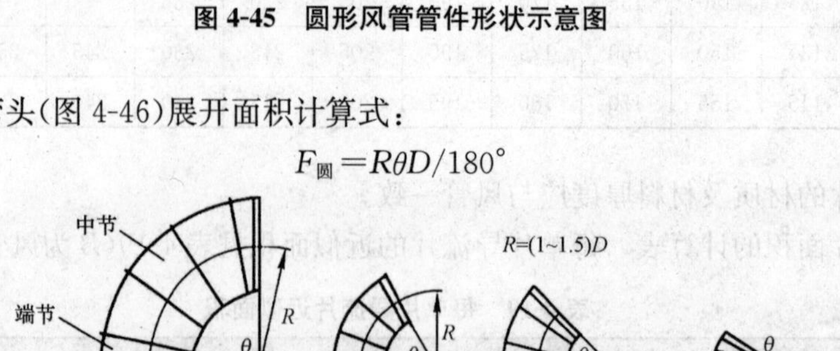

图 4-46 圆形管弯头

(2)矩形管弯头展开面积计算式：

$$F_{矩}=R\pi\theta\cdot 2(A+B)/180° \tag{4-10}$$

(3)圆形管三通(裤衩管，如图 4-47 所示)。

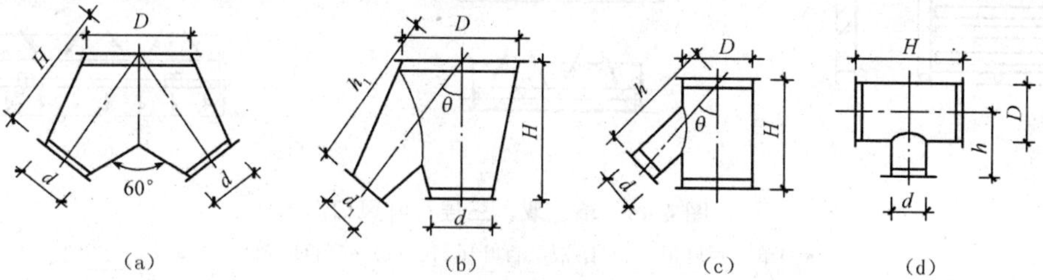

图 4-47　圆形管三通

(a)变径正三通；(b)变径斜插三通；(c)斜插三通；(d)正插三通

1)圆形管变径正三通展开面积公式：

$$H\geqslant 5D,\ F=\pi(D+d)H \tag{4-11}$$

2)圆形管变径斜插三通展开面积公式：

$$F=\pi H(D+d)/2+\pi h_1(D+d_1)/2 \tag{4-12}$$

3)斜插三通展开面积公式：

$$\theta=30°、45°、60°,\quad H\geqslant 5D \\ F=\pi HD+\pi hd \tag{4-13}$$

4)正插三通展开面积公式：

$$F=\pi HD+\pi hd \tag{4-14}$$

三、风管部件制作安装工程量计算

1. 风管部件——阀类制作安装工程量计算

部件制作安装工程量按质量计算，以“100 kg”计量。

(1)蝶阀安装子目适用于圆形保温蝶阀，方、矩形保温蝶阀，圆形蝶阀，方、矩形蝶阀。

(2)风管止回阀安装子目适用于圆形风管止回阀、方形风管止回阀。

(3)密闭式对开多叶调节阀与手动调节阀套用同一子目。

2. 风管部件——风口制作与安装工程量计算

通风用风口制作绝大部分以质量计算工程量，按“100 kg”计量，以“个”计算安装工程量。单、双、三层百叶风口如图 4-48 所示，方形直片散流器如图 4-49 所示。

(1)钢百叶窗及活动金属百叶风口的制作以“m^2”为计量单位，安装按规格尺寸以“个”为计量单位。

(2)百叶风口安装子目适用于带调节阀活动百叶风口、单层百叶风口、双层百叶风口、三层百叶风口、连动百叶风口、135 型单层百叶风口、135 型双层百叶风口、135 型带导流叶片百叶风口、活动金属百叶风口、单面送吸风口、双面送吸风口、门绞型百叶风口。

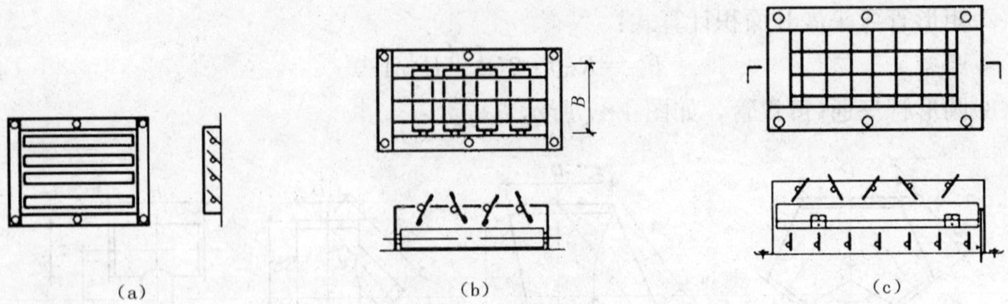

图 4-48　单、双、三层百叶风口

(a)单层百叶风口；(b)双层百叶风口；(c)三层百叶风口

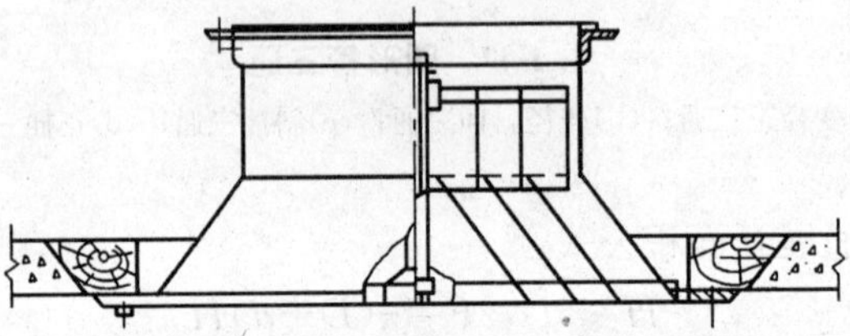

图 4-49　方形直片散流器

3. 风管部件——风帽制作安装工程量计算

风帽制作安装以质量计算工程量，按“100 kg”计量。筒、伞、锥形风帽如图 4-50 所示。

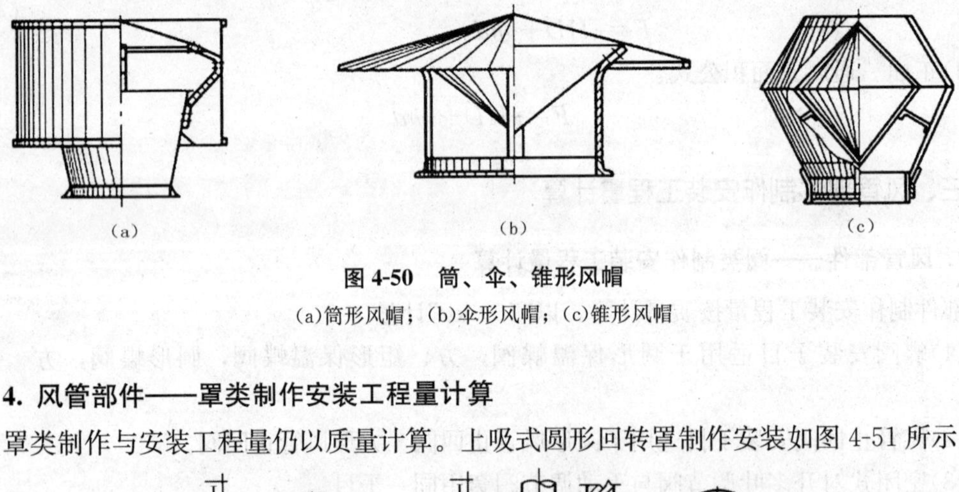

图 4-50　筒、伞、锥形风帽

(a)筒形风帽；(b)伞形风帽；(c)锥形风帽

4. 风管部件——罩类制作安装工程量计算

罩类制作与安装工程量仍以质量计算。上吸式圆形回转罩制作安装如图 4-51 所示。

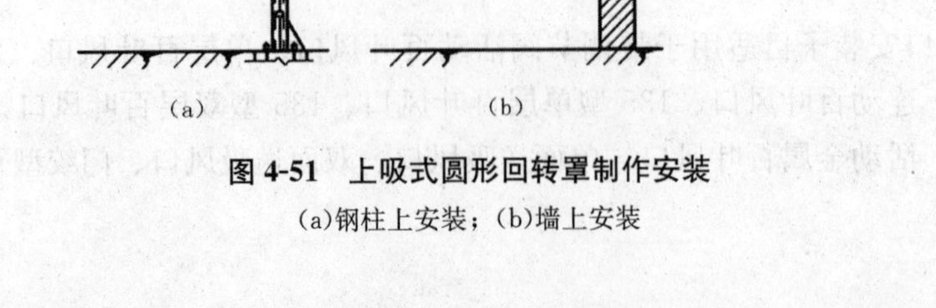

图 4-51　上吸式圆形回转罩制作安装

(a)钢柱上安装；(b)墙上安装

5. 风管部件——消声器制作安装工程量计算

消声器制作安装工程量仍以质量计算，质量计算方法同上。管式消声器如图 4-52 所示。

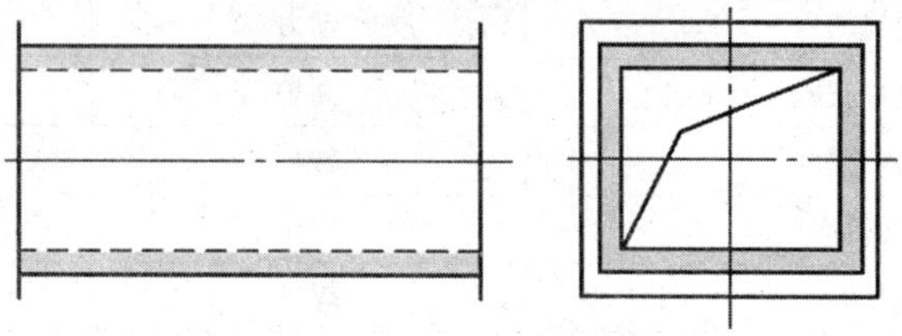

图 4-52 管式消声器

四、通风机安装工程量计算

通风工程中所用通风机分为离心式和轴流式两种。

(1)通风机名称代号。离心式通风机用途代号见表 4-20。

表 4-20 离心式通风机产品用途代号

序号	用途类别	代号	
		汉字	简写
1	工业冷却水风机	冷却	L
2	微型电动吹风	电动	DD
3	一般用途通风换气	通用	T(省略)
4	防爆气体通风换气	防爆	B
5	防腐气体通风换气	防腐	F
6	船舶用通风换气	船舶	CT
7	纺织工业通风换气	纺织	FZ
8	矿井主体通风	矿井	K
9	矿井局部通风	矿局	KJ
10	隧道通风换气	隧道	CD
11	锅炉通风	锅通	G
12	锅炉引风	锅引	Y
13	船舶锅炉通风	船锅	CG
14	船舶锅炉引风	船引	CY
15	工业用炉通风	工业	GY
16	排尘通风	排尘	C
17	煤粉吹风	煤粉	M
18	谷物粉末输送	粉末	FM
19	热风吹吹	热风	R
20	高温气体输送	高温	W
21	烧结炉烟气	烧结	SJ
22	一般用途空气输送	通用	T(省略)

续表

序号	用途类别	代号	
		汉字	简写
23	空气动力	动力	DL
24	高炉鼓风	高炉	GL
25	转炉鼓风	转炉	ZL
26	柴油机增压	增压	ZY
27	煤气输送	煤气	MQ
28	化工气体输送	化气	HQ
29	石油炼厂气体输送	油气	LQ
30	天然气输送	天气	TQ
31	降温凉风用	凉风	LF
32	冷冻用	冷冻	LD
33	空气调节用	空调	KT
34	电影机械冷却烘干	影机	YJ

轴流式通风机又叫局部通风机，其主要是按照行业、风机用途、性能、外形来命名的，气流轴向进入风机的叶轮，近似地在圆柱形表面上沿轴线方向流动。

轴流风机型号：200FZY4－D，其中，200是轴流风机的一种型号，一般是指风机的直径；FZY4中的F指风机，Z指轴流式，Y指圆筒式，4指电动机的性能参数序号(一般是指电动机的转速，4指通常说的4级电动机)。

常见小型轴流风机型号见表4-21。

表4-21　常见小型轴流风机型号

序号	风机名称	代号	备　注
1	轴流风机	T35－11	一般通风换气用
2	低噪声混流式通风机	SWF	主要用于大型宾馆、酒店等高级民用建筑、工矿企业
3	消防高温排烟风机	HTF	用于民用建筑、烘箱、地下车库、隧道、空调系统等场合
4	斜流式通风机	GXF SJG	用于工矿、企业、宾馆、饭店、博物馆、体育馆等的送排风系统
5	低噪声轴流风机	DZ	用于一般工厂、仓库、办公室、住宅内
6	低噪声屋顶通风机	DWT	用于发电厂、橡胶厂、汽车厂、纺织、冶金等大型工厂的屋顶送排风

(2)通风机传动安装形式。

(3)通风机安装。离心式或轴流式通风机的安装不论风机是钢质、不锈钢质或塑料质，还是左旋、右旋，均以“台”计量。

(4)使用定额时应注意的事项：

1)通风机和电动机直联的风机安装，包括电动机安装；带联轴器传动的，则不包括电动机安装，应另行计算(按第一册《机械设备安装工程》定额计算)。

2)通风机设备费(不包括地脚螺栓价值)，应另行计价。

3)通风机减震台座制作安装，以“100 kg”计量，使用设备支架子目。

(5)屋顶通风机安装应区分不同规格以“台”为计量单位，执行相应定额。

(6)卫生间通风器的安装，执行相应定额。

五、除尘器安装工程量计算

无论是CLG、CLS、CLT/A、XLP等除尘器，还是卧式旋风水膜除尘器，CLK、CCJ/A、MC、XCX、XNX、PX等除尘器，均按“台”计算工程量，以质量分档次应用定额。

六、设备支架制作安装工程量计算

设备支架制作安装，区分单个质量(＜50 kg，＞50 kg)，以“100 kg”为计量单位。

七、空调安装工程工程量计算

(一)空调系统的组成

空调系统可以满足室内空气的“四度”要求，即温度、湿度、洁度、流动速度。

1. 局部式供风空调系统

局部式供风空调系统只要求局部空调，直接用空调机组(柜式、壁挂式、窗式等)即可达到效果。为了加强供风能力，可以在空调机上加新风口、电加热器、送风管及送风口等，如图4-53(a)所示。

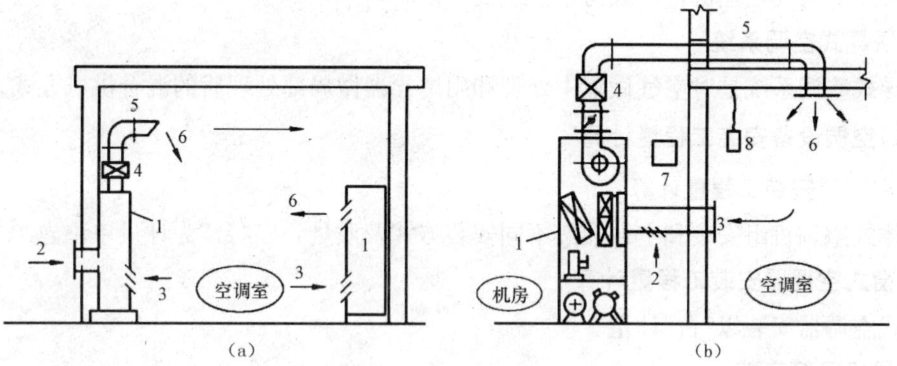

图4-53　空调系统示意图

(a)局部空调(柜式)；(b)单体集中式空调

1—空调机组(柜式)；2—新风口；3—回风口；4—电加热器；

5—送风管；6—送风口；7—电控箱；8—电接点温度计

2. 集中式空调系统

(1)单体集中式空调系统。制冷量要求不很大时，可由空调机组配上风管(送、回)、风口(送、回)、各种风阀和控制设备等组成，称为单体集中式空调系统，如图4-53(b)所示。

(2)配套集中式制冷设备空调系统。当制冷量要求大时，相应设备个体较大，不能同时固定在一个底盘上，装在一个箱壳里，称为配套集中式制冷设备空调系统，如图4-54所示。

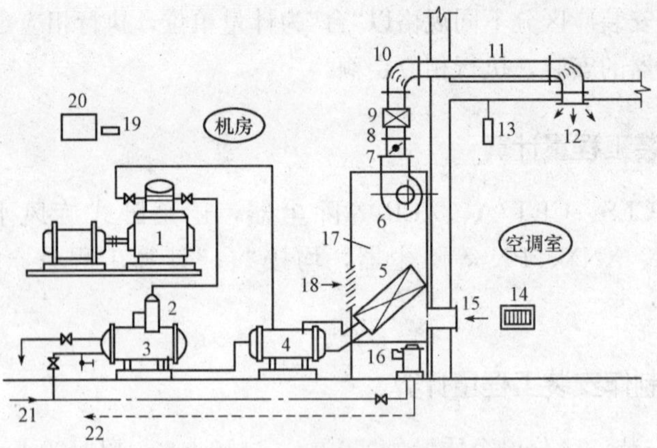

图 4-54　配套集中式制冷设备空调系统示意图

1—压缩机；2—油水分离器；3—冷凝器；4—热交换器；5—蒸发器；6—风机；7—送风调节阀；8—帆布接头；9—电加热器；10—导流片；11—送风管；12—送风口；13—电接点温度计；14—排风口；15—回风口；16—电加湿器；17—空气处理室；18—新风口；19—电子仪控制器；20—电控箱；21—给水管；22—回水管

(3)分段组装式空调系统。将空调设备装在分段箱体内，做成各种功能的区段，如进风段、混合段、加热段、过滤段、冷却段、回风段、加湿段、挡水板段、为了检修与安装用的中间段等。

(4)冷水机组风机盘管系统。冷水机组风机盘管系统将个体冷水机设备集中安装在机房内，配上冷水管(送、回)，冷凝器所用的冷却塔、水池、循环水管道等，冷水管连接风机盘管，再加上空气处理机，即成为一个系统。

3. 诱导式空调系统

诱导式空调系统是对空气做集中处理和用诱导器做局部处理后的混合供风方式。

(二)空调设备安装工程量计算

1. 空调器安装工程量计算

整体式空调机组安装和空调器按不同安装方式及质量，以“台”为计量单位。

2. 窗式空调器安装工程量计算

窗式空调器安装以“台”计量。

3. 风机盘管安装

风机盘管(图 4-55)安装不论风量、冷量、风机功率的大小，不分立式、卧式结构，均以“台”计量。

4. 分段组装式空调器安装工程量计算

分段组装式空调器安装工程量以产品样本中所列质量或铭牌质量(各段质量)为准，以“100 kg”为计量单位，使用相应子目。

5. 空调部件制作安装工程量计算

金属空调器壳体，滤水器、溢水盘、电加热器外壳制作安装以“100 kg”为计量单位。

(1)玻璃挡水板执行钢板挡水板相应项目，其材料、机械乘以系数 0.45，人工不变。

(2)保温钢板密闭门执行钢板密闭门项目，其材料乘以系数 0.5、机械乘以系数 0.45，人工不变。

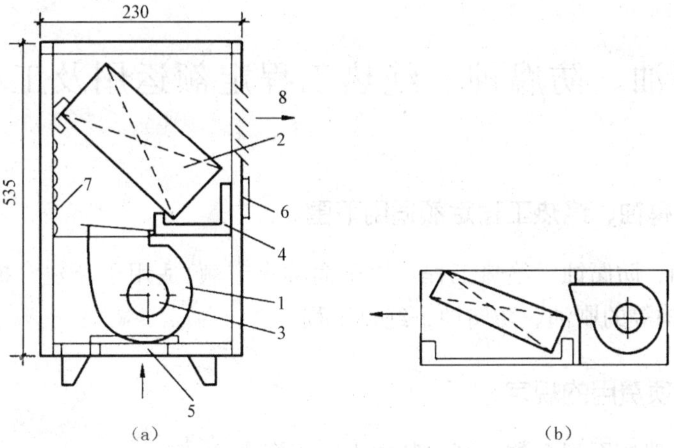

图 4-55　风机盘管

(a)立式；(b)卧式

1—风机；2—盘管；3—电动机；4—凝结水盘；5—循环风口及过滤器；

6—控制器；7—消声材料；8—出风口

6. 静压箱制作安装工程量计算

静压箱制作安装以“10 m^2”为计量单位。

7. 过滤器安装工程量计算

过滤器的安装工程量以“台”计算。

8. 净化工作台安装工程量计算

净化工作台[图 4-56(a)]安装以“台”计量。

9. 洁净室安装工程量

洁净室[图 4-56(b)]也称风淋室，按“质量”分档，以“台”为计量单位，套用相应安装子目。

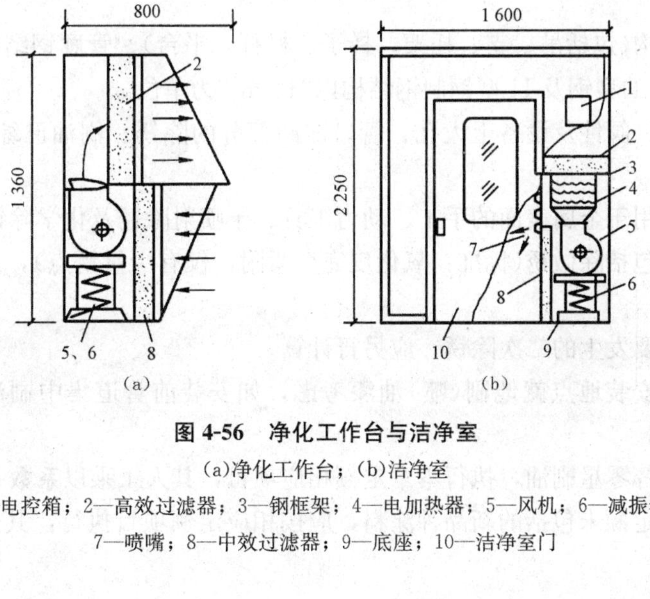

图 4-56　净化工作台与洁净室

(a)净化工作台；(b)洁净室

1—电控箱；2—高效过滤器；3—钢框架；4—电加热器；5—风机；6—减振器；

7—喷嘴；8—中效过滤器；9—底座；10—洁净室门

第六节　刷油、防腐蚀、绝热工程定额运用及工程量计算

一、刷油、防腐蚀、绝热工程定额适用范围

第十一册《刷油、防腐蚀、绝热工程》(以下简称本定额)适用于新建、扩建项目中的设备、管道、金属结构等的刷油、防腐蚀、绝热工程。

二、定额中各项费用的规定

(1)脚手架搭拆费按下列系数计算，其中人工工资占 25%：

1)刷油工程，按人工费的 8%；

2)防腐蚀工程，按人工费的 12%；

3)绝热工程，按人工费的 20%。

(2)超高降效增加费，以设计标高正负零为准，当安装高度超过±6.000 m 时，人工和机械分别乘以表 4-22 的系数。

表 4-22　超高降效增加费系数表

操作高度	20 m 以内	30 m 以内	50 m 以内	60 m 以内	70 m 以内	80 m 以内	80 m 以上
系数	0.30	0.40	0.60	0.70	0.80	0.90	1.00

(3)厂区外 1～10 km 施工增加的费用，按超过部分的人工和机械乘以系数 1.10 计算。

(4)安装与生产同时进行增加的费用，按人工费的 10%计算。

(5)在有害身体健康的环境中施工增加的费用，按人工费的 10%计算。

三、注意事项

(1)一般钢结构(包括吊、支、托架，梯子，栏杆，平台)、管廊钢结构以“100 kg”为单位，大于 400 mm 的型钢及 H 型钢制钢结构以“10 m^2”为单位。

(2)各种管件、阀件及设备上人孔、管口凹凸部分的除锈、刷油已综合考虑在定额内，不得另行计算。

(3)本定额适用于金属表面的手工、动力工具、干喷射除锈及化学除锈工程。

(4)本定额不包括除微锈(标准：氧化皮完全紧附，仅有少量锈点)，发生时执行轻锈定额乘以系数 0.2。

(5)因施工需要发生的二次除锈，应另行计算。

(6)本定额按安装地点就地刷(喷)油漆考虑，如安装前管道集中刷油，人工乘以系数 0.7(暖气片除外)。

(7)标志色环等零星刷油，执行本章定额相应项目，其人工乘以系数 2.0。

(8)如采用本定额未包括的新品种涂料，应按相应定额项目执行，其人工、机械消耗量不变。

(9)依据《工业设备及管道绝热工程施工规范》(GBJ 126—2008)要求，当绝热制品的保温层厚度大于或等于 100 mm 且保冷层厚度大于或等于 80 mm 时，应分层施工，工程量分层计算。

(10)管道绝热工程，除法兰、阀门外，其他管件均已考虑在内；设备绝热工程除法兰、人孔外，其封头已考虑在内。

(11)管道绝热均按现场安装后绝热施工考虑，若先绝热后安装，其人工乘以系数 0.9。

(12)聚氨酯泡沫塑料发泡工程，是按现场直喷无模具考虑的，若采用有模具浇铸法施工，其模具制作安装应依据施工方案另行计算。

(13)仪表管道绝热工程，应执行第十册第九章定额相应项目。

(14)采用不锈钢薄钢板做保护层安装，执行金属保护层相应定额项目，其人工乘以系数 1.25，钻头消耗量乘以系数 1.20，机械乘以系数 1.15。

(15)镀锌钢板、铝皮保护层的规格按 1 000 mm×2 000 mm 和 900 mm×1 800 mm，厚度 0.8 mm 以下综合考虑，若采用其他规格镀锌钢板，可按实际调整。

四、除锈、刷油工程量计算

(1)除锈工程按除锈方法(手工、动力工具、喷射、化学除锈)分档，执行第十一册第一章定额子目。

(2)手工、动力工具除锈按锈蚀程度分为轻锈、中锈、重锈三种，区分标准为：

轻锈：部分氧化皮开始破裂脱落，红锈开始发生。

中锈：氧化皮因锈蚀而剥落或可以刮除，已出现轻微点蚀。

重锈：氧化皮因锈蚀而剥落，且已普遍发生点蚀。

(3)喷射除锈按 Sa2.5 级标准确定。

Sa2.5 级：完全除去金属表面上油脂、氧化皮、锈蚀产物等一切杂物，可见阴影条纹、斑痕等残留物不得超过单位面积的 5%。

1. 设备、管道除锈、刷油工程量

设备、管道除锈、刷油工程量按设备、管道表面展开面积计算，以“10 m^2”为计量单位。

注：本节以下公式 S 为各项目面积，D 为各项目直径，L 为各项目长度，δ 为各项目绝热层厚度，其余系数可查到。

(1)不保温设备筒体、管道除锈、刷油表面积计算公式：

$$S=\pi\times D\times L \tag{4-15}$$

(2)保温设备筒体、管道刷油表面积计算公式：

$$\begin{cases} S=\pi\times(D+2\delta+2\delta\times 5\%+2d_1+3d_2)\times L \\ S=\pi\times(D+2.1\delta+0.008\,2)\times L \end{cases} \tag{4-16}$$

(3)不保温设备表面积计算公式：

平封头设备：$S_{平}=\pi\times D\times L+2\pi\times(D/2)^2$ (4-17)

圆封头设备：$S_{圆}=\pi\times D\times L+2\pi\times(D/2)^2\times 1.5$ (4-18)

(4)保温设备表面积计算公式：

平封头设备：$S_{平}=\pi\times(D+2.1\delta)\times(L+2.1\delta)+2\pi\times\left(\frac{D+2.1\delta}{2}\right)^2$ (4-19)

圆封头设备：$S_{圆}=\pi\times(D+2.1\delta)\times(L+2.1\delta)+2\pi\times\left(\frac{D+2.1\delta}{2}\right)^2\times1.6$ (4-20)

2. 金属结构除锈、刷油工程量

除动力工具、化学除锈及H型钢制钢结构(包括大于400 mm以上的型钢)除锈以“10 m^2”为工程量计量单位，金属结构除锈、刷油工程量均按质量以“100 kg”为工程量计量单位。

3. 暖气片除锈、刷油工程量

暖气片、刷油工程量按暖气片的散热面积计算，以“10 m^2”为工程量计量单位。

五、绝热工程量计算

绝热工程中，绝热层安装按保温材质、管道直径规格、设备形式(立式、卧式)、绝热层厚度分档，以“m^3”为工程量计量单位。

1. 设备筒体或管道绝热、防潮和保护层计算式

$$V=\pi\times(D+\delta+\delta\times3.3\%)\times(\delta+\delta\times3.3\%)\times L \quad (4\text{-}21)$$

或

$$V=\pi\times(D+1.033\delta)\times1.033\delta\times L \quad (4\text{-}22)$$

$$S=\pi\times(D+2.1\delta+0.0082)\times L$$

2. 伴热管道绝热工程量计算式

(1)单管伴热或双管伴热(管径相同，夹角小于90°时)。

$$D'=D_1+D_2+(10\sim20\text{ mm}) \quad (4\text{-}23)$$

(2)双管伴热(管径相同，夹角大于90°时)。

$$D'=D_1+1.5D_2+(10\sim20\text{ mm}) \quad (4\text{-}24)$$

(3)双管伴热(管径不同，夹角小于90°时)。

$$D'=D_1+1.5D_{伴大}+(10\sim20\text{ mm}) \quad (4\text{-}25)$$

3. 设备封头绝热、防潮和保护层工程量计算式

$$V=[(D+1.033\delta)/2]^2\pi\times1.033\delta\times1.5\times N \quad (4\text{-}26)$$

4. 阀门绝热防潮和保护层计算公式

$$V=\pi(D+1.033\delta)\times2.5D\times1.033\delta\times1.05\times N \quad (4\text{-}27)$$

5. 法兰绝热、防潮和保护层计算公式

$$V=\pi(D+1.033\delta)\times1.5D\times1.033\delta\times1.05\times N \quad (4\text{-}28)$$

6. 弯头绝热、防潮和保护层计算公式

$$V=\pi(D+1.033\delta)\times1.5D\times2\pi\times1.033\delta\times N/B \quad (4\text{-}29)$$

7. 拱顶罐封头绝热、防潮和保护层计算公式

$$V=2\pi r(h+1.033\delta)\times1.033\delta \quad (4\text{-}30)$$

六、防腐蚀工程量计算

防腐蚀涂料工程的工程量与刷油工程量计算相同，只不过设备、管道、支架不是刷普通油漆，而是刷防腐涂料，以“10 m^2”“100 kg”为工程量计量单位，执行第十一册第三章相应定额子目。

1. 设备筒体、管道表面积计算公式

设备筒体、管道表面积计算公式同管道刷油表面积公式。

2. 阀门、弯头、法兰表面积计算公式

(1)阀门表面积。

$$S=\pi\times D\times 2.5D\times K\times N \tag{4-31}$$

(2)弯头表面积。

$$S=\pi\times D\times 1.5D\times K\times 2\pi\times N/B \tag{4-32}$$

(3)法兰表面积。

$$S=\pi\times D\times 1.5D\times K\times N \tag{4-33}$$

3. 设备和管道法兰翻边防腐蚀工程量计算公式

$$S=\pi\times(D+A)\times A \tag{4-34}$$

第七节　电消防安装工程技术与计量

《消防及安全防范设备安装工程》(以下简称本定额)是《云南省安装工程消费量定额》第七册。

(1)本定额包括的内容为消防和安全防范的专用设备、管道及各种组件等的安装。

(2)火灾自动报警系统安装定额中包括设备的安装、校接线和本体调试等工作内容。

(3)安全防范设备安装定额中包括安装、校接线、施工及验收规范规定的调整和试运行、性能实验和功能实验等工作内容。

(4)第七册适用于工业与民用建筑中的新建、扩建和整体更新改造工程。本定额是编制消防及安全防范设备安装工程施工图预算的依据，也是编制概算定额和概算指标的基础。

本定额分6个分部工程，即6章。《消防及安全防范设备安装工程》包括火灾自动报警系统安装、安全防范设备安装和消防系统调试等(有时简称“电消防”)。另外3章属给排水工程，在此不再详述。

一、电消防系统火灾报警和消防常用电气设备及材料

(一)火灾自动报警的系统组成

火灾自动报警系统由触发装置、报警装置、警报装置和电源装置组成。

触发装置由手动和自动产生火灾报警信号的器件构成，自动触发器件包括各种火灾探测器、水流指示器、压力开关等。手动报警按钮是手工发送火警信号通报火警的部件。

报警装置是由火灾报警控制器接收触发装置发来的报警信号，发出声光报警指示火灾发生的具体部位，使值班人员迅速采取措施扑灭火灾的设备。

警报装置是在确认火灾后，自动或手动向外通报火灾发生的设备。

电源装置是向触发装置、报警装置、警报装置供电的设备，由消防供电电源和直流配

用电源组成。

火灾自动报警系统又分成若干层次。

(1)区域报警系统。它是基本的报警系统，由区域火灾报警控制器、火灾探测器、手动报警按钮、警报装置及电源组成，可用于企业要害部门、办公楼、塔式公寓中，是集中报警和控制中心报警子系统。

(2)集中报警系统。它由集中火灾报警控制器、区域报警控制器、水灾探测器、警报装置及电源组成。区域报警控制系统超过 3 台的建筑物中，应当设置此报警系统，以减少值班人员，便于管理。

(3)控制中心报警系统。它由消防控制设备和集中报警系统，再加上某些必要的联动装置组成，一般设置在大型建筑和大型建筑群中。

(二)电消防产品的型号说明

电消防产品的型号说明如图 4-57 所示。

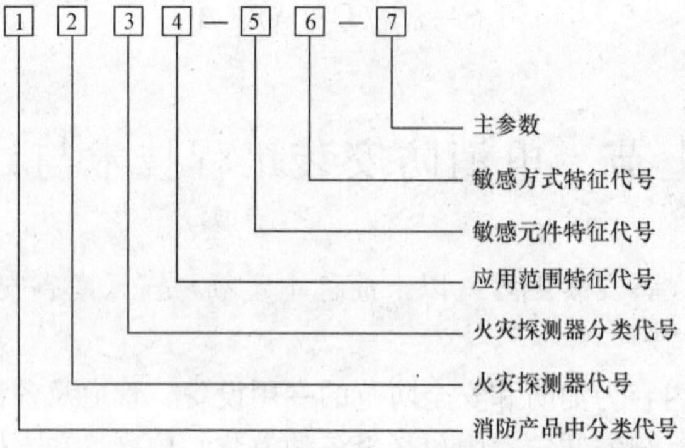

图 4-57 电消防产品型号说明

(1)第 1 段消防产品分类代号：J—消防报警设备。

(2)第 2 段消防产品代号：T—火灾探测器；B—火灾报警控制器。

(3)第 3 段消防产品分类号：

火灾探测器分类号：Y—感烟；W—感温；F—烟温复合；G—可燃气体。

火灾报警控制器分类号：D—单路；Q—区域；J—集中；T—通用。

(4)第 4 段应用范围特征代号：B—防爆；C—船用；H—底座。

(5)第 5 段、第 6 段是传感方式、敏感方式、结构特征的代号。

火灾探测器传感方式、敏感方式特征的代号：LZ—离子；GD—光电；MD—膜盒定温；MC—膜盒差温；GW—感光感温；GY—感光感烟；YW—感烟感温；YW—HS—红外线光束感烟感温。

火灾报警控制器结构特征的代号：G—柜式；T—台式；B—壁挂式。

(6)第 7 段主参数：灵敏度级别。

(三)几种常用的火灾探测器

火灾探测器以五种物质燃烧源为基础，包括感烟式、感光式、感温式、可燃气体式和复合式。火灾探测器又分为点式、线式两种类型。

1. 感烟式火灾探测器

感烟式火灾探测器分成光电式和离子式两种形式，光电式感烟探测器较老式的为减光式光电感烟探测器，目前常用的为散射光式光电感烟探测器。离子式感烟探测器分为单源式和双源式两种，都是点式探测器。

(1)减光式光电感烟探测器：检测室两端分别装有发光元件和受光元件，正常情况下受光元件受一定光量，在火灾初起，浓烟起时，检测室进入浓烟，光量大减，光电流降低而报警。

(2)散射光式光电感烟探测器：检测室装有发光元件和受光元件，受光元件正常时，不能接收发光元件的光量，当浓烟进入检测室时，光发生散射，受光元件可接收散射光而报警。

(3)离子感烟探测器：可以用两个放射源或一个放射源，放射源在射线照射下，可构成检测电离室和补偿电离室，加上场效应晶体管等组成电子线路，把物质燃烧后产生的烟雾信号转换成直流电压信号，通过导线传输给报警器，发出声光报警信号。单源探测器则是利用金属罩、场极板，同样形成检测电离室和补偿电离室，其余均同。

2. 感温火灾探测器

感温火灾探测器是利用物质燃烧时一定会使环境温度升高，且其速度较一般天气变化为快这一特点设计的。它又分成定温式、差温式和差定温式 3 种。

(1)定温式探测器：利用双金属在温度变化时的膨胀系数不同而使接点接通的点型火灾探测器，有 3 种形式：利用双金属片弯曲、利用圆盘双金属反转、利用高膨胀外壳。

电子定温探测器：利用特别的半导体热敏原理为传感元件实现火灾探测，它的灵敏性高，准确不误报，宜与离子感烟探测器配合使用。

(2)差温式探测器：有线型和点型两种。

1)线型探测器。它有空气管式和热电偶式，能探测较广区域内的灾情。

2)点型探测器。它是根据局部热效应而动作，当感温室温度正常变化时，室内空气可经泄漏孔自由出入；当升温很快，室内空气无法自由泄出时，推定膜片上接点接通。

(3)差定温式探测器：都为点型探测器，运用定温式和差温式的工作原理，因此，普通型除有差温的膜片，还有双金属片的作用。

还有一种电子式差定温式探测器则运用 2 只 NTC 热敏电阻(一只作为取样电阻 RM，另一只作为参数电阻 RR)，当环境急剧升温时，两电阻因反应不同而报警。

3. 感光式火灾探测器

当火灾初起时无烟，火急时，则此型探测器更适宜使用。其可保护易燃物质的储运场合。主要采用紫外线光敏管，当其接收到 200 nm 左右紫外线时，光敏管内放电，使内阻减小，电流导出增加，导通电子开关而报警。

(四)火灾报警装置

1. 火灾报警装置的基本功能

火灾报警装置因规模不同，分为一体化火灾报警器、小型通用报警控制器、区域报警控制器、集中报警控制和火灾模拟显示系统等，我国生产的火灾报警装置逐渐向总线制、智能化产品发展，下面介绍几种通用的功能。

(1)火灾报警。火灾报警控制器配接的探测器感知火灾参数、手动按钮信号等情况，将发出报警信号。此时，火警指示灯亮，发出火警音响，显示报警地址、时间，并向现场警报装置发出报警信号。

(2)故障报警。在故障自动交替巡检过程中，主控单元对现场元器件、报警总线、控制器内部关键线路及电源进行检测，一有异常即行报警(故障、火警音响不同)。

(3)火警优先。当故障及火警同时发生时，则先报火警，再报故障。

(4)火警地址显示及记忆。

(5)时钟。火灾报警及故障报警时钟能锁定并记忆，内部信号正常走时。

(6)自动打印。凡火警部位联动时间等详情，均可自动记录并打印成文。

(7)检查及测试。控制器对系统内各部位进行检查和测试，并自动打印。

(8)部位开放及关闭。开放及关闭系统内的部位，关闭应采用适当手段。

(9)显示被关闭部位。

(10)主备电源切换及输出，联动设备间输出等。

(11)联动控制。分手动、自动、总线联动制式。

2. 火灾报警控制器型号含义

火灾报警控制器采用六段表示法。除主参数有数字外，其余均为文字，如图 4-58 所示。

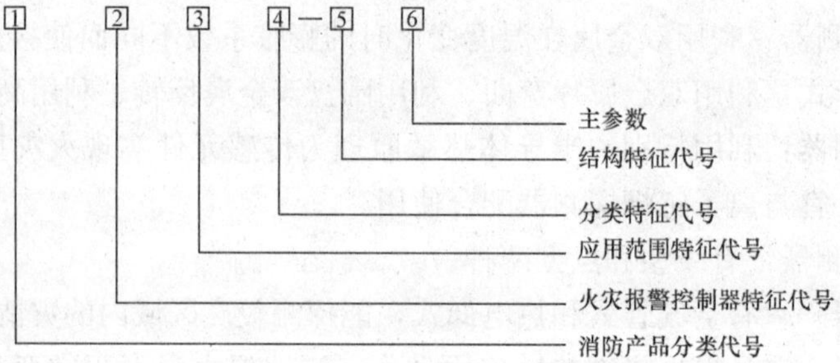

图 4-58　火灾报警控制器型号

(1)消防产品分类信号：J 表示火警设备。

(2)火灾报警控制器代号：B 表示火灾报警。

(3)应用范围特征代号：B(防爆)、C(船用)，其他型号不标识，无此段。

(4)分类特征代号：D(单路)、Q(区域)、J(集中)、T(通用)。

(5)结构特征代号：G(柜式)、T(台式)、B(壁挂式)。

(6)主参数：一般表示报警器路数，例如 50 路，写成 50。

例如：JB—JB—60—2700/065 表示 60 路壁挂式集中火灾报警控制器。

3. 一体化离子感烟火灾报警器

一体化离子感烟火灾报警器是将离子感烟探测器和报警器做成供电接收显示传递的一体化点式自动报警装置，它可以作为商店、会议室、机房、仓库等场所火灾报警装置，可单独使用，也可并入区域报警控制器。

4. 通用型火灾报警控制器

通用型火灾报警控制器是一种小范围内的独立系统或集中报警系统中的区域报警器，

它配备探测器，以适应小范围单独火灾报警。常用的JB—TB—8—2700/06报警控制器，可装8路探测器，共引出DC 24 V电源线1根，控测信号线8根，外接报警引线2根，共11根。除外接报警线2根外，系统内为$n+1$线，n为探测器数。

5. 分线制区域报警控制器

分线制区域报警控制器分为壁挂式、台式、柜式3种形式，分为10、20、30、50、100个回路等几种，根据需要，容量还可以扩充。它的作用是将所监视区域内的探测器、手动报警按钮、水流指示器等传来的电压或电流信号转换成声、光信号并报警；并在显示板上以数码形式显示着火部位；同时为探测器提供24 V直流稳压电源，并输出报警信号给集中报警控制器，还备有操作其他设备的输出节点。

6. 总线制区域报警控制器

总线制区域报警控制器分为壁挂式和落地式两种，采用二总线制与探测器连接，线制少，安装开通方便，使用编码底座后，可以与离子型感烟探测器、感温探测器及编码手动报警按钮组成报警系统，一般在100个回路以上。所谓总线制控制，是指系统间信号采用无极性二线制进行传输布线的方式。它的线路的布线形式比多线制系统省，系统间信号按各自回路传输。我国消防设备正从多线制向总线制过渡。

7. 可燃气体报警控制器

可燃气体报警控制器可配数个可燃气体探测器，用于监测可燃气体的泄漏，每路探测器单独控制，只要泄漏，即可自动对危险地区进行排气。如JBB—QB—3—2700/085型可燃气体报警控制器可接三路可燃气体探测器，同时，施行3个点的监控。

8. 集中火灾报警控制器

使用多元报警器时，必须设置集中火灾报警控制器。此控制器采用三总线制，可连接64个部位区域报警控制器，同时能接收64个部位的报警，并能扩展部位至128个，设有4对外备节点。

(五)消防专用通信系统

在消防中心设置专用通信柜，与设置在各火警监控区域的通信设备组成专门的消防通信系统。该系统由应急广播系统和消防电话系统组成。

1. 应急广播系统

为了组织灭火人员灭火，组织火灾现场人员疏散，在火灾报警及自动灭火系统中设置应急广播系统。它主要由广播、功放机(功率放大)、广播录放机、广播分路控制器及备用电源等组成。

功放机输出功率150 W，输出电压为120 V，4路输入，单路输出。

录放机，可实现话筒播音、外线播音和放音广播及监听、录音。

分路控制器，手动控制可控制20个分路，每分路功率$\leqslant$24 W。

广播分路线数为$N=n+1$，n为分路数，N为线数。

2. 消防电话系统

消防电话是自动火灾报警、灭火系统的主要装置之一。它有5条总线并连接消防电话分机，与消防电话总机对接。呼叫时，分机提起，总机即有振铃声，即可通话。总机容量最大为 45 门，可以两台总机并机，最大可扩容为 90 门，分机由托架和机身两部分组成，不设拨号盘。

二、电消防及安全防范设备安装工程的工程量计算规则

自动灭火及消防系统由报警系统、防火系统、灭火系统、火灾档案管理系统 4 个分系统组成。这 4 个系统均由防火、报警设备用管线连接起来。

1. 火灾自动报警系统安装

(1)点型探测器按线制的不同，分为多线制与总线制，不分规格、型号、安装方式与位置，以“只”为计量单位。探测器安装包括探头和底座的安装及本体调试。

(2)红外线探测器以“对”为计量单位。红外线探测器是成对使用的，在计算时一对为两只。定额中包括探头支架安装和探测器的调试、对中。

(3)火焰探测器、可燃气体探测器按线制的不同，分为多线制与总线制两种，计算时不分规格、型号、安装方式与位置，以“只”为计量单位。探测器安装包括探头和底座的安装及本体调试。

(4)线形探测器的安装、调试按环绕、正弦及直线综合考虑，不分线制及保护形式，以“10 m”为计量单位。定额中未包括探测器连接的一只模块和终端，其工程量应按相应定额另行计算。

(5)按钮包括消火栓按钮、手动报警按钮、气体灭火启/停按钮，以“只”为计量单位，按照在轻质墙体和硬质墙体上安装两种方式综合考虑，执行时不得因安装方式不同而调整。

(6)控制模块(接口)是指仅能起控制作用的模块(接口)，也称中继器，依据其给出控制信号的数量，分为单输出和多输出两种形式。执行时不分安装方式，按照输出数量以“只”为计量单位。

(7)报警模块(接口)不起控制作用，只能起监视、报警作用，执行时不分安装方式，以“只”为计量单位。

(8)报警控制器按线制的不同分为多线制与总线制两种，其中又按其安装方式不同分为壁挂式和落地式。在不同线制、不同安装方式中，按照“点”数的不同划分定额项目，以“台”为计量单位。

多线制“点”是指报警控制器所带报警器件(探测器、报警按钮等)的数量。总线制“点”是指报警控制器所带的有地址编码的报警器件(探测器、报警按钮、模块等)的数量。如果一个模块带数个探测器，则只能计为一点。

(9)联动控制器按线制的不同分为多线制与总线制两种，其中又按其安装方式不同分为壁挂式和落地式。在不同线制、不同安装方式中，按照“点”数的不同划分定额项目，以“台”为计量单位。

多线制“点”是指联动控制器所带联动设备的状态控制和状态显示的数量。总线制“点”是指联动控制器所带的有地址编码的报警器件与控制模块(接口)的数量。

(10)报警联动一体机按其安装方式不同，分为壁挂式和落地式。在不同安装方式中，按照“点”数的不同划分定额项目，以“台”为计量单位。

这里的“点”是指报警联动一体机所带的有地址编码的报警器件与控制模块(接口)的数量。

(11)重复显示器(楼层显示器)不分规格、型号、安装方式，按总线制与多线制划分，以“台”为计量单位。

(12)警报装置分为声光报警和警铃报警两种形式，均以“只”为计量单位。

(13)远程控制器按其控制回路数，以“台”为计量单位。

(14)火灾事故广播中的功放机、录音机的安装按柜内及台上两种方式综合考虑，分别以“台”为计量单位。

(15)消防广播控制柜是指安装成套消防广播设备的成品机柜，不分规格、型号，以“台”为计量单位。

(16)火灾事故广播中的扬声器不分规格、型号，按照吸顶式与壁挂式，以“只”为计量单位。

(17)广播分配器是指单独安装的消防广播用分配器(操作盘)，以“台”为计量单位。

(18)消防通信系统中的电话交换机按“门”数不同，以“台”为计量单位；通信分机、插孔是指消防专用电话分机与电话插孔，不分安装方式，分别以“部”“个”为计量单位。

(19)报警备用电源综合考虑规格、型号，以“台”为计量单位。

总线制“点”是指报警器所带的有地址编码的报警器件(探测器、报警器按钮、模块)的数量，例如一个模块带几只探测器，只能计算一点。

2. 电消防系统调试

(1)启动报警系统包括各种探测器、报警按钮、报警控制器组成的报警系统，分别按照不同点数，以“系统”为计量单位，其点数按多线制与总线制报警器的点数计算。

(2)水灭火系统控制装置按照不同点数，以“系统”为计量单位，其点数按多线制与总线制联动控制器的点数计算。

(3)火灾事故广播、消防通信系统中的消防广播喇叭、音箱和消防通信的电话分机、电话插孔，按其个数，以“10 个”为计量单位。

(4)消防用电梯与控制中心间的控制调试以“部”为计量单位。

(5)电动防火门、防火卷帘门指可由消防控制中心显示与控制的电动防火门、防火卷帘门，以“10 处”为计量单位，每樘为一处。

(6)正压送风阀、排烟阀、防火阀以“10 处”为计量单位，一个阀为一处。

(7)气体灭火系统装置调试包括模拟喷气试验、备用灭火器贮存容器切换操作试验，按试验容器的规格(L)，分别以“个”为计量单位。试验容器的数量包括系统调试、检测和验收所消耗的试验容器的总数，试验介质不同时可以换算。

3. 安全防范设备安装

(1)设备、部件按设计成品，以“台”或“套”为计量单位。

(2)模拟盘以“m^2”为计量单位。

(3)入侵报警系统调试以“系统”为计量单位，其点数按实际调试点数计算。

(4)电视监控系统调试以“系统”为计量单位，其头尾数包括摄像机、监视器数量之和。

4. 电消防专用名词术语

(1)火灾自动报警系统：指人们为了及早发现和通报火灾，并及时采取有效措施以控制和扑灭火灾而设置在建筑物中或其他场所的一种自动消防设施。它由触发器件、火灾报警装置、火灾警报装置，以及具有其他辅助功能的装置组成。

(2)多线制：系统间信号按各自回路进行传输的布线制式。

(3)总线制：系统间信号采用无极性 2 根线进行传输的布线制式。

(4)单输出：可输出单个信号。

(5)多输出：具有 2 次以上不同输出信号。

(6)××××点：指报警控制所带报警器件或模块的数量，也指联动控制器所带联动设备的控制状态或控制模块的数量。

(7)×路：信号回路数。

(8)点型感烟探测器：对警戒范围中某一点周围的烟密度升高有响应的火灾探测器。根据其工作原理不同，可分为离子感烟探测器和光电感烟探测器。

(9)点型感温探测器：对警戒范围中某一点周围的温度升高有响应的探测器。根据其工作原理不同，可分为定温探测器和差温探测器。

(10)红外光束探测器：将火灾的烟雾特征物理量对光束的影响转换成输出电信号的变化，并立即发出报警信号的器件。其由光束发出器和接收器两个独立部分组成。

(11)火焰探测器：将火灾的辐射光特征物理量转换成电信号，并立即发出报警信号的器件。常用的有红外探测器和紫外探测器。

(12)可燃气体探测器：当监视范围内泄漏的可燃气体达到一定浓度时发出报警信号的器件。常用的有催化型可燃气体探测器和半导体可燃气体探测器。

(13)线型探测器：温度达到预定值时，利用两根载流导线间的热敏绝缘物熔化使两根导线接触而动作的火灾探测器。

(14)按钮：用手动方式发出火灾报警信号且可确认火灾的发生以及启动灭火装置的器件。

(15)控制模块(接口)：在总线制消防联动系统中，用于现场消防设备与联动控制器间传递动作信号和动作命令的器件。

(16)报警接口：在总线制消防联动系统中，配接于探测器与报警控制器间，向报警控制器传递火警信号的器件。

(17)报警控制器：能为火灾探测器供电、接收、显示和传递火灾报警信号的报警装置。

(18)联动控制器：能接收由报警控制器传来的报警信号，并对自动消防等装置发出控制信号的装置。

(19)报警联动一体机：能为火灾探测器供电、接收、显示和传递火灾报警信号，又能对自动消防等装置发出控制信号的装置。

(20)重复显示器：在多区域、多楼层报警控制系统中，用于某区域、某楼层接收探测器发出的火灾报警信号，显示报警探测器位置，发出声光警报信号的探测器。

(21)声光报警装置：也称为火警声光报警器或火警声光讯响器，是一种以音响方式和闪光方式发出火灾报警信号的装置。

(22)警铃：以音响方式发出火灾警报信号的装置。

(23)远程控制器：可接收传送控制器发出的信号，对消防执行设备实行远距离控制的装置。

(24)功放：用于消防广播系统中的广播放大器。

(25)消防广播探测柜：在火灾报警系统中集播放音源、功率放大器、输入混合分配器等于一体，可实现对现场扬声器控制，发出火灾报警语音信号的装置。

(26)广播分配器：消防广播系统中对现场扬声器实现分区域控制的装置。

(27)电话交换机：可利用送、受话器及通信分机进行对讲、呼叫的装置。

(28)通信分机：安置于现场的消防专用电话分机。

(29)通信插孔：安置于现场的消防专用电话分机插孔。

(30)消防报警备用电源：能提供消防报警设备用直流电源的供电装置。

(31)消防系统调试：指一个单位工程的消防工程全系统安装完毕且连通，为检验其是否达到消防检收规范标准所进行的全系统的检测、调试和试验。

(32)自动报警控制装置：火灾报警系统中用以接收、显示和传递火灾报警信号，由火灾探测器、手动报警按钮、报警探测器、自动报警线路等组成的报警控制系统的器件、设备。

(33)灭火系统控制装置：能对自动消防设备发出控制信号，由联动控制器、报警阀、喷头消防灭火水和气体管网等组成的灭火系统的联动器件、设备。

(34)消防电梯装置：消防专用电梯。

(35)电动防火门：在一定时间内，连同框架能满足耐火稳定性和耐火完整性要求的门。

(36)防火卷帘门：在一定时间内，连同框架能满足耐火稳定性、完整性和隔热性要求的卷帘。

(37)安全防范：以维护社会公共安全和预防灾害事故为目的的防入侵、防被盗、防破坏、防火、防爆和安全检查等措施。为了达到防入侵、防盗、防破坏等目的，采用了以电子技术、传感器技术和计算机技术为基础的安全防范技术。

(38)入侵报警：用来探测入侵者的移动或其他行动的报警。用物理方法和电子技术，自动探测发生在布防监测区域内的侵入行为并产生报警信号，辅助提示值班人员发生报警的区域部位，显示可能采取的对策。

(39)入侵探测器：用来探测入侵者移动或其他动作的电子或机械部件组织的装置。

(40)入侵报警探测器：能直接或间接接收入侵探测器发出的报警信号，发出声光报警，并能指示入侵发生的部位。

多线制：报警信号一一对应直接输入控制器中。

总线制：利用编码模块串行连接。

(41)报警信号传输：把探测器中的探测信号传送到控制器的手段。

(42)出入口控制：也叫门禁控制，其功能是有效地管理门的开启和关闭，保证授权出入门人员的自由出入，限制未授权人员的进入，对暴力强行入门的行为予以报警。

(43)读卡器：用来接收输入信息的设备。

(44)电控锁：需要电源万能动作的锁。

(45)安全检查：为了保证人员和财产安全，在机场、车站、港口和其他一些重要部门，对出入人员进行检查，以发现随身携带或行李包裹中的危险物品(诸如金属武器或爆炸物品等)。

(46)电视监控系统：通过摄像机及其辅助设备(镜头、云台等)将现场图像信号传输到监视器，直接观看被监视场所的一切情况的系统。

(47)门磁开关：安装于门上的由开关盒和磁铁盒构成的装置。当磁铁盒相对开关盒移开至一定距离时，能引起开关状态的变化，控制有关电路而发出报警信号。

(48)紧急脚踏开关：通过脚踏方式控制通、断状态的变化，从而控制有关电路以发出紧急报警信号的装置。

(49)紧急手动开关：通过手动方式控制通、断状态的变化，从而控制有关电路以发出紧急报警信号的装置。

(50)主动红外探测器：发射机和接收机之间的红外辐射光束，完全或大于给定的百分比部分被遮断时能产生报警状态的探测装置。一般应由单独的发射机和接收机组成，收、发机分置安装。

(51)微波探测器：应用多普勒原理，辐射频率大于1 GHz的电磁波，覆盖一定范围，并能探测到在该范围内移动的人体而产生报警信号的装置。

(52)被动红外探测器：当人体在探测范围内移动，引起接收到的红外辐射电平变化而能产生报警状态的探测装置。

(53)超声波探测器：应用多普勒原理，对移动的人体反射的超声波产生响应而引起报警的装置。

(54)玻璃破碎探测器：专指一种探测器，其传感器安装在玻璃表面上，能对玻璃破碎时通过玻璃传送的冲击波做出响应。（注：对于使用压电传感器的被动式玻璃破碎探测器，其传感器通过一种黏合剂粘接在玻璃表面上。）

(55)振动探测器：在探测范围内能对入侵者引起的机械振动（冲击）产生报警信号的装置。

(56)多技术复合探测器：将两种或两种以上单元组合于一体，且当各单元都感应到人体的移动，同时都处于报警状态时，才发出报警信号的装置。

(57)无线报警探测器：通过无线方式传送报警信号的探测器。

(58)自动闭门器：根据出入口控制系统主动的指令，对入口门进行自动启闭的执行装置。

(59)可视对讲主机：可视对讲系统中，安装在入口处，具有选通、摄像及对讲功能的装置。

(60)可视对讲分机：可视对讲系统中具有图像监视、通话对讲等功能的装置。

(61)X射线安全检查设备：通过检测穿过被检物品的X射线的强度分布或能谱分布，对被检物做出安全判定的设备。

(62)金属武器探测器：结构上做成人可通过的门状，在门中建立电磁场，当人体携带金属物品通过该门时，能产生报警的装置。

第八节　通信设备及线路工程技术与计量

通信是人类实现从一地向另一地进行信息传递和交换的过程，信息传递和交换是通过通信网络实现的。通信网络由终端设备、传输链路和交换设备三要素构成。

一、网络工程和网络设备

网络工程是集语音、数据、图像、监控设备、综合布线于一体的系统工程，它是通信、计算机网络以及智能大厦的基础。

(一)网络的范围

网络一般分为局域网、城域网和广域网三种。

(1)局域网(LAN)：将彼此距离很近的计算机连接起来，如在一个办公室内两台连接在一起的计算机和用线缆连接起来的两栋建筑物等。

(2)城域网(MAN)：指介于广域网与局域网之间的一种高速网络。满足几十千米范围内的大量企业、机关、公司等多个局域网互联的需求。

(3)广域网(WAN)：也称远程网，覆盖一个国家、地区或横跨几个洲，形成国际性的远程网络。

(二)网络的功能

(1)能与全球范围内的终端用户进行多种业务通信。支持多种媒体、多种信道、多种速率、多种业务的通信。如(可视)电话、传真、互联网、网真、视频会议、计算机专网等。

(2)完善的通信业务管理和服务功能。如可以应对通信设备增删、搬迁、更换和升级的综合布线系统，保障通信安全可靠的网管系统等。

(3)信道的冗余功能。在应对突发事件、自然灾害时，通信更加可靠。

(4)新一代基于 IP 的多媒体高速通信网、光通信网是未来新的通信业务支撑平台。

(三)网络传输介质和网络设备

1. 网络传输介质及选型

常见的网络传输介质有双绞线、同轴电缆、光纤等。网络信息还可利用无线电系统、微波无线系统和红外技术等传输。

(1)双绞线：是现在最普通的传输介质，它由两条相互绝缘的铜线组成，典型直径为 1 mm。两根线绞接在一起是为了防止其电磁感应对邻近线产生干扰信号。双绞线电缆一般包含 4 个双绞线对，具体为橙 1/橙 2、蓝 4/蓝 5、绿 6/绿 3、棕 3/棕白 7。计算机网络使用 1—2、3—6 两组线对发送和接收数据。双绞线分为屏蔽双绞线和非屏蔽双绞线，非屏蔽双绞线由线缆外皮作为屏蔽层，适用于网络流量不大的场合；屏蔽式双绞线具有一个金属甲套，对电磁干扰具有较强的抵抗能力，适用于网络流量较大的高速网络协议应用。

双绞线一般用于星型网的布线连接，两端安装有 RJ-45 头(水晶头)，连接网卡与集线器，最大网线长度为 100 m，如果要加大网络的范围，可在两段双绞线之间安装中继器，最多可安装 4 个，如安装 4 个中继器连接 5 个网段，最大传输范围可达 500 m。

(2)同轴电缆：由一根空心的外圆柱导体和一根位于中心轴线的内导线组成，内导线和圆柱导体及外界之间用绝缘材料隔开。按直径的不同，可分为粗缆和细缆两种。

1)粗缆：传输距离长，性能好，但成本高，网络安装、维护困难，一般用于大型局域网的干线，连接时两端需终接器。

2)细缆：与 BNC 网卡相连，两端装 50 Ω 的终端电阻。用 T 形头，T 形头间距最小 0.5 m。细缆网络每段干线长度最大为 185 m，每段干线最多接入 30 个用户。如采用 4 个中继器连接 5 个网段，网络最大传输距离可达 925 m。细缆安装较容易，造价较低，但日常维护不方便，一旦一个用户出现故障，便会影响其他用户的正常工作。

(3)光纤：是由一组光导纤维组成，用来传播光束的、细小而柔韧的传输介质。应用光学原理，由光发送机产生光束，将电信号变为光信号，再把光信号导入光纤，在另一端由光接收机接收光纤上传来的光信号，并把它变为电信号，经解码后再处理。与其他传输介质比较，光纤的电磁绝缘性能好、信号衰减小、频带宽、传输速度快、传输距离大。光纤主要用于要求传输距离较长、布线条件特殊的主干网连接。

网络传输介质选型比较见表 4-23。

表 4-23　网络传输介质选型比较

线型	物理特性	连通性	地理范围	抗干扰性	价格
双绞线	由按规则螺旋结构排列的 2 根或 4 根绝缘线组成	可用点对点连接，也可用于多点连接	作远程中继线最多 15 km，在 10 Mb/s 局域网中 100 m	低频时相当于同轴电缆，10～100 kHz 时低于同轴电缆	低于其他传输介质
同轴电缆	由两根导体组成，内导体实芯，外导体是纺织的，用屏蔽物包覆	应用于点到点和多点配置	基带电缆最远限于数千米，宽带可到数十千米	抗干扰能力较强	介于双绞线和光纤之间
光纤	直径细，柔软，能传导光波的介质，能传导光束的媒体	全用在点到点链路上	可在 6～8 km 距离内不使用中继器实现高速率数据传输	不受电磁干扰或噪声的影响	较贵

2. 网卡及选型

网卡是主机和网络的接口，用于提供与网络之间的物理连接。一般根据接口总线与传输速率等条件来选择。

对于有线网卡的选择，工作站的网卡基本上统一采用 10/100 Mb/s 的 RJ-45 接口快速以太网网卡。服务器根据具体的网络规模和网络应用而定：如果只是一般的中小型企业局域网，可以采用相对廉价的 RJ-45 双绞线接口千兆位网卡；如果网络规模较大，或者网络应用较复杂，则可采用光纤接口的千兆位网卡，这种网卡的性能较双绞线接口的要好许多。服务器集成的网卡通常都是兼容性的 10/100/1 000 Mb/s 双绞线以太网网卡。

无线局域网网卡选择，主要考虑网卡的主机接口和所使用的无线局域网技术标准，它目前的传输速率仍很低。在主机接口方面，普通的 PCI 和 USB 接口支持就绰绰有余；在台式机工作站中通常选用 PCI 或者 USB 接口的无线局域网网卡；对于笔记本用户，可以选择 PCIMCIA 和 USB 两种接口类型的无线局域网网卡。

3. 集线器及选型

集线器(HUB)是对网络进行集中管理的重要工具，是各分支的汇集点。HUB 是一个共享设备，其实质是一个中继器，而中继器的主要功能是对接收到的信号进行再生放大，以扩大网络的传输距离。使用 HUB 组网灵活，它处于网络的一个星型节点，对节点相连的工作站进行集中管理，不让出问题的工作站影响到整个网络的正常运行。它的选型考虑如下几个方面：

(1)以带宽为选择标准：目前市面上用于局域网(一般是指小型局域网)的 HIJB 可分为 10 MB、100 MB 和 10/100 MB 自适应三种。在规模较大的网络中，还使用 1 000 MB 和 100/1 000 MB 自适应两种。

(2)是否满足拓展需求：每一个单独的 HUB 根据端口数目的多少，一般分为 8 口、16 口和 24 口几种。

(3)是否支持网管功能：根据对 HUB 管理方式的不同可分为智能集线器和亚集线器两种。智能集线器改进了普通 HUB 的不足，增加了网络的交换功能，具有网络管理和自动检测网络端口速度的能力(类似于交换机)。而亚集线器只起到简单的信号放大和再生的作用，无法对网络性能进行优化。

(4)以外形尺寸为依据：集线器的选购一般是在综合布线结束，骨干设备定型之后。

(5)根据配置形式的不同：HUB 可分为独立型 HUB、模块化 HUB 以及可堆叠式 HUB 三大类。

(6)注意接口类型：选用 HUB 时，还要注意信号输入口的接口类型，与双绞线连接时，需要具有 RJ-45 接口；与细缆相连，需要具有 BNC 接口；与粗缆相连，需要具有 AUI 接口；当局域网长距离连接时，还需要具有与光纤连接的光纤接口。

4. 交换机及选型

交换机是网络节点上话务承载装置、交换机、控制和信令设备以及其他功能单元的集合体。交换机能把用户线路、电信电路和(或)其他要互连的功能单元根据单个用户的请求连接起来。根据工作位置的不同，交换机可以分为广域网交换机和局域网交换机。

交换机选型方面需要考虑的因素如下：

(1)端口数。交换机端口数的选择不仅要考虑到网络中需要连接的用户数，还要考虑到单端的成本和交换机所处的位置。一般来说，端口数越多，单端口成本越低，通常建议控制在 48 个端口之内。而且越是上层的交换机，端口数可以越少；越是下层的交换机，端口数可以越多。

(2)端口类型。普通的以太网交换机都是采用双绞线 RJ-45 接口，最高可以支持 1 000 Mb/s；高档的交换机采取光纤作为传输介质，需要相应类型光纤的网络接口。

(3)工作层次。根据工作时所对应的 OSI 模型的层次，交换机可以分为二层交换机、三层交换机、四层交换机和七层交换机。目前主要应用的还是二层和三层两种。在大中型网络中，核心和骨干层交换机都要采用三层交换机。

(4)性能档次。交换机按性能从低到高依次为：桌面级交换机、工作组级交换机、部门级交换机、企业级交换机，档次越高，价格越高。

(5)网管功能。一般来说，核心和骨干层、会聚层交换机最好支持网管功能，以便管理员维护，而边缘层交换机通常无须支持网管功能。

(6)堆栈功能。即把几个具有堆栈功能的交换机堆在一起连接，当作一个交换机使用，不仅可以提高交换机的端口数，更重要的是可以提高每个交换机端口的实际有效带宽。

5. 路由器及选型

路由器(Router)是连接互联网中各局域网、广域网的设备。它是根据信道的情况自动选择和设定路由，以最佳路径按前后顺序发送信号的设备，广泛用于各种骨干网内部连接、骨干网间互联和骨干网与互联网互联互通业务。路由器具有判断网络地址和选择 IP 路径的功能，能在多网络互联环境中建立灵活的连接，可用完全不同的数据分组和介质访问方法连接各种子网。路由器只接受源站或其他路由器的信息，属网络层的一种互联设备。

路由器分本地路由器和远程路由器，本地路由器是用来连接网络传输介质的，如光纤、同轴电缆、双绞线；远程路由器是用来连接远程传输介质的，并要求有相应的设备如电话线，要配调制解调器，无线要通过无线接收机、发射机。

选择路由器时，应注意以下几方面。

(1)安全性。路由器必须具有如下的安全特性：

1)可靠性与线路安全。可靠性主要体现在接口故障和网络流量增大的情况下，为此，备份是路由器不可或缺的手段之一。当主接口出现故障时，备份接口自动投入工作，保证网络的正常运行。当网络流量增大时，备份接口又可完成负载分担的任务。

2)身份认证。路由器中的身份认证主要包括访问路由器时的身份认证、对端路由器的身份认证和路由信息的身份认证。

3)访问控制。对于路由器的访问控制，需要进行口令的分级保护。访问控制分为基于IP 地址的访问控制和基于用户的访问控制。

4)信息隐藏。与对端通信时，不一定需要用真实身份。通过地址转换，可以做到隐藏网内地址，只以公共地址的方式访问外部网络。除了由内部网络首先发起的连接，网外用户不能通过地址转换直接访问网内资源。

5)数据加密。

6)攻击探测和防范。

(2)控制软件。路由器的控制软件安装、参数设置及调试越方便，用户就越容易掌握，就越能更好地应用。

(3)扩展能力。扩展能力的大小主要由路由器支持的扩展槽数目或者扩展端口数目决定。

(4)网管系统。网络规模越大，网络的维护和管理就越难，所以，网络管理显得尤为重要。

(5)带电插拔能力。在安装、调试、检修和维护或者扩展计算机网络的过程中，经常要增减设备。路由器能否支持带电插拔，是路由器的一个重要的性能指标。

6. 服务器及选型

服务器是指局域网中运行管理软件以控制对网络或网络资源(磁盘驱动器、打印机等)进行访问的计算机，并能够为网络上的计算机提供资源，使其犹如工作站那样进行操作。服务器通常分为文件服务器、数据库服务器和应用程序服务器。

服务器侦听网络上的其他计算机(客户机)提交的服务请求，并提供相应的服务。它的高性能主要体现在高速度的运算能力、长时间的可靠运行、强大的外部数据吞吐能力等方面。服务器的构成与微型计算机基本相似，有处理器、硬盘、内存、系统总线等，它们是针对具体的网络应用特别制定的，因而服务器与微型计算机在处理能力、稳定性、可靠性、安全性、可扩展性、可管理性等方面存在很大差异。

服务器的选型主要应从以下两个方面考虑：

(1)服务器处理器架构的选型。服务器首先要确定其处理器芯片架构，目前主要分为 3 个大的架构类型：Intel IA32/64 架构、AMD X86 架构和主要应用于 UNIX 系统中的 RISC

(精减指令)架构。

(2)服务器性能的选型。按性能标准划分，服务器通常分为：入门级服务器、工作组级服务器、部门级服务器和企业级服务器四个不同档次。

服务器选购方面的注意事项有：①适当的处理器架构；②适宜的可扩展能力；③适当的服务器架构；④新技术的支持；⑤合适的品牌。

7. 防火墙及选型

防火墙是位于计算机和它所连接的网络之间的软件或硬件，在内部网和外部网之间、专用网与公共网之间界面上构造的保护屏障。防火墙主要由服务访问规则、验证工具、包过滤和应用网关 4 个部分组成。

防火墙可以是一种硬件、固件或者软件，如专用防火墙设备是硬件形式的防火墙，包过滤路由器是嵌有防火墙固件的路由器，而代理服务器等软件就是软件形式的防火墙。

从结构上来分，防火墙有两种，即代理主机结构和路由器＋过滤器结构。从原理上来分，防火墙则可以分成 4 种类型：特殊设计的硬件防火墙、数据包过滤型、电路层网关和应用级网关。安全性能高的防火墙系统都是组合运用多种类型的防火墙。

防火墙选型的基本原则如下：

(1)总价格：防火墙产品作为网络系统的安全屏障，总价格不应超过受保护网络系统可能遭受最大损失的成本。

(2)系统需求：即用户需要什么样的网络监视、冗余度以及控制水平。确定了可接受的风险水平后，列出必须监测的传输、必须允许的传输流通行、应当拒绝传输的清单。

(3)企业特殊要求：企业安全政策中的某些特殊需求并不是每种防火墙都能提供的，企业常见的需求为加密控制标准、访问控制和特殊防御功能。

(4)不同用户：对电信级用户、企业级用户、个人单机级用户区别对待。

(5)管理与培训：在计算防火墙的成本时，不能只简单地计算购置成本，还必须考虑其总拥有成本。人员的培训和日常维护费用通常会占据较大的比例。

(6)可扩充性：随着网络的扩容和网络应用的增加，网络的风险成本也会急剧上升，因此需要增加具有更高安全性的防火墙产品。

(7)安全性：即防火墙能否有效地阻挡外部入侵。选择防火墙产品时，应尽量选择占有市场份额较大又通过了国家权威认证机构认证测试的产品。

二、有线电视和卫星接收系统

(一)有线电视系统

有线电视系统用同轴电缆、光缆或其组合作为信号传输介质，传输图像信号、声音信号和控制信号。这些信号在封闭的线缆中传输，不向空间辐射电磁波，所以称为闭路电视系统。

1. 有线电视的组成

有线电视系统一般由天线、前端装置、传输干线和用户分配网络组成，而系统规模的大小决定了所用设备与器材的多少。图 4-59 所示为一个大型有线电视系统的线路图。

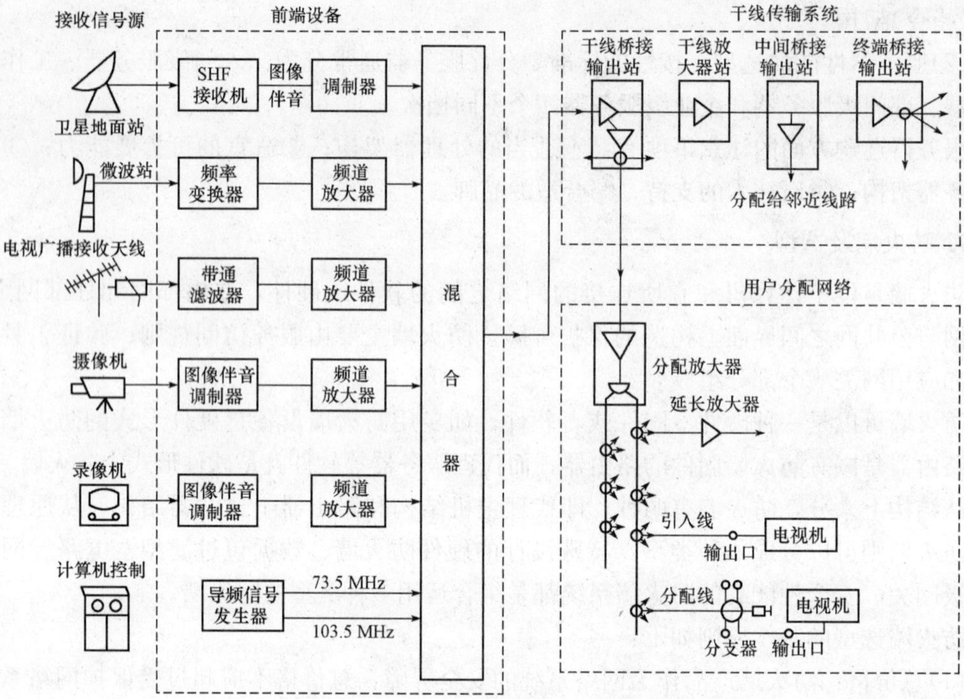

图 4-59　某大型有线电视系统的电路图

(1)信号源。有线电视的信号源可以是录像机、DVD、摄像机等，也可以是通过开路接收电视广播、微波传输、卫星电视等的空中电视信号。

(2)前端设备。前端设备的作用是把经过处理的各路信号进行混合，把多路(套)电视信号转换成一路含有多套电视节目的宽带复合信号，然后经过分支、分配、放大等处理后变成高电平宽带复合信号，送往干线传输分配部分的电缆始端。

(3)干线传输系统。其作用是把前端设备输出的宽带复合信号进行传输，并分配到用户终端。在传输过程中根据信号电平的衰减情况合理设置电缆补偿放大器，以弥补线路中无源器件对信号电平的衰减。干线传输分配部分除电缆以外，还有干线放大器、均衡器、分支器、分配器等设备。

(4)用户分配系统。用户分配部分的作用是把干线传输系统提供的信号电平合理地分配给各个用户。比较大的子系统还装有支线放大器。

用户分配部分的主要部件有分支器、分配器、终端电阻、支线放大器等设备。电视用户可以通过连接线把电视机与用户盒相连，来接收全部电视节目。

(5)用户部分。用户部分是闭路电视系统的末端，包括电视机(监视器)和用户线，是显示闭路电视信号的终端设备。

2. 有线电视信号的传输

有线电视信号的传输分为有线传输和无线传输。有线传输常以同轴电缆和光缆为介质。无线传输根据传输方式和频率分为多频道微波分配系统(MMDS)和调幅微波链路(AML)系统。

(1)同轴电缆传输。闭路电视系统中大量使用同轴电缆作为传输介质。同轴电缆由同轴结构的内、外导体构成，芯线为单股或多股铜线，外包绝缘物，绝缘物外面为金属丝编织网或金属箔，最外面用塑料护套或其他特种护套保护。

(2)光缆传输。光缆传输电视信号具有传输损耗小、频带宽、传输容量大、频率特性好、抗干扰能力强、安全可靠等优点，是有线电视信号传输技术手段的发展方向。

光导纤维是一种能够传导光信号的极细而柔软的介质。目前有多种玻璃和塑料可用来制造光导纤维。采用多成分玻璃纤维制成的光导纤维，性价比高，目前使用广泛。采用塑料纤维制造的光纤，成本最低，但传输损耗最大，可用于短距离通信。

(3)多频道微波分配系统(MMDS)。在闭路电视系统中，对于一些地形复杂、不便架设传输线的地方，可利用微波将电视信号通过空间用无线电波进行传递。微波传输具有较高的可靠性，可以避免由于长距离传输电缆线路上干线放大器串联过多使信号质量下降，在某些场合，用微波无线传输信号的方式比用电缆或其他方式传输有更大的优越性。

MMDS是一种无线传输系统，用于远离城市的偏远地区，主要用于集体接收，可以作为有线电视的一种补充手段。

(4)调幅微波链路(AML)系统。AML是一种无线传输系统，由发射站和接收点两部分组成。发射站由信号源、混合器和AML微波发射机组成。信号源可以是开路电视信号、有线电视信号或卫星广播电视信号。信号源信号经混合后，上变频到Ku波段，经AML发射机发射。

AMI系统由微波定向天线定向发射电视信号，最多可同时传送50套左右的电视节目，传输距离可达15～50 km。

接收点由天线、低噪声放大器(LNA)和微波接收机组成。在微波接收机前，通常要接一个低噪声放大器，目的是提高系统的载噪比。微波接收机接收到信号后，与MMDS系统一样，下变频为V、U频道或增补频道，送入集体接收的前端，再经过用户的分支网络送到用户终端，供用户收看。

3. 有线电视系统安装

(1)系统中所用部件应具备防止电磁波辐射和电磁波侵入的屏蔽性能。室外使用的部件还应有良好的防潮、防雨和防霉措施。在盐雾、硫化物等污染区使用的部件，应具有抗腐蚀能力。

(2)部件安装应符合下列要求：

1)部件及其附件的安装应牢固、安全并便于测试、检修和更换。

2)应避免将部件安装在厨房、厕所、浴室、锅炉房等高温、潮湿或易受损伤的场所。

3)室内安装系统输出口用户面板时，其下沿距离地(楼)面高度应为0.3 m或1.5 m。

(3)前端设备应组装在结构坚固、防尘、散热良好的标准箱、柜或立架中。部件和设备在立架中应便于组装、更换。立架中应留有不少于两个频道部件的空余位置。固定的立柜、立架背面与侧面离墙面净距不应小于0.8 m。

(4)前端机房和演播控制室宜设置控制台。控制台正面与墙的净距不应小于1.2 m；侧面与墙或其他设备的净距，在主要通道不应小于1.5 m，在次要通道不应小于0.8 m。

(5)演播控制室、前端机房内的电缆敷设宜采用地槽。对改建工程或不宜设置地槽的机房，也可采用电缆槽或电缆架，并置于机架上方。采用电缆架敷设时，应按分出线顺序排列线位，并绘出电缆排列端面图。

(6)电缆(光缆)线路路由设计，应使线路短直、安全、稳定、可靠，便于维修、检测，并应使线路避开易受损场所，减少与其他管线等障碍物的交叉跨越。

(7)室外线路敷设方式宜符合下列要求：

1)当用户位置和数量比较稳定，要求电缆线路安全隐蔽时，可采用直埋电缆敷设方式。

2)当有可供利用的管道时，可采用管道电缆敷设方式，但不得与电力电缆共管敷设。

3)对下列情况可采用架空电缆敷设方式：

①不宜采用直埋或管道电缆敷设方式；

②用户的位置和数量变动较大，并需要扩充和调整；

③有可供利用的架空通信、电力杆路。

4)当有建筑物可供利用时，前端输出干线、支线和入户线的沿线，宜采用墙壁电缆敷设方式。

(8)电缆在室内敷设宜符合下列规定：

1)在新建或有内装修要求的已建建筑物内，可采用暗管敷设方式。对无内装修要求的已建建筑物，可采用线卡明敷方式。

2)不得将电缆与电力线同线槽、同出线盒、同连接箱安装。

3)明敷的电缆与明敷的电力线的间距不应小于 0.3 m。

(9)分配放大器、分支、分配器可安装在楼内的墙壁和吊顶上。当需要安装在室外时，应采取防雨措施，距地面不应小于 2 m。

(二)卫星电视接收系统

1. 卫星电视接收系统的组成

卫星电视接收系统由接收天线、高频头和卫星接收机三大部分组成，如图 4-60 所示。接收天线与高频头通常放置在室外，称为室外单元设备。卫星接收机与电视机相接，称为室内单元设备。

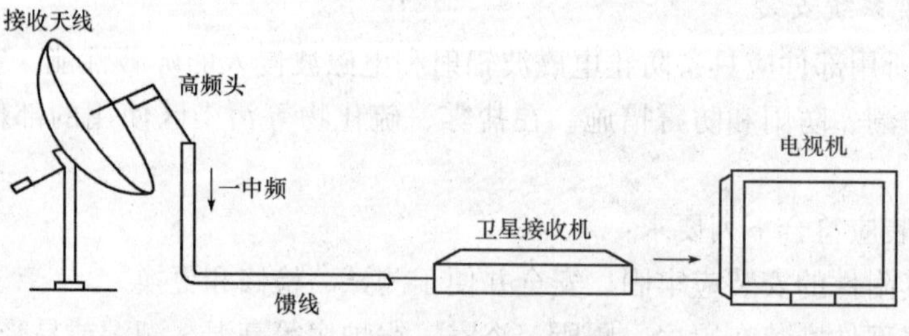

图 4-60　卫星电视接收系统的基本组成

2. 卫星接收天线

卫星接收天线的作用是将反射面内收集到的卫星电视信号聚焦到馈源口，形成适合波导传输的电磁波，送给高频头进行处理。卫星天线按其馈电方式不同分为两大类：抛物面天线(前馈式)和卡塞格伦(后馈式)天线。卫星天线的主要性能要求有高天线增益、宽频带特性、高机械强度、高旋转性能。

3. 高频头(LNB)和功分器

(1)高频头。高频头是灵敏度极高的高频放大变频电路。其作用是将卫星天线接收到的微弱信号进行放大，并且变频到 950～1 450 MHz 频段后放大输出。

(2)功分器。功分器的作用是把经过线性放大器放大后的第一中频信号(950～1 450 MHz)均等地分成若干路，以供多台卫星接收机接收多套电视节目，实现一个卫星天线能够同时接收几个电视节目或供多个用户使用。

功分器按分配的路数有二路、三路、四路等，故又称为二功分器、三功分器、四功分器。功分器与分配器不同，它的工作频率远高于分配器。

4. 卫星接收机

卫星电视信号经天线接收后送至高频头，经放大、变频后，输出标准的 950～1 450 MHz 信号，输入至卫星接收机的输入端。调谐器完成信号再放大、选台，并经变频后送模拟 QPSK 同步解调，输出 I、Q 信号。QPSK 解调器完成模拟 I、Q 信号 A/D(模拟/数字)转换，变成数字式 I、Q 信号，再经数字式 QPSK 解调和 FEC 滤波，还原出 MPEG 数据流信号。

解复用器完成 MPEG-2 数据流解包，分解出音频、视频、同步控制及其他数字信号。MPEG-2 解码器完成音、视频数字信号的解压缩、解码，还原出完整的图像及伴音数字信号。

视频数字解码器将数字图像信号编码，编制出模拟电视机能接收的视频信号。音频 D/A电路将音频数字信号经数字/模拟(D/A)变换器输出左、右(L、R)两路模拟伴音信号。

模拟或数字卫星接收机解出的图像信号和伴音信号，用调制器调制到 VHF、UHF 或增补频段的某一指定频道上，送入有线电视系统中，用户就可观看卫星电视节目了。

三、音频和视频通信系统

(一)电话通信系统

1. 电话通信系统的组成

电话通信系统由用户终端设备、电话传输系统和电话交换设备三大部分组成。

(1)用户终端设备：用来完成信号的发送和接收，设备主要有电话机、传真机及计算机终端等。

(2)电话传输系统：按传输媒介分为有线传输(电缆、光纤等)和无线传输(短波、微波中继、卫星通信等)。有线传输按传输信息工作方式又分为模拟传输和数字传输两种。模拟传输是将信息转换成与之相应大小的电流模拟量进行传输，普通电话是采用模拟语音信息传输。数字传输则是将信息按数字编码方式转换成数字信号进行传输，数字传输具有抗干扰能力强、保密性高及电路集成化等优点，程控电话交换是采用数字传输信息。

在有线传输的电话通信系统中，传输线路有用户线和中继线之分。用户线是指用户与交换机之间的线路。两台交换机之间的线路称为中继线。

(3)电话交换设备：现在广泛采用程控交换机作为电话交换设备。程控是指把计算机的存储程序控制技术应用到电话交换设备中。这种控制方式是预先把电话交换功能编制成相应的程序，并把这些程序和相关的数据都存入存储器内。当用户呼叫时，由处理机根据程序所发出的指令来控制交换机的运行，以完成接续功能。

电话交换机按其使用场合可分为两大类：一类是用于公用电话网的大型交换机，如市话交换机和长途交换机；另一类是企事业单位内部进行电话交换的专用交换机，通常又称为小总机或用户交换机。用户交换机一般容量不大，单位内部用户通话可不绕经市话局，减轻市话局的话务负荷，缩短了用户线的距离。

用户交换机有通用型和专用型之分，通用型用户交换机适用于以话音业务为主的单位；专用型交换机适用于各种不同特点的单位，如宾馆型交换机，有长途电话即时计费、留言、客房状态、请勿打扰、叫醒服务及综合话音等功能。此外，还有办公室自动化型、银行型及专网型等用户交换机。

2. 电话通信系统安装

电话通信系统安装一般包括数字程控用户交换机、配线架、交接箱、分线箱(盒)及传输线等设备器材安装。目前，用户交换机与市电信局连接的中继线一般均用光缆，建筑内的传输线用性能优良的双绞线电缆。

(1)程控用户交换机的安装。

1)程控用户交换机中继线数量应根据当地市内电话局的有关规定和市话中继话务量等因素确定，中继线数量宜按交换设备用户容量的10%考虑。

2)程控用户交换机进入市内电话局的中继线数设计宜符合下列规定：

①交换设备的容量在50门以内，中继线数在5对以下时，采用双向中继方式。

②交换设备的容量在50门及以上，中继线数大于5对时，采用单向中继或部分双向、部分单向混合的中继方式。

③交换设备的容量在500门以上，中继线数大于37对时，采用单向中继的方式。

(2)通信线缆安装。

1)建筑物内通信配线原则：

①建筑物内通信配线设计宜采用直接配线方式，当建筑物占地体型和单层面积较大时，可采用交接配线方式。

②建筑物内通信配线电缆应采用非填充型铜芯铝塑护套市内通信电缆(HYA)，或采用综合布线大对数铜芯对绞电缆。

③建筑物内光缆的规格、程式、型号应符合设计要求。

④建筑物内竖向(垂直)电缆配线管允许穿多根电缆，横向(水平)电缆配线管应一根电缆配线管穿放一条电缆。

⑤通信电缆不宜与用户线合穿一根电缆配线管，配线管内不得合穿其他非通信线缆。

2)建筑物内通信配线电缆。

①建筑物内交接箱(架)容量、上升配线电缆、分线箱(组线箱)容量应能满足终期信息通信的需要。

②通信配线电缆应根据楼层分线箱(组线箱)的安放方式和电缆上升方式，宜敷设多条普通 HYA 型 0.5 mm 线径的铜芯市话电缆，或敷设多条综合布线大对数铜芯电缆。

③建筑物内分线箱(组线箱)内接线模块(或接线条)宜采用普通卡接式或旋转卡接式接线模块。当采用综合布线时，分线箱(组线箱)内接线模块宜采用卡接式或 R145 快接式接线模块。

④建筑物内普通市话电缆芯线接续应采用扣式接线子，不得使用扭绞接续。电缆的外护套分接处接头封合以冷包为主，亦可采用热可缩套管。

3)建筑物内用户线。

①建筑物内普通用户线宜采用铜芯 0.5～0.6 mm 线径的对绞用户线，亦可采用铜芯 0.5 mm 线径的平行用户线。

②建筑物为居民住宅楼时，每户普通用户线不宜少于 2 对；建筑物为办公业务楼或综合楼时，每 5～20 m^2 办公工作区不宜少于 1 对普通用户线，或按用户要求设置。

③由电话分线箱、过路箱至电话出线口间的电话线路保护管，最小标称管径不小于 15 mm，最大标称管径不大于 25 mm。一根保护管最多布放 6 对电话线，当布放电话线多于 6 对时，应增加管路数量。

④有特殊屏蔽要求的电缆或电话线，应穿钢管敷设，并将钢管接地。

⑤暗装墙内的电话分线箱、过路箱，其安装高度宜为底边距地面 0.5～1.0 m。

⑥电话出线盒的安装高度，底边距地面宜为 0.3 m。

(二)扩音和音响系统

扩音和音响系统的基本功能是对声音进行处理、放大和重放。对声音重放的不同要求和不同场合决定了不同系统的组成。

1. 扩音和音响系统的类型

(1)按声源的性质分类，可分为语言系统和音乐系统。

(2)按工作环境分类，可分为室内系统和室外系统。

(3)按工作原理分类，可分为单声道、双声道和多声道声音处理。

(4)按能量分配方式分类，可分为集中输出系统、分区输出系统和混合输出系统等。

(5)按能量输出方式分类，可分为定压式输出和定阻抗输出。

2. 扩声和音响系统的组成

扩音和音响系统由信号源设备、信号的处理和放大设备及扬声器系统组成，如图 4-61 所示。

图 4-61　扩音和音响系统组成方框图

(1)信号源设备。信号源通常为需要加工处理的声音信号，它通过电声设备转换成系统能处理的电信号，如通过传声器(话筒)把声音信号转换成电信号，通过激光唱机和录音卡座把碟片和录音带上的音乐转换成电信号，通过 FM/AM 调谐器接收广播电台发送的无线广播信号。

(2)信号的处理和放大设备。这部分设备的基本任务是对信号进行放大——电压放大和功率放大，其次是对信号进行选择、加工。其用均衡器对信号进行频率分析，根据需要对某些频段的信号进行提升或衰减。调音台与前置放大器的作用和地位相似，它对信号进行选择、混合、补偿、分配等。其功能和性能指标比前置放大器更高。功率放大器则将前置放大器或调音台送来的信号进行功率放大，通过传输线传至扬声器放声。

(3)扬声器系统。扬声器是广播音响系统的终端，是声音的还原设备。扬声器的种类很多，使用时要根据播放信号的性质、环境要求、具体用途来选取。如公共广播系统使用的声柱、吸顶喇叭，歌舞厅音响系统使用的各种音箱等。

(三)视频会议系统

视频会议系统是一种互动式的多媒体通信。它利用图像处理技术、计算机技术及通信技术，进行点与点之间或多点之间双向视频、音频、数据等信息的实时通信。

视频会议系统是由视频会议终端(Video Confercing Terminals，VCT)、数字传输网络、多点控制单元(Multipoint Control Unit，MCU)等部分构成，如图 4-62 所示。

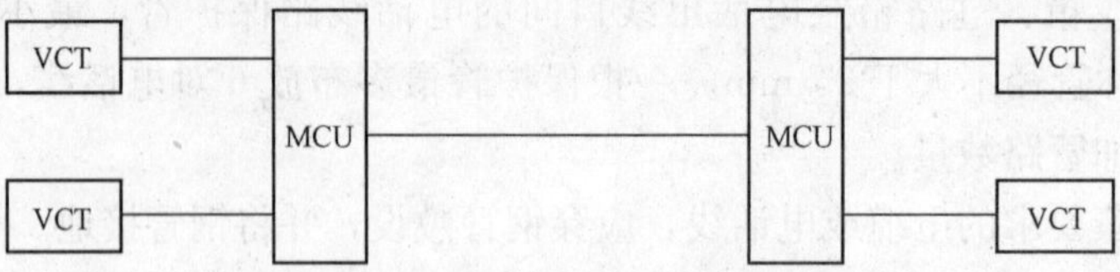

图 4-62　视频会议系统构成框图

视频会议终端设备 VCT 由视频/音频输入接口、视频/音频输出接口、视频编解码器、音频编解码器、附加信息终端设备以及系统控制复用设备、网络接口和信令等部分组成。终端设备主要完成会议电视的发送和接收任务，如图 4-63 所示。

图 4-63　视频会议终端设备示意图

一般情况下，VCT 具有：

(1)3～5 个视频输入接口，接入视频输入设备，包括摄像机、副摄像机、图文摄像机、计算机、电子白板、录像机等。

(2)2～4 个音频输入接口，接入音频输入设备，包括话筒、CD、卡座等。

(3)3～5 个视频输出接口，接入视频输出设备，包括监视器、大屏幕投影仪等。

(4)1～2 个音频输出接口，接入音频输出设备，包括耳机、扬声器等。

四、通信线路工程

通信线路工程包括通信线路的设计、施工和维护等。

(一)通信线路路由的确定

(1)选择线路路由应在线路规划的基础上充分研究分路敷设的可能(包括在道路两侧敷设的可能)，以满足基站接入的需要和线路网络的灵活性。

(2)通信线路路由应远离电蚀和化学腐蚀地带。

(3)选择地下、地上障碍物较少的街道。

(4)避免在已有规划而尚未定型，或虽已成型但土壤未沉实的道路上，以及流砂、翻浆地带修建线路。

(二)通信线路位置的确定

(1)宜敷设在人行道下。如不允许，可建在慢车道下，不宜建在快车道下。

(2)高等级公路的通信线路敷设位置选择依次是隔离带下、路肩和防护网以内。

(3)为便于电缆引上，线路位置宜与杆路同侧。

(4)通信线路中心线应平行于道路中心线或建筑红线。

(5)通信线路位置不宜敷设在埋深较大的其他管线附近。

(6)通信线路应尽量避免与燃气线路、高压电力电缆在道路同侧敷设，不可避免时，通信线路、通道与其他地下管线及建筑物间的最小净距(指线路外壁之间的距离)应符合相应的规定。

(7)通信线路与铁道及有轨电车道的交越角不宜小于60°。交越时，与道岔及回归线的距离不应小于3 m。与有轨电车道或电气铁道交越处如采用钢管，应有安全措施，其长度至少应伸出轨道边线2 m。

(8)人孔内不得有其他管线穿越。

(三)线路器材检验与安装

(1)核对单盘光、电缆的规格、程式和制造长度，应符合订货合同或设计要求。进行光、电缆的外观检查。

(2)填充型光、电缆应检查填充物是否饱满，填充物的物理特性应符合国家标准的规定；充气型光、电缆应检查气闭特性，气闭性能应符合有关规定。

(3)检查光纤色谱、电缆芯线色谱是否正确；确定光缆的端别，并做好标记。

(4)检查光缆出厂产品合格证和测试记录，审查光缆的几何、光学和传输特性，以及机械物理性能，应符合合同或设计要求。

(5)对光缆进行光纤长度、衰减测试，电气性能测试和气压维护。

(6)光缆金属护层对地绝缘电阻的测试(厂验)。

(四)线路施工

1. 路由复测

路由复测应以批准的施工图设计为依据。路由复测的主要内容有：

(1)复核路由的具体走向、敷设方式、环境条件以及接头点的具体位置。

(2)复测路由地面距离，核对施工图纸，统计各施工项目的工程量。

2. 配盘和接头处理

(1)配盘：根据路由复测资料计算出光缆敷设总长度以及光纤全程传输质量要求，选配单盘光缆。不同敷设方式及不同的环境温度，应根据设计规定选用相适应的光缆。

(2)光缆接头点：埋光缆接头应安排在地势平坦和地质稳固地点，应避开水塘、河流、沟渠及道路等。管道光缆接头应避开交通要道口。架空光缆接头应落在杆上或杆旁1 m左右。

3. 光、电缆敷设

(1)光、电缆敷设的一般规定：

1)光缆的弯曲半径不应小于光缆外径的15倍，施工过程中不应小于20倍。

2)布放光缆的牵引力不应超过光缆允许张力的 80%。瞬间最大牵引力不得超过光缆允许张力的 100%，主要牵引力应加在光缆的加强芯上，牵引端头与牵引索之间应加入转环。光缆布放完毕，应检查光纤是否良好，光缆端头应做密封防潮处理。

(2)管道光电缆敷设。敷设流程为准备材料、工具和设备—检查和安装人孔硬件—选择管道的管孔—通管道—穿放子管—确定牵引方案—牵引机具的装设—牵引光缆—挂光缆标牌及保护—人孔及端站光缆的安装—完成。

1)机械牵引敷设光缆。

①在施工环境较好的情况下，一般采用机械牵引方法敷设光缆。

②一次机械牵引敷设光缆的长度一般不超过 1 000 m，条件许可时中间应增加辅助牵引。

③受牵引的每个人孔、手孔处应安排人员值守，光缆人孔处、出孔处、转弯处等容易损伤光缆的受力点应采用防护措施。

2)人工敷设光缆。

①管道内缆线复杂，一般采用人工牵引方法敷设光缆。

②在每个人孔内安排 2～3 人进行人工牵引，中间人孔不得发生光缆扭曲现象。

3)气吹敷设光缆。硅芯管管道采用气吹法敷设光缆。气吹法敷设光缆时，一次性气吹光缆长度应依据硅芯管管道的质量确定，一般单盘光缆应由中间分别往两端进行气吹敷设。

(3)直埋光电缆敷设。其流程为准备材料、工具和设备—检查挖掘工具—挖沟—确定光缆的段长和配盘—填平沟底—布缆—小回填—设防护装置、铺放标志带、回填—埋设标石—完成。

1)光缆沟开挖。

①光缆沟开挖之前应首先处理光缆沟穿越障碍物，障碍处理可采用预埋管、顶管等方法，预埋管、顶管的深度应和光缆沟深度一致，设计要求另有规定的，应按设计规定。

②光缆沟的深度、沟底宽度应符合规定，沟底应平整无碎石；石质、半石质沟底应铺 10 cm 厚细土或砂土。

③经路由复测定线后，组织人员进行光缆沟的开挖，光缆沟开挖应从局端或直埋光缆的起点开始，并应以能敷设一盘光缆的长度单位同时进行，以利于光缆的敷设。

2)光缆敷设。直埋光缆敷设一般用机械牵引敷设和人工抬放敷设两种方法进行。机械牵引敷设光缆时，沿线应安装滑轮，防止光缆拖地。人工抬放敷设光缆时，光缆不得发生扭曲和小弯。光缆敷设后应按规定和要求对光缆金属护层进行对地绝缘测试，并及时处理绝缘障碍。

3)光缆沟回填。光缆敷设后应及时回填。光缆沟应先回填 30 cm 厚的碎土或细砂，严防石块、砖头、冻土等损伤光缆。松填的回填土应高出地面 10～20 cm；夯填的回填土应分层夯填。

(4)架空及墙壁光电缆敷设。

1)立电杆：通信杆路一般采用 9 m 以下的预应力水泥杆或木杆。杆距为 35～50 m。

2)安装拉线：杆路拉线有终端拉线、角杆拉线、撑杆拉线、高桩拉线、双方拉线、四方拉线。杆路拉线由拉线地锚、地锚铁柄、拉线、拉线衬环、双槽夹板等组成。

3)敷设吊线：吊线一般采用 7/2.2～7/3.0 的镀锌钢绞线，电缆挂钩一般由镀锌铁件或塑料件制作。吊线应采用机械方式进行紧固，吊线垂度、高度应符合规范要求。

4)架挂光缆：架空光缆的布放应通过滑轮牵引，牵引可采用机械牵引或人工牵引。吊挂式架空光缆应选用合适的挂钩，挂钩的间距为50 cm。光缆应当依据规范和设计要求在角杆等处有适当的预留，光缆接头应安排在电杆上或电杆附近。

(五)光、电缆接续及测试

1. 光缆接续

(1)开剥光缆，将光缆固定到接续盒内。注意不要伤到束管，开剥长度1 m左右，将油膏擦拭干净，将光缆穿入接续盒，固定钢丝时一定要压紧，以免造成光缆打滚折断纤芯。

(2)分纤，将光纤穿过热缩管。将不同束管、不同颜色的光纤分开，穿过热缩管。剥去涂覆层的光纤很脆弱，使用热缩管可以保护光纤熔接头。

(3)打开熔接机电源，采用预置的程式进行熔接，在使用中和使用后及时去除熔接机中的灰尘和光纤碎末。熔接前要根据系统使用的光纤和工作波长来选择合适的熔接程序。如没有特殊情况，一般都选用自动熔接程序。

(4)制作光纤端面。用专用的剥线钳剥去涂覆层，再用蘸酒精的清洁棉在裸纤上擦拭几次，用力要适度，然后用精密光纤切割刀切割光纤，对0.25 mm(外涂层)光纤，切割长度为8～16 mm；对0.9 mm(外涂层)光纤，切割长度只能是16 mm。

(5)放置光纤。将光纤放在熔接机的V形槽中，小心压上光纤压板和光纤夹具，根据光纤切割长度设置光纤在压板中的位置，关上防风罩，即可自动完成熔接。

(6)移出光纤，用加热炉加热热缩管。打开防风罩，把光纤从熔接机上取出，再将热缩管放在裸纤中心，放到加热炉中加热。

(7)盘纤固定。将接续好的光纤盘到光纤收容盘上。在盘纤时，盘圈的半径越大，弧度越大，整个线路的损耗越小。

(8)密封和挂起。野外接续盒要密封好，防止进水，因熔接盒进水后会出现部分光纤衰减增加。套上不锈钢挂钩并挂在吊线上。

2. 光缆测试

使用光功率计或光时域反射图示仪(OTDR)对光纤进行定量测量，测出光纤和接头的衰减，甚至可测出光纤的断点位置。

3. 电缆接续

电缆接续流程为拗正电缆—剖缆—编排线序—芯线接续前的测试—接续(包括模块直接、模块的芯线复接、扣式接线子的直接、扣式接线子的复接、扣式接线子的不中断复接)—接头封合。

4. 电缆测试

(1)用户线路测试分为电缆线对(间)、对地绝缘电阻、分线设备环路电阻。

(2)中继电缆线路测试分为近端串音衰减、对地绝缘电阻、环路电阻。

五、通信设备及线路工程计量

(一)通信工程计量规则

1. 通信设备

(1)开关电源设备、整流器、电子交流稳压器、市话组合电源、调压器、变换器、不间断电源设备区分种类、规格、型号、容量，按设计图示数量以“架(盘、台、套)”计算。

(2)无人值守电源设备系统联测、控制段内无人站电源设备与主控联测区分测试内容，按设计图示数量以“系统(站)”计算。

(3)单芯电源线区分规格、型号，按设计图示尺寸以中心线长度“m”计算；列内电源线按设计图示数量以“列”计算；电缆槽道、走线架、机架、框区分名称、规格、型号和方式，按设计图示尺寸以中心线长度“m”计算，或按设计图示数量以“架(个)”计算。

(4)列柜，电源分配柜、箱区分规格、型号，按设计图示数量以“架”计算；可控硅铃流发生器区分名称、型号，按设计图示数量以“台”计算；房柱抗震加固按设计图示数量以“处”计算；抗震机座按设计图示数量以“个”计算；保安配线箱区分类型、规格、型号和容量，按设计图示数量以“台”计算；配线架区分类型、规格、型号和容量，按设计图示数量以“架”计算；保安排、试线排区分名称、规格、型号，按设计图示数量以“块”计算；测量台、业务台、辅助台区分名称、规格、型号，按设计图示数量以“台”计算；列架、机台、事故照明、机房信号设备区分名称、规格、型号，按设计图示数量以“列(台、盘)”计算。

(5)设备电缆、软光纤区分名称、规格、型号、安装方式，或按设计图示尺寸以中心线长度“m”计算，或按设计图示数量以“条”计算。

(6)配线架跳线按设计图示数量以“条”计算；列内、列间信号线区分名称、规格、型号，按设计图示数量以“条”计算。

(7)电话交换设备，维护终端、打印机、话务台告警设备，程控车载集装箱，用户集线器设备，市话用户线硬件测试，区分名称、规格、型号等，按设计图示数量以“台(架、千线、箱)”计算。

(8)市话用户线硬件测试，中继线 PCM 系统硬件测试，长途硬件测试，市话用户线软件测试，中继线 PCM 系统软件测试，长途软件测试，按设计图示数量以“千线(系统、千路端)”计算。

(9)用户交换机，数字分配架/箱、光分配架/箱，传输设备，再生中继架、远供电源架、网络管理系统设备，本地维护终端设备，子网管理系统试运行、本地维护终端试运行、监控中心及子中心设备，光端机主/备用自动转换设备，数字公务设备，按设计图示数量以“台(套、站、架)”计算。

(10)数字公务系统运行试验，监控系统运行试验(PDH)，中继段、数字段光端调测，复用设备系统调测，光电调测中间站配合，复用器，光电转换器，光线路放大器，数字段中继站(光放站)光端对测，数字段端站(再生站)光端对测，调测波分复用网管系统，数字交叉连接设备(DXC)，基本子架(包括交叉控制等)、接口子架、接口盘，连通测试，数字数据网设备、调测数字数据网设备，系统打印机，数字(网络)终端单元，数字交叉连接设备，网管小型机、网管工作站，分组交换设备，调制解调器，按设计图示数量以“系统(架、站、套、端口)”计算。

(11)铁塔按设计图示数量以“t”计算。《房屋建筑与装饰工程工程量计算规范》(GB 50854—2013)铁塔架设，不含铁塔基础施工，应按《云南省房屋建筑与装饰工程消耗量定额》中相关项目编码列项。微波抛物面天线按设计图示数量以“副”计算；馈线按设计图示数量以“条”计算；分路系统按设计图示数量以“套”计算；微波设备、监控设备、辅助设备按设计图示数量以“套(部)”计算。

(12)数字段内中继段调测、数字段主通道(辅助通道)调测、数字段内波道倒换、两个上下话路站监控调测、配合终端测试、全电路主通道(辅助通道)调测、全电路主通道(辅助通道)上下话路站调测、全电路主控站集中监控性能调测、全电路次主站集中监控性能调测、稳定性能测试、一点多址数字微波通信设备、测试一点对多点信道机、系统联测、天馈线系统、高功放分系统设备、站地面公用设备分系统、电话分系统设备、电话分系统工程勤务ESC、电视分系统、低噪声放大器、监测控制分系统监控桌、监测控制分系统微机控制、地球站设备站内环测、地球站设备系统调测、小口径卫星地球站(VSAT)中心站高功放(HPA)设备、小口径卫星地球站(VSAT)中心站低噪声放大器设备、中心站(VSAT)公用设备(含监控设备)、中心站(VSAT)公务设备、控制中心站(VSAT)站内环测及全网系统对测、小口径卫星地球站(VSAT)端站设备,按设计图示数量以"系统(套、站)"计算。

2. 移动通信设备工程

(1)全向天线、定向天线、室内天线、卫星全球定位系统(GPS)天线区分规格、型号、塔高、部位,按设计图示数量以"副"计算。

(2)同轴电缆按规格、型号、部位,按设计图示数量以"条"计算,或按设计图示尺寸以中心线长度"m"计算。

(3)室外线缆走道区分种类、规格、方式,按设计图示尺寸以中心线长度"m"计算。

(4)避雷器,室内分布式天、馈线附属设备,馈线密封窗,基站天、馈线调测,分布式天、馈线系统调测,泄漏式电缆调测,基站设备,信道板,直放站设备,基站监控配线箱,GSM、CDMA和寻呼基站系统调测,自动寻呼终端设备,数据处理中心设备,人工台,短信、语音信箱设备,操作维护中心设备(OMC),基站控制器、编码器,调测基站控制、编码器,GSM定向天线基站及CDMA基站联网调测,寻呼基站联网调测,按设计图示数量以"个(条、架、站、套)"等计算。

3. 通信线路工程

(1)水泥管道、长途专用塑料管道区分规格、型号、孔数等,按设计图示尺寸以中心线长度"m"计算。

(2)通信电(光)缆通道区分类型、规格、混凝土强度标准,或按设计图示尺寸以中心线长度"m"计算,或按设计图示数量以"处"计算。

(3)微机控制地下定向钻孔敷管,装电杆附属装置,按设计图示数量以"处"计算。

(4)人工敷设塑料子管、架空吊线、光缆、电缆区分类型、规格等,按设计图示尺寸以中心线长度"m"计算。

(5)光缆接续按设计图示数量以"头"计算,光缆成端接头按设计图示数量以"芯"计算;光缆中继段测试按设计图示数量以"中继段"计算;电缆芯线接续、改接按设计图示数量以"百对"计算。

(6)堵塞成端套管、充油膏套管接续、封焊热可缩套管、包式塑料电缆套管、气闭头,按设计图示数量以"个"计算;电缆全程测试按设计图示数量以"百对"计算;进线室承托铁架按设计图示数量以"条"计算;托架按设计图示数量以"根"计算;进线室钢板防水窗口按设计图示数量以"处"计算。

(7)交接箱、分线箱(盒),告警器、传感器,水线地锚或永久标桩,按设计图示数量以"个"计算;交接间配线架按设计图示数量以"座"计算。

(8)充气设备按设计图示数量以“套”计算；电缆全程充气、排流线、埋式光缆对地绝缘检查及处理，按图示尺寸以中心线长度“m”计算；水底光缆标志牌按设计图示数量以“块”计算。

(9)其他相关问题，按下列规定处理：

1)破路面、管沟挖填、基底处理、混凝土管道敷设等工程，按《房屋建筑与装饰工程工程量计算规范》(GB 50854—2013)、《市政工程工程量计算规范》(GB 50857—2013)相关项目编码列项。

2)建筑与建筑群综合布线，应按《通用安装工程工程量计算规范》(GB 50856—2013)建筑智能化工程相关项目编码列项。

3)通信线路工程中蓄电池、太阳能电池、交直流配电屏、电源母线、接地棒(板)、地漆布、橡胶垫、塑料管道、钢管管道、通信电杆、电杆加固及保护、撑杆、拉线、消弧线、避雷针、接地装置，应按《通用安装工程工程量计算规范》(GB 50856—2013)电气设备安装工程相关项目编码列项。

4)通信线路工程中发电机、发电机组，应按《通用安装工程工程量计算规范》(GB 50856—2013)机械设备工程相关项目编码列项。

5)除锈、刷漆等工程，应按《通用安装工程工程量计算规范》(GB 50856—2013)中刷油、防腐蚀、绝热工程相关项目编码列项。

(二)通信工程计量实例

某住宅共五层，层高 3.2 m，CATV 共用天线，线路放大器和分配器安装在第三层，各户用射频线 SYV-75-9 连接，穿 PVC15 管暗敷，用户 TV 插座安装高度 0.4 m。电气平面图如图 4-64 所示，试计算相关项目的工程量。

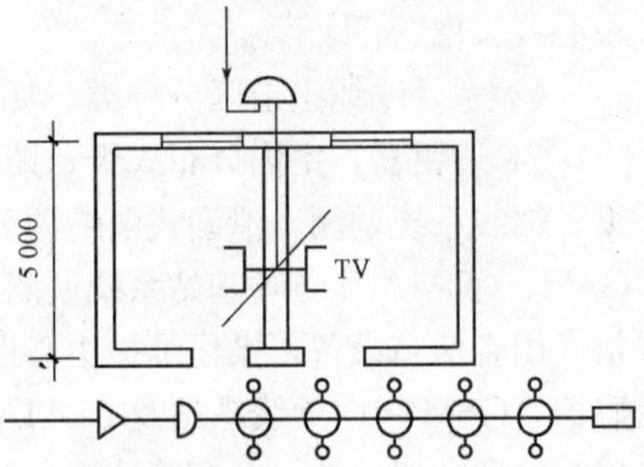

图 4-64　某住宅电气平面图

【解】 PVC15 管：3.2(层高)×4(层数)+0.4(顶层插座)+2.5(水平居中)×5(层数)+1.5(进建筑物)=27.2(m)

射频线：27.2×(1+2.5%)=27.88(m)

分部分项工程量清单见表 4-24。

表 4-24　分部分项工程量清单

序号	项目编码	项目名称	项目特征描述	单位	数量
1	031101098001	放大器	电视线路放大器安装、调试	站	1
2	031101097001	电视分系统	电视分系统安装、调试电源插座安装	系统	10
3	030502004001	电视插座	电视插座安装、电视插座盒暗装	个	10
4	031101097002	分配器	线路分配器	个	1
5	03041100500l	接线箱	放大器及分配器接线箱安装、制作、测试	个	1
6	031103006001	PVC15 管	PVC15 管暗敷	m	27.2
7	031101097003	二分支器	二分支器安装	个	5
8	030411006001	分支器暗盒	二分支器暗盒安装	个	5
9	031102004001	射频线 SYV-75-9	管穿射频线 SYV-75-9 布放	m	27.88
10	030411006002	接线盒	线路接线盒暗装	个	1

第九节 建筑智能化工程技术与计量

一、智能建筑系统

智能建筑系统是以建筑物为平台，兼备信息设施系统、信息化应用系统、建筑设备管理系统、公共安全系统等，集结构、系统、服务、管理及其优化组合为一体，向人们提供安全、高效、便捷、节能、环保、健康的建筑环境。

1. 智能建筑系统构成

智能建筑系统由上层的智能建筑系统集成中心(SIC)和下层的3个智能化子系统构成。智能化子系统包括楼宇自动化系统(BAS)、通信自动化系统(CAS)和办公自动化系统(OAS)。BAS、CAS和OAS三个子系统通过综合布线系统(PDS)连接成一个完整的智能化系统，由SIC统一监管，其组成与功能如图4-65所示。

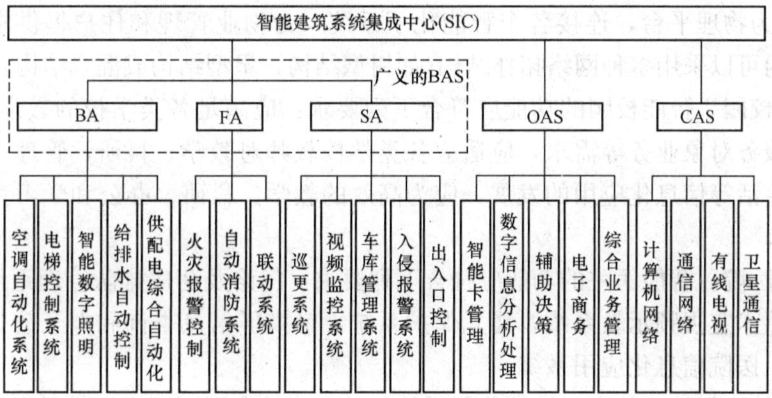

图4-65 智能建筑系统构成

SIC应具有各个智能化系统信息汇集和各类信息综合管理的功能，汇集建筑物内外各类信息，接口界面标准化、规范化，以实现各子系统之间的信息交换及通信；对建筑物各个子系统进行综合管理；对建筑物内的信息进行实时处理，并且具有很强的信息处理及信息通信能力。

PDS是建筑物或建筑群内部之间的传输网络。它能使建筑物或建筑群内部的电话、电视、计算机、办公自动化设备、通信网络设备、各种测控设备以及信息家电等设备之间彼此相连，并能接入外部公共通信网络。在综合布线系统中，可以传输多种信号，包括语音、数据、视频、监控等信号。

2. 智能建筑服务功能

从用户服务功能角度看，智能建筑可提供三大方面的服务功能，即安全功能、舒适功能和便利高效功能，见表4-25。

表 4-25　智能建筑的三大服务功能

安全性方面	舒适性方面	便捷性方面
火灾自动报警	空调监控	综合布线
自动喷淋灭火	供热监控	用户程控交换机
防盗报警	给排水监控	VSAT 卫星通信
闭路电视监控	供配电监控	办公自动化
保安巡更	卫星电缆电视	Internet
电梯运行控制	背景音乐	宽带接入
出入控制	装饰照明	物业管理
应急照明	视频点播	一卡通

3. 智能建筑种类

(1)智能住宅小区。智能住宅小区基本功能有：一是社区安全防范系统，二是社区物业服务与管理系统，三是宽带多媒体信息服务，四是家居智能化系统。

居住区智能化是以信息传输通道(可采用宽带接入网、现场总线、有线电视网、电话网与家庭网等)为物理平台，连接各个智能化子系统，为物业管理和住户提供多种功能的服务。居住区内可以采用多种网络拓扑结构(如树型结构、星型结构或混合结构)。

(2)智能校园。智能校园的功能应符合下列要求：应满足各类学校的教学性质、规模、管理方式和服务对象业务等需求，应适应各类学校教师对教学、科研、管理以及学生对学习、科研和生活等信息化应用的发展，应为高效的教学、科研、办公和学习环境提供基础保障。

(3)智能医院。智能医院的功能应符合下列要求：门诊及药房排队管理系统，病房呼叫对讲系统，手术室视频示教系统，婴儿保护系统，触摸屏信息查询和电子公告牌系统，医用探视系统，医院信息化应用系统。

(4)智能体育场馆。体育场馆智能化系统的功能应符合下列要求：满足运动员高水平发挥竞技能力的要求，满足比赛组织的要求，满足媒体报道的要求，满足现场观众的要求，满足场馆运营维护的要求。

(5)智能宾馆、酒店。宾馆、酒店的智能化技术可分为三大应用类别：直接面对客人提供优质服务的智能化技术，面对酒店管理者提供高质量经营管理手段的智能化技术，面对酒店经营成本提供高质量管理手段的智能化技术。

(6)智能办公写字楼。智能办公写字楼的功能应符合下列要求：适应办公建筑物办公业务信息化应用的需求，具备高效办公环境的基础保障，满足对各类现代办公建筑的信息化管理需求。

行政办公写字楼智能化系统主要包括：综合楼宇信息集成管理系统、政府政务网办公系统及计算机网络系统、建筑设备自动化管理系统、结构化布线系统、多功能电子会议室系统、视频会议系统、消防自动化系统、综合安保管理系统、公共信息发布系统等。

二、楼宇自动化系统

楼宇自动化系统(BAS)是一套采用计算机、网络通信和自动控制技术，对建筑物中的设备、安保和消防进行自动化监控管理的中央监控系统。该系统通过对建筑物内的各种设备、安保和消防实行综合自动化管理以达到舒适、安全、可靠、经济和节能的目的，为用户提供良好的工作和生活环境，并使系统中的各个设备、安保和消防经常处于最佳运行状态，从而保证系统运行的经济性和管理的智能化。

根据我国行业标准，楼宇自动化系统(BAS)可分为设备运行管理与监控子系统(BA)、消防(FA)子系统和安全防范(SA)子系统。一般情况下，消防(FA)子系统和安全防范(SA)子系统宜纳入BAS考虑，但由于消防与安全防范系统的行业管理特殊性，大多数的做法是把消防与安全防范系统独立设置，同时与BAS监控中心建立通信联系，以便灾情发生时，能够按照约定实现操作转移，进行一体化的协调控制。

楼宇自动化系统(BAS)包括供配电、照明、给排水、暖通空调、电梯、安全防范、消防、车库管理等监控子系统，现分述如下。

1. 供配电监控系统

供配电监控系统的主要功能是保证建筑物安全可靠地供电，主要是对各级开关设备的状态，主要回路的电流、电压，变压器的温度以及发电机运行状态进行监测。在保障安全可靠供电的基础上，系统还可包括用电计量、各户用电费用分析计算、用电高峰期对次要回路的限制供电控制等功能。

2. 照明监控系统

照明监控系统主要是对门厅、走廊、庭院和停车场等处照明的按顺序启/停控制、对照明回路的分组控制、用电过大时自动切断以及对厅堂、办公室等地的无人熄灯控制等。这些控制可以通过计算机设定启/停时间表、值班人员远动等方式来进行，也可以采用门锁、红外线等方式探测是否无人，从而自动熄灭。

3. 给排水监控系统

给排水监控系统的监控目标是保证建筑物的给排水系统的正常运行，基本功能是对各给水泵、排水泵、污水泵及饮用水泵的运行状态及故障情况进行监测，对各种水箱及污水池的水位、给水系统压力、流量进行监测以及根据这些水位及压力状态，启/停相应的水泵。

4. 暖通空调监控系统

通过对大楼环境温湿度的监测，对冷冻机组、空调机组及水泵等设备状态的监控，实现对空调系统所需冷热源的温度、流量等的自动调节。暖通空调监控系统功能为：设备最佳启/停控制、空调及制冷机的节能优化控制、设备运行周期控制、电力负荷控制、蓄冷系统优化控制等。

5. 电梯监控系统

电梯一般都带有完备的控制装置，但需要将这些控制装置与楼宇自动化系统相连并实现它们之间的数据通信，使管理中心能够随时掌握各个电梯的工作状况；有多部电梯时，进行群控优化，并在火灾、非法入侵等特殊场合对电梯的运行进行直接的管理控制。电梯监控系统宜具有下列功能：电梯(自动扶梯)运行状态监视、故障检测与报警、电梯群控制管理、电梯的时间程序控制、与消防信号及保安信号的连锁控制。

6. 保安监控系统

保安监控系统一般包括如下内容：

(1)出入口控制系统：将门禁开关、电子锁或读卡机等装置安装于进入建筑物或主要管理区的出入口，从而对这些通道进行出入对象控制或时间控制。

(2)防盗报警系统：将由红外或微波技术构成的运动信号探测器安装于一些无人值守的部位，当发现监视区出现移动物体时，即发出信号通知控制中心。

(3)闭路电视监视系统：将摄像机装于需要监视控制的区域，通过电缆将图像传至控制中心，使中心可以随时监视各监控区域的现场状态。计算机技术还可进一步对这些图像进行分析，从而辨别出运行物体、火焰、烟及其他异常状态，并报警及自动录像。

(4)保安人员巡逻管理系统：指定保安人员的巡逻路线，在路径上设巡视开关或读卡机，使计算机可确认保安人员是否按顺序在指定路线下巡逻，以保证保安人员的安全。

7. 消防监控系统

消防监控系统是一个相对独立的系统，由火灾报警、水喷淋、送风与排烟、消防通信与紧急广播等子系统组成，传递火灾报警系统的各种状态和报警信息。消防监控系统主要由火灾自动报警系统和消防联动控制两部分构成。

8. BAS 的集中管理协调

在智能建筑中，各种系统在许多情况下需要相互协调。这些协调控制需要在 BAS 控制中心通过计算机和值班人员的相互配合来实现。

三、安全防范自动化系统

安全防范自动化系统包括防盗报警、电视监控、出入口控制、访客对讲、电子巡更等。

(一)防盗报警系统

防盗报警系统是用探测器对建筑内、外重要地点和区域进行布防。

1. 系统的组成

防盗报警系统的组成部分如图 4-66 所示。

图 4-66　防盗报警系统组成方框图

(1)探测器。探测器是用来探测入侵者移动或其他动作的电子和机械部件。探测器通常由传感器和信号处理器组成。有的探测器只有传感器而没有信号处理器。

传感器是一种物理量的转化装置，在入侵探测器中，传感器通常把压力、振动、声响、光强等物理量转换成易于处理的电量(电压、电流、电阻等)。

信号处理器的作用是把传感器转化成的电量进行放大、滤波、整形处理，使它成为一种合适的信号，能在系统的传输信道中顺利地传送，通常把这种信号称为探测电信号。

(2)信道。信道是探测电信号传送的通道，通常分为有线信道和无线信道。有线信道是指探测电信号通过双绞线、电话线、电缆或光缆向控制器或控制中心传输。无线信道则是将探测电信号先调制到专用的无线电频道，由发送天线发出，控制器或控制中心的无线接收机将空中的无线电波接收下来后，解调还原出控制报警信号。

(3)控制器。报警控制器由信号处理器和报警装置组成。报警信号处理器是对信号中传来的探测电信号进行处理，判断出电信号中"有"或"无"情况，并输出相应的判断信号。若探测电信号中含有入侵者的入侵信号，则信号处理器发出报警信号，报警装置发出声或光报警。反之，若探测电信号中无入侵者的入侵信号，则信号处理器送出"无情况"的信号，则报警器不发出声或光报警信号。智能型的控制器还能判断系统出现的故障，及时报告故障性质、位置等。

(4)控制中心(报警中心)。为了实现区域性的防范，可以把几个需要防范的小区联网到一个报警中心，各个区域报警电信号通过信道传到控制中心，同样，控制中心的指令也能回送到各个区域。

2. 常用入侵探测器

入侵探测器按防范的范围可分为点型、直线型、面型和空间型。对入侵探测器的要求为：应有防拆和防破坏保护，应有抗小动物干扰的能力，应有抗外界干扰的能力。

(1)点型入侵探测器。点型入侵探测器是指警戒范围仅是一个点的报警器。如门、窗、柜台、保险柜等这些警戒的范围仅是某一特定部位。

1)开关入侵探测器。该类探测器由开关传感器与相关的电路组成，其中，干簧继电器是门、窗等用得最多的控制元件。干簧继电器由干簧管和磁铁组成，将干簧管安装在固定不动的门框或窗框上，磁铁则可安装在活动的门扇和窗扇上。当门窗关闭时，磁铁和干簧管放置距离最近，触点闭合，不报警；门窗被打开时，磁铁和干簧管分离，使磁场减弱，干簧管触点断开，向外电路输出报警信号。

2)振动入侵探测器。该类探测器当入侵者进入设防区域时，引起地面、门窗等振动而发出报警信号。

①压电式振动入侵探测器。它是把压电传感器贴在物体上，当受到振动时，传感器相应的两电极上感应出电荷，形成一微弱的电位差，将此信号放大处理后，推动报警器。

②电动式振动入侵探测器。它是利用电磁感应的原理，将振动转换成线圈两端的感应电动势输出。电动传感器具有较高的灵敏度，输出电动势较高，不需要高增益放大器，而且电动传感器输出阻抗低，噪声干扰小。

(2)直线型入侵探测器。常见的直线型入侵探测器为主动红外入侵探测器、激光入侵探测器。探测器的发射机发射出一串红外光或激光，经反射或直接射到接收器上，如中间任意处被遮断，报警器即发出报警信号。

1)红外入侵探测器。

①被动红外入侵探测器。当被探测的目标入侵引起该区域红外辐射的变化，能够探测出这种红外辐射变化并进入报警状态的电子装置称为被动红外入侵探测器。被动红外入侵探测器的原理图如图 4-67 所示。

图 4-67 被动红外入侵探测器原理图

该类探测器的抗噪能力较强，噪声信号不会引起误报，一般用在背景不动或防范区域内无活动物体的场合。

②主动红外入侵探测器。主动红外入侵探测器的原理图如图 4-68 所示。

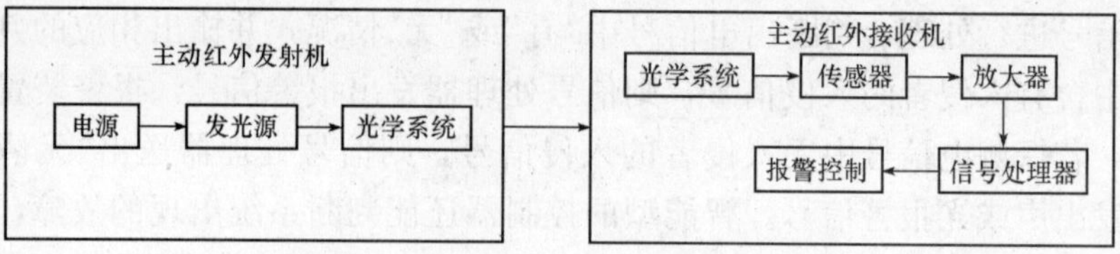

图 4-68　主动红外入侵探测器原理图

主动红外入侵探测器的发射机发出一束经调制的红外光束，被红外接收机接收，形成一条红外光束组成的警戒线。当被探测目标侵入该警戒线时，红外光束被部分或全部遮挡，接收机接收信号发生变化，经放大、处理后，发出报警信号。

主动红外入侵探测器体积小、质量轻，便于隐蔽，采用双光路的主动红外探测器可大大提高其抗噪防误报的能力。加之主动红外探测器寿命长、价格低、易调整，因此被广泛使用在安全技术防范工程中。

2)激光入侵探测器。激光与一般光源相比较，特点有：方向性好，亮度高；激光的单色性和相干性好；具有高亮度、高方向性。所以，激光入侵探测器十分适合远距离的线控报警装置。由于能量集中，可以在光路上加反射镜反射激光，围成光墙，从而用一套激光探测器可以封锁一个场地的四周，或封锁几个主要通道路口。

激光入侵探测器半导体激光器的波长采用红外线波段，处于不可见范围，便于隐蔽。激光探测器采用脉冲调制，抗干扰能力较强，其稳定性能好，一般不会有因机器本身产生的误报警，如果采用双光路系统，可靠性更会大大提高。

(3)面型入侵探测器。面型入侵探测器警戒范围为一个面，当警戒面上出现危害时，即能发生报警信号。电磁感应探测器更多地被用作面型报警探测器。如电场畸变探测器，当被探测的目标(人或车辆)侵入所防范的区域时，引起传感器线路周围电磁场分布的变化，它能响应这种畸变并进入报警状态。面型入侵探测器常用的有平行线电场畸变探测器、带孔同轴电缆电场畸变探测器。

(4)空间入侵探测器。空间入侵探测器是指警戒范围是一个空间的报警器。当这个警戒空间任意处的警戒状态被破坏，即发生报警信号。

1)声入侵探测器。它是常用的空间防范探测器。通常将探测说话、走路等声响的装置称为声控探测器。当探测物体被破坏(如打碎玻璃、凿墙、锯钢筋)时，发生固有声响的装置称为声发射探测器。

①声控探测器。声控探测器是用声传感器把声响信号变换成电信号，经前置音频放大，送到报警控制器，经功放、处理后发出报警信号。也可将报警控制器输出的报警信号经放大后推动喇叭和录音机，以便监听和录音，如图 4-69 所示。

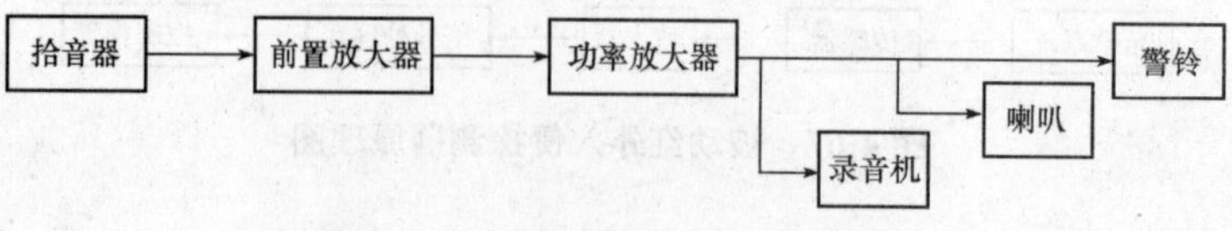

图 4-69　声控探测器报警原理框图

②声发射探测器。声发射探测器的声电传感器将声响信号变换成电信号，经带通放大器，使要监控的某一频带的声音信号获得更大的增益，然后经过处理，控制发出报警信号，如图 4-70 所示。

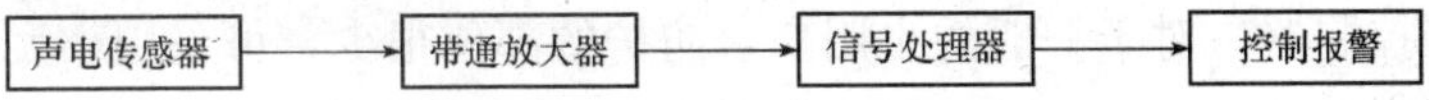

图 4-70　声发射探测器报警原理框图

2)次声探测器。次声探测器与声发射探测器原理不同的是，次声是频率很低的音频。声电传感器接收到的低频次声变换成低频电信号，低通滤波器滤去高频、中频音频信号，仅放大低频(次声电信号)，经处理后发出报警信号。次声探测器通常只用来作为室内的空间防范，如图 4-71 所示。

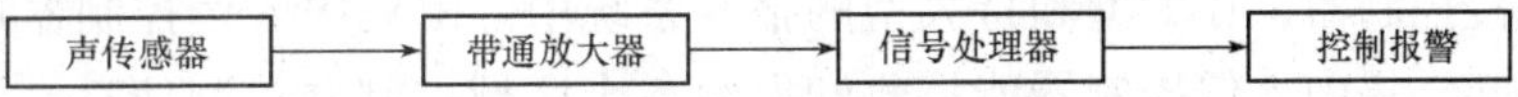

图 4-71　声发射探测器

3)其他探测器。

①超声波探测器。其利用多普勒效应，当目标在防范区域空间移动时，反射的超声波引起探测器报警。

②微波入侵探测器。微波是一种频率很高的无线电波，其波长很短，在 1～1 000 mm 之间，很容易被物体反射，利用这一原理，根据入射波和反射波的频率漂移，可探测出入侵物体的运动。

③视频运动探测器。其用摄像机作为探测器，监视所防范的空间，当有目标进入防范区域时，被监视的景物亮度发生变化，亮度的变化被转换成变化的电信号，经放大、处理后控制报警信号。

3. 入侵报警控制器

(1)入侵报警控制器的功能。

1)应能接收来自入侵探测器的报警信号，发出声光报警并能指示入侵发生的部位。

2)应有防破坏功能，当连接入侵探测器和控制器的传输线发生断路、短路或并接其他负载时，应能发出声、光报警信号。

3)能对控制的系统进行自检，检查系统各个部分的工作状态是否处于正常。

4)有较宽的电源适应范围。主电源的容量应保证在最大负载下连续工作 24 h 以上。

5)应有备用电源。备用电源应能满足系统要求，并连续工作 24 h。

6)应有较高的稳定性，在正常大气条件下连续工作 7 d，不出现误报、漏报。

7)应在额定电压和额定负载电流下进行警戒、报警、复位，循环 6 000 次，而不允许出现电路或机械故障，也不应有器件的损坏和触点粘连。

8)机壳应有门锁或锁控装置(两路以下例外)。

9)应能接收各种性能的报警输入，如：

①瞬时入侵：为入侵探测器提供瞬时入侵报警。

②紧急报警：接入按钮可提供 24 h 紧急呼救，不受电源开关影响，能保证昼夜工作。

③防拆报警：提供 24 h 防拆保护，不受电源开关影响，能保证昼夜工作。

④延时报警：实现 0～40 s 可调进入延迟和 100 s 固定外出延迟。

凡四路以上的防盗报警器，必须有①、②、③三种报警输入。

(2)入侵报警控制器的类型。

1)小型报警控制器。对于一般的小用户，防护的部位很少，可采用小型报警控制器。

2)区域入侵报警控制器。区域入侵报警控制器利用计算机技术，实现了输入信号的总线制。所有的探测器根据安置的地点，实现统一编码。探测器的地址码、信号以及供电由总线完成。每路输入总线上可挂接 128 个探测器。当任何部位发出报警信号后，能直接送到控制中心的 CPU，在报警显示板上，电发光二极管显示报警部位；同时，驱动声光报警电路，及时把报警信号送到外设通信接口，按原先存储的报警电话，向更高一级的报警中心或有关主管单位报警。

3)集中入侵控制器。在大型和特大型的报警系统中，由集中入侵控制器把多个区域控制器联系在一起。集中入侵控制器能接收和发给各个区域控制器控制信息，并能直接切换出任何一个区域控制器送来的声音和图像复核信号，用录像记录下来。由于集中入侵控制器能和多个区域控制器联网，因此具有更大的存储容量和更先进的联网功能。

4. 系统信号的传输

系统信号的传输就是把探测器中的探测电信号发送到控制器，进行处理、判别，确认“有”“无”入侵行为。探测电信号的传输通常有两种方法：有线传输和无线传输。

(1)有线传输。在小型防范区域内，探测器的电信号直接用双绞线送到入侵报警控制器。双绞线经常用来传送低频模拟信号和频率不高的开关信号。

当传输声音和图像复合信号时，常用音频屏蔽线和同轴电缆。在用同轴电缆传输图像和音频信号时，通常有两种方式：一种是一根电缆传送一路信号，这种方式电路简单、价格低廉，一般用于短距离的信号传输；另一种是在远距离传输中，一般选用一根电缆传送多路信号(如用 400 MHz 可送 24 路信号)。视频图像也可通过光缆进行传输，其特点是传输距离远、传输图像质量好、抗干扰、保密、体积小、质量轻、抗腐蚀、容易敷设，但造价较高。

(2)无线传输。探测器输出的探测电信号经过调制，用一定频率的无线电波向空间发送，由报警中心的控制器接收。而控制中心将接收信号分析处理后，发出报警信号并判断出报警部位。

(二)电视监控系统

电视监视系统是在重要的场所安装摄像机，保安人员在控制中心监视现场情况。监视系统接到示警信号后，能自动进行实时录像，供事后重放分析。电视监控系统一般由摄像、传输、控制、图像处理和显示四个部分组成，如图 4-72 所示。

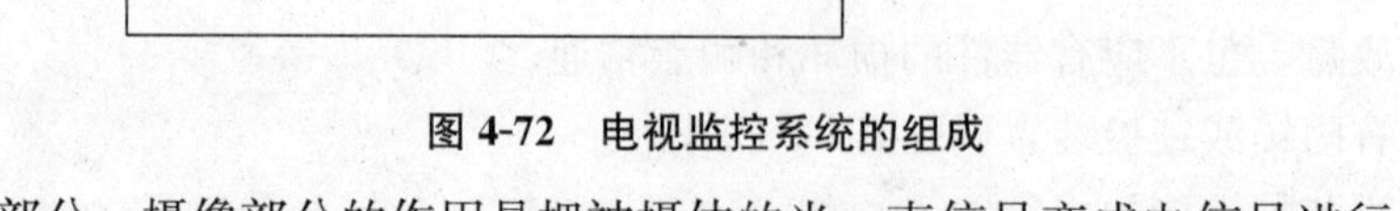

图 4-72　电视监控系统的组成

(1)摄像部分。摄像部分的作用是把被摄体的光、声信号变成电信号进行传送。摄像部分的核心是摄像机，它是光、电信号转换的主体设备。

(2)传输部分。传输部分的作用是将摄像机(现场)和中心机房进行信息交互，传输控制信号，以控制现场的云台和摄像机工作。控制信号传输方式有两种：基带传输和频带传输。

未经调制的视频信号为数字基带信号。近距离直接传送数字基带信号，即数字信号的基带传输。基带传输不需要调制、解调，设备花费少，传输距离一般不超过 2 km。频带传输，是用基带脉冲对载波波形的某些参量进行控制，使这些参量随基带脉冲变化，即调制。经过调制的信号称为已调信号。已调信号通过线路传输到接收端，然后经过解调恢复为原始基带脉冲。这种频带传输克服了许多长途电话线路不能直接传输基带信号的缺点，能实现多路复用的目的，提高了通信线路的利用率。通过借助频带传输，可以将链路容量分解成两个或更多的信道，每个信道携带不同的信号，即宽带传输。

控制信号直接传输常用多芯控制电缆对云台、摄像机进行多线制控制，也有通过双绞线采用编码方式进行控制的。

射频传输是将摄像机输出的图像信号经调制器调制到射频段来进行传输。射频是一种高频交流变化电磁波，高频传输线缆(射频线)信息源经过二次调制，用线缆传输到对端，对端用反调制将信息源还原后再应用，不管频率多低，都属射频传输方式。如果没有调制反调制过程，只是将信息源用线缆传送到对端直接使用，不管频率有多高，都是一般的有线传输方式。射频传输常用在同时传输多路图像信号而布线相对容易的场所。

微波传输是将摄像机输出的图像信号和对摄像机、云台的控制信号调制微波段，以无线发射的方式进行传输。微波传输常用在布线困难的场所。

光纤传输是将摄像机输出的图像信号和对摄像机、云台的控制信号转换成光信号通过光纤进行传输，光纤传输的高质量、大容量、强抗干扰性、安全性是其他传输方式不可比拟的。

采用计算机局域网传输的方式是将图像信号与控制信号作为一个数据包，在局域网内的任何一台普通 PC 通过分控软件就能调看任何一台摄像机输出的图像，并对其进行控制。

(三)出入口控制系统

出入口控制系统一般是在大楼的入口处、档案室门、电梯等处安装出入控制装置，例如磁卡/IC 卡识别器或者密码键盘等。智能卡门禁系统如图 4-73 所示。

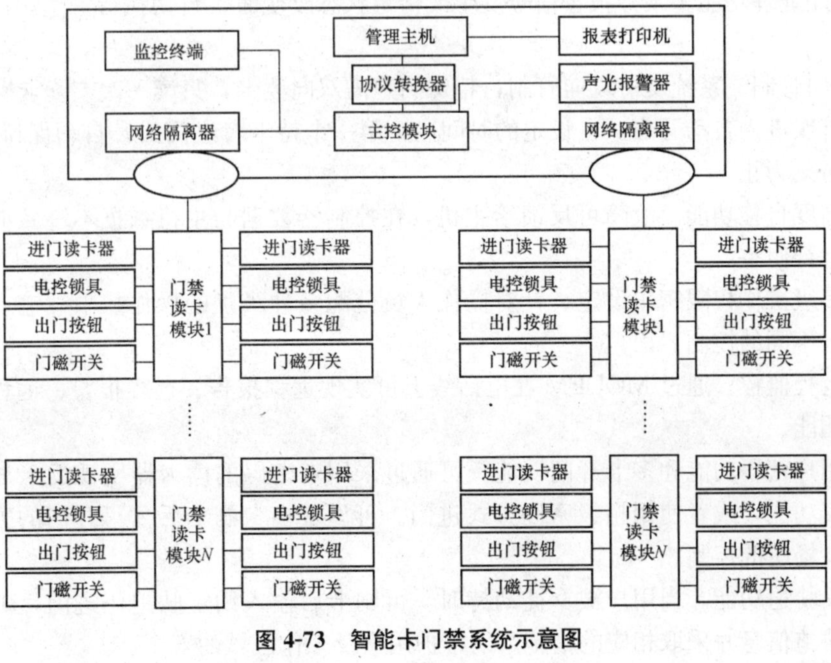

图 4-73　智能卡门禁系统示意图

1. 出入口控制系统组成

(1)开关。在需要监视和控制的出入口处，安装门磁开关、电控锁，也可以利用时间程序控制门的开/关。

(2)控制器。控制器可通过密码、指纹、卡数据信号等方式控制电控锁的开/关。卡数据信号可通过读卡器读取。密码方式由于不易记忆，所以在智能小区中用得较少。指纹、掌纹方式对系统性能要求较高，设备造价较高，也很少在小区中使用。智能卡不易被复制和伪造，具有高度安全性。同时，智能卡读卡机具有多种智能报警功能，所以智能卡控制的门禁系统广泛应用在智能小区中。

门禁系统一般由管理中心设备(控制软件、主控模块、协议转换器等)和前端设备(含门禁读卡模块、进/出门读卡器、电控锁、门磁开关及出门按钮)两大部分组成。

2. 系统功能

(1)基于计算机的编程。操作员依据权限进行各种操作，如开门/关门，查看被控区域门态、授权卡或删除卡等。

(2)卡片使用模式。系统可采用各种感应卡，每张卡具有唯一性，不可复制，保密性极高。

(3)出入等级控制。根据出入等级对卡片的使用时间、地点进行设定，对非法进入行为，系统会报警。

(4)实时监控功能。门的开/关状态、刷卡行为都可实时反映于控制室的计算机并记录。

(5)电子地图功能。支持地图管理功能，可任意编制各楼层平面图，并可在地图上实时监控各门的状态。

(6)记录存储功能。所有读卡资料均由计算机记录。脱机时门禁控制器能保持数据，断电时数据也能保持。

(7)时间程序管制。经设定，在不同时间区段自动执行相应的控制指令。

(8)顺序处理功能。某种报警信号发生或指定状态改变时，自动执行一连串的顺序控制指令。

(9)双向管制。系统支持双向管制，特殊门户需双向读卡，只读一次，读卡操作失效。

(10)首次进入自动开启。在设定的时间内，第一个持卡者进门后，自动保持开锁状态，直到设定时刻为止。

(11)高度自检功能。故障可反馈给主机，在控制器数据与主机数据不一致时，系统会提示是否进行修整。

(12)多级操作权限密码设定。针对操作人员分配多种级别的操作权限，输入不同的密码，可进入不同的控制界面。

(13)远程监控。通过 MODEM 在电话线上可实现远程报告、远程报警、远程设置和远程查询等功能。

(14)用户密码功能和多卡开门功能。可通过采用带密码的读卡器实现读卡加密码开门的双重保安功能，或者使用超级密码方式进门。可设置多卡刷卡后才可开门的方式，保证对高安全性场所的控制。

(15)反胁迫功能。当用户被歹徒劫持时，可刷卡后输入约定胁迫码进门，中心将能及时接收此胁迫信息并采取相应的措施，以维护用户及工作区域的安全。

(16)反潜回功能。在进/出均需读卡的系统中，不允许连续两次或两次以上的进或出的读卡行为，否则报警。

(17)联动控制。

1)与防盗系统联动：如门被强制打开或开门超时，可触发报警系统。

2)与消防系统联动：在发生火灾的情况下，火警信号将被传输到门禁主机的输入端，控制主机输出开锁指令，打开防火区安全门通道。

3)与电视监控系统联动：如门被强制打开或开门超时，自动启动相关电视监控系统，记录报警现场图像。

3. 系统网络结构

门禁控制系统是一种典型的集散型控制系统。系统网络由两部分组成：监视、控制的现场网络和信息管理、交换的上层网络。

监视、控制的现场网络是一种低速、实时的数据传输网络，采用传统的RS-485控制网络实现分散的控制设备、数据采集设备之间的通信连接。

信息管理、交换的上层网络由各相关的智能卡门禁工作站和服务器组成，完成各系统数据的高速交换和存储。

分布在门禁现场的门禁读卡器是一种现场数字控制器，完成对智能卡数据的识别，门禁读卡模块完成对现场通道的控制。门禁读卡器、门禁读卡模块可以脱离系统独立工作。门禁系统具有自检功能，发生故障时，管理中心以声、光信号提示并指示故障位置。

4. 系统硬件

(1)主控模块。主控模块是系统中央处理单元，连接各功能模块和控制装置，具有集中监视、管理、系统生成以及诊断等功能。

(2)网络隔离器。其功能为当某一子网出现故障时，不会影响其他网络工作。当网络线缆连接有断损时，系统提供报警信号，提示有线缆断损，应及时检修并具有网络抗雷击的功能。

(3)门禁读卡模块。门禁读卡模块是安装在现场的一个直接数字控制器。有的门禁读卡模块与现场读卡器安装在一起组成门禁机。

门禁读卡模块的数字输入接口连接现场读卡器，数字输出接口连接现场被控设备，如电控锁，消防、电视监控等设备。每个门禁读卡模块可连多台感应读卡器，控制多个门的开/关。一台感应读卡器占一个数字输入接口；如门禁管理系统只要求进门读卡时，一个门配置一个数字输入接口，如门禁管理系统要求进/出门读卡时，则一个门配置两个数字输入接口，同时配置两个继电器输出接口连接电控锁。

(4)门禁读卡器。门禁读卡器可以是一个读卡器或一个数字键盘，通过刷卡或输入密码控制开门。如果系统设置进/出门读卡，则在室内和室外都需要安装读卡器。

(5)门磁开关。门磁开关在系统中用来检测门的开/关状态。门磁开关与门禁读卡模块相连，其状态通过485总线传到中央控制器。

(6)专用电源。专用电源具有短路保护功能，配有备用电池，平时通过交流电源对电池进行悬浮充电。停电的情况下，备用电池自动投入，保证系统正常工作。

5. 身份确认技术

身份确认技术常用的有三类：人体生理特性识别，如对指纹、视网膜进行识别；代码识别，如身份证号码、开锁密码等；卡片识别，如磁卡、射频卡、IC卡、光卡。

采用生理特性进行身份确认具有很高的安全性。但是利用人体生理特性进行身份确认技术复杂，系统需要存储容量大，设备费用高，一般用在安防要求特高的场所。

代码识别技术主要用密码识别，利用密码开锁。因对密码的记忆有困难，所以也较少运用。

Mifare卡是非接触式IC卡，采用了无源(卡中无电源)和免接触技术，在智能小区中得到广泛应用。Mifare卡的特点：

(1)可靠性高。与读写器之间无接触，避免了由于接触读写而产生的各种故障。

(2)操作方便、快捷。读写器在一定距离就可对卡片进行操作，提高了使用速度。

(3)防冲突。卡中有快速防冲突机制，能防止卡片之间出现数据干扰，读写器可以同时处理多张非接触式IC卡。

(4)多用性。一卡多用，能应用于不同的系统。

(5)加密性能好。非接触式卡与读写器之间采用双向验证机制，验证合法性。

近年来出现的LEGIC卡，不论在性能、可靠性、技术的先进性上，都比Mifare卡有很大的提高，其性能见表4-26。

表4-26 LEGIC卡特性

序号	内容	LEGIC卡
1	卡片属性	多级授权，多层加密，安全可靠
2	感应距离	读卡距离远，可以选择8～15 cm或50～60 cm
3	数据分区	每个区可以在2～225字节自由分区，可按业主要求分成若干个区，各区大小可任意制定，能满足业主的不同要求，灵活方便
4	存储容量	可选256 B、1 024 B、4 096 B
5	读写可靠性	读写模块带有自校验，读写数据安全可靠，卡片晃动太快时，将不会强行读写，并且没有卡片正常接近的声音提示。直到卡片正常接近时，读写模块才会进行读写
6	防伪能力	卡和模块都必须经过授权，彼此能相互存储对方的信息，使用时需双方确认，故防伪能力强
7	验证方式	卡和模块双向多重验证
8	授权方式	多种级别授权，安全可靠
9	防冲撞能力	多张卡同时接近时，读写模块可强行终止读写，以避免误读
10	数据运算判断能力	数据残缺不全时，读写模块始终处于等待状态，不会录入任何数据。只有数据齐全时，才进行数据的处理
11	区域独立性	卡内分区可根据用户需要任意分成n个区，且除第一区以外的任意各区可自定义长度和内容，并且各区数据互不干涉，在同读写硬件和后台软件交易时，相互独立，可以说是真正的智能卡
12	一卡多用功能	卡内分区可根据用户需要任意分成n个区，即相当于n张卡，可相对独立地进行n次授权和做n种用途
13	安全措施	非接触IC卡和读写器之间进行三重双向鉴别，每个模块可以独立存储，并拥有独立的密钥，LEGIC拥有独特的加密方式，使用超级用户卡携带主密钥，发卡时，用其将有关数据下载到发卡系统中，方可开始发卡，每张IC卡密钥均相同。在卡片的使用过程中，每进行一次交易(读写卡一次)，IC卡都会自动生成新的密码，同时POS机自动将新的数据进行存放，IC卡数据也将再次更新加密。当再次交易时，读卡机内部系统将会重新校验IC卡的密钥，确保读卡的高度安全，能有效地防止IC卡被破译的可能性
14	抗干扰能力	卡和模块双向多重验证，抗干扰能力强
15	技术的先进性	与Mifare卡源自一家，但走的是高安全性的道路，如应用于国家安全部门、情报机关等军事部门，直到20世纪90年代开始用作民用，故技术先进

(四)访客对讲系统

访客对讲系统由对讲管理主机、大门口主机、门口主机、用户分机、电控门锁等相关设备组成。访客对讲系统分为可视、非可视、可视与非可视混合；单户型、单元型和联网型等类型。

(1)单户型。一般用在单独用户，如单体别墅。单户型访客对讲系统具有可视对讲或非可视对讲功能、遥控开锁功能。有的系统，住户还能通过住户电视观看来访者图像，通过电话遥控开锁。

(2)单元型。单元型可视或非可视对讲系统主机分直按式和拨号式两种。直按式的门口主机上直接按房间号即可接通住户。直按式容量较小，适用于多层住宅。数字拨号式的主机上有 0～9 数字键和相关的功能键。来访者通过数字、功能键实现与住户的联系。拨号式容量很大，能接几百个住户终端。这两种系统均采用总线布线方式，安装、调试简单。

(3)联网型。联网型的楼宇对讲系统是将小区门口主机、单元门口主机、用户分机以及小区的管理主机组网，实现集中管理。联网型的楼宇对讲系统如图 4-74 所示。

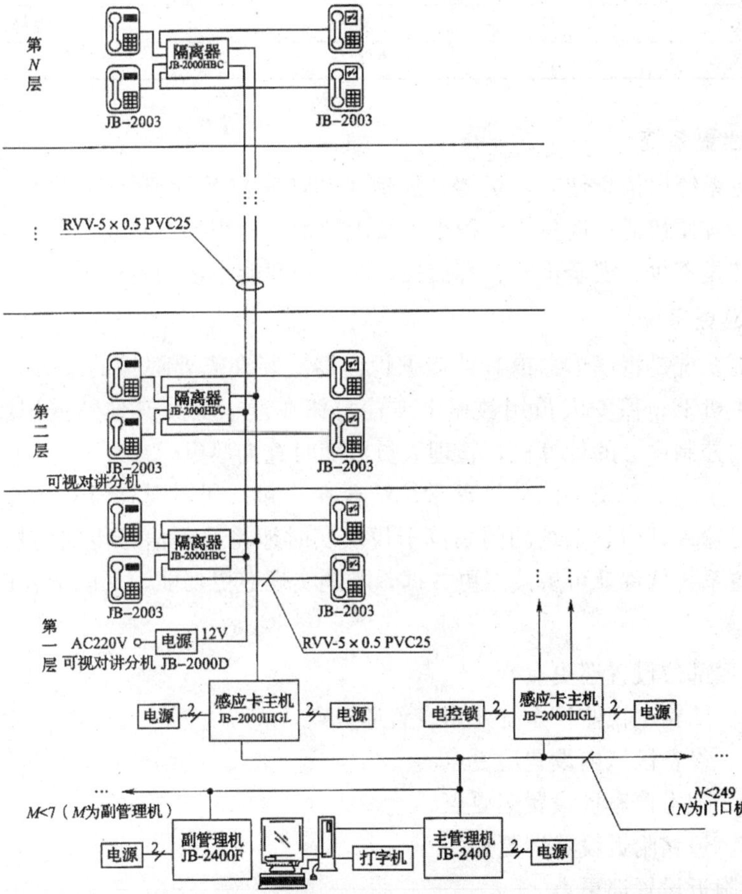

图 4-74　联网型的访客对讲系统示意图

(五)电子巡更系统

电子巡更系统是在规定的巡查路线上设置巡更开关或读卡器，要求保安人员在规定的时间内在规定的路线进行巡逻，保障保安人员的安全以及大楼的安全。

智能小区电子巡更系统应具有的功能为：实现巡更路线和时间的设定、修改；在小区重要部位及巡更路线上安装巡更点；中心可查阅、打印各巡更人员的到位时间及工作情况；巡更违规记录提示。

电子巡更系统一般分为有线巡更和离线巡更系统两种。有线巡更系统的特点是可以给巡更人员一种实时的保护。表 4-27 是有线巡更与离线巡更系统对比表。

表 4-27　有线巡更与离线巡更系统对比表

项目	有线巡更系统	离线巡更系统
中心控制站与巡更点通信方式	专线连接	无物理连接
对各巡更点信息读写	实时	非实时
更改巡更点设置	直接	间接
对巡更人员监督	实时	单圈巡逻后检查
对巡更人员保护	有	无
巡更点位置更换、调整	困难	容易
维护	复杂	容易
投资成本	较高	低

1. 离线电子巡更系统

离线电子巡更系统由信息钮、巡更棒、通信座和计算机及管理软件组成。离线电子巡更系统无须布线，方便快捷；巡更棒体积小，便于携带；巡更棒、信息钮为全不锈钢结构，耐酸、耐雨；系统投资少、安全可靠、寿命长，所以是智能小区的首选。

2. 有线电子巡更系统

有线电子巡更系统是将读卡器或其他数据识读器安装在需要巡检的地方，再用总线连接到控制中心的主机上。保安人员用数据卡或信息钮在读卡器或其他数据识读器上识读，相关信息实时传到控制中心的计算机，管理人员可随时查询巡更记录。

现在经常把电子巡更系统和门禁管理系统结合在一起，利用现有门禁系统的读卡器实现巡更信号的实时输入，门禁系统的门禁读卡模块实时地将巡更信号传到门禁控制中心的计算机，通过巡更系统软件就可解读巡更数据，既能实现巡更功能，又能节省造价。

3. 巡更点设置

(1)在小区重要部位设置巡更点。

(2)周界防范、闭路电视监控系统死角设置巡更点。

(3)重要设施、设备区域内设置巡更点。

(4)地下车库、地上停车场设置巡更点。

(5)主要通道、道路附近设置巡更点。

(6)安防中心附近设置巡更点。

四、火灾报警系统

(一)火灾报警系统的组成

火灾报警系统由三部分组成，即火灾探测部分、报警器和联动控制部分。

(1)火灾探测部分主要由探测器组成，是火灾自动报警系统的检测元件，它将火灾发生初期所产生的烟、热、光转变成电信号，送入报警系统。

(2)报警器将收到的报警电信号进行显示和传递，并对自动消防装置发出控制信号。

(3)联动控制部分由一系列控制系统组成，如报警、灭火、防排烟、广播、消防通信等。联动控制部分自身不能独立构成一个自动控制系统，它必须将来自火灾自动报警系统的火警数据经过分析处理后，方能发出相应的联动控制信号。

(二)火灾报警系统的设备

1. 火灾探测器

火灾探测器是火灾自动报警和自动灭火系统自动检测的触发器件。其基本功能是对火灾参量——气、烟、热、光等做出有效响应，并转化为电信号，提供给火灾报警控制器。

(1)火灾探测器的组成。火灾探测器通常由传感元件、电路、固定部件和外壳四部分组成。

1)传感元件。它的作用是将火灾燃烧的特征物理量转换成电信号。凡是对烟雾、温度、辐射光和气体浓度等敏感的传感元件都可使用。它是探测器的核心部分。

2)电路。它的作用是将传感元件转换所得的电信号进行放大并处理成火灾报警控制器所需要的信号。它通常由转换电路、抗干扰电路、保护电路、指示电路和接口电路等组成。

3)固定部件和外壳。其作用是将传感元件、电路印制板、接插件、确认灯和紧固件等部件有机地连成一体，保证一定的机械强度，达到规定的电气性能，以防止其所处环境如光源、阳光、灰尘、气流、高频电磁波等干扰和机械力的破坏。

(2)火灾探测器的类型。

1)按信息采集类型，分为感烟探测器、感温探测器、火焰探测器、特殊气体探测器；

2)按设备对现场信息采集原理，分为离子型探测器、光电型探测器、线型探测器；

3)按设备在现场的安装方式，分为点式探测器、缆式探测器、红外光束探测器；

4)按探测器与控制器的接线方式，分为总线制、多线制。总线制又分为编码的和非编码的，而编码的又分为电子编码和拨码开关编码，拨码开关编码又称拨码编码，它又分为二进制编码和三进制编码。

(3)火灾探测器的设置与布局。

1)探测区域内的每个房间至少应设置一只火灾探测器；

2)感烟、感温探测器的保护面积和保护半径应按表 4-28 确定。

表 4-28　感烟、感温探测器的保护面积和保护半径

火灾探测器的种类	地面面积 S/m^2	房间高度 h/m	一只探测器的保护面积 A 和保护半径 R					
			屋顶坡度					
			$\theta\leqslant15°$		$15°<\theta\leqslant30°$		$\theta>30°$	
			A/m^2	R/m	A/m^2	R/m	A/m^2	R/m
感烟探测器	$S\leqslant80$	$h\leqslant12$	80	6.7	80	7.2	80	8.0
	$S>80$	$6<h\leqslant12$	80	6.7	100	8.0	120	9.9
		$h\leqslant6$	60	5.8	80	7.2	100	9.0
感温探测器	$S\leqslant30$	$h\leqslant8$	30	4.4	30	4.9	30	5.5
	$S>30$	$h\leqslant8$	20	3.6	30	4.9	40	6.3

2. 火灾报警控制器

火灾报警控制器是能够为火灾探测器供电，并能接收、处理及传递探测点的火警电信号，发出声、光报警信号，同时显示及记录火灾发生的部位和时间，向联动控制器发出联动通信信号的报警控制装置。

3. 联动控制器

联动控制器除具有普通火灾控制器功能外，还具有以下功能。

(1)切断火灾发生区域的正常供电电源，接通消防电源。

(2)能启动消火栓灭火系统的消防泵状态；能启动自动喷水灭火系统的喷淋泵并显示状态。

(3)能打开雨淋灭火系统的控制阀，启动雨淋泵；能打开气体或化学灭火系统的容器阀，能在容器阀动作之前手动急停，并显示状态。

(4)能控制防火卷帘门的半降、全降；能控制平开防火门，显示所处的状态。

(5)能关闭空调送风系统的送风机；能开防排烟系统的排烟机、正压送风机，显示状态。

(6)能控制常用电梯，使其自动降至首层。

(7)能使受其控制的火灾应急广播投入使用；能使受其控制的应急照明系统投入工作。

(8)能使受其控制的疏散、诱导指示设备工作；能使与其连接的警报装置进入工作状态。

4. 火灾现场报警装置

(1)手动报警按钮。手动报警按钮是由现场人工确认火灾后，手动输入报警信号的装置。

(2)声、光报警器。火警时可发出声、光报警信号。其工作电压由外控电源提供，由联动控制器的配套执行器件(继电器盒、远程控制器或输出控制模块)中的控制继电器来控制。

(3)警笛、警铃。火警时可发出声报警信号(变调音)。同样，由联动控制器输出控制信号驱动现场的配套执行器件完成对警笛、警铃的控制。

5. 消防通信设备

(1)消防广播。

(2)消防专用电话。消防专用电话应为独立的消防通信网络系统。消防控制室应设置消防专用电话总机。重要场所应设置电话分机，分机应为免拨号式。

五、办公自动化系统

办公自动化(Office Automation，OA)的主要目的是把部门的指示有形化、实用化、制度化、系统化，充分利用组织的知识资源，通过协作和交流，简化员工工作，提高员工的办公效率和质量。

1. 办公自动化系统的概念

办公自动化是应用计算机技术、通信技术、系统科学、行为科学等先进的科学技术，使办公业务借助各种办公设备，与办公人员构成服务于某种目标的人机信息系统。

狭义的办公自动化指文字编辑和处理、文档管理和检索等办公事务处理。广义的办公自动化建立在管理信息系统基础上，包括决策支持系统功能。OA 的特征是：

(1)计算机技术、通信技术、系统科学、行为科学是办公自动化的四大支柱。以行为科学为主导，系统科学为理论基础，综合运用计算机技术及通信技术完成各项办公业务。

(2)办公自动化系统是人机信息系统。人和办公设备互相协调完成某一任务。信息是被加工处理的对象，是办公自动化的基础。办公设备是加工信息的手段或工具。办公人员是办公信息加工处理过程的设计者、操作者和信息成果的享用者。

(3)办公自动化的目标是降低办公人员劳动强度，提高办公质量和办公效率，提高决策的科学性和准确性。

(4)办公自动化包括语音、数据、图像和文字等信息的一体化处理。办公自动化系统的功能是信息采集、存储、加工、传递和辅助决策。语音、数据、图像和文字是办公信息的四种形式。

2. 办公自动化的支撑技术

(1)计算机技术：办公自动化系统数据的采集、存储和处理都依赖于计算机技术。

(2)通信技术：通信系统是办公自动化系统的神经系统。它完成信息的传递任务。

(3)系统科学：系统科学为办公自动化系统提供各种与决策有关的理论方法，完成定量结构分析、预测未来、政策评价等。

(4)行为科学：行为科学重点研究社会环境中个人和群体行为产生的原因及规律，以解释、说明、预测、引导、控制人的行为。在办公自动化系统设计中借鉴行为科学组织结构、组织设计、组织变革和发展中的理论与方法，以保证办公自动化系统的有效性。

3. 办公自动化系统的功能

办公自动化系统由收发文管理、外出人员管理、会议管理、领导活动安排、论坛管理、个人用户工作台等多个功能子系统组成。

(1)收发文管理：收发文管理主要负责公文的拟定、收发、审批、归档、查询、检索和打印等工作流的全过程处理。

(2)外出人员管理：外出人员管理主要是通过电子公告板方式实现对外出人员进行登记管理。

(3)会议管理：可实现网络远程实时会议控制，图文、影音在线传输。

(4)领导活动安排：对领导的工作和活动进行统一的协调和安排。

(5)论坛管理：主要负责对发布公开信息的管理，如信息分类、更新等。

(6)个人用户工作台：用于对个人工作进行管理，如安排日程、活动，存放资料等。

(7)电子邮件：电子邮件系统可完成信息共享、工作批阅流程、文档传递等功能。

(8)远程办公：当远离办公室或出差时，可通过远程计算机完成办公的功能。

(9)档案管理：对档案实现高速、实时的查询管理。

(10)综合信息：提供单位职工电话号码查询，增进沟通，提供法律、法规查询等。

(11)简报期刊：提供国内外主要报纸、杂志的查询和特定信息检索。

4. 办公自动化使用的设备

(1)计算机设备。计算机是办公自动化的关键设备，包括各种形式的大、中、小型机和微型机，各类文字、图形/图像处理工作站以及各类终端。

(2)文字处理设备。包括中英文电子打字机、文字处理机、复印机、制版机、胶印机、各类打印机和激光照排系统等。

(3)语音处理设备。包括各种电话如录音电话、可视电话、智能电话、移动电话等，语音识别及合成设备，语音输入/输出设备等。

(4)图形/图像处理设备。包括光学字符/中文阅读器、传真机、录像机、绘图机、光笔、数字化仪、鼠标器、摄像机等。

(5)数据传输及通信设备。包括调制解调器、长距离数据收发器、通信控制器、公用电话交换网、局域网、专用自动交换机、综合业务数字网(ISDN)和公用分组交换网等。

(6)信息存储设备。包括大容量的磁盘机、磁带机、光盘以及缩微文档处理设备等。

(7)其他机电办公工具。如电子黑板、点钞机、收款机等。

5. 办公自动化的层次结构

办公自动化系统按处理信息的功能划分为三个层次：事务型办公系统、信息管理型办公系统、决策支持型办公系统(即综合型办公系统)。

(1)事务型办公系统中，最为普遍的应用有文字处理、电子排版、电子表格处理、文件收发登录、电子文档管理、办公日程管理、人事管理、财务统计等。这些常用的办公事务处理的应用可做成应用软件包，包内的不同应用程序之间可以互相调用或共享数据，以提高办公事务处理的效率。

(2)信息管理型办公系统是把事务型(或业务型)办公系统和综合信息(数据库)紧密结合的一体化办公信息处理系统。该层次要求必须有供本单位各部门共享的综合数据库。这个数据库建立在事务级办公系统基础之上，构成信息管理型的办公系统。

(3)决策支持型办公系统建立在信息管理级办公系统的基础上。它使用由综合数据库系统所提供的信息，针对需要提出决策的问题，构造或选用决策数学模型，由计算机执行决策程序，做出相应的决策。

事务型和信息管理型办公系统是以数据库为基础的。决策支持型办公系统除需要数据库外，还要有其领域的专家系统，该系统可以模拟人类专家的决策过程来解决复杂的问题。

6. 办公自动化系统的特点

(1)集成化：软、硬件及网络产品的集成，人与系统的集成，单一办公系统同社会公众信息系统的集成。

(2)智能化：面向日常事务处理，辅助人们完成智能性劳动。

(3)多媒体化：包括对数字、文字、图像、声音和动画的综合处理。

(4)电子数据交换(EDI)：通过数据通信网，在计算机间进行交换和自动化处理。

六、综合布线系统

综合布线系统能使数据、语音、图像设备和交换设备相连接，也能与其他信息管理系统相连，并能使这些设备与外部通信网络相连接。综合布线系统包括传输介质、相关连接硬件(如配线架、连接器、插座、插头、适配器)以及电气保护设备等。

(一)综合布线系统的划分

一种划分是根据通信线路和接续设备的整体性及国际标准化组织/国际电工委员会标准《信息技术　用户建筑群的通用布缆》(ISO/IEC 11801—2002)，将其划分为建筑群主干布线子系统、建筑物主干布线子系统和水平布线子系统三部分，并规定工作区布线为非永久性部分，工程设计和施工也不涉及用户使用时临时连接的部分。

另一种划分根据通信线路和接续设备的分离及美国电子工业协会/美国通信工业协会商用建筑物布线标准 ANSI/EIA/TIA568A/B，把综合布线系统划分为建筑群子系统、干线(垂直)子系统、配线(水平)子系统、设备间子系统、管理子系统和工作区子系统共 6 个独立的子系统。

不管如何区分，综合布线的结构是开放性的，它由各个相对独立的部件组成，改变、增加或重组其中一些布线部件并不会影响其他子系统。

各个布线子系统可连接成图 4-75 所示的综合布线系统原理图。

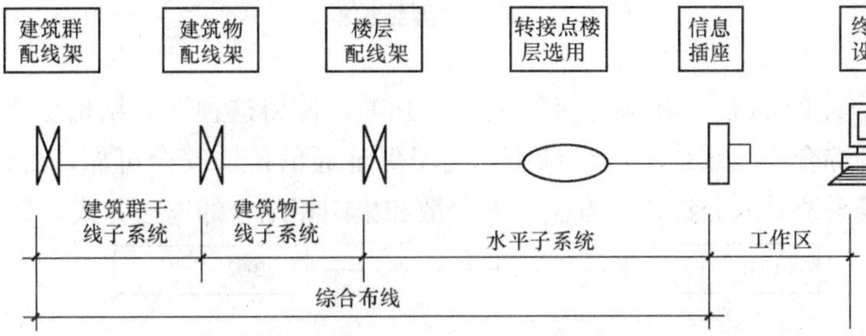

图 4-75　综合布线系统原理图

根据通信线路和接续设备的整体性，建筑群配线架(CD)属于建筑群主干布线子系统，建筑物配线架(BD)属于建筑物主干布线子系统，楼层配线架(FD)属于水平布线子系统。在综合布线系统中，应注意它们之间必须互相匹配、彼此衔接，技术性能、容量和装设位置都要求按照布线系统的需求，既要便于使用，又要有利于维护检修和日常管理。

根据通信线路和接续设备的分离，建筑群配线架(CD)、建筑物配线架(BD)和建筑物的网络设备属于设备间子系统，楼层配线架(FD)和建筑物楼层网络设备属于管理子系统。信息插座与终端设备之间的连线或信息插座通过适配器与终端设备之间的连线属于工作区子系统。

(二)综合布线系统的网络结构

综合布线系统最常用的是分级星型网络拓扑结构。对具体的综合布线系统，其子系统的种类和数量由建筑群或建筑物的相对位置、区域大小及信息插座的密度而定。两级星型网络结构单栋智能化建筑的综合布线系统如图 4-76 所示。

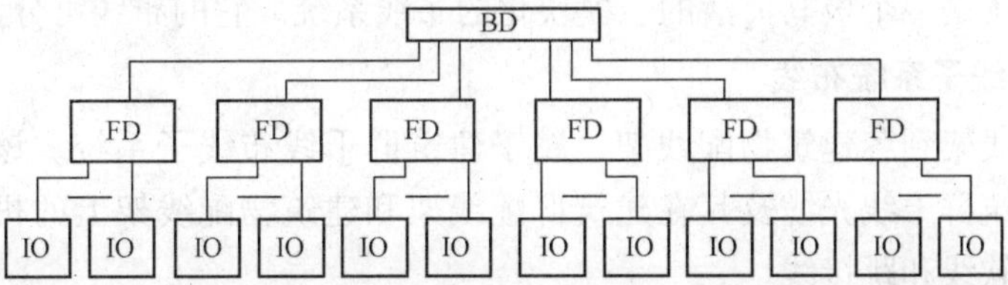

图 4-76　两级星型网络结构框图

在多栋智能化建筑构成的建筑群或智能化小区里，其综合布线系统的网络结构较复杂，通常在建筑群或智能化小区内设有中心机房，机房内设有建筑群配线架(CD)，其他每栋楼中还分别设有 BD 和 FD(小型楼座 BD 与 FD 合一)，构成三级星型结构。

为了使综合布线系统网络结构具有更高的灵活性和可靠性，且能适应今后多种应用系统的使用要求，也可以在两个层次的配线架(如 BD 或 FD)之间用电缆或光缆连接，构成分级(又称多级)有迂回路由的星型网络拓扑结构，如图 4-77 所示。

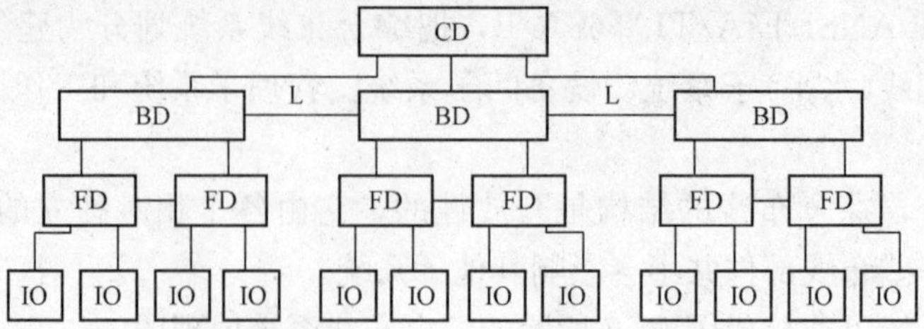

图 4-77　三级星型结构框图

图 4-77 中 BD 之间的 L 为互相连接的电缆或光缆，使得这种网络结构更为灵活、开放。

在有些重要的综合布线系统工程设计中，为了保证通信传输安全可靠，可以考虑增加冗余度，则综合布线系统采取分集连接方法，即分散和集中相结合的连接方式，如图 4-78 所示。

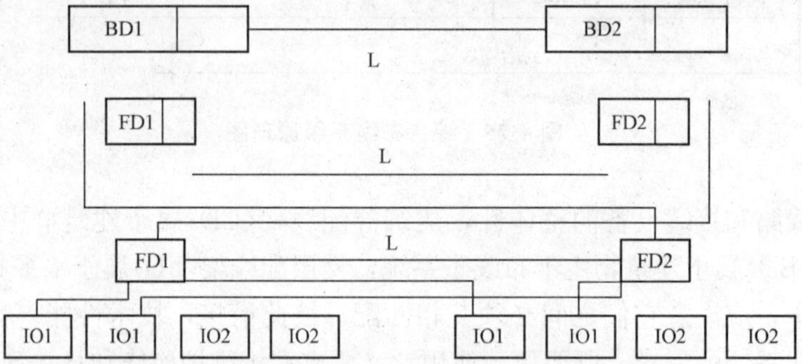

图 4-78　增加冗余量的网络结构图

引入 BD 的通信线路(电缆或光缆)设有两条路由，分别连接到两个建筑物主干布线子系统，与建筑物配线架相连接。根据网络结构和实际需要，可以在建筑物配线架之间(BD1 和 BD2)或楼层配线架之间(FD1 和 FD2)采用电缆或光缆互相连接，形成类似网状的形状。这种网络结构对于防止火灾等灾害或有特殊需求的用户具有保障作用。

(三)系统的综合布线

综合布线系统是一个极其灵活的、模块化的布线系统。它的布线可分为如下子系统。

1. 建筑群干线子系统布线

从建筑群配线架到各建筑物配线架，属于建筑群干线布线子系统。该子系统包括建筑群干线电缆、建筑群干线光缆及其在建筑群配线架和建筑物配线架上的机械终端与建筑群配线架上的接插软线和跳接线。

一般情况下，建筑群干线子系统宜采用光缆。语音传输有时也可以选用大对数电缆。建筑群干线电缆、建筑群干线光缆也可用来直接连接两个建筑物配线架。

2. 建筑物干线子系统布线

从建筑物配线架到各楼层配线架，属于建筑物干线布线子系统(有时也称垂直干线子系统)。该子系统包括建筑物干线电缆、建筑物干线光缆及其在建筑物配线架和楼层配线架上的机械终端与建筑物配线架上的接插软线和跳接线。建筑物干线电缆、建筑物干线光缆应直接端接到有关的楼层配线架，中间不应有转接点或接头。

3. 水平子系统布线

从楼层配线架到各信息插座，属于水平布线子系统。该子系统包括水平电缆、水平光缆及其在楼层配线架上的机械终端、接插软线和跳接线。

水平电缆、水平光缆一般直接连接到信息插座。必要时，楼层配线架和每个信息插座之间允许有一个转接点。进入与接出转接点的电缆线对或光纤应按 1∶1 连接，以保持对应关系。转接点处只包括无源连接硬件，应用设备不应在这里连接。

转接点处宜为永久性连接，不应作配线用。对包含多个工作区的区域，工作区划分有可能调整时，允许设置非永久性连接的转接点。这种转接点最多为 12 个工作区配线。

4. 工作区布线

工作区布线是用接插软线或通过适配器把终端设备连接到工作区的信息插座上。工作区布线随着应用系统的终端设备不同而改变。工作区电缆、工作区光缆的长度及传输特性应有一定的要求。若不符合这些要求，可能影响某些系统的应用。

(四)综合布线系统的部件

综合布线系统的部件通常由传输媒介、连接件和信息插座组成。

1. 传输媒介

综合布线系统常用的传输媒介有双绞线和光缆。

根据不同的场合、不同的需求，可以选用不同的传输媒介。表 4-29 给出了综合布线系统中推荐使用的传输媒介，以供参考。

表 4-29　综合布线各个子系统中推荐使用的传输媒介

子系统	传输媒介	说　明
水平布线	电缆	音频和数据
	光缆	数据
建筑物干线布线	电缆	音频和中低速数据
	光缆	中高速数据
建筑群干线布线	电缆	不需要宽带特性时(如用户交换机线路)，可用对称电缆
	光缆	多数情况采用光缆

(1)双绞线(双绞电缆)。双绞线是两根铜芯导线，其直径一般为 0.40～0.65 mm，常用的是 0.5 mm。它们各自包在彩色绝缘层内，按照规定的绞距互相扭绞成一对对绞线。扭绞的目的是使对外的电磁辐射和遭受外部的电磁干扰减到最小。

双绞线(双绞电缆)分为非屏蔽和屏蔽两种。

UTP 双绞电缆是无屏蔽层的非屏蔽线缆，由于它具有质量轻、体积小、弹性好和价格适宜等特点，所以使用较多。但其抗外界电磁干扰的性能较差，安装时因受牵拉和弯曲，易破坏其均衡绞距。

STP(每对芯线和电缆绕包铝箔、加铜编织网)、FTP(纵包铝箔)和 SFTP(纵包铝箔、加铜编织网)对绞电缆都是有屏蔽层的屏蔽缆线，具有防止外来电磁干扰和防止向外辐射的特性，但它们质量重、体积大、价格高和不易施工。在施工安装中要求完全屏蔽和正确接地，才能保证其特性效果。

因此，在决定是否采用屏蔽缆线时，应从智能化建筑的使用性质、所处的环境和今后发展等因素综合考虑。

(2)光缆。在综合布线系统中，按工作波长采用的光纤是 0.85 μm(0.8～0.9 μm)和 1.30 μm(1.25～1.35 μm)两种。

以光纤(MMF)纤芯直径考虑，推荐采用 50 μm/125 μm[光纤为《通信用多模光纤　第 1 部分：A1 类多模光纤特性》(GB/T 12357.1—2004)规定的 A1a 类]或 62.5 μm/125 μm[光纤为《通信用多模光纤　第 1 部分：A1 类多模光纤特性》(GB/T 12357.1—2004)规定的 A1b 类]两种类型的光纤。

在要求较高的场合，也可采用 8.3 μm/125 μm 突变型单模光纤(SMF)[光纤为《通信用单模光纤系列　第 1 部分：非色散位移单模光纤特性》(GB/T 9771.1—2008)规定的 B1.1 类]，一般以 62.5 μm/125 μm 渐变型增强多模光纤使用较多。因为它具有光耦合效率较高、纤芯直径较大、在施工安装时光纤对准要求不高、配备设备较少等优点，而且光缆在微小弯曲或较大弯曲时，其传输特性不会有太大的改变。

2. 连接件

连接件是综合布线系统中各种连接设备的统称，如图 4-79～图 4-81 所示。连接件在综合布线系统中按其使用功能划分，可分为：

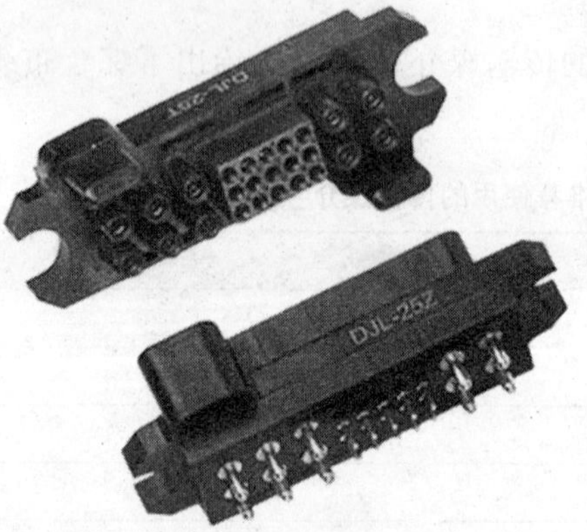

图 4-79　连接模块

图 4-80　配线架

(1)配线设备。如配线架(箱、柜)等。

(2)交接设备。如配线盘(交接间的交接设备)等。

(3)分线设备。如电缆分线盒、光纤分线盒等。

连接件不包括某些应用系统对综合布线系统用的连接硬件，也不包括有源或无源电子线路的中间转接器或其他器件(如局域网设备、终端匹配电阻、阻抗匹配变量器、滤波器和保护器件)等。连接件还有 100 Ω 的电缆布线用、150 Ω 的电缆布线用、光纤

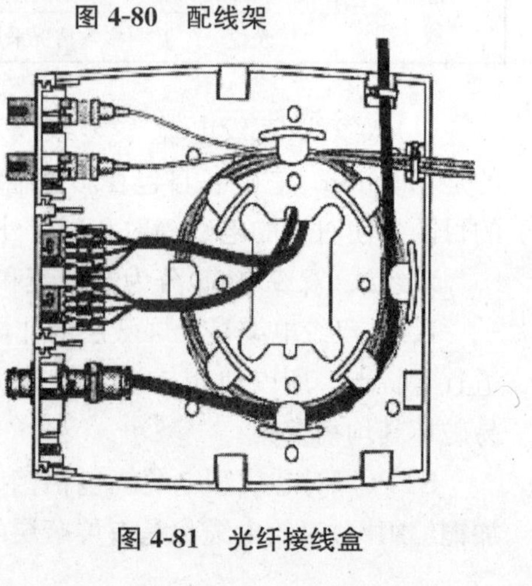

图 4-81　光纤接线盒

或光缆用(它们都包括通信引出端的连接硬件)几种，选用时要充分注意。

3. 信息插座

综合布线可采用不同类型的信息插座和插头的接插软线。这些信息插座和带有插头的接插软线相互兼容。如在工作区，用带有 8 针插头的接插软线一端插入工作区水平子系统的信息插座，另一端插入工作区设备接口。信息插座类型有：

(1)3 类信息插座模块。支持 16 Mb/s 信息传输，适合语音应用；8 位/8 针无锁模块，可装在配线架或接线盒内。

(2)5 类信息插座模块。支持 155 Mb/s 信息传输，适合语音、数据、视频应用；8 位/8 针无锁信息模块，可安装在配线架或接线盒内。

(3)超 5 类信息插座模块。支持 622 Mb/s 信息传输，适合语音、数据、视频应用；可安装在配线架或接线盒内。一旦装入，即被锁定。

(4)千兆位信息插座模块。支持 1 000 Mb/s 信息传输，适合语音、数据、视频应用；可装在接线盒或机柜式配线架内。

(5)光纤插座(Fiber Jack，FJ)模块。支持 1 000 Mb/s 信息传输，适合语音、数据、视频应用；凡能安装 RJ45 信息插座的地方，均可安装 FJ 型插座。

(6)多媒体信息插座。支持 100 Mb/s 信息传输，适合语音、数据、视频应用；可安装 RJ45 型插座或 SC、ST 和 MIC 型耦合器。

8 针模块化信息插座(IO)是为所有的综合布线推荐的标准信息插座。它的 8 针结构为单一信息插座配置提供了支持数据、语音、图像或三者的组合所需的灵活性。

(五)综合布线系统设计

综合布线系统采用模块化结构，按每个模块功能，通常分为 6 个部分：3 个布线子系统，水平、垂直和建筑群干线布线子系统；2 个管理区，设备间和楼层管理区；1 个工作区。布线子系统承担数据、语音、图像和控制等信号的传输，管理区完成对数据、图像等信号的存储、分配、交换和管理，工作区则完成布线网络与终端设备的信号交换。

1. 工作区子系统

综合布线工作区由终端设备(或终端设备通过适配器)及其连接到水平子系统信息插座的接插软线(或软线)等组成。工作区的终端设备可以是电话、微机，也可以是检测仪表、测量传感器、控制器或执行器等，如图 4-82 所示。

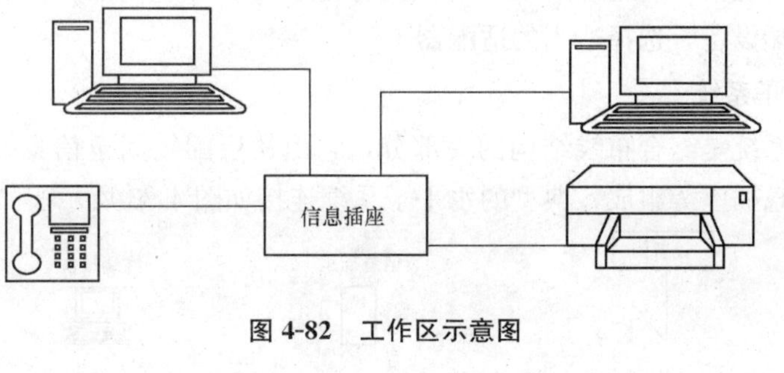

图 4-82 工作区示意图

工作区终端设备决定了工作区的信息插座和接插软线的性能，如终端设备是电话或楼宇控制系统中的传感器、控制器或执行器，因传输速度很低，则可选用支持低速率的信息插座和线缆；如终端设备是计算机或图形处理设备，则需选用支持高速率的信息插座和线缆；如终端设备是光接收机，则要选用光纤插座与光缆。

信息插座数量的设定通常与建筑物的功能有关，为了使综合布线工程设计系列化、具体化，可将综合布线分为基本型、增强型和综合型三个设计等级。在设计时，可以结合用户需求，选择适当的设计等级。

(1)基本型。其适用于综合布线中配置标准较低的场合，使用铜芯对绞电缆。

基本型综合布线配置如下：

1)每个工作区有 1 个信息插座(每 10 m^2 设 1 个信息插座)；

2)每个工作区的配线电缆为 1 条 4 对双绞电缆；

3)采用夹接式交接硬件；

4)每个工作区的干线电缆至少有 2 对双绞线。

(2)增强型。其适用于综合布线中中等配置标准的场合，使用铜芯对绞电缆。

增强型综合布线配置如下：

1)每个工作区有 2 个或 2 个以上信息插座(每 10 m^2 设 2 个信息插座)；

2)每个工作区的配线电缆为 2 条 4 对双绞电缆；

3)采用夹接式或插接交接硬件；

4)每个工作区的干线电缆至少有 3 对双绞线。

(3)综合型。其适用于综合布线中配置标准较高的场合，使用光缆和铜芯对绞电缆或混合电缆。综合型综合布线配置应在基本型和增强型综合布线的基础上增设光缆及相关连接硬件。信息插座数量的设定应根据建筑物近期和远期通信业务、计算机网络等需要，根据建筑物不同的功能分区，统一规划，而不能简单地选用上述基本型、增强型或综合型标准。

综合布线系统终端设备可以通过接插软线(或软线)与信息插座相连，如果终端设备的信号接口与标准信息插座(RJ45 插座)的尺寸或接线不符，则可以通过适配器与综合布线系统的标准信息插座相连。

适配器是一种使不同尺寸或不同类型的插头与信息插座相匹配，提供引线的重新排列，把电缆连接到应用系统的设备接口的器件。平衡/非平衡适配器是一种将电气信号由平衡转换为非平衡或由非平衡转换为平衡的器件。在综合布线中，通常指双绞电缆和同轴电缆之间的阻抗匹配。适配器目前还没有统一的国际标准，但各供应商的产品相互兼容。可以根据应用系统的终端设备，选择适当的适配器。

2. 水平布线子系统

水平布线子系统是综合布线结构的一部分，它由楼层配线间至信息插座的电缆或光缆和工作区用的信息插座等组成，典型的水平子系统连接如图 4-83 所示。

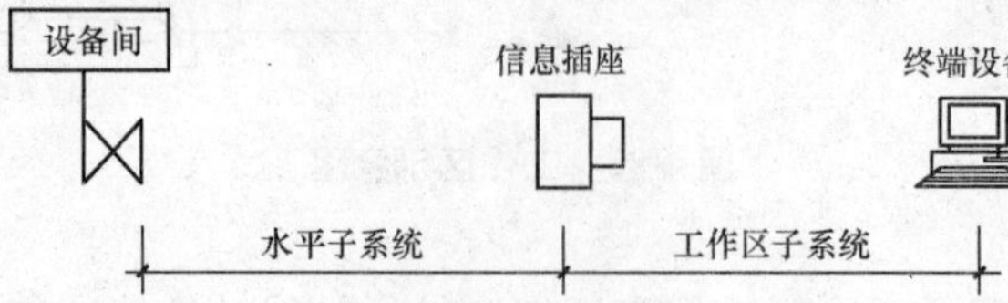

图 4-83　水平子系统与工作区子系统示意图

水平布线子系统的网络拓扑结构都为星型结构，它以楼层配线架为主节点，各个信息插座为分节点，二者之间采取独立的线路相互连接，形成以FD为中心向外辐射的星型线路网。这种网络拓扑结构的线路长度较短，有利于保证传输质量，降低工程造价和便于维护管理。

(1)水平布线子系统的线缆选择。水平布线子系统的线缆(光缆)主要是根据信息插座的数量与性能配置。选用水平布线子系统的线缆(光缆)时，应根据该楼层目前用户信息点的需要和扩展预留决定。

水平布线子系统的线缆(光缆)选择与信息插座的性能有关，表4-30给出了与信息插座相对应的线缆选择，供设计时参考。

表4-30　信息插座与布线线缆配用表

综合布线等级	传输速率	传输介质	信息插座	备　注
基本型	低速系统	三类双绞线	4针信息插座1个	在高速率系统时，传输介质也有采用光缆的
	高速系统	五类双绞线	8针信息插座1个	
增强型	低速系统	三类双绞线	4针信息插座2个	
	高速系统	五类双绞线	8针信息插座2个	
综合型	高速系统	五类双绞线和多模或单模光纤光缆	2个连接8芯插座或更多个信息插座	以光缆与铜芯双绞线混合组网

为了适应语音及监控设备的发展，语音及监控部分建议设计水平线缆时选用较高类型的电缆，以便于维护和扩充。

(2)水平子系统的线缆长度限制。水平电缆最大长度为90 m，这是楼层配线架到信息插座之间的电缆长度。另有10 m分配给工作区电缆、设备电缆、光缆和楼层配线架上的接插软线或跳线。其中，接插软线或跳线的长度不应超过5 m，且在整个建筑物内应与各子系统中线缆相一致。

在综合布线系统中，有的布线系统的水平布线不能直接与信息插座相连，而要通过另一点过渡，该点称为转接点。

转接点将水平布线延长至相应的信息插座，转接点也可紧靠终端设备，用很短的设备电缆与终端设备相连，再用很短的水平电缆连接其他信息插座，这样的重组能够保持水平布线的完整。在楼层配线架与信息插座之间设置转接点，最多转接一次。

如设置有非永久性连接的转接点，在转接点处允许用工作区电缆(设备电缆)直接连接到终端设备。这种转接点，到楼层配线架的电缆长度不应过短，至少15 m。

有转接点的水平布线通常用在工作区变化的场所，如果工作区变化过于频繁，则可以选用多终端信息插座，一边通过水平布线系统与楼层配线架相连，另一边通过多根软接线与多个终端设备相连，保证了系统的灵活性。

(3)确定水平布线系统的路由和布线方法。水平布线要根据建筑物的结构特点，从路由(线)最短、造价最低、施工方便和扩充简便等几个方面考虑。

水平系统布线并非一定是水平的布线，如配线间通常设在楼梯间的底层，从配线间的配线架到每户的用户终端(信息插座)的路由通常一部分为垂直布线，另一部分为水平布线；在一些单层跨距较小的楼座，配线间的配线架到最远的信息插座距离较短，通常将几层的信息插座合用一个配线架，则这些布线的一部分也将是垂直的，这些都属于水平布线。只要满足配线间的配线架到最远的信息插座距离小于 100 m 即可。

水平系统布线方法通常有三种：

1)先经吊顶内的电缆桥架再沿钢管(PVC 管)到信息插座；

2)直接经钢管(PVC 管)到信息插座；

3)用地面线槽沿钢管(PVC 管)到信息插座，或用地面线槽直接接信息插座。

(4)电缆长度确定。

1)根据最佳的水平布线方案，确认离楼层配线间距离最远的信息插座(IO)位置、最近的信息插座位置，并分别确定其电缆(光缆)的长度 B 与 C。

2)平均电缆长度为 $D=(B+C)/2$，即两根电缆路由的总长除以 2。

3)总电缆长度＝平均电缆长度＋备用部分(平均电缆长度的 10%)＋端接电缆长度(6 m)，每个楼层用线量的计算公式如下：

$$A=[0.55(B+C)+6]\times n \tag{4-35}$$

式中 A——每个楼层的用线量(m)；

B——最远的信息插座离配线间的距离；

C——最近的信息插座离配线间的距离；

n——每层信息插座的数量。

整栋楼的用线量(m)为：$W=\sum MA$ (M 为楼层数)。

4)点/箱线 E=305 m(每箱线长度)/D(平均电缆长度)。

5)线缆箱数 F=信息插座总点数/E(每箱线能连接信息插座的点数)。

3. 垂直干线子系统

垂直干线子系统由设备间到楼层配线架间配线架的连接线缆(光缆)组成。垂直干线子系统的布线应根据建筑物的结构特点布设，并非一定是垂直的布线，建筑配线间通常设在楼梯间的底层，从计算中心(控制中心)到住宅配线间的路由通常为水平方向。工厂内部的局域网布线，从计算机房到厂房配线间配线架的布线为水平方向，但属于垂直干线子系统。

垂直干线子系统中信息的交接最多只能两次，通过建筑物配线架完成建筑群与楼层配线架、设备间内信息设备与楼层配线架之间的交接。

垂直干线子系统布线走向应选择干线线缆最短、最安全和最经济的路由。通常通过建筑物内的弱电井的电缆桥架连接各楼层的配线架。

(1)垂直干线子系统的布线距离和布线数量。垂直干线子系统布线的距离与信息传输速率、信息编码技术，以及选用的线缆和相关连接硬件有关。垂直干线子系统布线的最大距离为：建筑群配线架(CD)到楼层配线架(FD)间的距离不应超过 2 000 m，建筑物配线架(BD)到楼层配线架(FD)的距离不应超过 500 m。

整座建筑物的布线数量是根据每层楼面积和布线密度来确定的。一般每 1 000 m^2 设一个电缆孔或电缆井，建立一条干线子系统信道较合适。如果布线密度很高，可适当增加干线子系统的信道。如果在给定楼层所要服务的所有终端设备都在配线间的 75 m 范围之内，则采用单干线接线系统。凡不符合这一要求的，则采用双通道干线子系统，或者采用经分支电缆与楼层配线间相连接的二级交接间。

根据不同的建筑类型和不同的建筑功能。在垂直干线子系统中通常采用以下四种类型的线缆：①100 Ω 双绞电缆；②150 Ω 双绞电缆；③8.3 μm/125 μm 单模光缆；④62.5 μm/125 μm 光缆。

在干线子系统中采用双绞电缆时，根据环境可选用非屏蔽双绞电缆或屏蔽双绞电缆。

采用 5 类双绞电缆时，传输速率超过 100 Mb/s 的高速应用系统，布线距离不宜超过 90 m，否则宜选用单模或多模光缆。传输率在 1 Mb/s 以下时，采用 5 类双绞电缆，布线距离可达 2 km 以上。采用 62.5 μm/125 μm 多模光纤，信息传输速率为 100 Mb/s 时，传输距离为 2 km。采用单模光缆时，传输最大距离可以延伸到 3 000 m。

把通信设备连接到建筑群配线架或建筑物配线架的设备电缆、设备光缆长度不宜超过 30 m。如果使用的设备电缆、设备光缆超过 30 m，干线电缆、干线光缆的长度值应相应减少。

垂直干线子系统电缆(光缆)的线缆总对数取决于布线系统的类型：

基本型的布线系统每个工作区可选定 2 对双绞电缆；

增强型的布线系统每个工作区可选定 3 对双绞电缆和 0.2 芯光纤；

综合型的布线系统每个工作区可选定 4 对双绞电缆和 0.2 芯光纤。

双绞电缆和光纤类型的选择取决于布线系统的性能。垂直干线子系统的电缆通常选用 25 对、50 对、100 对或 300 对的大对数电缆。光纤通常用 4 芯、6 芯多模光纤。在校园网、智能小区中，如干线距离太长，也可以选用 4 芯、6 芯单模光纤。

(2)垂直干线子系统的布线路由。垂直干线子系统布线通常采用在弱电井中经电缆桥架到楼层配线架的方法。设备间应尽可能靠近弱电井。如果垂直干线系统较小，或系统终端(信息插座)较少，通常也用垂直干线电缆(光缆)直接穿钢管到楼层配线架的布线方法，此时要注意钢管管径与干线线缆数的匹配，选择钢管管径要有足够的冗余量，以方便施工和以后扩展用。通常要求线缆的截面积为钢管或水泥管截面积的 30%～50%。局域网的干线子系统布线，室外部分干线电缆(光缆)常直接穿钢管或水泥管敷设，室内部分干线电缆(光缆)常经电缆桥架到配线架敷设。

(3)垂直干线子系统电缆的端接方法。垂直干线线缆与楼层配线架(包括与二级交接间配线架)的连接方法有点对点端接、分支递减连接两种，根据网络拓扑结构和设备配置情况，既可单独采用，也可混合使用。

1)点对点端接。此种连接只用一根电缆独立供应一个楼层配线架，干线电缆直接延伸到指定的楼层配线间或楼层二级交接间配线架，如图 4-84 所示。

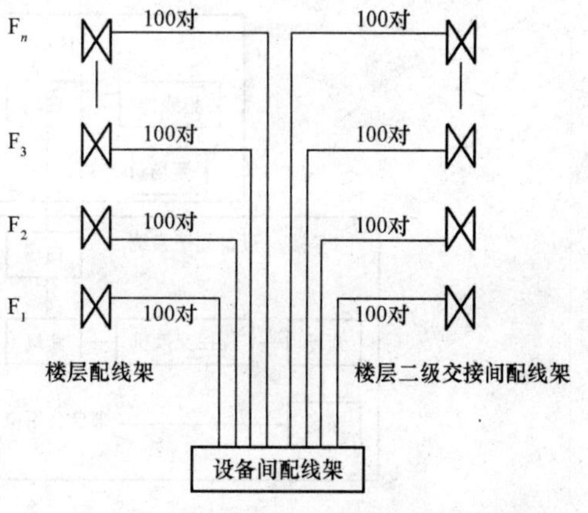

图 4-84　垂直干线点对点端接示意图

点对点端接双绞线对数或光纤芯数应能满足该楼层的全部用户信息点需要。主要优点是主干路路由上采用容量小、质量轻的电缆单独供线，发生障碍容易判断和测试，有利于维护管理，是一种最简单直接相连的方法。其缺点是电缆条数多、工程造价增加、占用干线通道空间较大。因各个楼层电缆容量不同，安装固定的方法和器材不一而影响美观。

2)分支递减连接。其采用一根容量较大的电缆，通过接续设备分成若干根容量较小的电缆分别连到各个楼层，如图 4-85 所示。其主要优点是干线通道中的电缆条数少、节省通道空间，有时比点对点端接方法工程费用减少。其缺点是电缆容量过于集中，如电缆发生障碍，波及范围较大。由于电缆分支经过接续设备，在判断检测和分隔检修时增加了困难和维护费用。

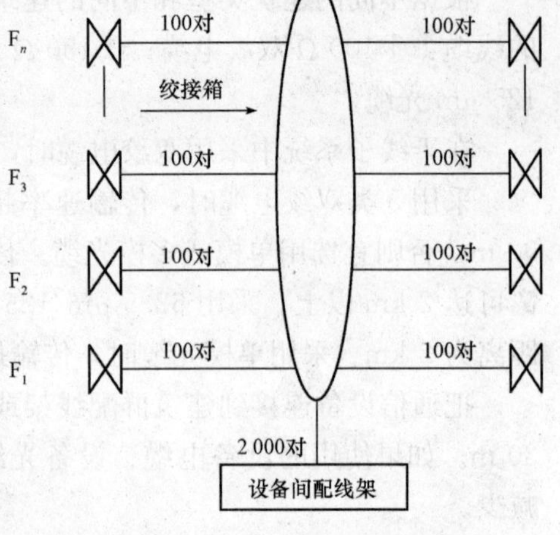

图 4-85　垂直主干线分支递减连接示意图

在一般的综合布线系统工程设计中，为了保证网络安全可靠，应首先选用点对点端接方法。为了节省投资费用，也可改用分支递减连接方法。

4. 建筑群干线子系统

建筑群干线子系统由建筑群配线架(CD)与其之间的电缆(光缆)组成。其缆线尽可能采用地下敷设。若采用架空方式(包括墙壁电缆引入方式)，应采取隐蔽引入，其引入位置宜选择在房屋建筑的后面等不显眼的地方。地下敷设方式分为经地下电缆管道、电缆沟敷设和线缆直埋方式几种，尽量选用前两种方法。

建筑群主干布线常选用大对数电缆或光缆，其数量与性能取决于楼宇内部的系统需求。

5. 楼层配线间的设计

楼层配线间的数目根据所服务的楼层面积和楼层信息插座的密度确定。如果给定楼层配线间所要服务的信息插座都在 75 m 范围以内，可采用单干线子系统；大于 75 m 则采用双通道或多个通道的干线子系统，也可采用分支电缆与配线间干线相连接的二级交接间。如果在给定楼层配线间所要服务的信息插座超过 200 个，通常也要增设楼层配线间。

(1)综合布线系统中的色场。为了方便管理，将相关设备与线缆的接口用不同的色场来表示，则不同的色场分别标明该场是干线电缆、水平电缆还是设备端接点。如图 4-86 所示，系统管理者通过配线架上的色标，就能很容易地知道线缆的来去方向。

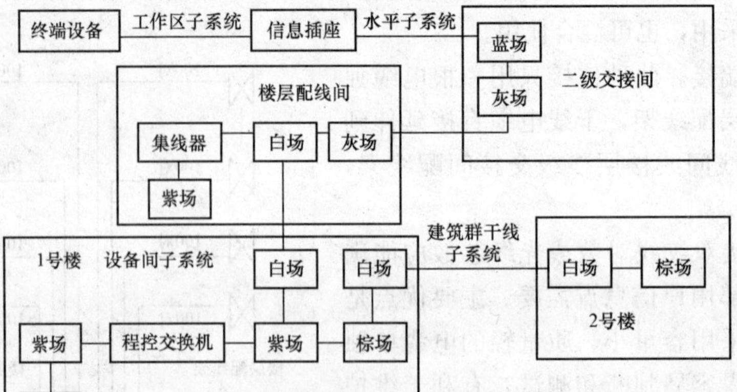

图 4-86　综合布线系统中的色场示意图

1)来自城域网、城市公用电话网的主干线用绿场表示；

2)布线网络接口与设备连接的线缆用绿场表示；

3)来自系统公用设备(如分组交换机、数据交换机或集线器)的线缆用紫场表示；

4)建筑群干线线缆与来自设备间的垂直干线线缆用白场表示；

5)到工作区或用户终端的干线线缆用蓝场表示；

6)来自交接间多路复用器的线缆用棕场表示；

7)楼层配线间连接二级交接间或各二级交接之间的线缆用灰场表示；

8)来自控制台或调制解调器之类的辅助设备的连线用黄场表示。

(2)楼层配线间交接设备。楼层配线间交接设备主要是配线架，用于端接或直接连接线缆，完成垂直主干线与水平干线的跳接。配线架又可分为光缆配线架(箱)和电缆配线架。

光缆配线架(箱)类型有 LGX 光纤配线架、组合式可滑动配线架、光纤接续箱等。

电缆配线架类型有：模块化系列配线架和 110 系列配线架。模块化配线架结构比较简单，110 系列分夹接式(A 型)和插接式(P 型)两种。

110A 系统可以应用于所有场合，特别适用于信息插座比较多的建筑物。一个完整的 110 交接系统包括 110 配线架、110C 连接块和带有标签的标签夹条(Holder)。

110 配线架(也称接线块)分为 A 型和 P 型两类。

1)A 型配线架有 100 对、300 对。若有其他对数的需要，可现场随意组装。

2)P 型配线架有 300 对、900 对。900 对配线架宽度与 300 对相同，高为 300 对的 3 倍。

6. 设备间的设计

设备间是放置综合布线的进出线配线架及语音、数据、图像、楼宇控制等设备的地方。设备间的主要设备为数字程控交换机、计算机主机、计算机网络设备以及布线系统设备。

设备间的理想位置应尽量靠近公共通信线路引入接口，以便与室内外公共通信设备、网络接口及装置连接。通信线路的引入端和楼宇设备及网络接口的间距一般不超过 15 m。

设备间应尽可能设置在建筑物或建筑群的中部，尽量靠近弱电井，以便于布线，缩短最远端用户的距离。设备间应尽量远离强电磁场，如有可能，弱电井应与强电井分设，如不能分设，弱电桥架应与强电桥架分开安装在井的两边，做好电磁屏蔽。

设备间的位置应环境安全、干燥通风、清洁明亮和便于管理，应避免设在建筑物的高层或地下室。设备间的上面或附近不应有渗漏水源，应尽量远离有害气体源以及腐蚀、易燃、易爆炸物。设备间内应防止有害气体侵入，并应有良好的防尘措施。

设备间应有良好的接地装置，接地应用铜绞线直接引向大楼接地极。铜绞线的截面积，根据设备机房与楼宇接地极的距离，一般取 16～25 mm^2。设备间设备、配线架也应可靠接地。

设备间内应有可靠的交流电源，必要时可设置备用电源和不间断电源(UPS)。尤其设备间内装设计算机主机时，应根据其需要配置不间断电源。

设备间除设一般照明外，还应有应急照明。其照度应达到工作照明度的要求。设备间的一般照明，按照规定，水平工作面距地面高度 0.8 m 处、垂直工作面距地面高度 1.4 m 处，被照面的最低照度标准应为 150 lx。

(1)设备间供电方式。在设备间供电系统中，应考虑程控用户电话交换机和计算机主机等机房的供电，以节省设备和投资，利于维护管理。一般有以下几种供配电方式。

1)当整个建筑是一类供电，没有强电磁干扰，可考虑采用直接供电方式。

2)直接供电和UPS相结合的方式。由市电直接供给设备间和机房内的辅助设备，程控用户电话交换机和计算机主机及网络系统的互联设备均由UPS供电。这种供配电方式不仅可以减少系统之间的互相干扰，也有利于维护检修。

3)设备间内装设程控用户电话交换机和计算机主机时，其电源设计的具体内容和设计要求应分别按照《工业企业程控用户交换机工程设计规范》(CECS 09：89)或计算机主机电源要求的有关规定考虑。

4)为了避免电磁干扰和对外辐射，电力线进入机房以后，从配电柜到各有关设备的电力电缆，均应采用穿金属管的屏蔽方式。

(2)设备间内的线缆敷设。设备间内的线缆敷设应根据房间内设备布置和线缆的路由等具体情况，分别选用不同的敷设方式。设备间内线缆的各种敷设方式、适用场合及优缺点见表4-31。

表4-31　设备间内线缆的敷设方式、适用场合及优缺点

敷设方式	特点	优点	缺点	适用场合
活动地板	线缆在活动地板下的空间敷设	1. 线缆敷设和拆除均简单方便，能适应线路增减变化，有较高的灵活性。 2. 地板下空间大，电缆容量和条数多，路由自由短捷，节省电缆费用	1. 造价较高。 2. 减少房屋的净高。 3. 对地板表面材料有一定要求	一般用于电话交换机房、计算机主机房及设备间，且能全房间铺设，没有地下管线和障碍物
预埋管路	在建筑的墙壁或楼板内预埋管路，其管径和根数根据线缆需要设计	1. 穿放线缆比较容易，维护、检修和扩建均有利。 2. 造价低廉，技术要求不高。 3. 不会影响房屋建筑结构	1. 管路容纳线缆的条数少，设备密度较高的场所不宜采用。 2. 线缆改建或增设有所限制。 3. 线缆路由受管路限制，不能变动	预埋管路只适用于新建建筑，管路敷设部分必须根据线缆分布方案要求设计，路由不宜更改
电缆桥架	在设备(机架)上、沿墙安装桥架，桥架尺寸根据线缆需要设计	1. 不受建筑设计和施工限制，可以在建成后安装。 2. 便于施工和维护，也有利于扩建。 3. 能适应今后变动的需要	1. 桥架安装不隐蔽、不美观。 2. 机架上安装走线架或槽道在层高较低的建筑中不宜使用	在已建或新建的建筑中均可使用这种敷设方式(除楼层层高较低的建筑外)，适应性较强，使用场合较多

七、建筑智能化工程计量

(一)建筑智能化工程计量规则

1. 计算机应用、网络系统工程

输入设备，输出设备，控制设备，存储设备，插箱、机柜区分名称、规格、类别、安

装方式等，按设计图示数量以“台”为计量单位；接口卡，集线器、路由器、收发器、防火墙、交换机、网络服务器区分名称、类别、规格、功能、安装方式等，按设计图示数量以“台(套)”计算；互连电缆区分名称、类别、规格，按设计图示数量以“条”计算；计算机应用、网络系统接地，计算机应用、网络系统联调，计算机应用、网络系统试运行区分名称、类别、规格，按设计图示数量以“系统”计算；软件区分名称、类别、规格、容量等，按设计图示数量以“套”计算。

2. 综合布线系统工程

(1)机柜、机架，抗震底座，分线接线箱(盒)，电视、电话插座区分名称、材质、规格、功能、安装方式等，按设计图示数量以“台(个)”计算。

(2)双绞线缆，大对数电缆，光缆，光纤束、光缆外护套区分名称、规格、线缆对数、敷设方式，按设计图示数量以“m”计算；跳线区分名称、类别、规格，按设计图示数量以“条”计算。

(3)配线架、跳线架、信息插座、光纤盒区分名称、规格、容量、安装方式等，按设计图示数量以“个(块)”计算；光纤连接区分方法、模式，按设计图示数量以“芯(端口)”计算；光缆终端盒区分光缆芯数，按设计图示数量以“个”计算；布放尾纤、线管理器、跳块，按设计图示数量以“个(根)”计算；双绞线缆测试、光纤测试，按“链路(点、芯)”计算。

3. 建筑设备自动化系统工程

中央管理系统区分名称、类别、功能和控制点数量，按设计图示数量以“系统/套”计算；通信网络控制设备、控制器、控制箱区分名称、类别、功能和控制点数量等，按设计图示数量以“台(套)”计算；第三方通信设备接口，传感器，电动调节阀执行机构，电动、电磁阀门，区分名称、类别、功能和规格等，按设计图示数量以“支(台、个)”计算；建筑设备自控化系统调试、建筑设备自控化系统试运行区分名称、类别、功能等，按设计图示数量以“台(户、系统)”计算。

4. 建筑信息综合管理系统工程

(1)服务器，服务器显示设备，通信接口输入、输出设备，区分名称、类别和安装方式，按设计图示数量以“台(个)”计算。

(2)系统软件、基础应用软件、应用软件接口，应用软件二次区分测试内容和类别，按系统所需集成点数及图示数量以“套(顶、点)”计算；各系统联动试运行按图示数量以“系统”计算。

5. 有线电视、卫星接收系统工程

(1)共用天线，卫星电视天线、馈线系统，区分名称、规格等，按设计图示数量以“副”计算。

(2)前端机柜区分名称、规格等，按设计图示数量以“个”计算；电视墙、前端射频设备，区分名称、监视器数量，按设计图示数量以“套”计算；射频同轴电缆区分名称、规格和敷设方式，按设计图示数量以“m”计算。

(3)同轴电缆接头，卫星地面站接收设备，光端设备安装、调试，有线电视系统管理设备，播控设备安装、调试，分配网络，终端调试，干线设备，区分名称、规格等，按设计图示数量以“个(台)”计算。

6. 音频、视频系统工程

(1)扩声系统设备、扩声系统试运行、背景音乐系统设备、视频系统设备，区分名称、类别、规格、安装方式等，按设计图示数量以“台(系统)”计算。

(2)扩声系统调试、背景音乐系统调试、背景音乐系统试运行、视频系统调试，区分名称、类别、规格、功能等，按设计图示数量以“系统(只、副、台)”计算。

7. 安全防范系统工程

(1)入侵探测设备，入侵报警控制器，入侵报警中心显示设备，入侵报警信号传输设备，出/入口控制设备，出/入口执行机构设备，监控摄像设备，视频控制设备，音频、视频及脉冲分配器，视频补偿器，视频传输设备，录像设备等，按设计图示数量以“台(套)”计算。

(2)安全检查设备、停车场管理设备，区分名称、类别、规格等，以“台(套)”计算；显示设备按设计图示数量以“台”计算，或按设计图示面积以“m^2”计算。

(3)安全防范分系统调试、安全防范全系统调试、安全防范系统工程试运行，区分名称、类别等，按设计图示数量以“系统”计算。

8. 其他相关问题应按下列规定处理

(1)土方工程，应按《房屋建筑与装饰工程工程量计算规范》(GB 50854—2013)相关项目编码列项。

(2)开挖路面工程，应按《市政工程工程量计算规范》(GB 50857—2013)相关项目编码列项。

(3)配管工程，线槽，桥架，电气设备，电气器件，接线箱、盒，电线，接地系统，凿(压)槽，打孔，打洞，人孔、手孔，立杆工程，应按《通用安装工程工程量计算规范》(GB 50856—2013)电气设备安装工程相关项目编码列项。

(4)蓄电池组、六孔管道、专业通信系统工程，应按《通用安装工程工程量计算规范》(GB 50856—2013)通信设备及线路工程相关项目编码列项。

(5)机架等项目的除锈、刷油，应按《通用安装工程工程量计算规范》(GB 50856—2013)刷油、防腐蚀、绝热工程相关项目编码列项。

(6)如主项目工程与综合项目工程量不对应，项目特征应描述综合项目的型号、规格、数量。

(7)由国家或地方检测验收部门进行的检测验收，应按《通用安装工程工程量计算规范》(GB 50856—2013)措施项目相关项目编码列项。

(二)建筑智能化工程计量实例

某政府机关办公大楼，大楼共 10 层，楼长 70 m，1～4 层宽 45 m，5～10 层宽 30 m，楼层高 3 m。大楼在土建时已经设计和安装了综合布线系统所需要的线槽、线管，因此，设计和施工过程中不需要对此部分进行设计。根据用户需求，需要设计及安装综合布线系统。在综合布线系统上传输的信号种类为数据和语音。每个信息点的功能要求是在必要时能够进行语音、数据通信的互换使用。

1～4 层信息点平面图如图 4-87 所示，5～10 层信息点平面图如图 4-88 所示，系统拓扑图如图 4-89 所示。

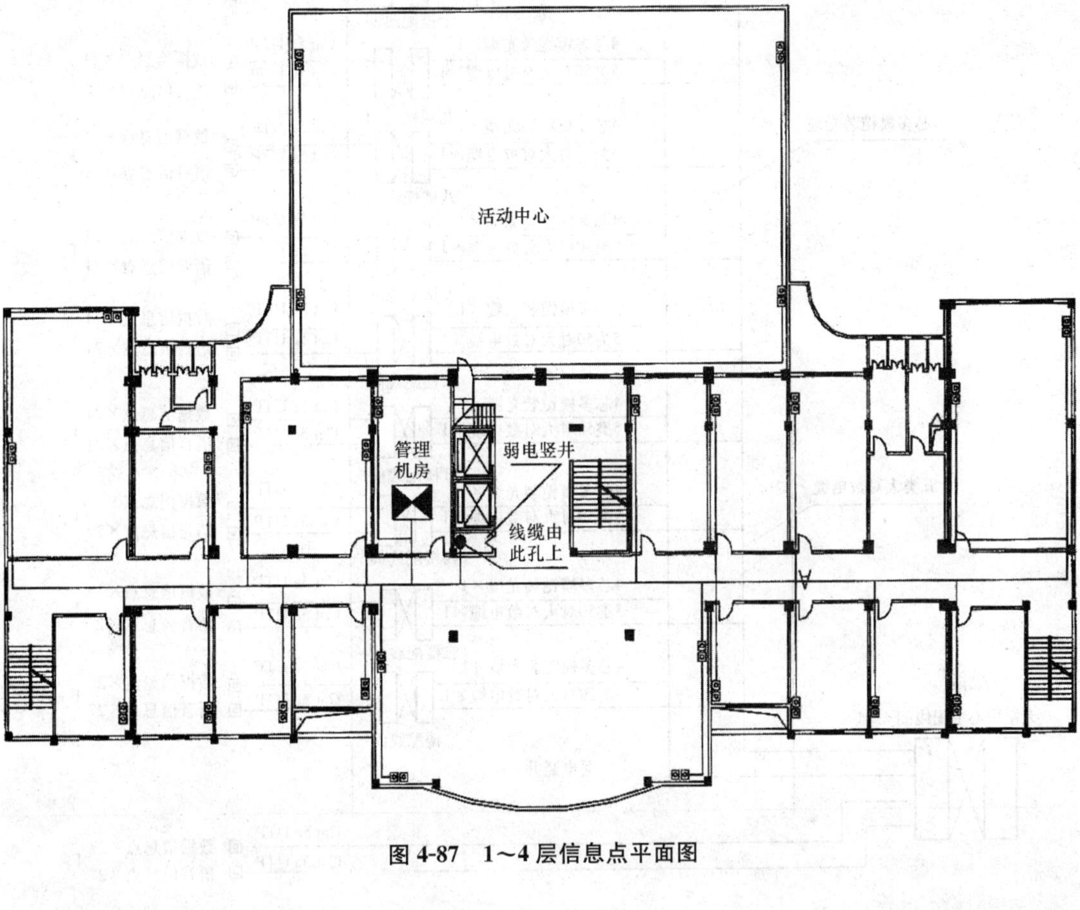

图 4-87　1～4 层信息点平面图

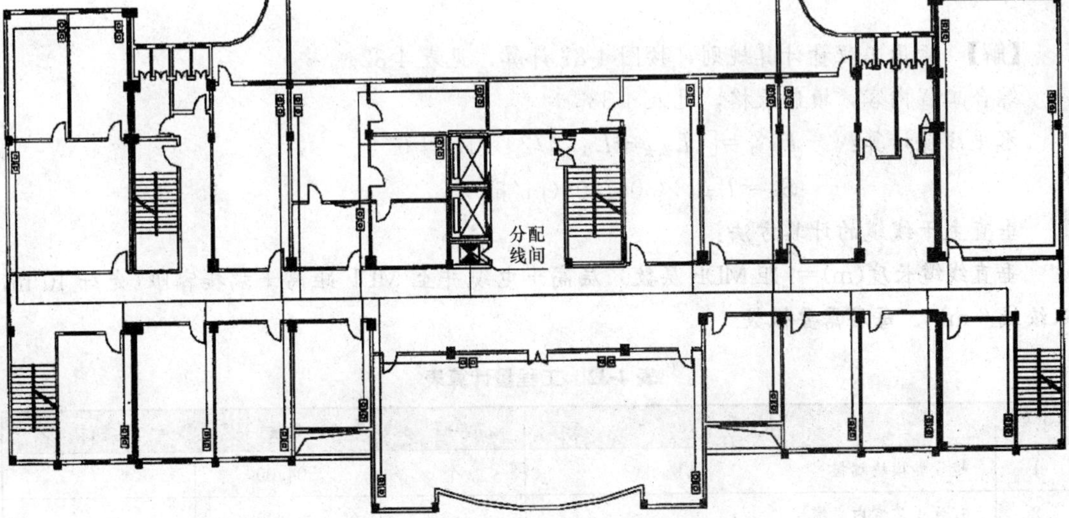

图 4-88　5～10 层信息点平面图

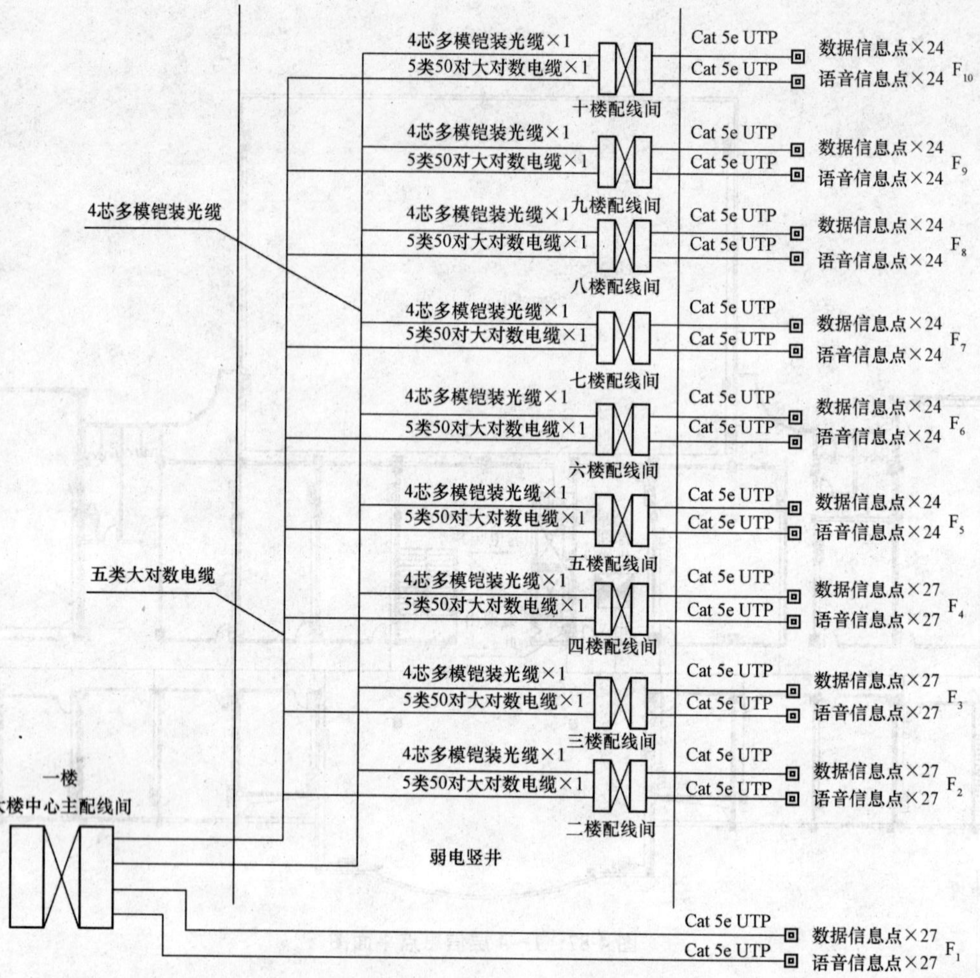

图 4-89　系统拓扑图

【解】 运用工程量计算规则，按图 4-87 计算，见表 4-32。

综合工程内容，填制表格，见表 4-33。

水平线缆计算：　$L_{平均}=[(L_{最长}+L_{最短})/2]\times1.1+6$

$$S_{总}=L_{平均}\times504/305(\text{m/箱})$$

垂直主干线缆的计算方法：

垂直线缆长度(m)=[距 MDF 层数×层高+电缆井至 MDF 距离+端接容限(光纤 10 m，双绞线 6 m)]×每层需要根数

表 4-32　工程量计算表

序号	名称	单位	数量	备注
1	超 5 类模块端接	个	504.00	
2	布放 4 芯室内光缆	m	360.00	
3	布放 5 类 50 对室内大对数电缆	m	288.00	
4	布放室内超 5 类非屏蔽双绞线	100 m	183.00	

续表

序号	名称	单位	数量	备注
5	光纤熔接	点	72.00	
6	安装100对110型配线架(水平用)	个	12.00	
7	安装100对110型配线架(主干用)	个	9.00	
8	安装24口光缆配线架	个	11.00	
9	安装24口模块式配线架	个	14.00	
10	安装12U壁挂式机柜(带4座排插)	个	9.00	
11	安装42U壁挂式机柜(带5座排插)	个	2.00	

表4-33 分部分项工程量清单

工程名称：某网络综合布线工程　　　　第　页　共　页

序号	项目编码	项目名称	项目特征描述	计量单位	工程数量
1	030502017001	线管理器	超5类模块端接		
2	030502007001	光缆	四芯室内光缆布设		
3	030502006001	大对数电缆	5类50对室内大对数电缆布设		
4	030502005001	双绞线缆	超5类非屏蔽双绞线缆布设		
5	030502010001	配线架	110型配线架安装		
6	030502010002	配线架	光缆式24口配线架安装		
7	030502010003	配线架	模块式24口配线架安装		
8	030502001001	机柜、机架	12U壁挂式机柜安装		
9	030502001002	机柜、机架	12U壁挂式机柜安装		

复习思考题

1. 电气工程定额应用应注意哪些问题？

2. 简述防雷及接地装置工程定额的适用范围。

3. 如图4-90所示，1～9代号分别表示什么？

4. 简述电梯电气装置安装工程量计算特点。

5. 简述室内给水管道安装工程量计算顺序。

6. 简述采暖管道界线划分方法。

7. 简述给排水、采暖、燃气工程工程量计算规则的内容。

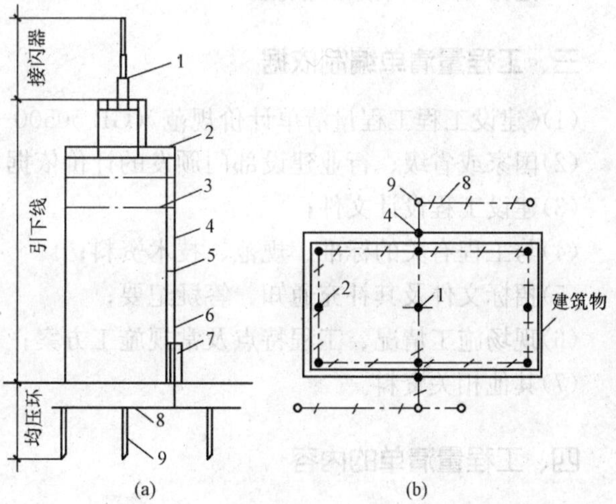

图4-90 题3图

第五章　安装工程清单计价体系

第一节　工程量清单概述

一、工程量清单的概念

工程量清单是建设工程的分部分项工程项目、措施项目、其他项目、规费项目和税金项目的名称和相应数量等的明细清单。

工程量清单应由具有编制招标文件能力的招标人或者受其委托具有相应资质的工程造价咨询机构、招标代理机构进行编制。采用工程量清单方式招标的拟建工程，工程量清单必须作为招标文件的组成部分，其准确性、完整性由招标人负责。招标工程量清单是工程量清单计价的基础，应作为编制招标控制价、投标报价、计算工程量、工程索赔等的依据。

二、工程量清单的主要作用

工程量清单具有以下作用：

(1)是工程量清单计价的基础；

(2)是编制招标控制价的依据；

(3)是投标报价的依据；

(4)是计算工程进度的依据；

(5)是支付工程价款的依据；

(6)是调整合同价款的依据；

(7)是办理竣工结算的依据；

(8)是办理工程索赔的依据。

三、工程量清单编制依据

(1)《建设工程工程量清单计价规范》(GB 50500—2013)；

(2)国家或省级、行业建设部门颁发的计价依据和办法；

(3)建设工程设计文件；

(4)与工程有关的标准、规范、技术资料；

(5)招标文件及其补充通知、答疑纪要；

(6)现场施工情况、工程特点及常规施工方案；

(7)其他相关资料。

四、工程量清单的内容

(1)招标工程量清单封面；

(2)招标工程量清单扉页；

(3)总说明；

(4)分部分项工程和单价措施项目清单；

(5)总价措施项目清单；

(6)其他项目清单；

(7)暂列金额明细表；

(8)材料(工程设备)暂估价及调整表；

(9)计日工表；

(10)总承包服务费计价。

五、清单项目设置

工程量清单的项目设置规则是为了统一工程量清单项目名称、项目编码、计量单位和工程量计算而制定的，是编制工程量清单的依据。在《建设工程工程量清单计价规范》(GB 50500—2013)及配套使用的工程量计算规范中，对工程量清单项目的项目编码、项目名称、项目特征、计量单位和工程量的设置做了明确的规定：

(1)项目编码。项目编码以五级编码设置，用12位阿拉伯数字表示(图5-1)。第一、二、三、四级编码统一；第五级编码由工程量清单编制人区分具体工程的清单项目特征而分别编码。各级编码代表的含义如下(以电气设备安装工程为例)：

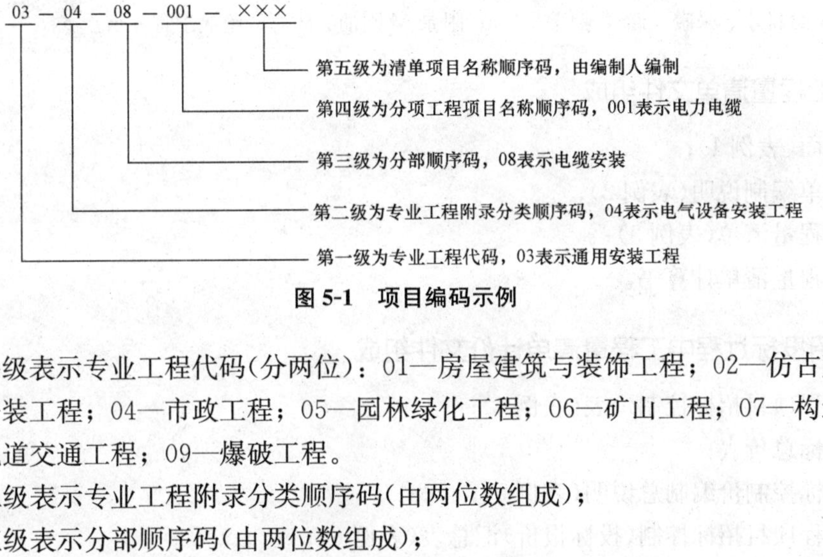

图5-1　项目编码示例

1)第一级表示专业工程代码(分两位)：01—房屋建筑与装饰工程；02—仿古建筑工程；03—通用安装工程；04—市政工程；05—园林绿化工程；06—矿山工程；07—构筑物工程；08—城市轨道交通工程；09—爆破工程。

2)第二级表示专业工程附录分类顺序码(由两位数组成)；

3)第三级表示分部顺序码(由两位数组成)；

4)第四级表示分项工程项目名称顺序码(由三位数组成)；

5)第五级表示清单项目名称顺序码(由三位数组成，由清单编制人编制)。

(2)项目名称。项目名称以工程实体命名，不能重复，一个项目一个编码、一个对应的综合单价。项目名称若有缺项，招标人可按相应的原则进行补充，并报当地工程造价管理部门备案。

(3)项目特征。项目特征是对项目的准确描述，是影响价格的因素和设置具体清单项目的依据。项目特征按不同的工程部位、施工工艺或材料品种、规格等分别列项。凡项目特征中未描述到的其他独有特征，由清单编制人依据项目的具体情况进行准确描述。

例如：清单项目编码030411004(配线)，其项目特征应描述：名称、配线形式、型号、规格、材质、配线部位、配线线制、钢索材质及规格。

(4)计量单位。计量单位应采用基本单位，除各专业另有特殊规定外，均按以下单位计量(一般用物理单位计量，不能采用的，依据其项目特征以自然单位来表示)：

1)以质量计算的项目——吨或千克(t 或 kg)；

2)以体积计算的项目——立方米(m^3)；

3)以面积计算的项目——平方米(m^2)；

4)以长度计算的项目——米(m)；

5)以自然计量单位计算的项目——个、套、块、樘、组、台等；

6)没有具体数量的项目——系统、项等；

7)各专业有特殊计量单位的，再另外加以说明。

(5)工作内容。工程内容是指完成该清单项目所涉及的具体相关工作或内容，可供招标人确定清单项目和投标人投标报价参考。例如：清单项目编码 030411004(配线)，其工作内容为：配线；钢索架设(拉紧装置安装)；支持体(夹板、绝缘子、槽板等)安装。

凡工程内容中未列全的其他具体工程，由投标人按招标文件或图纸要求编制，以完成清单项目为准，综合考虑到报价中。

备注：GB 50856—2013《通用安装工程工程量计算规范》正文第 4 页规定：项目安装高度若超过基本高度，应在"项目特征"中描述。本规范安装工程各附录基本安装高度为：附录 A 机械设备安装工程 10 m；附录 D 电气设备安装工程 5 m；附录 E 建筑智能化工程5 m；附录 G 通风空调工程 6 m；附录 J 消防工程 5 m；附录 K 给排水、采暖、燃气工程 3.6 m；附录 M 刷油、防腐、绝热工程 6 m。

六、工程量清单文件组成

(1)封面(表例 1)；

(2)清单编制说明(表例 2)；

(3)工程量清单(表例 3)；

(4)工程量清单计算书。

七、招投标过程中工程量清单计价文件组成

(1)工程项目招标控制价表(表例 4)；

(2)投标总价表；

(3)招标控制价编制总说明(表例 5)；

(4)工程项目招标控制(投标报价)汇总表(表例 6)；

(5)单项工程招标控制价表(投标报价)汇总表(表例 7)；

(6)单位工程招标控制价表(投标报价)汇总表(表例 8)；

(7)分部分项工程量清单与计价表(表例 9)；

(8)工程量清单综合单价分析表(表例 10)；

(9)措施项目清单计价表(一)(表例 11)；

(10)措施项目清单计价表(二)(表例 12)；

(11)其他项目清单与计价汇总表(表例 13)；

(12)暂列金额明细表；

(13)材料暂估单价表；
(14)专业工程暂估价表；
(15)计日工表(表例 14)；
(16)总承包服务费计价表；
(17)规范、税金项目清单与计价表；
(18)主要材料价格表(表例 15)。

表例 1　封面

<table>
<tr><td colspan="2" align="center">__________________工程

工程量清单</td></tr>
<tr><td>招　标　人：×××
(单位盖章)</td><td>工程造价
咨　询　人：×××
(单位资质专用章)</td></tr>
<tr><td>法定代表人
或其授权人：×××
(签字或盖章)</td><td>法定代表人
或其授权人：×××
(签字或盖章)</td></tr>
<tr><td>编　制　人：×××
(造价人员签字盖专用章)</td><td>复　核　人：×××
(造价工程师签字盖专用章)</td></tr>
<tr><td>编制时间：××××年××月××日</td><td>复核时间：××××年××月××日</td></tr>
</table>

表例 2　××项目清单编制总说明

工程名称：××项目工程量清单　　　　第　页　共　页

1. 工程批准号：(略)

2. 工程概况：

本工程位于××市××地。建筑面积：________m^2。结构形式：________。

给排水：生活给水管采用镀锌钢管螺纹连接，进户埋地引入，室内立管明敷设于房间阴角处。排水管采用承插铸铁管(水泥接口)，采用承插粘接方式连接。铸铁管除锈后，刷红丹防锈漆两道，银粉漆一道。埋地敷设时，铸铁管除锈后刷红丹防锈漆两道，刷热沥青两道防腐。排水立管明敷设于厨房、卫生间墙阴角。横管(除底层外)设于下层顶棚下，横管与立管三通连接点距楼板下表面 400 mm。底层横支管埋在地坪下。室外从 1.5m 处起算。室内给水系统中设单管支架：每根立管上 1 个，从图集查知单管支架尺寸为∟ 40×4×375，ϕ10 圆钢长度为 190 mm。∟ 40×4 角钢为 2.42 kg/m，ϕ10 圆钢为 0.62 kg/m(请参照原计算过的案例来计算支架质量)，管道支架工程内容：手工除锈，刷红丹漆两道，银粉漆两道。

电气敷设方式：导线为穿 PVC 阻燃管沿墙或沿顶板敷设。用电负荷等级为三级，电源进线采用 380/220 V 三相供电，进线采用铜芯塑料绝缘埋地穿钢管引入，要求电源进线 PEN 线做重复接地，AL 箱接零线，N 线及接地 PE 线端子分设。

电气安装高度：

清单编制依据：《施工图》。

《云南省建设工程工程量清单细目指南》

《建设工程工程量清单计价规范》(GB 50500—2013)。

表例 3 ______工程

分部分项工程量清单

工程名称： 第 页 共 页

序号	细目编码	项目名称	计量单位	工程数量

表例 4 招标控制价

招标控制价(小写)：______________________

(大写)：______________________

招 标 人：×××（单位盖章）

工程造价咨询人：×××（单位资质专用章）

法定代表人或其授权人：×××（签字或盖章）

法定代表人或其授权人：×××（签字或盖章）

编 制 人：×××（造价人员签字盖专用章）

复 核 人：×××（造价工程师签字盖专用章）

编制时间：××××年××月××日

复核时间：××××年××月××日

表例5　××项目工程量清单招标控制价编制总说明

工程名称：××项目招标控制价　　　　　　　　　　　　　　　　　　第　页　共　页

3. 工程批准号：(略)

4. 工程概况：

本工程位于××市××地。建筑面积：________ m^2。结构形式：________。

给排水：生活给水管采用镀锌钢管螺纹连接，进户埋地引入，室内立管明敷设于房间阴角处。排水管采用承插铸铁管(水泥接口)，采用承插粘接方式连接。铸铁管除锈后，刷红丹防锈漆两道，银粉漆一道。埋地敷设时，铸铁管除锈后，刷红丹防锈漆两道，刷热沥青两道防腐。排水立管明敷设于厨房、卫生间墙阴角。横管(除底层外)设于下层顶棚下，横管与立管三通连接点距楼板下表面距离400 mm。底层横支管埋在地坪下。室外从1.5 m处起算。室内给水系统中设单管支架：每根立管上1个，从图集查知单管支架尺寸为∟40×4×375，ϕ10圆钢长度为190 mm。∟40×4角钢为2.42 kg/m，ϕ10圆钢为0.62 kg/m。(请参照原计算过的案例来计算支架质量)，管道支架工程内容：手工除锈，刷红丹漆两道，银粉漆两道。

电气敷设方式：导线为穿PVC阻燃管沿墙或沿顶板敷设。用电负荷等级为三级，电源进线采用380/220 V三相供电，进线采用铜芯塑料绝缘埋地穿钢管引入，要求电源进线PEN线做重复接地，AL箱接零线，N线及接地PE线端子分设。

电气安装高度：

清单编制依据：《施工图》。

《云南省建设工程工程量清单细目指南》。

《建设工程工程量清单计价规范》(GB 50500—2013)。

5. 招标控制价编制依据：

《施工图》、《工程量清单》、《云南省通用电气安装工程消耗量定额》(2013年)管道篇给水、采暖、燃气工程和公共篇刷油、防腐蚀、绝热工程。

《云南省建设工程造价计价规则及机械仪器仪表台班费用定额》(DBJ 53/T-58-2013)。

《云南省建筑工程措施费用定额》。

《云建标〔2009〕74号文件》等云南省建设厅发布的人工、材料、机械及设备的价格信息，或者承、发包双方依据市场情况确认的人工、材料、机械单价。

参照《措施项目计价办法》、《建设工程造价计价规则》，计算措施项目费、其他项目费。

参照《云南省建设工程造价计价规则及机械仪器仪表台班费用定额》(DBJ 53/T-58-2013)计算规费及税金。

按照规定的程序计算单位工程总价、单项工程造价、工程项目总价。

表例6　工程项目招标控制价(投标报价)汇总表

工程名称　　　　　　　　　　　　　　　　　　　　　　　　　　第　页　共　页

序号	单项工程名称	金额/元	其中：		
			暂估价/元	安全文明施工费/元	规费/元
合　　计					

注：本表适用于工程项目招标控制价或投标报价的汇总。

表例 7　单项工程招标控制价(投标报价)汇总表

工程名称　　　　　　　　　　　　　　　　　　　　　　　　　　第　页　共　页

序号	单位工程名称	金额/元	其中：		
			暂估价/元	安全文明施工费/元	规费/元
合　　计					

注：本表适用于单项工程招标控制价或投标报价的汇总。暂估价包括分部分项工程中的暂估价和专业工程暂估价。

表例 8　单位工程招标控制价(投标报价)汇总表

工程名称　　　　　　　　　　　　　　　　　　　　　　　　　　第　页　共　页

序号	单项工程名称	金额/元	其中：暂估价/元
1	分部分项工程		
1.1			
1.2			
1.3			
2	措施项目		
2.1	其中：安全文明施工费		
3	其他项目		
3.1	其中：暂列金额		
3.2	其中：专业工程暂估价		
3.3	其中：计日工		
3.4	其中：总承包服务费		
4	规费		
5	税金		
招标控制价合计=1+2+3+4+5			

注：本表适用于单项工程招标控制价或投标总价的汇总。

表例 9　分部分项工程量清单计价表

第　页 共　页

序号	项目编码	项目名称	项目特征描述	计量单位	工程量	金额/元		
						综合单价	合价	其中：暂估价
1								
2								
3								
4								
5								
6								
7								

表例 10　工程量清单综合单价分析表

工程名称：　　　　　　　　　　　　　　标段：　　　　　　　　　　　　　　第　页　共　页

<table>
<tr><td colspan="2">项目编码</td><td colspan="3"></td><td colspan="2">项目名称</td><td colspan="2"></td><td>计量单位</td><td colspan="2"></td></tr>
<tr><td colspan="12">清单综合单价组成明细</td></tr>
<tr><td rowspan="2">定额编号</td><td rowspan="2">定额名称</td><td rowspan="2">定额单位</td><td rowspan="2">数量</td><td colspan="4">单价</td><td colspan="4">合价</td></tr>
<tr><td>人工费</td><td>材料费</td><td>机械费</td><td>管理费和利润</td><td>人工费</td><td>材料费</td><td>机械费</td><td>管理费和利润</td></tr>
<tr><td></td><td></td><td></td><td></td><td></td><td></td><td></td><td></td><td></td><td></td><td></td><td></td></tr>
<tr><td></td><td></td><td></td><td></td><td></td><td></td><td></td><td></td><td></td><td></td><td></td><td></td></tr>
<tr><td></td><td></td><td></td><td></td><td></td><td></td><td></td><td></td><td></td><td></td><td></td><td></td></tr>
<tr><td></td><td></td><td></td><td></td><td></td><td></td><td></td><td></td><td></td><td></td><td></td><td></td></tr>
<tr><td></td><td></td><td></td><td></td><td></td><td></td><td></td><td></td><td></td><td></td><td></td><td></td></tr>
<tr><td></td><td></td><td></td><td></td><td></td><td></td><td></td><td></td><td></td><td></td><td></td><td></td></tr>
<tr><td></td><td></td><td></td><td></td><td></td><td></td><td></td><td></td><td></td><td></td><td></td><td></td></tr>
<tr><td></td><td></td><td></td><td></td><td></td><td></td><td></td><td></td><td></td><td></td><td></td><td></td></tr>
<tr><td></td><td></td><td></td><td></td><td></td><td></td><td></td><td></td><td></td><td></td><td></td><td></td></tr>
<tr><td></td><td></td><td></td><td></td><td></td><td></td><td></td><td></td><td></td><td></td><td></td><td></td></tr>
<tr><td></td><td></td><td></td><td></td><td></td><td></td><td></td><td></td><td></td><td></td><td></td><td></td></tr>
<tr><td></td><td></td><td></td><td></td><td></td><td></td><td></td><td></td><td></td><td></td><td></td><td></td></tr>
<tr><td colspan="3">人工单价</td><td colspan="5">小计</td><td></td><td></td><td></td><td></td></tr>
<tr><td colspan="2">元/工日</td><td colspan="6">未计价材料费</td><td colspan="4"></td></tr>
<tr><td colspan="8">清单项目综合单价</td><td colspan="4"></td></tr>
<tr><td rowspan="10">材料费明细</td><td colspan="4">主要材料名称、规格、型号</td><td>单位</td><td colspan="2">数量</td><td>单价/元</td><td>合价/元</td><td>暂估单价/元</td><td>暂估合价/元</td></tr>
<tr><td colspan="4">×××</td><td>××</td><td colspan="2">（查定额确定）</td><td></td><td></td><td></td><td></td></tr>
<tr><td colspan="4"></td><td></td><td colspan="2"></td><td></td><td></td><td></td><td></td></tr>
<tr><td colspan="4"></td><td></td><td colspan="2"></td><td></td><td></td><td></td><td></td></tr>
<tr><td colspan="4"></td><td></td><td colspan="2"></td><td></td><td></td><td></td><td></td></tr>
<tr><td colspan="4"></td><td></td><td colspan="2"></td><td></td><td></td><td></td><td></td></tr>
<tr><td colspan="4"></td><td></td><td colspan="2"></td><td></td><td></td><td></td><td></td></tr>
<tr><td colspan="4"></td><td></td><td colspan="2"></td><td></td><td></td><td></td><td></td></tr>
<tr><td colspan="7">其他材料费</td><td></td><td></td><td></td><td></td></tr>
<tr><td colspan="7">材料费小计</td><td></td><td></td><td></td><td></td></tr>
</table>

注：1. 如不使用省级或行业建设主管部门发布的计价依据，可不填定额项目、编号等。

2. 招标文件提供了暂估单价的材料，按暂估的单价填入表内“暂估单价”栏及“暂估合价”栏。

表例 11　措施项目清单计价表(一)

工程名称：__________工程　　　　　　　　标段：　　　　　　　　　　　　第　页　共　页

序号	项目编码	项目名称	计算基础	费率/(%)	金额/元
1		安全文明施工费			
2		夜间施工费			
3		二次搬运费			
4		冬、雨期施工			
5		大型机械设备进出场及安拆费			
6		施工排水			
7		施工降水			
8		地上、地下设施、建筑物的临时保护设施			
9		已完工程及设备保护			
10		各专业工程的措施项目			

注：1. 本表适用于以“项”计价的措施项目；

2. 根据原建设部、财政部发布的《建筑安装工程费用组成》(建标〔2003〕206 号文件的规定)，“计算基础”可为“直接费”“人工费”或“人工费＋机械费”。

表例 12　措施项目清单计价表(二)

工程名称：　　　　　　　　标段：　　　　　　　　　　　　第　页　共　页

序号	项目编码	项目名称	项目特征描述	计量单位	工程量	金额/元	
						综合单价	合价
本页小计							
合　计							

注：本表适用于以综合单价形式计价的措施项目。

表例 13　其他项目清单与计价汇总表

工程名称：　　　　　　　　标段：　　　　　　　　　　　　第　页　共　页

序号	项目名称	计量单位	金额/万元	备　注
1	暂列金额			
2	暂估价			
2.1	材料(工程设备)暂估价			
2.2	专业工程暂估价			
3	计日工			
4	总承包服务费			
合计				

表例 14　计日工表

工程名称：　　　　　　　　　　　　标段：　　　　　　　　　　　　第　页　共　页

编号	项目名称	单位	暂定数量	实际数量	综合单价/元	合价/元	
						暂定	实际
一	人工						
1							
2							
人工小计							
二	材料						
1							
2							
材料小计							
三	机械						
1							
2							
机械小计							
四、企业管理费和利润							
总　计						54 062.96	

表例 15　主要材料价格表

工程名称：________工程　　　　　　　　　　　　　　　　　　　　第　页　共　页

序号	材料编码	材料名称	规格、型号等特殊要求	单位	单价/元
1					
2					
3					
4					
5					
6					
7					

八、工程量清单计价方式

(1)建设工程造价由分部分项工程费、措施项目费、其他项目费、规费和税金组成。

(2)分部分项工程和措施项目清单应采用综合单价计价。

(3)招标工程量清单标明的工程量是投标人投标报价的共同基础。竣工结算的工程量按发、承包双方在合同中约定应予计量且实际完成的工程量确定。

(4)措施项目清单中的安全文明施工费应按国家或省级、行业建设主管部门的规定计价，不得作为竞争性费用。

(5)规费和税金应按国家或省级、行业建设主管部门的规定计算，不得作为竞争性费用。

九、招标控制价编制步骤

(1)复核工程量清单；

(2)根据细目特征确定选用定额编码；

(3)确定未计价材料名称及单价；

(4)编制清单综合单价分析表；

(5)计取管理费费率、利润费费率；

(6)按《云南省建设工程计价规则》编制分部分项工程量清单计价表；

(7)编制措施项目计价表；

(8)编制其他项目费清单计价表；

(9)编制规费项目清单费用表；

(10)计算税金，并编制汇总表。

第二节　电气设备安装工程清单项目及工程量计算

建筑电气工程的主要功能是输送和分配电能、应用电能和传递信息，为人们提供舒适、便利、安全的建筑环境。建筑电气工程是以电能、电气设备和电气技术为手段，创造、维持与改善建筑环境来实现某些功能的一门学科，它是由强电和弱电综合组成的。

强电工程的特点：电压高、电流大、频率低，主要考虑的问题是减小损耗、提高效率及安全用电。建筑电气强电工程可分为：室外电气、变配电室、供电干线、电气动力、电气照明安装、备用和不间断电源安装、防雷及接地安装 7 个子分部工程。

弱电工程的特点：电压低、电流小、频率高，主要考虑的问题是信息传送的效果，诸如信息传送的保真度、速度、广度和可靠性等。建筑电气弱电工程可分为：通信网络系统、办公自动化系统、建筑设备监控系统、火灾报警及消防联动系统、安全防范系统、综合布线系统、智能化集成系统、电源与接地、环境、住宅(小区)智能化系统 10 个子分部工程。各个子分部工程又可分为若干个分项工程，例如，住宅(小区)智能化系统又可分为火灾报警及消防联动系统、安全防范系统(含电视监控系统、入侵报警系统、巡更系统、门禁系统、楼宇对讲系统、住户对讲呼救系统、停车管理系统)、物业管理系统(多表现场计量及远程传输系统、建筑设备监控系统、公共广播系统、小区网络及信息服务系统、物业办公自动化系统)、智能家庭信息平台等分项工程。

(1)清单设置规范。

1)按图示尺寸计算的工程实体量，按《建设工程工程量清单计价规范》(GB 50500—2013)规定的规则及划定的项目立项计算。

2)不便编码立项的，按零星工作项目立项计算。

(2)清单计价。

报价方按 BOQ 的要求，以工程实际条件、市场情况及企业管理水平，算出综合单价、措施项目费用等，汇总成单位工程造价。

一、变压器安装

变压器安装工程量清单项目设置、项目特征描述的内容、计量单位及工程量计算规则，应按表 5-1 的规定执行。

表 5-1　变压器安装(编码：030401)

<table>
<tr><th>项目编码</th><th>项目名称</th><th>项目特征</th><th>计量
单位</th><th>工程量
计算规则</th><th>工作内容</th></tr>
<tr><td>030401001</td><td>油浸电力
变压器</td><td rowspan="2">1. 名称
2. 型号
3. 容量(kV·A)
4. 电压(kV)
5. 油过滤要求
6. 干燥要求
7. 基础型钢形式、规格
8. 网门、保护门材质、规格
9. 温控箱型号、规格</td><td rowspan="5">台</td><td rowspan="5">按设计图
示数量计算</td><td>1. 本体安装
2. 基础型钢制作、安装
3. 油过滤
4. 干燥
5. 接地
6. 网门、保护门制作、安装
7. 补刷(喷)油漆</td></tr>
<tr><td>030401002</td><td>干式变压器</td><td>1. 本体安装
2. 基础型钢制作、安装
3. 温控箱安装
4. 接地
5. 网门、保护门制作、安装
6. 补刷(喷)油漆</td></tr>
<tr><td>030401003</td><td>整流变压器</td><td rowspan="3">1. 名称
2. 型号
3. 容量(kV·A)
4. 电压(kV)
5. 油过滤要求
6. 干燥要求
7. 基础型钢形式、规格
8. 网门、保护门材质、规格</td><td rowspan="3">1. 本体安装
2. 基础型钢制作、安装
3. 油过滤
4. 干燥
5. 网门、保护门制作、安装
6. 补刷(喷)油漆</td></tr>
<tr><td>030401004</td><td>自耦变压器</td></tr>
<tr><td>030401005</td><td>有载调压
变压器</td></tr>
<tr><td>030401006</td><td>电炉变压器</td><td>1. 名称
2. 型号
3. 容量(kV·A)
4. 电压(kV)
5. 基础型钢形式、规格
6. 网门、保护门材质、规格</td><td>台</td><td>按设计图
示数量计算</td><td>1. 本体安装
2. 基础型钢制作、安装
3. 网门、保护门制作、安装
4. 补刷(喷)油漆</td></tr>
<tr><td>030401007</td><td>消弧线圈</td><td>1. 名称
2. 型号
3. 容量(kV·A)
4. 电压(kV)
5. 油过滤要求
6. 干燥要求
7. 基础型钢形式、规格</td><td>台</td><td>按设计图
示数量计算</td><td>1. 本体安装
2. 基础型钢制作、安装
3. 油过滤
4. 干燥
5. 补刷(喷)油漆</td></tr>
<tr><td colspan="6">注：变压器油如需试验、化验、色谱分析，应按《通用安装工程工程量计算规范》(GB 50856—2013)附录 N 措施项目相关项目编码列项。</td></tr>
</table>

实训 1

1. 实训内容

安装干式电力变压器三台，型号为 SG-100 kV·A/10-0.4 kV，铁构件制作、安装。试计算综合单价。

2. 实训步骤

(1)干式电力变压器安装，3 台，型号为 SG-100 kV·A/10-0.4 kV。主材(未计价材)干式电力变压器 21 800 元/台。

套用《云南省建设工程造价计价规则及机械仪器仪表台班费用定额》(DBJ 53/T-58-2013)、《云南省通用安装工程消耗量定额管道篇》中定额编码 03020008 项目，计算得：

1)人工费：53.23×7.52×3=1 200.87(元)。

2)材料费：(85.19+21 800)×3=65 655.57(元)。

3)机械费：61.66×3=184.98(元)。

4)管理费：(1 200.87+184.98×8%)×30%=364.70(元)。

5)利润：(1 200.87+184.98×8%)×20%=243.13(元)。

(2)干式电力变压器铁构件制作、安装。套用《云南省通用安装工程消耗量定额管道篇》中定额编码 03020358、03020359 项目，计算得：

1)人工费：(574.88÷100+373.67÷100)×2.4=22.77(元)。

2)材料费：(0.81+0.18)×2.4=2.38(元)。

3)机械费：(0.57+0.42)×2.4=2.38(元)。

4)管理费：(22.77+2.38×8%)×30%=6.89(元)。

5)利润：(22.77+2.38×8%)×20%=4.59(元)。

综合单价：(1 200.87+65 655.57+184.98+364.70+243.13)/3+(22.77+2.38+2.38+6.89+4.59)/3=22 562.75(元)。

二、配电装置安装

配电装置安装工程量清单项目设置、项目特征描述的内容、计量单位及工程量计算规则，应按表 5-2 的规定执行。

表 5-2 配电装置安装(编码：030402)

<table>
<tr><th>项目编码</th><th>项目名称</th><th>项目特征</th><th>计量单位</th><th>工程量计算规则</th><th>工作内容</th></tr>
<tr><td>030402001</td><td>油断路器</td><td rowspan="3">1. 名称
2. 型号
3. 容量(A)
4. 电压等级(kV)
5. 安装条件
6. 操作机构名称及型号
7. 基础型钢规格
8. 接线材质、规格
9. 安装部位
10. 油过滤要求</td><td rowspan="3">台</td><td rowspan="3">按设计图示数量计算</td><td>1. 本体安装、调试
2. 基础型钢制作、安装
3. 油过滤
4. 补刷(喷)油漆
5. 接地</td></tr>
<tr><td>030402002</td><td>真空断路器</td><td rowspan="2">1. 本体安装、调试
2. 基础型钢制作、安装
3. 补刷(喷)油漆
4. 接地</td></tr>
<tr><td>030402003</td><td>SF_6 断路器</td></tr>
</table>

续一

<table>
<tr><th>项目编码</th><th>项目名称</th><th>项目特征</th><th>计量单位</th><th>工程量计算规则</th><th>工作内容</th></tr>
<tr><td>030402004</td><td>空气断路器</td><td rowspan="4">1. 名称
2. 型号
3. 容量(A)
4. 电压等级(kV)
5. 安装条件
6. 操作机构名称及型号
7. 接线材质、规格
8. 安装部位</td><td>台</td><td rowspan="4">按设计图示数量计算</td><td>1. 本体安装、调试
2. 基础型钢制作、安装
3. 补刷(喷)油漆
4. 接地</td></tr>
<tr><td>030402005</td><td>真空接触器</td><td rowspan="3">组</td><td rowspan="3">1. 本体安装、调试
2. 补刷(喷)油漆
3. 接地</td></tr>
<tr><td>030402006</td><td>隔离开关</td></tr>
<tr><td>030402007</td><td>负荷开关</td></tr>
<tr><td>030402008</td><td>互感器</td><td>1. 名称
2. 型号
3. 规格
4. 类型
5. 油过滤要求</td><td>台</td><td rowspan="7">按设计图示数量计算</td><td>1. 本体安装、调试
2. 干燥
3. 油过滤
4. 接地</td></tr>
<tr><td>030402009</td><td>高压熔断器</td><td>1. 名称
2. 型号
3. 规格
4. 安装部位</td><td rowspan="3">组</td><td>1. 本体安装、调试
2. 接地</td></tr>
<tr><td>030402010</td><td>避雷器</td><td>1. 名称
2. 型号
3. 规格
4. 电压等级
5. 安装部位</td><td>1. 本体安装
2. 接地</td></tr>
<tr><td>030402011</td><td>干式电抗器</td><td>1. 名称
2. 型号
3. 规格
4. 质量
5. 安装部位
6. 干燥要求</td><td>1. 本体安装
2. 干燥</td></tr>
<tr><td>030402012</td><td>油浸电抗器</td><td>1. 名称
2. 型号
3. 规格
4. 容量(kV·A)
5. 油过滤要求
6. 干燥要求</td><td>台</td><td>1. 本体安装
2. 油过滤
3. 干燥</td></tr>
<tr><td>030402013</td><td>移相及串联电容器</td><td rowspan="2">1. 名称
2. 型号
3. 规格
4. 质量
5. 安装部位</td><td rowspan="2">个</td><td rowspan="2">1. 本体安装
2. 接地</td></tr>
<tr><td>030402014</td><td>集合式并联电容器</td></tr>
</table>

续二

<table>
<tr><th>项目编码</th><th>项目名称</th><th>项目特征</th><th>计量单位</th><th>工程量计算规则</th><th>工作内容</th></tr>
<tr><td>030402015</td><td>并联补偿电容器组架</td><td>1. 名称
2. 型号
3. 规格
4. 结构形式</td><td rowspan="4">台</td><td rowspan="4">按设计图示数量计算</td><td rowspan="2">1. 本体安装
2. 接地</td></tr>
<tr><td>030402016</td><td>交流滤波装置组架</td><td>1. 名称
2. 型号
3. 规格</td></tr>
<tr><td>030402017</td><td>高压成套配电柜</td><td>1. 名称
2. 型号
3. 规格
4. 母线配置方式
5. 种类
6. 基础型钢形式、规格</td><td>1. 本体安装
2. 基础型钢制作、安装
3. 补刷(喷)油漆
4. 接地</td></tr>
<tr><td>030402018</td><td>组合型成套箱式变电站</td><td>1. 名称
2. 型号
3. 容量(kV・A)
4. 电压(kV)
5. 组合形式
6. 基础规格、浇筑材质</td><td>1. 本体安装
2. 基础浇筑
3. 进箱母线安装
4. 补刷(喷)油漆
5. 接地</td></tr>
<tr><td colspan="6">注：1. 空气断路器的储气罐及储气罐至断路器的管路应按《通用安装工程工程量计算规范》(GB 50856—2013)附录H工业管道工程相关项目编码列项。
2. 干式电抗器项目适用于混凝土电抗器、铁芯干式电抗器、空心干式电抗器等。
3. 设备安装未包括地脚螺栓、浇筑(二次灌浆、抹面)，如需安装，应按现行国家标准《房屋建筑与装饰工程工程量计算规范》(GB 50854—2013)相关项目编码列项。</td></tr>
</table>

实训 2

1. 实训内容

图 5-2 所示为某办公楼的配电，是由临近的变电所提供的，另外，在工厂内部还有一套供紧急停电情况下使用的发电系统。试计算该配电工程所用设备的清单工程量和综合单价。

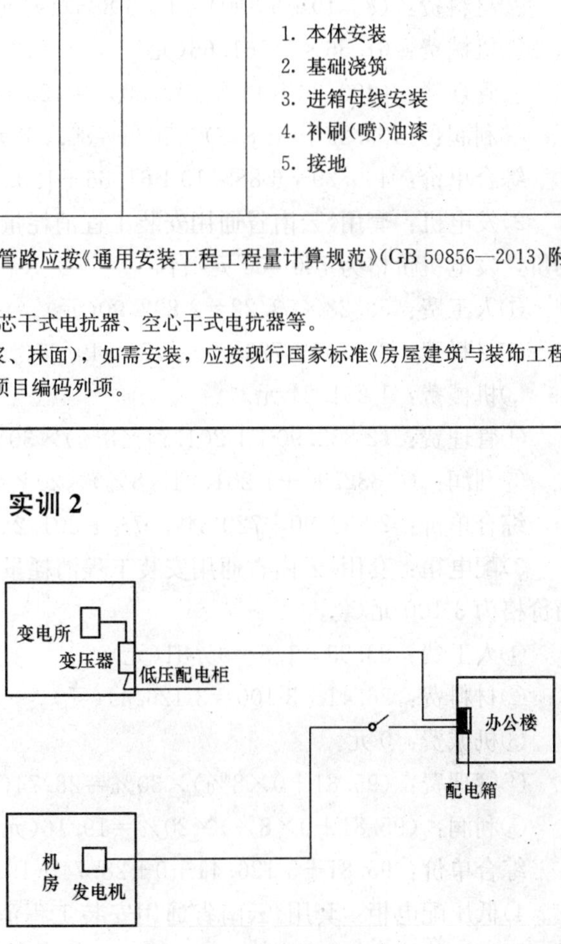

图 5-2 某办公楼配电示意

2. 实训步骤

(1)基本工程量。由图示可以看出所用设备的工程量如下。

1)整流变压器：1 台。

2)低压配电柜：1台。

3)发电机：1台。

4)配电箱：1台。

(2)清单工程量。清单工程量计算见表5-3。

表5-3　清单工程量计算表

序号	项目编码	项目名称	项目特征描述	计量单位	工程量
1	030401003	整流变压器	容量100 kV·A以下	台	1
2	030406001	发电机	空冷式发电机，容量1 500 kW以下	台	1
3	030404017	配电箱	悬挂嵌入式，周长2 m	台	1
4	030404004	低压开关柜(屏)	质量30 kg以下	台	1

(3)综合单价计算。

1)整流变压器：套用《云南省通用安装工程消耗量定额管道篇》中定额03020008子项。主材100 kV·A以下整流变压器价格为6 800元/台。

①人工费：53.23×7.52×1＝400.29(元)。

②材料费：(85.19＋6 800)×1＝6 885.19(元)。

③机械费：61.66×1＝61.66(元)。

④管理费：(400.29＋0×8％)×30％＝120.09(元)。

⑤利润：(400.29＋0×8％)×20％＝80.06(元)。

综合单价：400.29＋6 885.19＋61.66＋120.09＋80.06＝7 547.29(元)。

2)发电机：套用《云南省通用安装工程消耗量定额管道篇》中定额03020427子项。询市场价，发电机价格为720 000元/台。

①人工费：53.23×53.22＝2 832.90(元)。

②材料费：349.07＋720 000＝720 349.07(元)。

③机械费：1 201.24元。

④管理费：(2 832.90＋1 201.24×8％)×30％＝878.70(元)。

⑤利润：(2 832.90＋1 201.24×8％)×20％＝585.80(元)。

综合单价：2 832.90＋720 349.07＋1 201.24＋878.70＋585.80＝725 847.71(元)。

3)配电箱：套用《云南省通用安装工程消耗量定额管道篇》中定额03020264子项。配电箱价格为3 100元/套。

①人工费：53.23×1.8＝95.81(元)。

②材料费：26.41＋3 100＝3 126.41(元)。

③机械费：0元。

④管理费：(95.81＋0×8％)×30％＝28.74(元)。

⑤利润：(95.81＋0×8％)×20％＝19.16(元)。

综合单价：95.81＋3 126.41＋0＋28.74＋19.16＝3 270.12(元)。

4)低压配电柜：套用《云南省通用安装工程消耗量定额管道篇》中定额03020077子项。低压配电柜价格为2 680元。

①人工费：53.23×0.35=18.63(元)

②材料费：13.31+2 680=2 693.31(元)

③机械费：0 元

④管理费：(18.66+0×8%)×30%=5.60(元)

⑤利润：(18.66+0×8%)×20%=3.73(元)

综合单价：18.63+2 693.31+0+5.60+3.73=2 721.27(元)

实训 3

1. 实训内容

如图 5-3 所示，某工程所列电气调试系统为 13 个，试计算此项工程清单工程量。

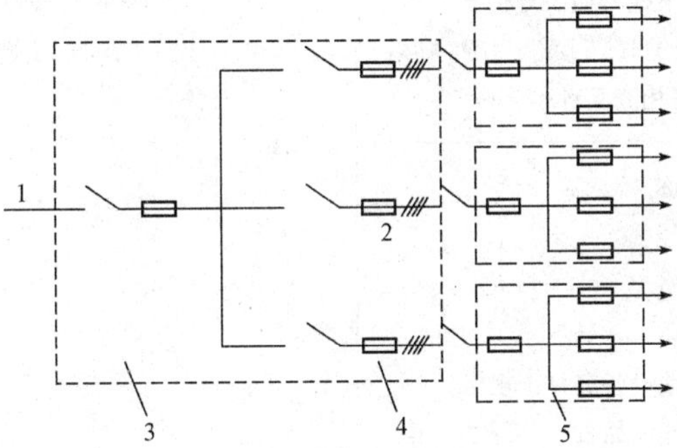

图 5-3　××工程所列电气调试系统

1—进户线；2—干线；3—总配电箱；4—熔断器；5—分配电箱

2. 实训步骤

依据送配电装置系统清单工程计算规则，供电系统的三个分配电箱引出的 9 条回路均由总配电箱控制，因此，各分箱引出的回路不能作为独立的系统，电气调试系统工程量为 1 个。

三、母线安装

母线安装工程量清单项目设置、项目特征描述的内容、计量单位及工程量计算规则，应按表 5-4 的规定执行。

表 5-4　母线安装(编码：030403)

项目编码	项目名称	项目特征	计量单位	工程量计算规则	工作内容
030403001	软母线	1. 名称 2. 材质 3. 型号 4. 规格 5. 绝缘子类型、规格	m	按设计图示尺寸，以单相长度计算（含预留长度）	1. 母线安装 2. 绝缘子耐压试验 3. 跳线安装 4. 绝缘子安装
030403002	组合软母线				

续表

项目编码	项目名称	项目特征	计量单位	工程量计算规则	工作内容
030403003	带形母线	1. 名称 2. 型号 3. 规格 4. 材质 5. 绝缘子类型、规格 6. 穿墙套管材质、规格 7. 穿通板材质、规格 8. 母线桥材质、规格 9. 引下线材质、规格 10. 伸缩节、过滤板材质、规格 11. 分相漆品种	m	按设计图示尺寸，以单相长度计算（含预留长度）	1. 母线安装 2. 穿通板制作、安装 3. 支持绝缘子、穿墙套管的耐压试验、安装 4. 引下线安装 5. 伸缩节安装 6. 过渡板安装 7. 刷分相漆
030403004	槽形母线	1. 名称 2. 型号 3. 规格 4. 材质 5. 连接设备名称、规格 6. 分相漆品种			1. 母线制作、安装 2. 与发电机、变压器连接 3. 与断路器、隔离开关连接 4. 刷分相漆
030403005	共箱母线	1. 名称 2. 型号 3. 规格 4. 材质		按设计图示尺寸，以中心线长度计算	1. 母线安装 2. 补刷(喷)油漆
030403006	低压封闭式插接母线槽	1. 名称 2. 型号 3. 规格 4. 容量(A) 5. 线制 6. 安装部位	m	按设计图示尺寸，以中心线长度计算	1. 母线安装 2. 补刷(喷)油漆
030403007	始端箱、分线箱	1. 名称 2. 型号 3. 规格 4. 容量(A)	台	按设计图示数量计算	1. 本体安装 2. 补刷(喷)油漆
030403008	重型母线	1. 名称 2. 型号 3. 规格 4. 容量(A) 5. 材质 6. 绝缘子类型、规格 7. 伸缩器及导板规格	t	按设计图示尺寸，以质量计算	1. 母线制作、安装 2. 伸缩器及导板制作、安装 3. 支持绝缘子安装 4. 补刷(喷)油漆

实训 4

1. 实训内容

某电气工程调计要求直流盘 4 块、信号盘 2 块，共计 6 块，盘宽 900 mm，安装 18 根小母线，试计算小母线安装总长度。

2. 实训步骤

总长度：6×0.9×18＋18×6×0.05＝102.6(m)

清单工程量：102.6÷10＝10.26(10 m)

实训 5

1. 实训内容

已知某工程安装组合母线 2 根，跨度 60 m，试计算定额材料的消耗量调整系数及调整后的材料费。

2. 实训步骤

由定额说明可知：组合软母线安装定额不包括两端铁构件的制作、安装和支持瓷瓶、带形母线的安装，发生时应执行相应的定额。其跨距是按标准跨距综合考虑的，如实际跨距与定额不相符时，不做换算，套用定额 2-121，其材料费为 42.22 元。清单工程量计算表见表 5-5。

表 5-5 清单工程量计算表

项目编码	项目名称	项目特征描述	计量单位	工程量
030403002001	组合软母线	组合软母线安装	m	60

四、控制设备及低压电器安装

控制设备及低压电器安装工程量清单项目设置、项目特征描述的内容、计量单位及工程量计算规则，应按表 5-6 的规定执行。

表 5-6 控制设备及低压电器安装(编码：030404)

项目编码	项目名称	项目特征	计量单位	工程量计算规则	工作内容
030404001	控制屏	1. 名称 2. 型号 3. 规格 4. 种类 5. 基础型钢形式、规格 6. 接线端子材质、规格 7. 端子板外部接线材质、规格 8. 小母线材质、规格 9. 屏边规格	台	按设计图示数量计算	1. 本体安装 2. 基础型钢制作、安装 3. 端子板安装 4. 焊、压接线端子 5. 盘柜配线、端子接线 6. 小母线安装 7. 屏边安装 8. 补刷(喷)油漆 9. 接地
030404002	继电、信号屏				
030404003	模拟屏				

续一

项目编码	项目名称	项目特征	计量单位	工程量计算规则	工作内容
030404004	低压开关柜(屏)	1. 名称 2. 型号 3. 规格 4. 种类 5. 基础型钢形式、规格 6. 接线端子材质、规格 7. 端子板外部接线材质、规格 8. 小母线材质、规格 9. 屏边规格	台	按设计图示数量计算	1. 本体安装 2. 基础型钢制作、安装 3. 端子板安装 4. 焊、压接线端子 5. 盘柜配线、端子接线 6. 屏边安装 7. 补刷(喷)油漆 8. 接地
030404005	弱电控制返回屏				1. 本体安装 2. 基础型钢制作、安装 3. 端子板安装 4. 焊、压接线端子 5. 盘柜配线、端子接线 6. 小母线安装 7. 屏边安装 8. 补刷(喷)油漆 9. 接地
030404006	箱式配电室	1. 名称 2. 型号 3. 规格 4. 质量 5. 基础规格、浇筑材质 6. 基础型钢形式、规格	套	按设计图示数量计算	1. 本体安装 2. 基础型钢制作、安装 3. 基础浇筑 4. 补刷(喷)油漆 5. 接地
030404007	硅整流柜	1. 名称 2. 型号 3. 规格 4. 容量(A) 5. 基础型钢形式、规格	台	按设计图示数量计算	1. 本体安装 2. 基础型钢制作、安装 3. 补刷(喷)油漆 4. 接地
030404008	可控硅柜	1. 名称 2. 型号 3. 规格 4. 容量(kW) 5. 基础型钢形式、规格			

续二

<table>
<tr><th>项目编码</th><th>项目名称</th><th>项目特征</th><th>计量单位</th><th>工程量计算规则</th><th>工作内容</th></tr>
<tr><td>030404009</td><td>低压电容器柜</td><td rowspan="6">1. 名称
2. 型号
3. 规格
4. 基础型钢形式、规格
5. 接线端子材质、规格
6. 端子板外部接线材质、规格
7. 小母线材质、规格
8. 屏边规格</td><td rowspan="10">台</td><td rowspan="11">按设计图示数量计算</td><td rowspan="6">1. 本体安装
2. 基础型钢制作、安装
3. 端子板安装
4. 焊、压接线端子
5. 盘柜配线、端子接线
6. 小母线安装
7. 屏边安装
8. 补刷(喷)油漆
9. 接地</td></tr>
<tr><td>030404010</td><td>自动调节励磁屏</td></tr>
<tr><td>030404011</td><td>励磁灭磁屏</td></tr>
<tr><td>030404012</td><td>蓄电池屏(柜)</td></tr>
<tr><td>030404013</td><td>直流馈电屏</td></tr>
<tr><td>030404014</td><td>事故照明切换屏</td></tr>
<tr><td>030404015</td><td>控制台</td><td>1. 名称
2. 型号
3. 规格
4. 基础型钢形式、规格
5. 接线端子材质、规格
6. 端子板外部接线材质、规格
7. 小母线材质、规格</td><td>1. 本体安装
2. 基础型钢制作、安装
3. 端子板安装
4. 焊、压接线端子
5. 盘柜配线、端子接线
6. 小母线安装
7. 补刷(喷)油漆
8. 接地</td></tr>
<tr><td>030404016</td><td>控制箱</td><td rowspan="2">1. 名称
2. 型号
3. 规格
4. 基础形式、材质、规格
5. 接线端子材质、规格
6. 端子板外部接线材质、规格
7. 安装方式</td><td rowspan="2">1. 本体安装
2. 基础型钢制作、安装
3. 焊、压接线端子
4. 补刷(喷)油漆
5. 接地</td></tr>
<tr><td>030404017</td><td>配电箱</td></tr>
<tr><td>030404018</td><td>插座箱</td><td>1. 名称
2. 型号
3. 规格
4. 安装方式</td><td>1. 本体安装
2. 接地</td></tr>
<tr><td>030404019</td><td>控制开关</td><td>1. 名称
2. 型号
3. 规格
4. 接线端子材质、规格
5. 额定电流(A)</td><td>个</td><td>1. 本体安装
2. 焊、压接线端子
3. 接线</td></tr>
</table>

续三

项目编码	项目名称	项目特征	计量单位	工程量计算规则	工作内容
030404020	低压熔断器	1. 名称 2. 型号 3. 规格 4. 接线端子材质、规格	个	按设计图示数量计算	1. 本体安装 2. 焊、压接线端子 3. 接线
030404021	限位开关				
030404022	控制器		台		
030404023	接触器				
030404024	磁力启动器				
030404025	Y－△自耦减压启动器				
030404026	电磁铁（电磁制动器）				
030404027	快速自动开关				
03040428	电阻器		箱		
030404029	油浸频敏变阻器		台		
030404030	分流器	1. 名称 2. 型号 3. 规格 4. 容量(A) 5. 接线端子材质、规格	个		1. 本体安装 2. 焊、压接线端子 3. 接线
030404031	小电器	1. 名称 2. 型号 3. 规格 4. 接线端子材质、规格	个（套、台）		
030404032	端子箱	1. 名称 2. 型号 3. 规格 4. 安装部位	台	按设计图示数量计算	1. 本体安装 2. 接线
030404033	风扇	1. 名称 2. 型号 3. 规格 4. 安装方式			1. 本体安装 2. 调速开关安装
030404034	照明开关	1. 名称 2. 型号 3. 规格 4. 安装方式	个		1. 本体安装 2. 接线
030404035	插座				
030404036	其他电器	1. 名称 2. 规格 3. 安装方式	个（套、台）		1. 安装 2. 接线

实训 6

1. 实训内容

某工程厂房内的一检修电源箱（高 1.1 m、宽 0.7 m、深 0.6 m），由一台动力配电箱 XL(F)-15（高 2.4 m、宽 1.2 m、深 1.1 m）供给电源，该供电回路为 BV5×16（*DN*32），如图 5-4 所示。*DN*32 的工程量为 32 m，试计算 BV5×16 的工程量。

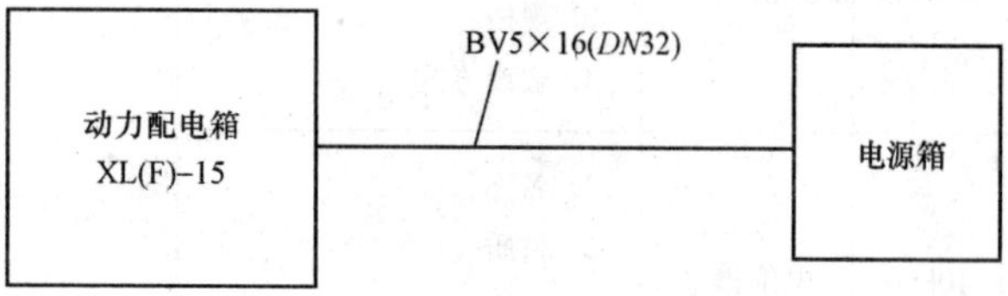

图 5-4 配电线路图

2. 实训步骤

(1)基本工程量。

BV5×16 的工程量为：[32＋(11＋0.7)＋(2.4＋1.2)]×5＝187(m)。

(2)清单工程量。清单工程计算见表 5-7。

表 5-7 清单工程量计算表

项目编码	项目名称	项目特征描述	计量单位	工程量
030411004001	配线	BV5×16(*DN*32)	m	32×5＝160

(3)定额工程量。如 BV16 的工程量为 1.87(100 m)。套用《云南省通用安装工程消耗量定额管道篇》中定额 03021202 子项。BV16 价格为 6.17 元/m。

1)人工费：53.23×1.1×1.87＝109.49(元)。

2)材料费：(10.18＋6.17)×1.87＝30.57(元)。

3)机械费：0 元。

4)管理费：(58.55＋0×8%)×30%＝17.57(元)。

5)利润：(58.55＋0×8%)×20%＝11.71(元)。

综合单价：(109.49＋30.57＋0＋17.57＋11.71)＝169.34/160＝1.06(元)。

五、电缆安装

电缆安装工程工程量清单项目设置、项目特征描述的内容、计量单位及工程量计算规则，应按表 5-8 的规定执行。

表 5-8 电缆安装(编码：030408)

项目编码	项目名称	项目特征	计量单位	工程量计算规则	工作内容
030408001	电力电缆	1. 名称 2. 型号 3. 规格 4. 材质 5. 敷设方式、部位 6. 电压等级(kV) 7. 地形	m	按设计图示尺寸，以长度计算(含预留长度及附加长度)	1. 电缆敷设 2. 揭(盖)盖板
030408002	控制电缆				

续表

项目编码	项目名称	项目特征	计量单位	工程量计算规则	工作内容
030408003	电缆保护管	1. 名称 2. 材质 3. 规格 4. 敷设方式	m	按设计图示尺寸，以长度计算	保护管敷设
030408004	电缆槽盒	1. 名称 2. 材质 3. 规格 4. 型号			槽盒安装
030408005	铺砂、盖保护板(砖)	1. 种类 2. 规格			1. 铺砂 2. 盖板(砖)
030408006	电力电缆头	1. 名称 2. 型号 3. 规格 4. 材质、类型 5. 安装部位 6. 电压等级(kV)	个	按设计图示数量计算	1. 电力电缆头制作 2. 电力电缆头安装 3. 接地
030408007	控制电缆头	1. 名称 2. 型号 3. 规格 4. 材质、类型 5. 安装方式			
030408008	防火堵洞	1. 名称 2. 材质 3. 方式 4. 部位	处	按设计图示数量计算	安装
030408009	防火隔板		m^2	按设计图示尺寸，以面积计算	
030408010	防火涂料		kg	按设计图示尺寸，以质量计算	
030408011	电缆分支箱	1. 名称 2. 型号 3. 规格 4. 基础形式、材质、规格	台	按设计图示数量计算	1. 本体安装 2. 基础制作、安装

注：1. 电缆穿刺线夹按电缆头编码列项。

2. 电缆井、电缆排管、顶管，应按现行国家标准《市政工程工程量计算规范》(GB 50857—2013)相关项目编码列项。

实训 7

1. 实训内容

某电缆工程采用电缆沟敷设，沟长 400 m，共 24 根电缆 VV29(3×120＋2×35)，分四层，双边，支架镀锌。试列出项目和工程量。

2. 实训步骤

(1)基本工程量。

电缆沟支架制作安装工程量：400×2＝800(m)。

电缆敷设工程量：(400＋1.5＋1.5×2＋3)×24＝9 780(m)。

(2)清单工程量。清单工程量计算见表 5-9。

表 5-9 清单工程量计算

项目编码	项目名称	项目特征描述	计量单位	工程量
030408001001	电力电缆	采用电缆敷设，共 24 根 VV29(3×120＋2×35)	m	9 780

(3)定额工程量。

套用《云南省通用安装工程消耗量定额管道篇》中定额 03020621 子项。VV29(3×120＋2×35)价格为 310 元/m。

1)人工费：53.23×27.51/100×9 780＝143 214.14(元)。

2)材料费：(207.76/100＋310)×9 780＝3 052 118.93(元)。

3)机械费：453.73/100×9 780＝44 374.79(元)。

4)管理费：(143 214.14＋44 374.79×8%)×30%＝44 029.24(元)。

5)利润：(143 214.14＋44 374.79×8%)×20%＝29 352.82(元)。

综合单价：(143 214.14＋3 052 118.93＋44 374.79＋44 029.24＋29 352.82)/9 780＝3 313 089.92/9 780＝338.76(元)。

工程量汇总见表 5-10。

表 5-10 工程量汇总

工程项目	单位	数量	说明
电缆沟支架制作安装 4 层	m	600	双边 300×2＝600
电缆沿沟内敷设	m	9 804	不考虑定额损耗
注：电缆进建筑预留 1.5 m，电缆终端电缆头预留 1.5 m，2 个，共 3 m，水平垂直 2 次，0.5×2，进入低压低柜电缆预留 3 m，4 层，双边，每边 12 根。			

六、防雷及接地装置

防雷及接地装置工程量清单项目设置、项目特征描述的内容、计量单位及工程量计算规则，应按表 5-11 的规定执行。

表 5-11　防雷及接地装置(编码：030409)

项目编码	项目名称	项目特征	计量单位	工程量计算规则	工作内容
030409001	接地极	1. 名称 2. 材质 3. 规格 4. 土质 5. 基础接地形式	根(块)	按设计图示数量计算	1. 接地极(板、桩)制作、安装 2. 基础接地网安装 3. 补刷(喷)油漆
030409002	接地母线	1. 名称 2. 材质 3. 规格 4. 安装部位 5. 安装形式	m	按设计图示尺寸，以长度计算(含附加长度)	1. 接地母线制作、安装 2. 补刷(喷)油漆
030409003	避雷引下线	1. 名称 2. 材质 3. 规格 4. 安装部位 5. 安装形式 6. 断接卡子、箱材质、规格			1. 避雷引下线制作、安装 2. 断接卡子、箱制作、安装 3. 利用主钢筋焊接 4. 补刷(喷)油漆
030409004	均压环	1. 名称 2. 材质 3. 规格 4. 安装形式			1. 均压环敷设 2. 钢铝窗接地 3. 柱主筋与圈梁焊接 4. 利用圈梁钢筋焊接 5. 补刷(喷)油漆
030409005	避雷网	1. 名称 2. 材质 3. 规格 4. 安装形式 5. 混凝土块标号			1. 避雷网制作、安装 2. 跨接 3. 混凝土块制作 4. 补刷(喷)油漆
030409006	避雷针	1. 名称 2. 材质 3. 规格 4. 安装形式、高度	根	按设计图示数量计算	1. 避雷针制作、安装 2. 跨接 3. 补刷(喷)油漆
030409007	半导体少长针消雷装置	1. 型号 2. 高度	套		本体安装
030409008	等电位端子箱、测试板	1. 名称 2. 材质 3. 规格	台(块)		
030409009	绝缘垫		m^2	按设计图示尺寸，以展开面积计算	1. 制作 2. 安装

续表

项目编码	项目名称	项目特征	计量单位	工程量计算规则	工作内容
030409010	浪涌保护器	1. 名称 2. 规格 3. 安装形式 4. 防雷等级	个	按设计图示数量计算	1. 本体安装 2. 接线 3. 接地
030409011	降阻剂	1. 名称 2. 类型	kg	按设计图示以质量计算	1. 挖土 2. 施放降阻剂 3. 回填土 4. 运输

注：1. 利用桩基础作接地极的，应描述桩台下桩的根数、每桩台下需焊接柱筋根数，其工程量按柱引下线计算；利用基础钢筋作接地极，按均压环项目编码列项。
2. 利用柱筋作引下线的，需描述柱筋焊接根数。
3. 利用圈梁筋作均压环的，需描述圈梁筋焊接根数。
4. 使用电缆作接地线的，应按相关项目编码列项。

实训 8

1. 实训内容

某建筑防雷及接地装置如图 5-5～图 5-8 所示，试计算其工程量，并计算避雷网、避雷引下线、接地极、接地母线综合单价。

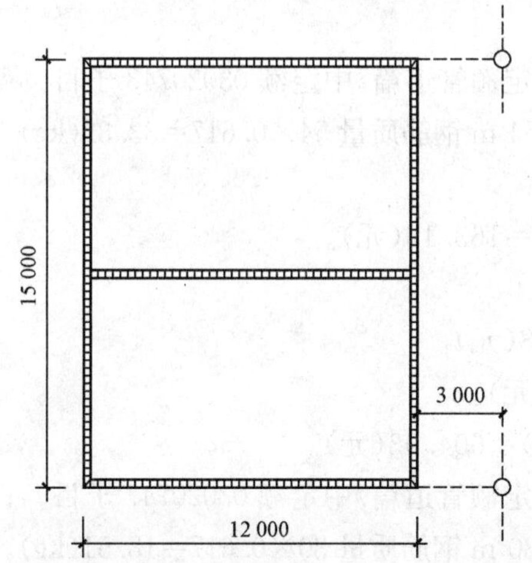

图 5-5　屋面防雷平面图

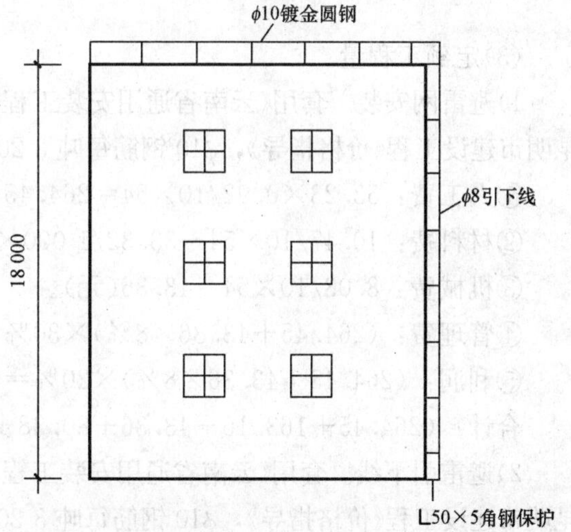

图 5-6　引下线安装图

2. 实训步骤

(1)基本工程量。

1)避雷带线路长度：15×2＋12×2＝54(m)。

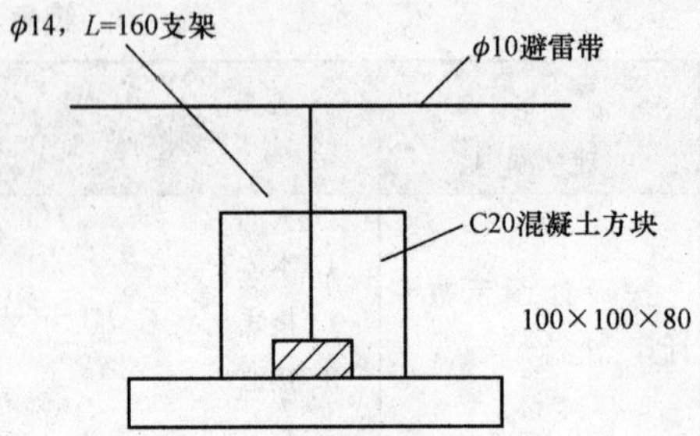

图 5-7　避雷带安装图

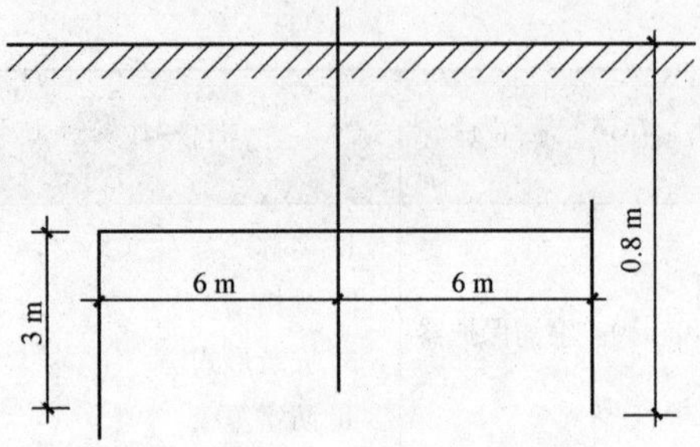

图 5-8　接地极安装图

注：避雷网除沿着屋顶周围装设外，在屋顶上还用圆钢或扁钢纵横连接成网。在房屋的沉降处应预留 100～200 mm。

2)避雷引下线：(18＋1)×2－2×4＝30(m)。

3)避雷网长度＝54＋30＝84(m)。

4)接地极制作安装：2 根 $DN50$ 钢管，L＝25 m。

5)接地母线埋设：3.0×2＋6×4＋0.8×2＋4×0.5＝33.6(m)。

(2)清单工程量。清单工程量计算表见表 5-12。

表 5-12　清单工程量计算表

序号	项目编码	项目名称	项目特征描述	计量单位	工程量
1	030409005001	避雷网	避雷网沿屋顶周围敷设，圆钢或扁钢连成网	m	84.00
2	030409001001	接地极	接地极制作安装：2 根 $DN50$ 钢管，L＝25 m	根	2
3	030409001001	接地母线	接地母线埋设 ϕ10 圆钢	m	33.60

(3)定额工程量。

1)避雷网安装。套用《云南省通用安装工程消耗量定额管道篇》中定额 03020748 子目。查昆明市建设工程《价格指导》，ϕ10 钢筋每吨 3 200 元。54 m 钢筋质量 54×0.617＝33.32(kg)。

①人工费：53.23×0.92/10×54＝264.45(元)。

②材料费：10.47/10×54＋33.32/1 000×3 200 ＝163.16(元)。

③机械费：8.03/10×54＝43.36(元)。

④管理费：(264.45＋43.36×8%)×30%＝80.38(元)。

⑤利润：(264.45＋43.36×8%)×20%＝53.58(元)。

合计：(264.45＋163.16＋43.36＋80.38＋53.58)＝604.93(元)。

2)避雷引下线。套用《云南省通用安装工程消耗量定额管道篇》中定额 03020747 子目。查昆明市建设工程《价格指导》，ϕ10 钢筋每吨 3 200 元。30 m 钢筋质量 30×0.617＝18.51(kg)。

①人工费：53.23×3.6/10×30＝574.88(元)。

②材料费：29.75/10×30＋18.51/1 000×3 200＝148.48(元)。

③机械费：0.45/10×30＝1.35(元)。

④管理费：(574.88＋1.35×8%)×30%＝172.50(元)。

⑤利润：(574.88＋1.35×8%)×20%＝115.00(元)。

合价：574.88＋148.48＋1.35＋172.50＋115.00＝1012.21(元)。

避雷网及避雷引下线综合单价：(604.93＋1 012.21)÷84＝19.25(元)。

3)接地极制作安装。套用《云南省通用安装工程消耗量定额管道篇》中定额 03020688 子目。查昆明市建设工程《价格指导》，*DN*50 钢管每吨 4 700 元。25 m 钢筋质量 25×4.427＝110.68(kg)。

①人工费：41.33×2＝82.66(元)。

②材料费：2.7×2＋110.68/1 000×4 700＝525.60(元)。

③机械费：16.68×2＝33.36(元)。

④管理费：(82.66＋33.36×8%)×30%＝25.60(元)。

⑤利润：(82.66＋33.36×8%)×20%＝17.07(元)。

合价：82.66＋525.60＋33.36＋25.60＋17.07＝684.29(元)。

综合单价：684.29÷2 根＝342.15(元)。

4)接地母线敷设。套用《云南省通用安装工程消耗量定额管道篇》中定额 03020697 子目。查昆明市建设工程《价格指导》，ϕ10 钢筋每吨 3 200 元。33.6 m 钢筋质量 33.6×0.617＝20.73(kg)。

①人工费：53.23×3.05/10×33.6＝545.50(元)。

②材料费：1.44/10×33.6＋20.73/1 000×3 200＝70.07(元)。

③机械费：2.47/10×33.6＝8.30(元)。

④管理费：(545.50＋8.30×8%)×30%＝163.85(元)。

⑤利润：(545.50＋8.30×8%)×20%＝109.23(元)。

合价：545.50＋70.07＋8.30＋163.85＋109.23＝896.95(元)。

接地母线综合单价：(684.29＋896.95)÷33.6＝47.06(元)。

实训 9

1. 实训内容

某工程需安装接地系统，试计算其工程量清单综合单价、合价并制作相应表格。

2. 实训步骤

(1)编制分部分项清单工程量。

角钢接地极∟50×5×2 500：3 根。

角钢接地母线－40×4：5×4＋(1.35＋1.8)×2＋3.5＝29.8(m)。

分部分项工程量清单见表 5-13。

表 5-13 分部分项工程量清单

工程名称：××工程　　　　第 页 共 页

序号	项目编码	项目名称	项目特征描述	计量单位	工程数量
1	030409001	接地极	①接地母线材质、规格； ②接地地极材质、规格	项	1
2	030409001001	接地极	①接地母线材质、规格； ②接地地极材质、规格	项	1

(2)编制分部分项工程量清单综合单价计算表，见表 5-14。

表 5-14　分部分项工程量清单综合单价计算表

项目编码	030409001001		项目名称			接地极		计量单位	项		
清单综合单价组成明细											
定额编号	定额名称	定额单位	数量	单价/元				合价/元			
				人工费	材料费	机械费	管理费和利润	人工费	材料费	机械费	管理费和利润
03020950	角钢接地极(普通土)	根	3	32.51	2.09	20.17	13.65	97.53	6.27	60.51	40.95
人工单价		小计						97.53	6.27	60.51	40.95
元/工日		未计价材料费						1.00×9.43×3.5×3=99.02			
清单项目综合单价								304.28			
材料费	主要材料名称、规格、型号		单位	数量				单价/元	合价/元	暂估单价/元	暂估合价/元
	∟50×5		kg	1.00×9.43×3=28.29				3.5	99.02		
	其他材料费										
	材料费小计								99.02		
注：管理费费率 35%，利润率 5%。因接地极为 3 根等边角钢∟50×5，每根长 2.5 m，等边角钢∟50×5 理论质量为 3.77 kg/m，单价 3 500 元/吨，所以单根接地极装置工程量＝2.5×3.77＝9.43(kg)，单根接地极角钢材料价格＝9.43 kg×3.5 元/kg＝33.01 元，查定额 03020950，单价材料费＝2.09＋33.01＝35.10(元)。管理费和利润＝(人工费＋机械费×8%)×(35%＋5%)＝13.65(元)。											

(3)编制分部分项工程量清单合价表(表 5-15)。

表 5-15　分部分项工程量清单合价表

序号	项目编号	项目名称	项目特征描述	计量单位	工程数量	金额/元	
						综合单价	合价
1	030409001	接地极	①接地母线材质、规格； ②接地地极材质、规格	项	1		
2	0304090010001	接地极	①接地母线材质、规格； ②接地地极材质、规格	项	1	304.28	304.28
本页小计				项	1	304.28	
合计				项	1	304.28	

七、10 kV 以下架空配电线路

10 kV 以下架空配电线路工程量清单项目设置、项目特征描述的内容、计量单位及工程量计算规则，应按表 5-16 的规定执行。

表 5-16　10 kV 以下架空配电线路(编码：030410)

项目编码	项目名称	项目特征	计量单位	工程量计算规则	工作内容
030410001	电杆组立	1. 名称 2. 材质 3. 规格 4. 类型 5. 地形 6. 土质 7. 底盘、拉盘、卡盘规格 8. 拉线材质、规格、类型 9. 现浇基础类型、钢筋类型、规格，基础垫层要求 10. 电杆防腐要求	根(基)	按设计图示数量计算	1. 施工定位 2. 电杆组立 3. 土(石)方挖填 4. 底盘、拉盘、卡盘安装 5. 电杆防腐 6. 拉线制作、安装 7. 现浇基础、基础垫层 8. 工地运输
030410002	横担组装	1. 名称 2. 材质 3. 规格 4. 类型 5. 电压等级(kV) 6. 瓷瓶型号、规格 7. 金具品种、规格	组		1. 横担安装 2. 瓷瓶、金具组装
030410003	导线架设	1. 名称 2. 型号 3. 规格 4. 地形 5. 跨越类型	km	按设计图示尺寸，以单线长度计算(含预留长度)	1. 导线架设 2. 导线跨越及进户线架设 3. 工地运输
030410004	杆上设备	1. 名称 2. 型号 3. 规格 4. 电压等级(kV) 5. 支撑架种类、规格 6. 接线端子材质、规格 7. 接地要求	台(组)	按设计图示数量计算	1. 支撑架安装 2. 本体安装 3. 焊压接线端子、接线 4. 补刷(喷)油漆 5. 接地

注：杆上设备调试，应按电气调整试验相关项目编码列项。

实训 10

1. 实训内容

图 5-9 所示为一外线工程，电杆 15 m，间距 55 m，丘陵地区施工，室外杆上变压器容量为 315 kV・A，变压器台杆高 15 m。试求各项定额工程量和人、材、机费用。

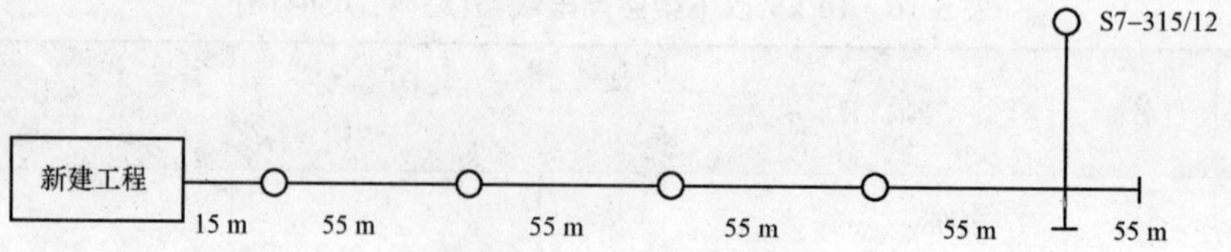

图 5-9　外线工程平面图

2. 实训步骤

(1)70 mm^2 的导线长度：310×3＝930(m)。

套用《云南省通用安装工程消耗量定额管道篇》中定额 03020811 子目。

1)人工费：53.23×8.52/1 000×930＝421.77(元)。

2)材料费：105.63/1 000×930＝98.24(元)。

3)机械费：27.40/1 000×930＝25.48(元)。

(2)35 mm^2 的导线长度：310×2＝620(m)。

套用《云南省通用安装工程消耗量定额管道篇》中定额 03020810 子目。

1)人工费：53.23×4.37/1 000×620＝144.22(元)。

2)材料费：66.15/1 000×620＝41.01(元)。

3)机械费：19.06/1 000×620＝11.82(元)。

(3)立混凝土电杆：5 根。

套用《云南省通用安装工程消耗量定额管道篇》中定额 03020772 子目。

1)人工费：53.23×1.90＝101.14(元)。

2)材料费：2.19 元/根。

3)机械费：14.44 元/根。

(4)普通拉线制作安装：3 根。

套用《云南省通用安装工程消耗量定额管道篇》中定额 03020804 子目。

1)人工费：53.23×0.45×3＝71.86(元)。

2)材料费：11.14×3＝33.42(元)。

3)机械费：无。

(5)进户线横担安装：1 根。

套用《云南省通用安装工程消耗量定额管道篇》中定额 03020798 子目。

1)人工费：53.23×0.24＝12.78(元)。

2)材料费：0.40 元/根。

3)机械费：无。

(6)杆上变压器组装 315 kV·A：1 台。

套用《云南省通用安装工程消耗量定额管道篇》中定额 03020832 子目。

1)人工费：53.23×12.06＝641.95(元)。

2)材料费：66.89 元/台。

3)机械费：120.36 元/台。

八、电气调整试验

电气调整试验工程量清单项目设置、项目特征描述的内容、计量单位及工程量计算规则，应按表 5-17 的规定执行。

表 5-17　电气调整试验(编码：030414)

项目编码	项目名称	项目特征	计量单位	工程量计算规则	工作内容
030414001	电力变压器系统	1. 名称 2. 型号 3. 容量(kV·A)	系统	按设计图示系统计算	系统调试
030414002	送配电装置系统	1. 名称 2. 型号 3. 电压等级(kV) 4. 类型			
030414003	特殊保护装置	1. 名称 2. 类型	台(套)	按设计图示数量计算	调试
030414004	自动投入装置		系统(台、套)		
030414005	中央信号装置	1. 名称 2. 类型	系统(台)		
030414006	事故照明切换装置		系统	按设计图示系统计算	
030414007	不间断电源	1. 名称 2. 类型 3. 容量			
030414008	母线	1. 名称 2. 电压等级(kV)	段	按设计图示数量计算	
030414009	避雷器		组		
030414010	电容器				
030414011	接地装置	1. 名称 2. 类别	1. 系统 2. 组	1. 以系统计量，按设计图示系统计算 2. 以组计量，按设计图示数量计算	接地电阻测试
040414012	电抗器、消弧线圈	1. 名称 2. 类别	台(组、系统)	按设计图示数量计算	调试
040414013	电除尘器	1. 名称 2. 型号 3. 规格			
040414014	硅整流设备、可控硅整流装置	1. 名称 2. 类别 3. 电压(V) 4. 电流(A)		按设计图示系统计算	

续表

项目编码	项目名称	项目特征	计量单位	工程量计算规则	工作内容
030414015	电缆试验	1. 名称 2. 电压等级(kV)	次(根、点)	按设计图示数量计算	试验
注：1. 功率大于10 kW的电动机及发电机的启动调试用的蒸汽、电力和其他动力能源消耗及变压器空载试运转的电力消耗及设备，需烘干处理的应说明。 2. 配合机械设备及其他工艺的单体试车，应按《通用安装工程工程量计算规范》(GB 50856—2013)附录N措施项目相关项目编码列项。 3. 计算机系统调试应按《通用安装工程工程量计算规范》(GB 50856—2013)附录F自动化控制仪表安装工程相关项目编码列项。					

实训 11

1. 实训内容

图5-10所示为某配电所主接线图，试分析此工程需计算的电气调试及定额工程量。

2. 实训步骤

依据电气调试试验定额工程量计算规则，此工程电气调试工程量如下。

(1)10 kV供电送配电系统调试：2系统。

(2)变压器系统调试：1系统。

(3)10 kV以下母线系统调试：3段。

(4)接地调试：1组。

(5)避雷器调试：1组。

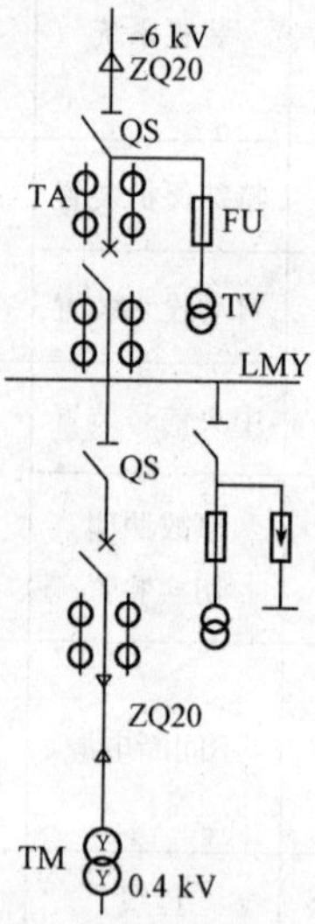

图5-10　某配电所主接线图

某电气设备安装工程工程量清单及计价编制实例

一、熟悉工程概况、施工图与施工说明

某住宅楼共6层，每层高3 m，一个单元内每层共两户，有A、B两种户型：A户型为4室1厅，约92 m²；B户型为3室1厅，约73 m²。共用楼梯、楼道。

本电气照明工程提供了两张设计图纸：电气照明平面图(图5-11)和配电系统图(图5-12)。

由图5-12的配电系统图可知，每层住宅楼采用220 V单相三线系统供电。在楼道内设置一个配电箱AL-1，安装高度为1.8 m，配电箱有4路输出线，其中，2L为A户供电、1L为B户供电，导线使用铜芯塑料绝缘线，3根，截面积为6 mm²，穿钢管敷设，管径为25 mm，敷设方式为沿墙暗敷，3L供楼梯照明、4L为备用，3L、4L的预算省略。

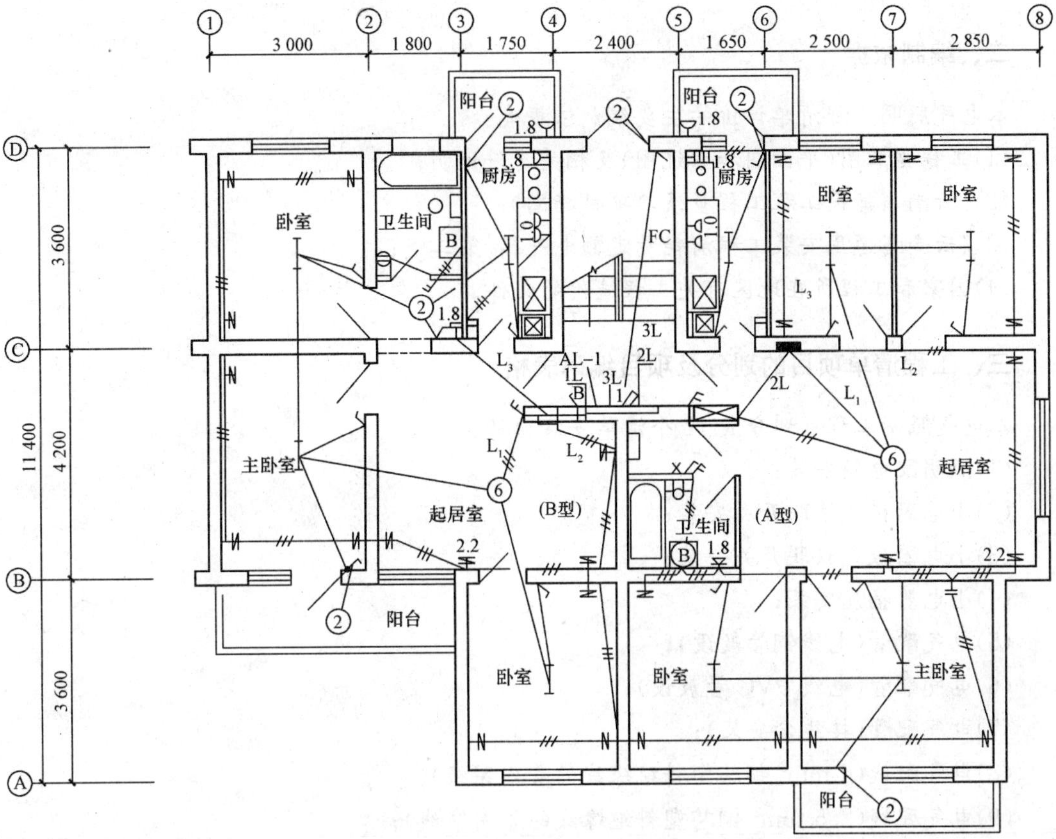

图 5-11 某住宅楼电气照明平面图

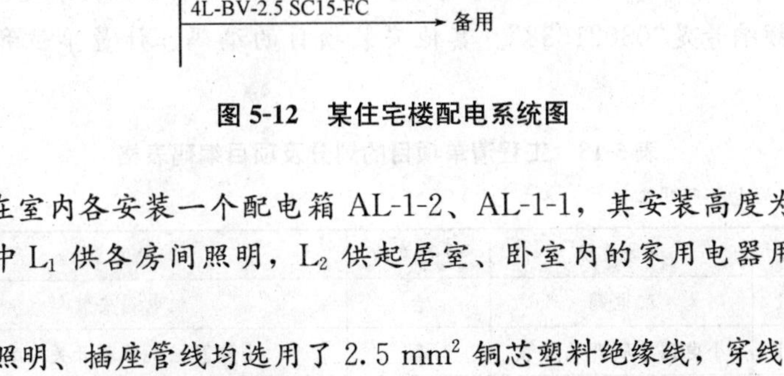

图 5-12 某住宅楼配电系统图

A 户、B 户在室内各安装一个配电箱 AL-1-2、AL-1-1，其安装高度为 1.8 m，分别采用 3 路供电，其中 L_1 供各房间照明，L_2 供起居室、卧室内的家用电器用电，L_3 供厨房、卫生间用电。

房间内所有照明、插座管线均选用了 2.5 mm^2 铜芯塑料绝缘线，穿线管使用 20 mm 管径的 PVC 硬质塑料管，敷设在现浇混凝土楼板内，竖直方向为暗敷设在墙体内。

照明回路沿墙和楼顶板暗敷，插座回路沿墙和楼地板暗敷。

所有开关距地 1.4 m 安装，插座距地 0.4 m 安装。

二、编制依据

本电气照明工程清单计价的主要编制依据有：

(1)工程施工图(平面图和系统图)及相关资料说明；

(2)《云南省建设工程工程量清单项目指南》；

(3)《云南省通用安装工程消耗量定额电气篇》第二册；

(4)国家和工程所在地区有关工程造价的文件。

三、工程清单项目的划分及项目编码表格

本电气照明工程可划分成12个清单安装项目：

(1)照明配电箱安装；

(2)小电器板式单联开关安装；

(3)小电器板式双联开关安装；

(4)小电器插座安装；

(5)电气配管(电线钢管敷设)；

(6)电气配管(电线PVC管敷设)；

(7)电气配管(接线盒安装)；

(8)电气配线(6 mm^2 铜芯塑料绝缘线的管内穿线)；

(9)电气配线(2.5 mm^2 铜芯塑料绝缘线的管内穿线)；

(10)普通吸顶灯及其他灯具(半圆球吸顶灯的安装)；

(11)装饰灯(吊灯的安装)；

(12)荧光灯(荧光灯的安装)。

根据《云南省建设工程工程量清单项目指南》，在表5-18中填入各清单安装项目的项目编码、计量单位和定额编号。配电箱安装的项目编码可从《云南省建设工程工程量清单项目指南》的第165页查知，为“030404018”，计量单位是“台”；由《云南省安装工程定额》的第87页查知半周长为1 m的成套配电箱安装的定额编号是“03020264”。小电器安装的项目编码是“030404031”，计量单位是“套”，小电器板式开关安装的定额编号是“03021638”，小电器插座安装的定额编号是“03021638”。其他安装项目的编码、计量单位和定额编号也可以一一查得。

表5-18 工程清单项目的划分及项目编码表格

工程名称：某住宅楼电气照明工程　　　　第　页　共　页

序号	项目编码	项目名称	计量单位	工程内容	定额指引
1	030404017001	配电箱	台	配电箱安装	03020264
2	030404031001	小电器单联开关安装	套	小电器板式单联开关安装	02021637
3	030404031002	小电器双联开关安装	套	小电器板式双联开关安装	02021638
4	030404031003	小电器插座安装	套	小电器插座安装	03021668
5	030411001101	配管(钢管)	m	刨沟槽、电线钢管敷设	03020983
6	030411001201	配管(PVC管)	m	刨沟槽、电线PVC管敷设	03020982

续表

序号	项目编码	项目名称	计量单位	工程内容	定额指引
7	030411001202	电气配管(接线盒)	个	接线盒安装	03021377
8	030411004501	电气配线(6 mm^2 线)	m	6 mm^2 铜芯塑料绝缘线的管内穿线	03021200
9	030411004502	电气配线(2.5 mm^2 线)	m	2.5 mm^2 铜芯塑料绝缘线的管内穿线	03021172
10	030412001001	普通吸顶灯及其他灯具	套	半圆球吸顶灯的安装	03021384
11	030412004001	装饰灯	套	吊灯的安装	03021530
12	030412005001	荧光灯	套	荧光灯的安装	03021594

四、工程量计算

1. 照明配电箱的安装

每层公用 1 台配电箱，A、B 户又各设有 1 台配电箱，这样每层共有 3 台配电箱，6 层共计有 18 台配电箱。

2. 板式开关的安装

A 型单元 9 只，B 型单元 9 只，这样每层有 18 只开关，6 层共计 108 只开关。

3. 单相三孔插座的安装

A 型单元 20 只，B 型单元 18 只，这样每层有 38 只插座，6 层共计 228 只插座。

4. 钢管的敷设

由层配电箱 AL-1 至 B 户配电箱 AL-1-1：其敷设钢管的长度由层配电箱到顶板的1.2 m 加上到户配电箱的水平距离 1 m，再加上顶板到户配电箱的 1.2 m，共计 3.4 m。

由层配电箱 AL-1 至 A 户配电箱 AL-1-2：其敷设钢管的长度为 1.2+3.13+1.2=5.53 (m)。

每层敷设钢管长度为：3.4+5.53=8.93(m)。

工程共 6 层，共敷设钢管长度为 8.93×6=53.58(cm)，再加上从底层层配电箱到 6 层层配电箱的竖直配管长度 3×5=15(m)，共计 68.58 m。

5. PVC 管的敷设

(1)B 型单元。对于 L_1 回路，有(开关箱至楼板顶的 1.2 m)+(开关箱水平至起居室 6 号吊灯开关的 0.44 m)+(起居室 6 号吊灯开关水平至 6 号吊灯的 1.55 m)+(6 号吊灯至卧室荧光灯的 3.55 m)+(卧室荧光灯至开关的 1.55 m)+(6 号吊灯至主卧室荧光灯的 3.89 m)+(主卧室荧光灯到开关的 1.33 m)+(主卧室荧光灯至阳台灯开关的 2.22 m)+(阳台灯开关至阳台灯的 0.89 m)+(主卧室荧光灯至卧室荧光灯的 3.66 m)+(卧室荧光灯至卧室荧光灯开关的 1.33 m)+(卧室荧光灯至 2 号灯的 2.55 m)+(2 号灯至开关的 0.56 m)+(2 号灯至厨房灯的 2 m)+(厨房灯至开关的 1.67 m)+(厨房灯至阳台 2 号灯开关的 1.67 m)+(厨房阳台 2 号灯开关至 2 号灯的 1.33 m)+(8 只灯，由房顶楼板至开关的配管 1.6 m×8)，共计 44.19 m。

对于 L_2 回路，配管长度为 33.42 m。

对于 L_3 回路，配管长度为 11.53 m。

(2)A 型单元。对于 L_1 回路：1.2+2.78+4+3.89+1.67+3.66+1.78+2.22+1.34+3.89+1.67+2.78+1.67+2+1.67+1.67+1.11+1.6×8，配管长度为 51.80 m。

对于 L_2 回路：1.8+3.63+4.2+3.6+2+7.22+3+1.33+3.11+7+1.8×1+0.4×12，配管长度为 43.49 m。

对于 L_3 回路：1.8+3.6+2+2+1.44+1.8×2+1×1+0.4×2，配管长度为 16.24 m。

(3)小计 6 层 PVC 管敷设长度：

(44.19+33.42+11.53+51.80+43.49+16.24)×6=1 204.02(m)。

6. 接线盒的安装

(1)B 型单元：

L_1 回路：有接线盒 7 个，开关盒 8 个，计 15 个接线盒。

L_2 回路：有 13 个接线盒。

L_3 回路：有 6 个接线盒。

(2)A 型单元：

L_1 回路：有接线盒 4 个，开关盒 8 个，计 12 个接线盒。

L_2 回路：有 12 个接线盒。

L_3 回路：有 9 个接线盒。

(3)小计 6 层接线盒：(15+13+6+12+12+9)×6=402(个)。

7. 电气配线

钢管内穿 6 mm^2 铜芯塑料绝缘线，每回路管内有 3 根线，长度为：68.58×3=205.74(m)。

8. 电气配线

PVC 管内穿 2.5 mm^2 铜芯塑料绝缘线。

(1)B 型单元：

L_1 回路为照明回路，除起居室 6 号吊灯开关水平至 6 号吊灯为 3 根线外，其余为 2 根线，所需长度为：L_1 回路全部管长 44.19×2+1.55=89.93(m)。

L_2 和 L_3 回路为插座回路，都为 3 根线，所需长度为：L_2 回路全部管长 33.42×3+L_3 回路全部管长 11.53×3=100.26+34.59=134.85(m)。

(2)A 型单元：

L_1 回路为照明回路，都为 2 根线，所需长度为：51.8×2=103.6(m)。

L_2 和 L_3 回路为插座回路，都为 3 根线，所需长度为：L_2 回路全部管长 43.49×3+L_3 回路全部管长 16.24×3=130.47+48.72=179.19(m)。

(3)小计 2.5 mm^2 铜芯塑料绝缘线：

(89.93+100.26+34.59+103.6+130.47+48.72)×6=507.57×6=3 045.42(m)。

9. 半圆球吸顶灯的安装

每户 3 套，共 6 套，小计：6×6=36(套)。

10. 吊灯的安装

每户 1 套，共 2 套，小计：2×6=12(套)。

11. 单管成套荧光灯的安装

A型单元5套，B型单元4套，共9套。小计：9×6=54(套)。

将以上所算工程量依次填入工程量计算表中(表5-19)。

表5-19 工程量计算表

工程名称：某住宅楼电气照明工程　　　　第 页 共 页

序号	分部分项工程名称	计算式	计量单位	工程数量	部位
1	配电箱安装	3×6=18(台)	台	18	走廊、房间
2	小电器单联板式开关安装	14×6=84(只)	10只	8.4	各用户房间
3	小电器双联板式开关安装	4×6=24(只)	10只	2.4	起居室
4	小电器插座安装	38×6=228(套)	10套	22.8	各用户房间
5	刨沟槽、电线钢管敷设 *DN*25	(3.4+5.53)×6+3×5=68.58(m)	100 m	0.686	沿墙、天花板暗敷
6	刨沟槽、电线PVC管敷设 *DN*20	(44.19+33.42+11.53+51.8+43.49+17.24)×6=1 210.02(m)	100 m	12.10	沿墙、天花板暗敷
7	接线盒安装	(15+13+6+12+12+9)×6=402(个)	10个	40.2	各用户房间
8	6 mm^2 铜芯塑料绝缘线的管内穿线	68.58×3=205.74(m)	100 m	2.06	各层配电箱至户配电箱
9	2.5 mm^2 铜芯塑料绝缘线的管内穿线	(89.93+100.26+34.59+103.6+130.47+48.72)×6=507.57×6=3 045.42(m)	100 m	30.45	各用户房间
10	半圆球吸顶灯的安装	6×6=36(套)	10套	3.6	各用户阳台、卫生间
11	吊灯的安装	2×6=12(套)	10套	1.2	各用户客厅
12	荧光灯的安装	9×6=54(套)	10套	5.4	各用户房间

五、计算主材费用

表5-20所示为主材费用计算表。表中主材单价应以当地工程造价管理部门所编制的材料预算价格为依据，缺项者可依据当地造价管理部门所发布的材料价格信息确定。如果还不能确定，可参考市场价或订货价，按材料预算价格编制的方法确定。现确定的照明配电箱单价为300.00元/台，板式开关为15.00元/套，单相三孔插座为5.00元/套，钢管为6.62元/m，PVC管为3.50元/m，接线盒为5.10元/个，BV6.0铜芯塑料绝缘线为4.39元/m，BV2.5铜芯塑料绝缘线为1.20元/m，吊灯为450.00元/套，半圆球吸顶灯为32.00元/套，单管成套荧光灯为39.60元/套。

表 5-20　主材费用计算表

工程名称：某住宅楼电气照明工程　　　　　　　　　　　　　　　　　　第　页　共　页

序号	材料名称	规格型号	单位	消耗数量	单价/元	合价/元
1	照明配电箱		台	18	300.00	5 400.00
2	板式开关		套	108×(1+2%)=110.06	15.00	1 650.90
3	单相三孔插座		套	228×(1+2%)=232.56	5.00	1 162.80
4	钢管	*DN*25	m	68.58×(1+3%)=70.64	6.62	467.64
5	PVC 管	管径 20 mm	m	1 204×(1+3%)=1 240.12	3.50	4 340.42
6	接线盒	100×100	个	402×(1+2%)=410.04	5.10	2 091.20
7	铜芯塑料绝缘线	BV6.0	m	206×(1+5%)=212.18	4.39	931.47
8	铜芯塑料绝缘线	BV2.5	m	3 045×(1+3%)=3 136.35	1.20	3 763.62
9	吊灯(9 头花灯)		套	12×(1+1%)=12.12	450.00	5 454.00
10	半圆球吸顶灯		套	36×(1+1%)=36.36	32.00	1 163.52
11	单管成套荧光灯		套	54×(1+1%)=54.54	39.60	2 159.78
合计						28 585.35

主材消耗数量要考虑主材的损耗量，其损耗率是计价表中规定的，在定额说明或计价表附录中均有说明。

照明配电箱不考虑损耗率，其消耗数量为：18 台，消耗数量 18 台与单价 300 元相乘，得配电箱的合价 5 400 元。

由《云南省建设安装工程计价规则及机械仪器仪表台班费用定额》第 432 页查得板式开关的损耗率是 2%，因此，板式开关的消耗数量为：108×(1+2%)=110.16(套)，其合价为1 650.90 元。

查得单相三孔插座的损耗率是 2%，其消耗数量为：228×(1+2%)=232.56(套)，其合价为 1 162.80 元。

查得 *DN*25 钢管的损耗率是 3%，其消耗数量为：68.58×(1+3%)=70.64(m)，其合价为 467.64 元。

查得 PVC 管的损耗率是 3%，其消耗数量为：1 204×(1+3%)=1 240.12(m)，其合价为 4 340.42 元。

查得接线盒的损耗率是 2%，其消耗数量为：402×(1+2%)=410.04(个)，其合价为 2 091.20 元。

查得 BV6.0 铜芯塑料绝缘线的损耗率是 3%，其消耗数量为：206×(1+3%)=212.18(m)，其合价为 931.47 元。

查得 BV2.5 铜芯塑料绝缘线的损耗率是 3%，其消耗数量为：3 045×(1+3%)=3 136.35(m)，其合价为 3 763.62 元。

查得吊灯的损耗率是 1%，其消耗数量为：12×(1+1%)=12.12(套)，其合价为 5 454.00元。

查得吸顶灯的损耗率是1%，其消耗数量为：36×(1+1%)=36.36(套)，其合价为1 163.52元。

查得荧光灯的损耗率是1%，其消耗数量为：54×(1+1%)=54.54(套)，其合价为2 159.78元。

六、套用定额计价表计算分部分项工程量清单报价

含主材的分部分项工程量清单报价表，见表5-21。

表5-21　含主材的分部分项工程量清单报价表

工程名称：某住宅楼电气照明工程　　　　第　页　共　页

序号	项目编码	项目名称	计量单位	工程数量	综合单价	合价	人工费/元	
							单价	合价
1	030404017001	配电箱	台	18	393.24	7 078.32	44.55	801.90
2	030404031001	小电器单联开关安装	套	84	18.68	1 569.12	2.10	176.40
3	030404031002	小电器双联开关安装	套	24	18.88	453.12	2.20	52.80
3	030404031003	小电器插座安装	套	228	8.88	2 024.64	2.25	513.00
4	030411001001	电气配管(钢管)	m	68.58	10.74	736.55	2.10	144.02
5	030411001002	电气配管(PVC管)	m	1 210.02	6.45	7 804.63	1.46	1 766.63
6	030411001003	电气配管(接线盒)	个	402	9.47	3 806.94	1.11	446.22
7	030411004001	电气配线(6 mm^2 线)	m	205.74	4.99	1 026.64	0.20	41.15
8	030411004002	电气配线(2.5 mm^2 线)	m	3 045.42	1.85	5 634.03	0.09	274.09
9	030412001001	普通吸顶灯及其他灯具	套	36	44.38	1 597.68	5.35	192.60
10	030412004001	装饰灯	套	12	471.05	5 652.60	9.90	118.80
11	030412005001	荧光灯	套	54	50.17	2 709.18	5.37	289.98
小计						40 093.45		4 817.59

由表5-18中定额指引，查《云南省建设工程计价规则及机械仪器仪表台班费用定额》，通用安装工程管理费费率为30%、利润率为20%，计算基数均为分部分项工程费中的人工费+分部分项工程费中的机械费×8%。根据各清单项目的定额编号和《云南省通用安装工程消耗量定额》，将计算得出的各清单项目的综合单价、人工费单价填入分部分项工程量清单报价表中(表5-21)。例如表5-18中的清单项目“配电箱”，由其定额编号“03020264”和《云南省通用安装工程消耗量定额》(第二册)，查知1台配电箱安装的定额基价(不含未计价材电表箱)为70.96元，其中人工费为44.55元，材料费26.41元(计价材)，查《云南省价格指导》知，1台电表箱单价为300元，则此项材料费为326.41元，综合单价为44.55+326.41+44.55×(30%+20%)=393.24(元)。将配电箱安装的综合单价393.24元和人工费单价44.55元填入表5-21中。

将配电箱安装的综合单价393.24元乘以配电箱的工程数量18台，得配电箱的合价7 078.32元，将配电箱安装的人工费单价44.55元乘以配电箱的工程数量18台，得配电箱的人工费合价801.90元(表5-21)。

同样，表5-18中的清单项目“小电器单联开关安装”，由其定额编号“03021637”和《云

南省通用安装工程消耗量定额》第二册第712页查知，10套开关安装的定额基价(不含未计价材开关)为23.24元，其中人工费为21.04元、材料费为2.20元(计价材)，查《云南省价格指导》知，1套开关单价为15元，则此项10套开关安装材料费为150×1.02+2.20=155.20(元)，综合单价为21.04+155.20+21.04×(30%+20%)=186.76(元/10套)。将1套开关安装的综合单价18.68元和人工费单价2.10元填入表5-21中。

表5-18中的清单项目“小电器双联开关安装”由其定额编号“03021638”和《云南省通用安装工程消耗量定额》(第二册)查知，10套开关安装的定额基价(不含未计价材开关)为24.18元，其中人工费为22.03元、材料费为2.78元(计价材)，查《云南省价格指导》知，1套开关单价为15元，则此项10套开关安装材料费为150×1.02+2.78=155.78(元)，综合单价为22.03+155.78+22.03×(30%+20%)=188.83(元/10套)。将1套开关安装的综合单价18.88元和人工费单价2.20元填入表5-21中。

同样，表5-18中的清单项目“小电器插座安装”，由其定额编号“03021668”和《云南省通用安装工程消耗量定额》(第二册)查知，10套插座安装的定额基价(不含未计价材插座)为26.52元，其中人工费为22.52元、材料费为4元(计价材)，查《云南省价格指导》知，1套插座单价为5元，则此项10套插座安装材料费为50×1.02+4=55.00(元)，综合单价为22.52+55.00+22.52×(30%+20%)=88.78(元/10套)。将1套插座安装的综合单价8.88元和人工费单价2.25元填入表5-21中。

将配插座安装的综合单价8.88元乘以开关的工程数量228套，得配电箱的合价2 024.64元，将配插座安装的人工费单价2.25元乘以开关的工程数量228套，得插座安装的人工费合价513.00元(表5-21)。

表5-18中的清单项目“电气配管(钢管)”，由其定额编号“03020983”和《云南省通用安装工程消耗量定额》(第二册)查知，100 m电线管安装的定额基价(不含未计价材钢管)为285.88元，其中人工费为210.38元、材料费为48.16元(计价材)、机械费为27.34元，查《云南省价格指导》知，1 m *DN*25钢管单价为6.62元，则此项100 m钢管安装材料费为662×1.03+48.16=730.02(元)，综合单价为210.38+730.02+27.34+(210.38+27.34×8%)×(30%+20%)=1 076.21(元/100 m)。将1 m钢管安装的综合单价10.74元和人工费单价2.10元填入表5-21中。

将钢管安装的综合单价10.74元乘以开关的工程数量68.58套，得钢管的合价736.55元，将钢管安装的人工费单价2.10元乘以开关的工程数量68.58套，得钢管安装的人工费合价144.02元(表5-21)。

表5-18中的清单项目“电气配管(PVC)”，由其定额编号“03020982”和《云南省通用安装工程消耗量定额》(第二册)查知，100 m电线管安装的定额基价(不含未计价材PVC)为210.49元，其中人工费为146.03元、材料费为33.56元(计价材)、机械费为30.90元，查《云南省价格指导》知，1 m *DN*20 PVC管单价为3.5元，则此项100 m PVC安装材料费为350×1.03+33.56=394.06(元)，综合单价为146.03+394.06+30.90+(146.03+30.90×8%)×(30%+20%)=645.24(元/100 m)。将1 m PVC安装的综合单价6.45元和人工费单价1.46元填入表5-21中。

表5-18中的清单项目“电气配管(接线盒)”，由其定额编号“03021377”和《云南省通用安装工程消耗量定额》(第二册)查知，10个接盒安装的定额基价(不含未计价材接线盒)为

37.14 元，其中人工费为 11.14 元、材料费为 26.00 元(计价材)，查《云南省价格指导》知，1 个接线盒单价为 5.10 元，则此项 10 个接盒安装材料费为 51.00×1.02＋26.00＝78.02(元)，综合单价为 11.14＋78.02＋11.14×(30%＋20%)＝94.73(元/10 个)。将 1 个接盒安装的综合单价 9.47 元和人工费单价 1.11 元填入表 5-21 中。

表 5-18 中的清单项目“电气配线(6 mm^2 线)”，由其定额编号“03021200”和《云南省通用安装工程消耗量定额》(第二册)查知，100 m 单线安装的定额基价(不含未计价材电气配线)为 28.34 元，其中人工费为 19.80 元、材料费为 8.54 元(计价材)，查《云南省价格指导》知，1 m BV 6 mm^2 线单价为 4.39 元，则此项 100 m 单线安装材料费为 439.00×1.05＋8.54＝469.49(元)，综合单价为 19.80＋469.49＋19.80×(30%＋20%)＝499.19 元/100 m。将 1 m BV 6 mm^2 线安装的综合单价 4.99 元和人工费单价 0.20 元填入表 5-21 中。

表 5-18 中的清单项目“电气配线(2.5 mm^2 线)”，由其定额编号“03021172”和《云南省通用安装工程消耗量定额》(第二册)查知，100 m 单线安装的定额基价(不含未计价材电气配线)为 33.79 元，其中人工费为 24.75 元、材料费为 9.04 元(计价材)，查《云南省价格指导》知，1 m BV 2.5 mm^2 线单价为 1.2 元，则此项 100 m 单线安装材料费为 120.00×1.16＋9.04＝148.24(元)，综合单价为 24.75＋148.24＋24.75×(30%＋20%)＝185.37(元/100 m)。将 1 m BV 2.5 mm^2 线安装的综合单价 1.85 元和人工费单价 0.09 元填入表 5-21 中。

表 5-18 中的清单项目“普通吸顶灯及其他灯具”，由其定额编号“03021384”和《云南省通用安装工程消耗量定额》(第二册)查知，10 套普通吸顶灯安装的定额基价(不含未计价材普通吸顶灯)为 93.89 元，其中人工费为 53.46 元、材料费为 40.43 元(计价材)，查《云南省价格指导》知，1 套普通吸顶灯单价为 32 元，则此项 10 套普通吸顶灯安装材料费为 320.00×1.01＋40.43＝363.63(元)，综合单价为 53.46＋363.63＋53.46×(30%＋20%)＝443.82(元/10 套)。将 1 套普通吸顶灯安装的综合单价 44.38 元和人工费单价 5.35 元填入表 5-21中。

表 5-18 中的清单项目“装饰灯”，由其定额编号“03021530”和《云南省通用安装工程消耗量定额》(第二册)查知，10 套装饰吊灯安装的定额基价(不含未计价材装饰吊灯)为 115.98 元，其中人工费为 99.00 元、材料费为 16.98 元(计价材)，查《云南省价格指导》知，1 套装饰吊灯单价为 450 元，则此项 10 套装饰吊灯安装材料费为 4 500.00×1.01＋16.98＝4 561.98(元)，综合单价为 99.00＋4 561.98＋99.00×(30%＋20%)＝4 710.48(元/10 套)。将 1 套装饰吊灯安装的综合单价 471.05 元和人工费单价 9.90 元填入表 5-21 中。

表 5-18 中的清单项目“荧光灯”，由其定额编号“03021594”和《云南省通用安装工程消耗量定额》(第二册)查知，10 套荧光灯安装的定额基价(不含未计价材装饰吊灯)为 74.92 元，其中人工费为 53.71 元、材料费为 21.21 元(计价材)，查《云南省价格指导》知，1 套荧光灯单价为 39.60 元，则此项 10 套荧光灯安装材料费为 39.60×10×1.01＋21.21＝421.17(元)，综合单价为 53.71＋421.17＋53.71×(30%＋20%)＝501.74(元/10 套)。将 1 套荧光灯安装的综合单价 50.17 元和人工费单价 5.37 元填入表 5-21 中。

小计出分部分项工程量清单报价：40 093.45 元，其中人工费为 4 817.59 元、主材费为 28 585.35 元、机械费为 58.24 元。

七、单位工程措施项目清单

常见的单位工程措施项目有：现场安全文明施工措施费，脚手架搭设费，夜间施工增加费，二次搬运费和冬、雨期施工增加费等(表5-22)。本工程现只考虑现场安全文明施工措施费和脚手架搭设费两项。根据《云南省建设工程计价规则及机械仪器仪表台班费用定额》(DBJ 53/T-58-2013)，安装工程现场安全文明施工措施费费率为12.56%。

表5-22　单位工程措施项目清单表

工程名称：某住宅楼电气照明工程　　　　第　页　共　页

序号	项目名称	计算基数/元	费率/%	金额/元
1	现场安全文明施工措施费	4 817.59+58.24×8%	12.65	610.01
2	脚手架搭设费	4 817.59	4	192.70
3	夜间施工增加费			0
4	二次搬运费			0
5	冬雨期施工增加费			0
小计				802.71

安装工程现场安全文明施工措施费的计算基数是分部分项工程量清单报价表(表5-22)中安装费报价人工费4 817.59元+机械费×8%。

安装工程现场安全文明施工措施费的费率是12.65%，为610.01元。

脚手架搭设费的计算基数是分部分项工程量清单报价表(表5-22)中小计的人工费4 817.59元，计算费率为4%，等于192.70元。

小计措施项目清单费用：610.01+192.70=802.71(元)。

八、单位工程其他项目清单

常见的其他项目清单由暂列金、暂估价、总承包费、计日工组成(表5-23)。

单位工程其他项目清单费用可由招标文件或甲、乙双方协商确定。本工程未考虑其他项目清单费。

表5-23　单位工程其他项目清单表

工程名称：某住宅楼电气照明工程　　　　第　页　共　页

序号	项目名称	金额/万元
1	暂列金	
2	暂估价	
2.1	材料暂估价	
2.2	专业暂估价	
3	总承包费	
4	计日工	
	合计	

九、规费明细

建筑安装工程规费项目有工程排污费、社会保障及劳动保险费、工程定额测定费和危险作业意外伤害保险费等。本工程考虑了社会保障及劳动保险费和危险作业意外伤害保险费两项规费(表 5-24)。

社会保障及劳动保险费费率计算基数为分部分项工程量清单费用中的人工费 4 817.59 元，加单价措施项目清单费用中的人工费 0 元，再加其他项目费用中的人工费 0 元，计算基数等于 4 817.59 元，费率为 26%，计算得 1 252.57 元。

危险作业意外伤害保险费计算基数为分部分项工程量清单费用中的人工费 4 817.59 元，加单价措施项目清单费用中的人工费 0 元，再加其他项目费用中的人工费 0 元，计算基数等于 4 817.59 元，费率为 1%，计算得 48.18 元。

小计规费：1 300.75 元。

表 5-24　规费明细表

工程名称：某住宅楼电气照明工程　　　　第　页　共　页

序号	名称	计算基数	费率/%	金额/元
1	工程排污费	按文件规定		0
2	社会保障及劳动保险费：(分部分项工程量清单费用中的人工费＋单价措施项目清单费用中的人工费＋其他项目费用中的人工费)×26%	4 817.59	26	1 252.57
3	工程定额测定费	停征	0	0
4	危险作业意外伤害保险费：(分部分项工程量清单费用中的人工费＋单价措施项目清单费用中的人工费＋其他项目费用中的人工费)×1%	4 817.59	1	48.18
	小计			1 300.75

十、单位工程费用汇总

根据云南省安装工程计算程序(包工包料)，本工程造价等于分部分项工程量清单费用(含主材)40 093.45 元＋措施项目清单费用 802.71 元＋其他项目费用 0 元＋规费 1 300.75 元＋税金 1 468.45 元，为 43 665.36 元(表 5-25)。

表 5-25　单位工程费用汇总表

工程名称：某住宅楼电气照明工程　　　　第　页　共　页

序号	费用名称	计算公式	费率/%	金额/元
1	分部分项工程量清单费用	分部分项合计(含主材)		40 093.45(其中：主材费 28 585.35)
2	措施项目清单费用	[措施项目合计]		802.71
3	其他项目费用	[其他项目合计]		0
4	规费	F4.1＋F4.2＋F4.3＋F4.4		1 300.75

续表

序号	费用名称	计算公式	费率/%	金额/元
4.1	工程排污费			0
4.2	社会保障及劳动保险：(分部分项工程量清单费用中的人工费＋单价措施项目清单费用中的人工费＋其他项目费用中的人工费)×26%		26	1 252.57
4.3	工程定额测定费		0	0
4.4	危险作业意外伤害保险费：(分部分项工程量清单费用中的人工费＋单价措施项目清单费用中的人工费＋其他项目费用中的人工费)×1%		1	48.18
5	税金	(F1＋F2＋F3＋F4)×费率	3.48	1 468.45
6	工程造价	F1＋F2＋F3＋F4＋F5		43 665.36
注：其中税金1 468.45元等于分部分项工程量清单费用、措施项目清单费用、其他项目费用、规费四项之和与税金费率3.48%的乘积。				

因此，本住宅楼电气照明工程的工程造价是：43 665.36元。

第三节　给排水、采暖安装工程清单项目及工程量计算

一、给排水安装工程清单项目及工程量计算规则

给排水安装工程清单项目及工程量计算规则涉及表格见表5-26～表5-29。

表5-26　给水排水、采暖管道(编码：031001)

项目编码	项目名称	项目特征	计量单位	工程量计算规则	工作内容
031001001	镀锌钢管	1. 安装部位 2. 介质 3. 规格、压力等级 4. 连接形式 5. 压力试验及吹、洗设计要求 6. 警示带形式	m	按设计图示管道中心线以长度计算	1. 管道安装 2. 管件制作、安装 3. 压力试验 4. 吹扫、冲洗 5. 警示带敷设
031001002	钢管				
031001003	不锈钢管				
031001004	铜管				
031001005	铸铁管	1. 安装部位 2. 介质 3. 材质、规格 4. 连接形式 5. 接口材料 6. 压力试验及吹、洗设计要求 7. 警示带形式			1. 管道安装 2. 管件安装 3. 压力试验 4. 吹扫、冲洗 5. 警示带敷设

续表

项目编码	项目名称	项目特征	计量单位	工程量计算规则	工作内容
031001006	塑料管	1. 安装部位 2. 介质 3. 材质、规格 4. 连接形式 5. 阻火圈设计要求 6. 压力试验及吹、洗设计要求 7. 警示带形式	m	按设计图示管道中心线以长度计算	1. 管道安装 2. 管件安装 3. 塑料卡固定 4. 阻火圈安装 5. 压力试验 6. 吹扫、冲洗 7. 警示带敷设
031001007	复合管	1. 安装部位 2. 介质 3. 材质、规格 4. 连接形式 5. 压力试验及吹、洗设计要求 6. 警示带形式			1. 管道安装 2. 管件安装 3. 塑料卡固定 4. 压力试验 5. 吹扫、冲洗 6. 警示带敷设
031001008	直埋式预制保温管	1. 埋设深度 2. 介质 3. 管道材质、规格 4. 连接形式 5. 接口保温材料 6. 压力试验及吹、洗设计要求 7. 警示带形式			1. 管道安装 2. 管件安装 3. 接口保温 4. 压力试验 5. 吹扫、冲洗 6. 警示带敷设
031001009	承插陶瓷缸瓦管	1. 埋设深度 2. 规格 3. 接口方式及材料 4. 压力试验及吹、洗设计要求 5. 警示带形式			1. 管道安装 2. 管件安装 3. 压力试验 4. 吹扫、冲洗 5. 警示带敷设
031001010	承插水泥管				
031001011	室外管道碰头	1. 介质 2. 碰头形式 3. 材质、规格 4. 连接形式 5. 防腐、绝热设计要求	处	按设计图示以处计算	1. 挖填工作坑或暖气沟拆除及修复 2. 碰头 3. 接口处防腐 4. 接口处绝热及保护层

注：1. 铸铁管安装适用于承插铸铁管、球墨铸铁管、柔性抗震铸铁管等。
2. 塑料管安装适用于 UPVC、PVC、PP-C、PP-R、PE、PB 管等塑料管材。
3. 复合管安装适用于钢塑复合管、铝塑复合管、钢骨架复合管等复合型管道安装。
4. 直埋保温管包括直埋保温管件安装及接口保温。
5. 室外管道碰头：
1)适用于新建或扩建工程热源、水源、气源管道与原(旧)有管道碰头。
2)室外管道碰头，包括挖工作坑、土方回填或暖气沟局部拆除及修复。
3)带介质管道碰头，包括开头闸、临时放水管线敷设等费用。
4)热源管道碰头每处包括供、回水两个接口。
5)碰头形式指带介质碰头、不带介质碰头。
6. 管道工程量计算不扣除阀门、管件(包括减压器、疏水器、水表、伸缩器等组成安装)及附属构筑物所占长度。

表 5-27　支架及其他(编码：031002)

<table>
<tr><th>项目编码</th><th>项目名称</th><th>项目特征</th><th>计量单位</th><th>工程量计算规则</th><th>工作内容</th></tr>
<tr><td>031002001</td><td>管道支架</td><td>1. 材质
2. 管架形式</td><td rowspan="2">1. kg
2. 套</td><td rowspan="2">1. 以千克计量，按设计图示质量计算
2. 以套计量，按设计图示数量计算</td><td rowspan="2">1. 制作
2. 安装</td></tr>
<tr><td>031002002</td><td>设备支架</td><td>1. 材质
2. 形式</td></tr>
<tr><td>031002003</td><td>套管</td><td>1. 名称、类型
2. 材质
3. 规格
4. 填料材质</td><td>个</td><td>按设计图示数量计算</td><td>1. 制作
2. 安装
3. 除锈、刷油</td></tr>
<tr><td colspan="6">注：1. 单件支架质量 100 kg 以上的管道支吊架执行设备支吊架制作安装。
2. 成品支架安装执行相应管道支架或设备支架项目，不再计取制作费，支架本身价值含在综合单价中。
3. 套管制作安装，适用于穿基础、墙、楼板等部位的防水套管、填料套管、无填料套管及防火套管等，应分别列项。</td></tr>
</table>

表 5-28　管道附件(编码：031003)

<table>
<tr><th>项目编码</th><th>项目名称</th><th>项目特征</th><th>计量单位</th><th>工程量计算规则</th><th>工作内容</th></tr>
<tr><td>031003001</td><td>螺纹阀门</td><td rowspan="3">1. 类型
2. 材质
3. 规格、压力等级
4. 连接形式
5. 焊接方法</td><td rowspan="5">个</td><td rowspan="9">按设计图示数量计算</td><td rowspan="4">1. 安装
2. 电气接线
3. 调试</td></tr>
<tr><td>031003002</td><td>螺纹法兰阀门</td></tr>
<tr><td>031003003</td><td>焊接法兰阀门</td></tr>
<tr><td>031003004</td><td>带短管甲、乙阀门</td><td>1. 材质
2. 规格、压力等级
3. 连接形式
4. 接口方式及材质</td></tr>
<tr><td>031003005</td><td>塑料阀门</td><td>1. 规格
2. 连接形式</td><td>1. 安装
2. 调试</td></tr>
<tr><td>031003006</td><td>减压器</td><td rowspan="2">1. 材质
2. 规格、压力等级
3. 连接形式
4. 附件配置</td><td rowspan="3">组</td><td rowspan="2">组装</td></tr>
<tr><td>031003007</td><td>疏水器</td></tr>
<tr><td>031003008</td><td>除污器(过滤器)</td><td>1. 材质
2. 规格、压力等级
3. 连接形式</td><td rowspan="2">安装</td></tr>
<tr><td>031003009</td><td>补偿器</td><td>1. 类型
2. 材质
3. 规格、压力等级
4. 连接形式</td><td>个</td></tr>
</table>

续表

项目编码	项目名称	项目特征	计量单位	工程量计算规则	工作内容
031003010	软接头(软管)	1. 材质 2. 规格 3. 连接形式	个(组)	按设计图示数量计算	安装
031003011	法兰	1. 材质 2. 规格、压力等级 3. 连接形式	副(片)		
031003012	倒流防止器	1. 材质 2. 型号、规格 3. 连接形式	套		
031003013	水表	1. 安装部位(室内外) 2. 型号、规格 3. 连接形式 4. 附件配置	组(个)		组装
031003014	热量表	1. 类型 2. 型号、规格 3. 连接形式	块		安装
031003015	塑料排水管消声器	1. 规格 2. 连接形式	个		
031003016	浮标液面计		组		
031003017	浮漂水位标尺	1. 用途 2. 规格	套		

注：1. 法兰阀门安装包括法兰连接，不得另计。阀门安装如仅为一侧法兰连接，应在项目特征中描述。
2. 塑料阀门连接形式需注明热熔连接、粘接、热风焊接等方式。
3. 减压器规格按高压侧管道规格描述。
4. 减压器、疏水器、倒流防止器等项目包括组成与安装工作内容，项目特征应根据设计要求描述附件配置情况，或根据××图集或××施工图做法描述。

表 5-29 卫生器具(编号：031004)

项目编码	项目名称	项目特征	计量单位	工程量计算规则	工作内容
031004001	浴缸	1. 材质 2. 规格、类型 3. 组装形式 4. 附件名称、数量	组	按设计图示数量计算	1. 器具安装 2. 附件安装
031004002	净身盆				
031004003	洗脸盆				
031004004	洗涤盆				
031004005	化验盆				
031004006	大便器				
031004007	小便器				
031004008	其他成品卫生器具				
031004009	烘手器	1. 材质 2. 型号、规格	个		安装

续表

<table>
<tr><th>项目编码</th><th>项目名称</th><th>项目特征</th><th>计量单位</th><th>工程量计算规则</th><th>工作内容</th></tr>
<tr><td>031004010</td><td>淋浴器</td><td rowspan="3">1. 材质、规格
2. 组装形式
3. 附件名称、数量</td><td rowspan="4">套</td><td rowspan="5">按设计图示数量计算</td><td rowspan="3">1. 器具安装
2. 附件安装</td></tr>
<tr><td>031004011</td><td>淋浴间</td></tr>
<tr><td>031004012</td><td>桑拿浴房</td></tr>
<tr><td>031004013</td><td>大、小便槽自动冲洗水箱</td><td>1. 材质、类型
2. 规格
3. 水箱配件
4. 支架形式及做法
5. 器具及支架除锈、刷油设计要求</td><td>1. 制作
2. 安装
3. 支架制作、安装
4. 防锈、刷油</td></tr>
<tr><td>031004014</td><td>给、排水附(配)件</td><td>1. 材质
2. 型号、规格
3. 安装方式</td><td>个(组)</td><td>安装</td></tr>
<tr><td>031004015</td><td>小便槽冲洗管</td><td>1. 材质
2. 规格</td><td>m</td><td>按设计图示长度计算</td><td rowspan="3">1. 制作
2. 安装</td></tr>
<tr><td>031004016</td><td>蒸汽—水加热器</td><td rowspan="3">1. 类型
2. 型号、规格
3. 安装方式</td><td rowspan="4">套</td><td rowspan="4">按设计图示数量计算</td></tr>
<tr><td>031004017</td><td>冷热水混合器</td></tr>
<tr><td>031004018</td><td>饮水器</td><td rowspan="2">安装</td></tr>
<tr><td>031004019</td><td>隔油器</td><td>1. 类型
2. 型号、规格
3. 安装部位</td></tr>
</table>

注：1. 成品卫生器具项目中的附件安装，主要指给水附件包括水嘴、阀门、喷头等，排水配件包括存水弯、排水栓、下水口等以及配备的连接管。

2. 浴缸支座和浴缸周边的砌砖、瓷砖粘贴，应按现行国家标准《房屋建筑与装饰工程工程量计算规范》(GB 50854—2013)相关项目编码列项；功能性浴缸不含电动机接线和调试，应按《通用安装工程工程量计算规范》(GB 50856—2013)附录D电气设备安装工程相关项目编码列项。

3. 洗脸盆适用于洗发盆、洗手盆安装。

4. 器具安装中若采用混凝土或砖基础，应按现行国家标准《房屋建筑与装饰工程工程量计算规范》(GB 50854—2013)相关项目编码列项。

5. 给、排水附(配)件是指独立安装的水嘴、地漏、地面扫出口等。

实训 12

1. 实训内容

图 5-13 所示为某住宅排水系统的部分管道，管道采用承插铸铁管，水泥接口，试对其中承插铸铁管进行工程量计算。

2. 实训步骤

(1)清单工程量计算。

承插铸铁管 DN50：0.9(从节点 0 到节点 1 处)+0.8(从节点 1 到节点 2 处)=1.7(m)。

承插铸铁管 DN100：1.3(从节点 3 至节点 2 处)=1.3(m)。

承插铸铁管 DN150：3.6(从节点 2 到节点 4 处)=3.6(m)。

清单工程量计算表见表 5-30。

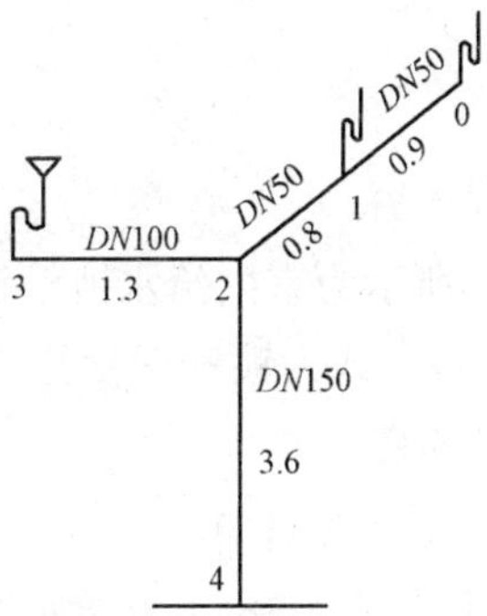

图 5-13 某住宅排水系统部分管道(单位：m)

表 5-30 清单工程量计算表

项目编码	项目名称	项目特征描述	单位	数量
031001005001	铸铁管	DN50、排水	m	1.7
031001005002	铸铁管	DN100、排水	m	1.3
031001005003	铸铁管	DN150、排水	m	3.6

(2)定额工程量计算。定额工程量计算表见表 5-31。

表 5-31 定额工程量计算表

项目	规格	单位	数量
承插铸铁管	DN50	10 m	0.17
承插铸铁管	DN100	10 m	0.13
承插铸铁管	DN150	10 m	0.36

说明：清单工程量计算与定额工程量计算中的最大区别在于单位的不同，清单工程量以“m”计，定额工程量以“10 m”计。

(3)套用定额。

1)承插铸铁管 DN50(水泥接口)：套用《云南省通用安装工程消耗量定额》(第八册)03080144。

基价：175.58 元，其中人工费 53.23×2.24=119.24(元)、材料费(不含主材费)56.34 元。

2)承插铸铁管 DN100(水泥接口)：套用《云南省通用安装工程消耗量定额》(第八册)03080146。

基价：372.60 元，其中人工费 53.23×3.46=184.18(元)、材料费(不含主材费)188.42 元。

3)承插铸铁管 DN150(水泥接口)：套用《云南省通用安装工程消耗量定额》(第八册)03080147。

基价 370.79 元，其中人工费 53.23×3.67=195.35(元)、材料费(不含主材费)175.44 元。

实训 13

1. 实训内容

图 5-14 所示为室内给水镀锌钢管，规格型号有 *DN*50、*DN*25，需刷防锈漆一道，银粉漆两道，连接方式为镀锌钢管丝接，试计算其工程量。

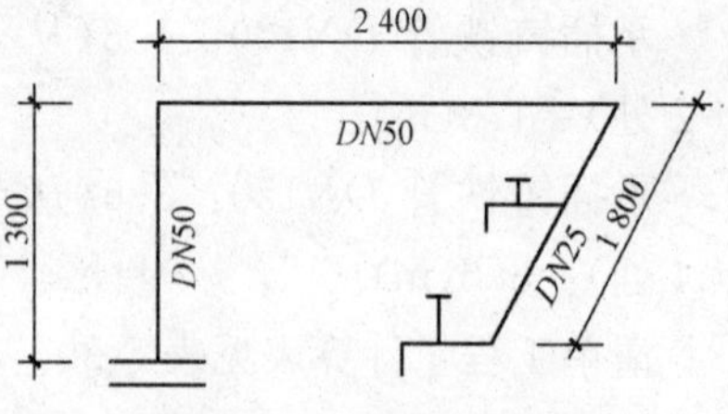

图 5-14　镀锌钢管支管

2. 实训步骤

(1)清单工程量计算。

1)镀锌钢管 *DN*50：1.3(给水立管楼层以上部分)+2.4(横支管长度)=3.7(m)。

2)镀锌管 *DN*25：1.8 m(接水龙头的支管长度)。

3)刷防锈漆一道，银粉漆两道，其工程量：3.14×(3.7×0.060+1.8×0.034)=0.89(m^2)。

说明：*DN*50 的外径为 0.060 m，*DN*25 的外径为 0.034 m。

水龙头：2 个。

清单工程量计算表见表 5-32。

表 5-32　清单工程量计算表

项目编码	项目名称	项目特征描述	单位	数量
031001001001	镀锌钢管	室内给水 *DN*50	m	3.7
031001001002	镀锌钢管	室内给水 *DN*25	m	1.8
031004014001	给、排水附(配)件	*DN*25	个	2

(2)定额工程费用计算。

1)项目：镀锌钢管 *DN*25，工程量：0.18。

套用《云南省通用安装工程消耗量定额》(第八册)03080089。

基价：142.66 元/10 m，其中人工费 53.23×2.2=171.11(元/10 m)、材料费 24.41 元/10 m、机械费 1.14 元/10 m。

镀锌钢管 *DN*25 的工程费用=142.66 元/10 m×1.8/10=25.68(元)。

2)项目：镀锌钢管 *DN*50，工程量：0.37。

套用《云南省通用安装工程消耗量定额》(第八册)03080092。

基价：181.21/10 m，其中人工费 53.23×2.68=142.66(元/10 m)，材料费 46.84 元/10 m、机械费 3.26 元/10 m。

镀锌钢管 *DN*50 的工程费用=181.21 元/10 m×3.7/10=67.05(元)。

3)项目：水龙头，工程量：0.2。

套用《云南省通用安装工程消耗量定额》(第八册)03080440。

基价：285.85 元/10 个，其中人工费 53.23×4.72=251.25(元)、材料费 34.60 元。

水龙头 *DN*25 的工程费用=285.85 元/10 个×2/10 个=57.17(元)。

4)项目：刷漆，计量单位：10 m^2，工程量：0.089。

①刷防锈漆一道。套用《云南省通用安装工程消耗量定额》(第八册)03011053。

基价：1.92 元/10 m²，其中人工费 53.23×0.27=14.37(元)、材料费 1.35 元。

②刷银粉一道。套用《云南省通用安装工程消耗量定额》(第八册)0311056。

基价：23.14 元/10 m²，其中人工费 18.10 元、材料费 5.04 元。

③刷银粉两道。套用《云南省通用安装工程消耗量定额》(第八册)0311057。

基价：22.02 元/10 m²，其中人工费 17.57 元、材料费 4.45 元。

镀锌钢管 *DN*50、*DN*25 刷防锈漆、银粉漆的工程费用=(1.92+23.14+22.02)元/10 m²×3.14×(3.7+1.8)m×(0.05+0.025)m=60.98(元)。

实训 14

1. 实训内容

某住宅消防系统的给水平面图及系统图如图 5-15 和图 5-16 所示，其中二层以下的水喷头距地面高度为 1.2 m，消防给水立管埋深为 1.0 m，消防埋地横管①、②长度分别为8 m、7.2 m，梁横管连接管长度为 7.2 m，消防给水管旁通管部分长度为 3.2 m，与旁通管并列的水泵给水管部分长度为 3.6 m，水表井至户外部分长度为 7 m。七层水喷头至七层顶部长度为 2.0 m，消防上部横管长度为 15.2 m，上部两横管连接管长度为 4.6 m，消防水箱入水口至上部横管连接管为 2.8 m。计算其清单工程量。

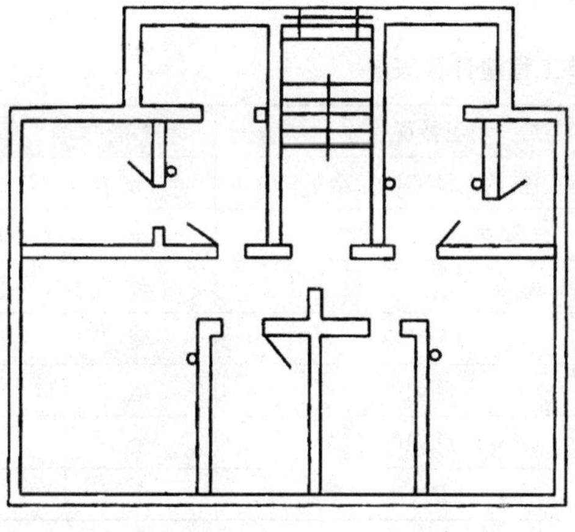

图 5-15　某住宅消防给水平面图

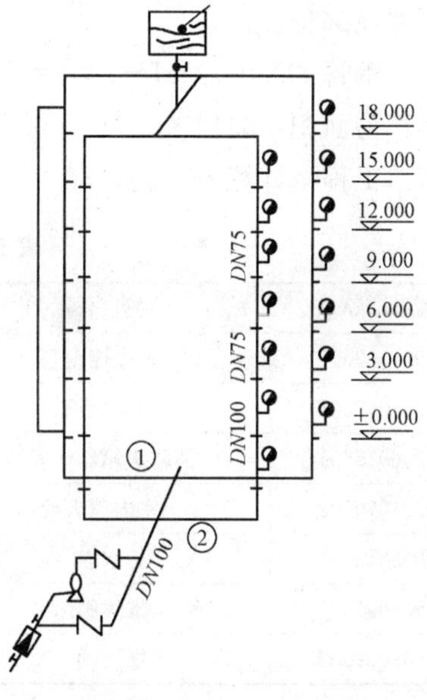

图 5-16　消防给水系统图

2. 实训步骤

(1)消防给水管工程量计算。消防给水管为镀锌钢管，二层以上消防管道为 *DN*75，二层以下消防管道为 *DN*100。

1)*DN*100 镀锌钢管：

[3(二层至一层高度)+1.2(水喷头距地面高度)+1.0(消防给水立管埋深)]×4+8(消防埋地横管①)+7.2(消防埋地横管②)+7.2(横管连接管长度)+3.2(消防给水管旁通管部分)+3.6(与旁通管并列的水泵给水管部分长度)+7(水表井至户外部分长度)=57(m)

2)*DN*75 镀锌钢管：

3(楼层高度)×5(七层至二层)×4+2.0(七层水喷头至七层顶部长度)×4+15.2(消防上部横管长度)+4.6(上部两横管连接管)+2.8(消防水箱入水口至上部横管连接管长度)=90.6(m)

(2)消防给水系统附件及附属设备工程量计算。

1)消防水箱：1个。

2)给水泵：1台。

3)止回阀：1×2=2(个)。

4)消火栓：7×4=28(套)。

5)水表：1组

(3)防腐。消防给水管全部为镀锌钢管，明装部分刷防锈漆一道，银粉两道，埋地部分刷沥青油两道，冷底子油一道。其工程量计算如下。

1)明装部分：

镀锌钢管 *DN*75：90.6 m。

镀锌钢管 *DN*100：(3+1.2)×4=16.8(m)。

换算为面积：3.14×(0.085×90.6+0.11×16.8)=29.98(m^2)。

2)埋地部分：

镀锌钢管 *DN*100：57−16.8=40.2(m)。

换算为面积：3.14×0.11×40.2=13.89(m^2)。

清单工程量计算表见表 5-33。

表 5-33　清单工程量计算表

项目编码	项目名称	项目特征描述	计量单位	工程量
030901002001	消火栓钢管	室内，*DN*100，给水	m	57
030901002002	消火栓钢管	室内，*DN*75，给水	m	90.6
031006015001	消防水箱制作安装	—	台	1
030901010001	室内消火栓	*DN*75	套	28
031003013001	水表	*DN*100	组	1
031003001001	螺纹阀门	*DN*100	个	1
031003001002	螺纹阀门	*DN*75	个	1

实训 15

1. 实训内容

某 7 层住宅楼的卫生间排水管道布置如图 5-17 和图 5-18 所示。首层为架空层，层高为 3 m，其余层高为 2.6 m。自 2 层至 7 层设有卫生间。管材为铸铁排水管，石棉水泥接口。图中所示地漏为 *DN*75，连续地漏的横管标高为楼板面下 0.1 m，立管至室外第一个检查井的水平距离为 5 m。试计算该排水管道系统的工程量。明露排水铸铁管刷防锈底漆一遍，银粉漆两遍，埋地部分刷沥青漆两遍，试编制该管道工程的工程量清单表。

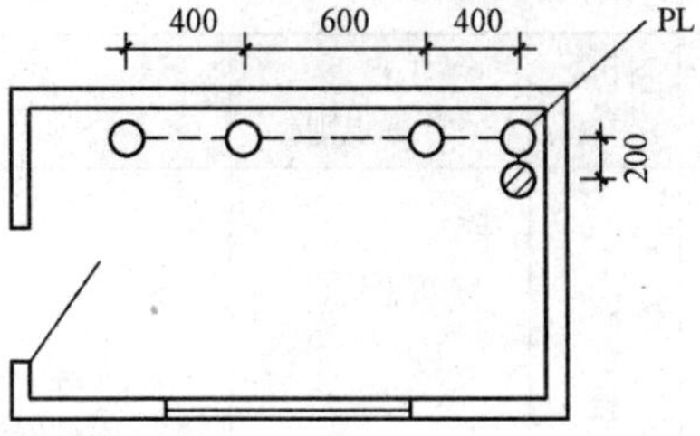

图 5-17　管道布置平面图

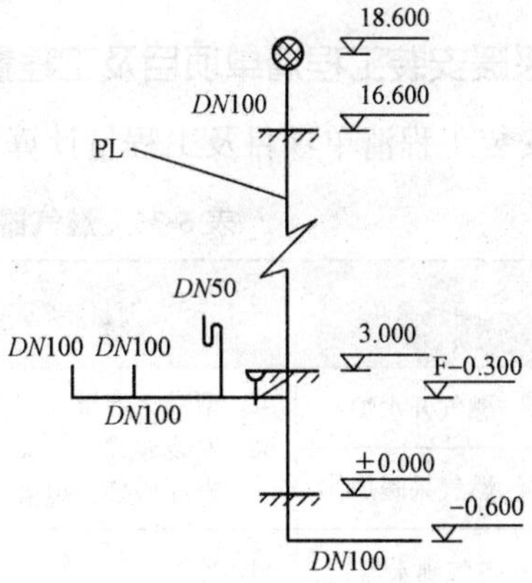

图 5-18　排水管道系统图

2. 实训步骤

(1)器具排水管。

1)铸铁排水管 *DN*50：0.3×6＝1.8(m)。

2)铸铁排水管 *DN*75：0.1×6＝0.6(m)。

3)铸铁排水管 *DN*100：0.3×6×2＝3.6(m)。

(2)排水横管。

1)铸铁排水管 *DN*75：0.2×6＝1.2(m)。

2)铸铁排水管 *DN*100：(0.4＋0.6＋0.4)×6＝8.4(m)。

3)排水立管和排出管：18.6＋0.6＋5＝24.2(m)。

(3)综合。

1)铸铁排水管 *DN*50：1.8 m。

2)铸铁排水管 *DN*75：1.8 m。

3)铸铁排水管 *DN*100：36.2 m，其中埋地部分 *DN*100，5.6 m。

分部分项工程量清单表见表 5-34。

表 5-34　分部分项工程量清单表

工程名称：排水管道工程　　　　标段：　　　　第　页　共　页

序号	项目编码	项目名称	项目特征描述	计量单位	工程数量	金额/元		
						综合单价	合价	其中：暂估价
1	031001005001	承插铸铁排水管装	*DN*50，一遍防锈底漆，两遍银粉漆	m	1.8			
2	031001005002	承插铸铁排水管装	*DN*75，一遍防锈底漆，两遍银粉漆	m	1.8			
3	031001005003	承插铸铁排水管装	*DN*100，一遍防锈底漆，两遍银粉漆	m	36.2			
4	031001005004	承插铸铁排水管装	*DN*100，(埋地)两遍沥青漆	m	5.6			
合计								

二、采暖安装工程清单项目及工程量计算规则

采暖安装工程清单项目及工程量计算规则见表 5-35。

表 5-35　燃气器具及其他(编码：031007)

项目编码	项目名称	项目特征	计量单位	工程量计算规则	工作内容
031007001	燃气开水炉	1. 型号、容量 2. 安装方式 3. 附件型号、规格	台	按设计图示数量计算	1. 安装 2. 附件安装
031007002	燃气采暖炉				
031007003	燃气沸水器、消毒器	1. 类型 2. 型号、容量 3. 安装方式 4. 附件型号、规格			
031007004	燃气热水器				
031007005	燃气表	1. 类型 2. 型号、容量 3. 连接方式 4. 托架设计要求	块（台）		1. 安装 2. 托架制作、安装
031007006	燃气灶具	1. 用途 2. 类型 3. 型号、规格 4. 安装方式 5. 附件型号、规格	台		1. 安装 2. 附件安装
031007007	气嘴	1. 单嘴、双嘴 2. 材质 3. 型号、规格 4. 连接形式	个		安装
031007008	调压器	1. 类型 2. 型号、规格 3. 安装方式	台		
031007009	燃气抽水缸	1. 材质 2. 规格 3. 连接形式	个		
031007010	燃气管道调长器	1. 规格 2. 压力等级 3. 连接形式			
031007011	调压箱、调压装置	1. 类型 2. 型号、规格 3. 安装部位	台		
031007012	引入口砌筑	1. 砌筑形式、材质 2. 保温、保护材料设计要求	处		1. 保温(保护)台砌筑 2. 填充保温(保护)材料

注：1. 沸水器、消毒器适用于容积式沸水器、自动沸水器、燃气消毒器等。

2. 燃气灶具适用于人工煤气灶具、液化石油气灶具、天然气灶具等，用途应描述民用或公用，类型应描述所采用气源。

3. 调压箱、调压装置安装部位应区分室内、室外。

4. 引入口砌筑形式应说明地上、地下。

实训 16

1. 实训内容

某采暖系统采用钢串片(闭式)散热器进行采暖，其中一房间的布置如图 5-19 和图 5-20 所示，其中所连支管为 *DN*20 的焊接钢管(螺纹连接)，试计算其工程量。

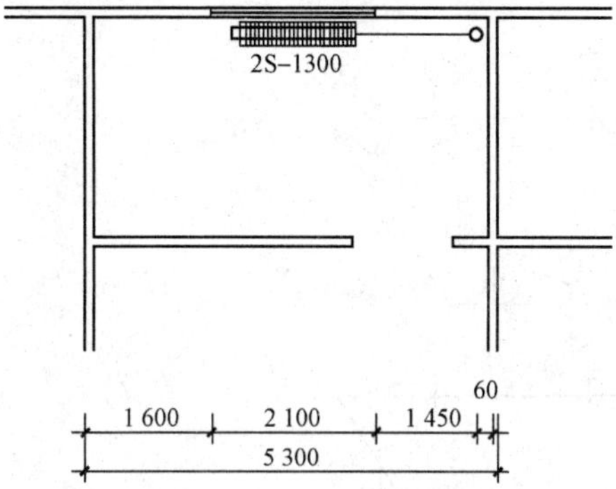

图 5-19　平面布置图

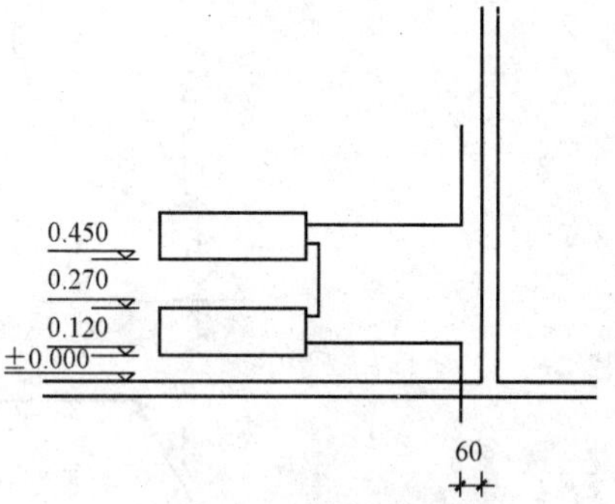

图 5-20　立管连接图

2. 实训步骤

(1)清单工程量计算。

1)钢制闭式散热器 2S-1300，项目编码：031005002，计量单位：片，工程量为 $\frac{1\times2(\text{每组片数})}{1(\text{计量单位})}=2$。

2)焊接钢管 *DN*20(螺纹连接)，项目编码：031001002，计量单位：m，工程量；$\left[\frac{5.3}{2}(\text{房间长度一半})-0.12(\text{半墙厚})-0.06(\text{立管中心距内墙边距离})\right]\times2-1.300(\text{钢制闭式散热器的长度})=3.64$。

(2)定额工程量计算。

1)钢制闭式散热器 2S-1300，该散热器的高度为 150 mm，宽度为 80 mm，同侧进出水口中心距为 70 mm。

故 *H*200×2 000 以内钢制闭式散热器，计量单位：片，工程量：$\frac{1\times2(\text{每组片数})}{1(\text{计量单位})}=2$。

套用《云南省通用安装工程消耗量定额》(第八册)03080574。

基价：12.08 元，其中人工费 53.23×0.22=11.71(元)、材料费 0.37 元。

*H*200×2 000 以内钢制闭式散热器工程费用=12.08 元/个×2=24.16(元)。

2)焊接钢管 *DN*20(螺纹连接)，计量单位：10 m，工程量：$\frac{\left(\frac{5.3}{2}-0.12-0.06\right)\times2-1.3}{10}=0.364$。

套用《云南省通用安装工程消耗量定额》(第八册)03080099。

基价：116.76 元，其中人工费 97.41 元、材料费 19.35 元。

焊接钢管 *DN*20(螺纹连接)工程费用=116.76 元/10 m×0.364=42.50(元)。

实训 17

1. 实训内容

某采暖系统采用下供上回式系统，为避免垂直失调，保证热水流动通畅，采暖立管上均安装自动放气阀，系统如图 5-21 所示，自动放气阀公称直径为 20 mm、25 mm 两种，试计算其工程量。

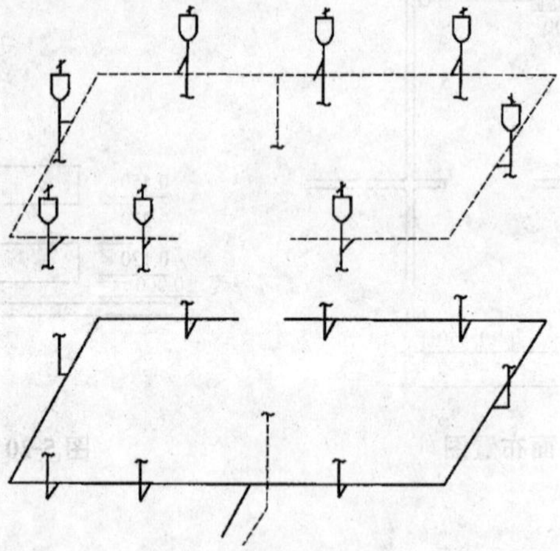

图 5-21 采暖系统图

2. 实训步骤

(1)清单工程量计算。

1)*DN*25 自动放气阀(立式)，项目编码：030803005，计量单位：个，工程量：3。

2)*DN*20 自动放气阀(立式)，项目编码：030803005，计量单位：个，工程量：5。

(2)定额工程量计算。

1)*DN*25 自动放气阀(立式)，计量单位：个，工程量：3。

套用《云南省通用安装工程消耗量定额》(第八册)02080301。

基价：23.21 元，其中人工费 53.23×0.12＝6.39(元)、材料费 3.63 元。

*DN*25 自动放气阀(立式)工程费用＝23.21 元/个×3＝69.63(元)。

2)*DN*20 自动放气阀(立式)，计算单位：个，工程量：5。

套用《云南省通用安装工程消耗量定额》(第八册)03080300。

基价：7.77 元，其中人工费：53.23×0.100＝5.32(元)、材料费 2.45 元。

*DN*20 自动放气阀(立式)工程费用＝7.77 元/个×5＝38.85(元)。

实训 18

1. 实训内容

某住宅煤气系统图如图 5-22 所示，平面图如图 5-23 所示，外墙厚 240 mm，立管距内墙面 100 mm，进出燃气表立管间距为 150 mm，系统管道均采用镀锌钢管，螺纹连接，计算煤气入户支管的定额工程量。

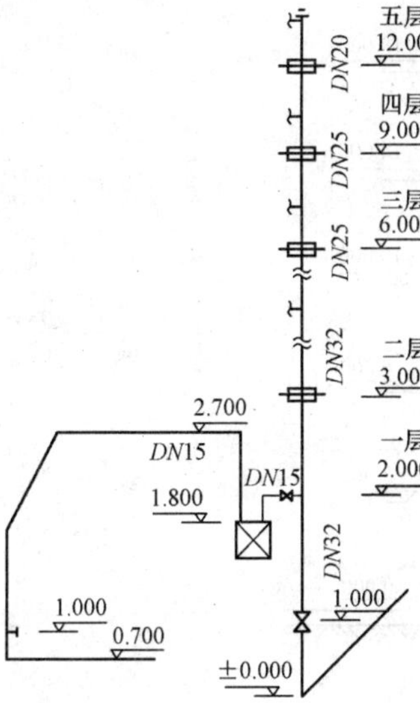

图 5-22　煤气系统图

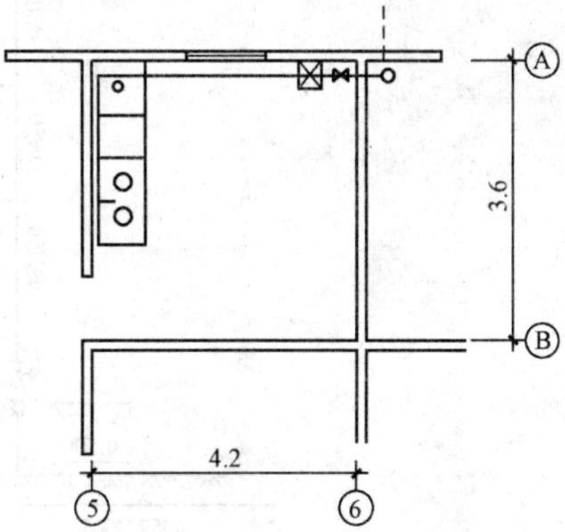

图 5-23　煤气管平面图(单位：m)

2. 实训步骤

(1)定额工程量计算。

根据平面图和系统图，煤气入一层用户支管管长：

[3.6(房间宽度)+4.2(房间长度)+0.24(一墙厚)+0.1(立管距内墙面距离)−0.05(转变后煤气管道距⑤轴线墙面的距离)−0.1(煤气管道距Ⓐ轴线墙面的距离)−1.5(接入灶具处距Ⓑ轴线的距离)+(2.7−1.0)(标高差)+(2.7−2.0)(标高差)+(2.0−1.8)×2(进出燃气表立管长度)−0.15(进出燃气表立管间距)]=9.14(m)，则整个系统用户支线的长度为9.14×5=45.7(m)。

定额工程量：45.7/10=4.57(10 m)。

(2)套用定额：室内镀锌钢管 *DN*15 螺纹连接，计量单位：10 m，定额工程量：4.57。套用《云南省通用安装工程消耗量定额》(第八册)03080647。基价：117.39 元，其中人工费53.23×1.847=98.32(元)、材料费 15.97 元、机械费 3.10 元。

室内镀锌钢管 *DN*15 螺纹连接工程费用=117.39 元/10 m×45.7/10=536.47(元)。

实训 19

1. 实训内容

某南方建筑，燃气立管完全敷设在外墙上，引入管采用 *D*57×3.5 无缝钢管，燃气立管采用镀锌钢管，该燃气由中压管道经调节器后供给用户，调压器设在专用箱体内，调压箱挂在外墙壁上，调压箱底部距室外地坪高度为 1.5 m，其系统如图 5-24 所示，图中标高 0.700 处安有清扫口，采用法兰连接，镀锌钢管外刷防锈漆两道、银粉漆两道，试计算其工程量。

2. 实训步骤

(1)清单工程量计算。

1)*DN*50 煤气调压器安装，项目编码：031007011，计量单位：台，工程量：1。

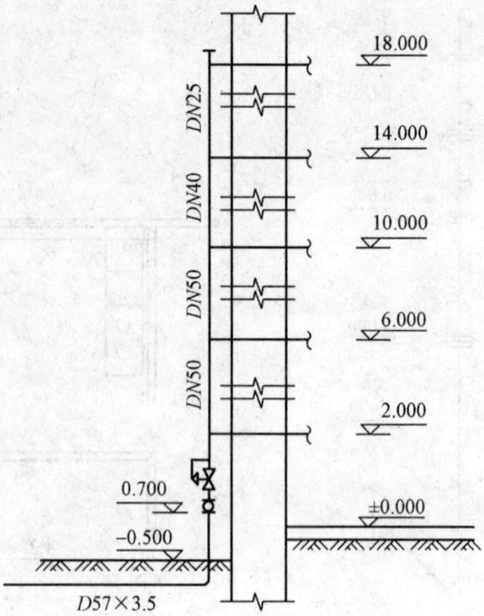

图 5-24　煤气系统图

2)DN50 法兰焊接连接，项目编码：031003011，计量单位：副，工程量：1。

3)DN50 镀锌钢管，项目编码：031001001，计量单位：m，工程量：$\frac{10.000-2.000(\text{标高差})}{1(\text{计量单位})}$=8。

4)DN40 镀锌钢管，项目编码：031001001，计量单位：m，工程量：$\frac{14.000-10.000(\text{标高差})}{1(\text{计量单位})}$=4。

5)DN25 镀锌钢管，项目编码：031001001，计量单位：m，工程量：$\frac{18.000-14.000(\text{标高差})+0.2}{1(\text{计量单位})}$=4.2。

(2)定额工程量及费用计算。

1)DN50 煤气调压器安装，计量单位：个，工程量：10。

2)DN50 法兰焊接连接，计量单位：副，工程量：1。

套用《云南省通用安装工程消耗量定额》(第八册)03080191。基价：34.49 元，其中人工费 53.23×0.29=15.44(元)、材料费 8.66 元、机械费 10.39 元。

3)DN50 镀锌钢管。

① DN50 镀锌钢管安装，计量单位：10 m，工程量：(10.000−2.000)/10=0.8。

套用《云南省通用安装工程消耗量定额》(第八册)03080652。

基价：211.86 元，其中人工费 53.23×2.76=146.91(元)、材料费 59.40 元、机械费 5.55 元。

②钢管外刷防锈漆第一遍，计量单位：10 m^2，工程量：(1.89 ×0.8)/10=0.151 2。

套用《云南省通用安装工程消耗量定额》(第八册)03110053。

基价：15.66 元，其中人工费 53.23×0.27=14.37(元)、材料费 1.29 元。

③钢管外刷防锈漆第二遍，计量单位：10 m^2，工程量：(1.89×0.8)/10=0.151 2。

套用《云南省通用安装工程消耗量定额》(第八册)03110054。

基价：15.53 元，其中人工费 53.23×0.27=14.37(元)、材料费 1.16 元。

④钢管外刷银粉漆第一遍，计量单位：10 m^2，工程量：(1.89×0.8)/10=0.151 2。

套用《云南省通用安装工程消耗量定额》(第八册)03110056。

基价：19.35 元，其中人工费 53.23×0.28=14.90(元)、材料费 4.45 元。

⑤钢管外刷银粉漆第二遍，计量单位：10 m^2，工程量：(1.89×0.8)/10=0.151 2。

套用《云南省通用安装工程消耗量定额》(第八册)03110057。

基价：18.42 元，其中人工费 53.23×0.27=14.37(元)、材料费 4.05 元。

4)*DN*40 镀锌钢管。

①*DN*40 镀锌钢管安装，计量单位：10 m，工程量：(14 000−10.000)/10=0.4。

套用《云南省通用安装工程消耗量定额》(第八册)03080651。

基价：195.68 元，其中人工费 53.23×2.75=146.38(元)、材料费 45.54 元、机械费 3.76 元。

②钢管外刷防锈漆第一遍，计量单位：10 m^2，工程量：(1.51×0.4)/10=0.060 4。

套用《云南省通用安装工程消耗量定额》(第十三册)03110053。

基价：15.66 元，其中人工费 53.23×0.27=14.37(元)、材料费 1.29 元。

③钢管外刷防锈漆第二遍，计量单位：10 m^2，工程量：(1.51×0.4)/10=0.060 4。

套用《云南省通用安装工程消耗量定额》(第十三册)03110054。

基价：15.53 元，其中人工费 53.23×0.27=14.37(元)、材料费 1.16 元。

④钢管外刷银粉漆第一遍，计量单位：10 m^2，工程量：(1.51×0.4)/10=0.060 4。

套用《云南省通用安装工程消耗量定额》(第十三册)03110056。

基价：19.35 元，其中人工费 53.23×0.28=14.90(元)、材料费 4.45 元。

⑤钢管外刷银粉漆第二遍，计量单位：10 m^2，工程量：(1.51×0.4)/10=0.060 4。

套用《云南省通用安装工程消耗量定额》(第十三册)03110057。

基价：18.42 元，其中人工费 53.23×0.27=14.37(元)、材料费 4.05 元。

5)*DN*25 镀锌钢管。

①*DN*25 镀锌钢管安装，计量单位：10 m，工程量：(18.000−14.000+0.2)/10=0.42。

套用《云南省通用安装工程消耗量定额》(第八册)03080649。

基价：144.65 元，其中人工费 53.23×2.195=116.84(元)、材料费 23.53 元、机械费 4.28 元。

②钢管外刷防锈漆第一遍，计量单位：10 m^2，工程量：(1.05 ×0.42)/10=0.044 1。

套用《云南省通用安装工程消耗量定额》(第十三册)03110053。

基价：15.66 元，其中人工费 53.23×0.27=14.37(元)、材料费 1.29 元。

③ 钢管外刷防锈漆第二遍，计量单位：10 m^2，工程量(1.05 ×0.42)/10=0.044 1。

套用《云南省通用安装工程消耗量定额》(第十三册)03110054。

基价：15.53 元，其中人工费 53.23×0.27=14.37(元)、材料费 1.16 元。

④钢管外刷银粉漆第一遍，计量单位：10 m^2，工程量：(1.05×0.42)/10=0.044 1。

套用《云南省通用安装工程消耗量定额》(第十三册)03110056。

基价：19.35 元，其中人工费 53.23×0.28=14.90(元)、材料费 4.45 元。

⑤钢管外刷银粉漆第二遍，计量单位：10 m^2，工程量：(1.05×0.42)/10=0.044 1。

套用《云南省通用安装工程消耗量定额》(第十三册)03110057。

基价：18.42元，其中人工费53.23×0.27=14.37(元)、材料费4.05元。

燃气系统费用=34.49×10+157.30×8+(15.66+15.53+19.35+18.42)×0.151 2+195.68×4+(15.66+15.53+19.35+18.42)×0.060 4+144.65×4+(15.66+15.53+19.35+18.42)×0.044 1=2 982.50(元)。

某给排水安装工程工程量清单及计价编制实例

一、熟悉工程概况、施工图与施工说明

本给排水工程是有三个单元的五层住宅楼，每单元每层两户，每单元为10住户。工程由给水系统、热水系统和排水系统三部分组成。工程提供了6张施工设计图纸：中间单元底层给水、热水、排水工程平面图(图5-25)；厨房给水、热水、排水工程平面图(图5-26)；卫生间给水、热水、排水工程平面图(图5-27)；中间单元给水系统轴测图(图5-28)；中间单元热水系统轴测图(图5-29)；中间单元排水系统轴测图(仅右边五层用户，图5-30)。

给水系统，由户外阀门井埋地引入自来水供水管道，通过立管经各户横支管上的水表向其厨房和卫生间设备供水。热水系统，由小区换热站经地沟引入热水管道，并通过立管经各户热水表，由横支管向其厨房洗涤盆和卫生间洗脸盆、浴盆设备供水；而热水回水由立管返回地沟，通向小区换热站。排水系统，由卫生间与厨房的排水管道，经不同排水立管，再经其排出管引至室外化粪池。

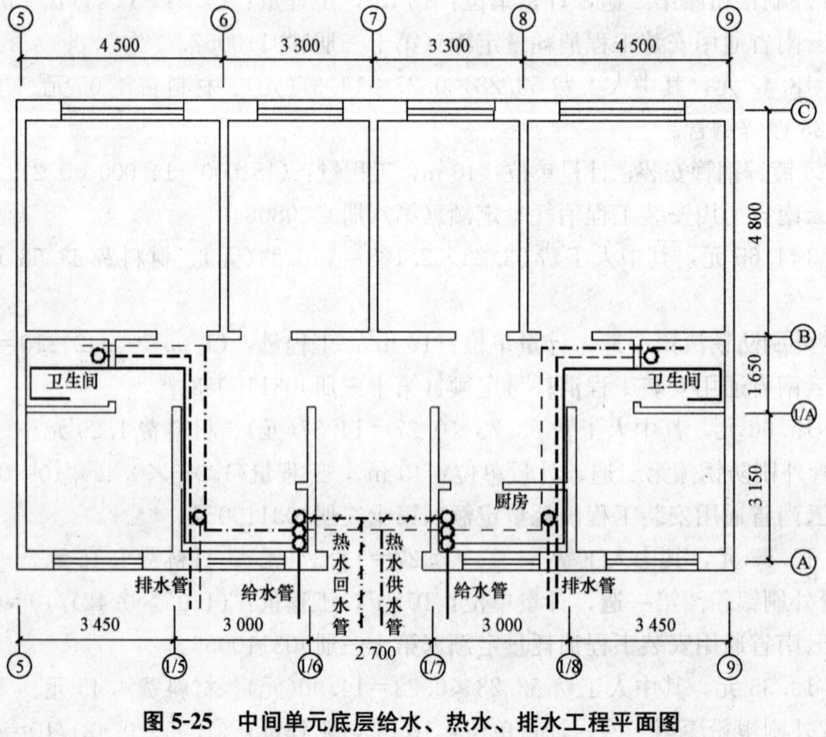

图5-25　中间单元底层给水、热水、排水工程平面图

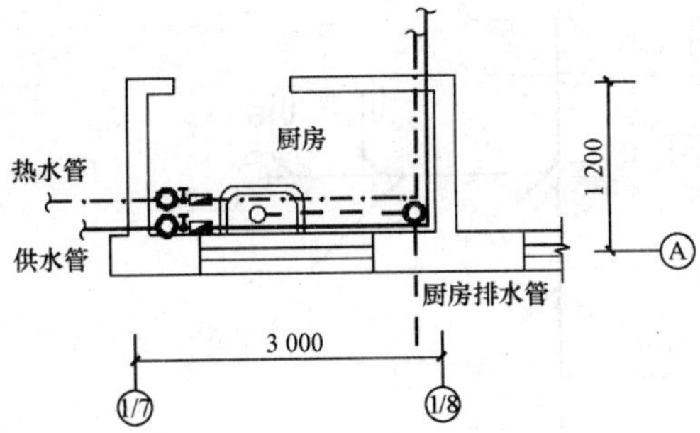

图 5-26 厨房给水、热水、排水工程平面图

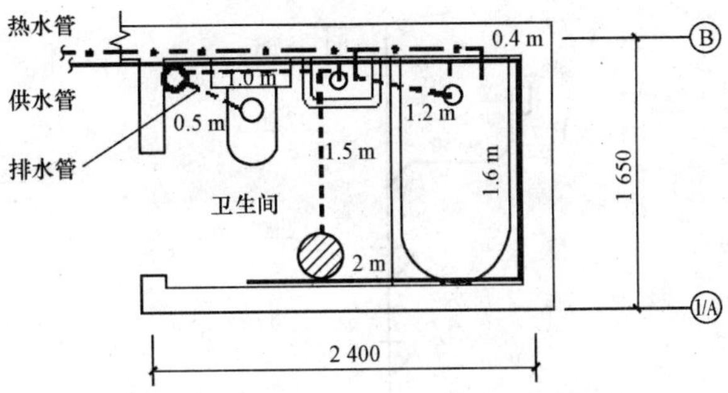

图 5-27 卫生间给水、热水、排水工程平面图

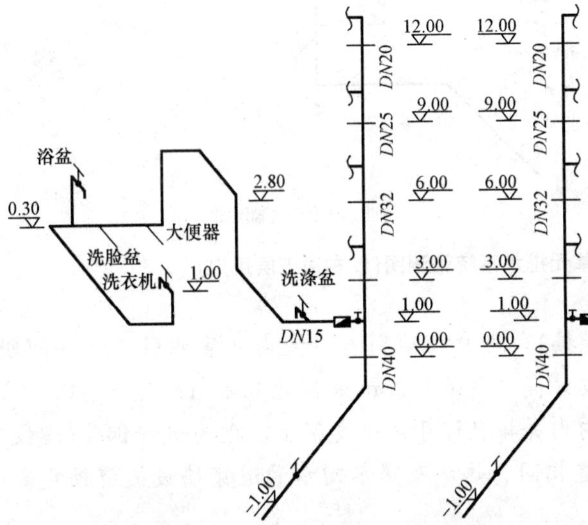

图 5-28 中间单元给水系统轴测图

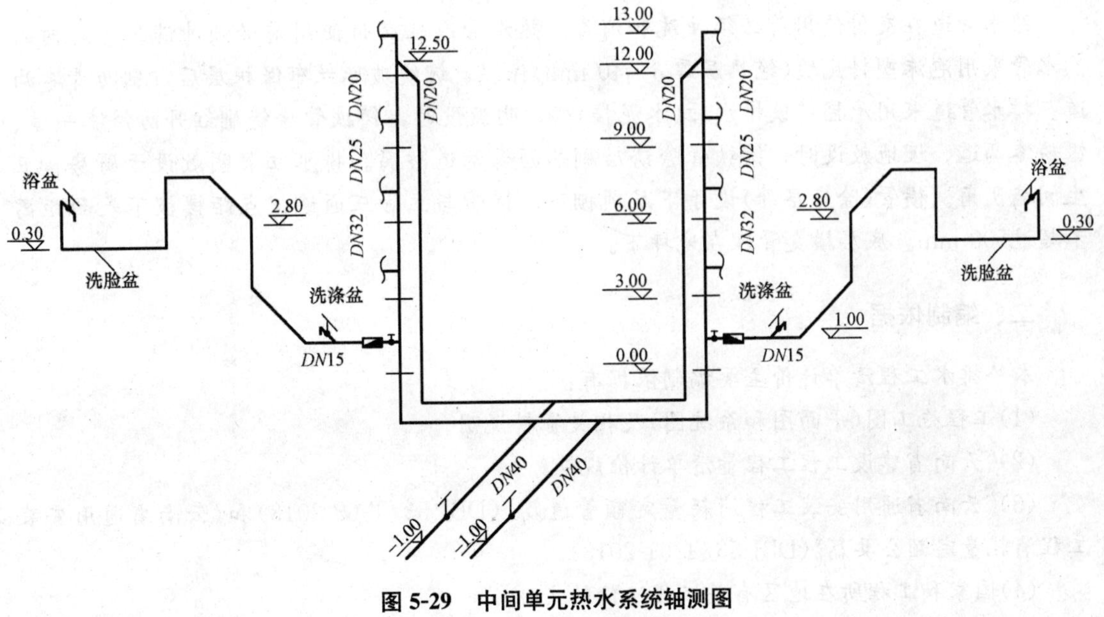

图 5-29 中间单元热水系统轴测图

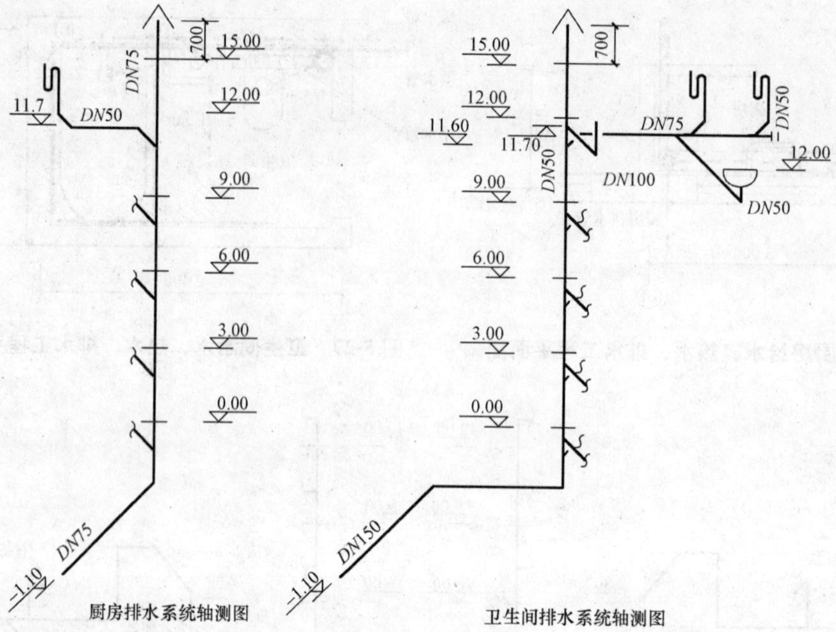

图 5-30 中间单元排水系统轴测图(仅右边五层用户)

给水管道采用镀锌钢管(螺纹连接)，进户埋地引入，室内立管明敷设于房间阴角处，各户横支管沿墙、沿吊顶明敷设，安装高度离地 0.3 m 和离地 2.8 m。

热水管道、热水回水管道在地沟内并排敷设于水平支架上，也为镀锌钢管(螺纹连接)。其立管与横管的敷设方式与给水管道相同。热水及热水回水管道穿墙设镀锌铁皮套管，穿楼板时设钢套管。

冷、热水管道同时安装时应符合下列规定：①上、下平行安装时，热水管道应在冷水管道上方。②垂直平行安装时，热水管道应在冷水管道左侧。

给水管道在交付使用前必须冲洗和消毒。热水管道在交付使用前必须冲洗。地沟内的热水管采用泡沫塑料瓦块(绝热层厚 $\delta=40$ mm)保温，缠绕玻璃丝布保护层后，刷沥青漆两道。排水管道采用承插铸铁排水管(水泥接口)，明敷设时，铸铁管除锈刷红丹防锈漆一道、银粉漆两道。埋地敷设时，铸铁管除锈后刷热沥青两道防腐。排水立管明敷设于厨房、卫生间墙阴角。横管(除底层外)设于下层顶棚下，横管与立管三通连接点距楼板下表面距离不超过500 mm。底层横支管埋在地坪下。

二、编制依据

本给排水工程清单计价主要编制依据有：

(1)工程施工图(平面图和系统图)及相关资料说明。

(2)《云南省建设工程工程量清单计价规范》。

(3)《云南省通用安装工程消耗量定额管道篇》(DBJ 53/T-63-2013)和《云南省通用安装工程消耗量定额公共篇》(DBJ 53/T-61-2013)。

(4)国家和工程所在地区有关工程造价的文件。

(5)《云南省建筑工程造价计价规则》。

三、工程清单项目的划分及项目编码表格

本安装工程有室内给水、热水、排水三个系统，它们的分项工程项目有：

(1)室内给水系统安装：①镀锌钢管安装。②管道支架制作安装。③管道消毒冲洗。④阀门安装。⑤水表组成与安装。⑥洗衣机水龙头安装。

(2)热水供应系统安装：①镀锌钢管安装。②管道穿墙镀锌铁皮套管制作。③管道穿楼板钢套管制作安装。④管道支架制作安装。⑤管道冲洗。⑥阀门安装。⑦水表组成与安装。

(3)室内排水系统安装：①承插铸铁排水管安装。②浴盆安装。③洗脸盆安装。④洗涤盆安装。⑤坐式大便器安装。⑥地漏安装。⑦水平清扫口和地面扫除口安装。以上项目属于《云南省安装工程计价表》(第八册)预算定额范围。

(4)除锈、刷油、保温工程：①埋地镀锌钢管刷热沥青。②铸铁排水管除锈与刷油。③管道支架除锈与刷油。④绝热保护层安装。⑤绝热保护层刷油。以上项目属于《云南省通用安装工程消耗量定额》(第十三册)预算定额范围。

(5)埋地管道挖土、回填土及砌筑工程：①埋地给水管道人工挖沟槽和回填土。②埋地排水管道人工挖沟槽和回填土。③排水立管下砖墩砌筑。④阀门井砌筑。⑤化粪池砌筑。

埋地管道挖土、回填土及砌筑工程项目属于建筑工程预算定额范围。

由此，可归纳本给排水工程的分项工程项目，划分成13个清单安装项目，见表5-36。

表5-36 工程清单项目的划分及项目编码表

工程名称：某住宅楼给排水工程　　　　第　页　共　页

序号	项目编码	项目名称	计量单位	工程内容	定额指引
1	031001001	镀锌钢管	m	(1)管道安装； (2)消毒、冲洗； (3)埋地管防腐； (4)地沟热水管保温、刷漆	03080087、03080088、03080089、03080090、03080091、03080230、03110073、03110072、03110189、03111250、03111251
2	031001005	承插铸铁管	m	(1)管道安装； (2)除锈； (3)明敷管防腐； (4)埋地管防腐	03080144、03080145、03080146、03080147、03110198、03110200、03110201、03110206、03110207
3	031001004	钢管	m	(1)钢套管制作、安装； (2)铁皮套管制作	03080023、03080024、03080025、03080169
4	031002001	管道支架制作安装	kg	(1)管道支架制作、安装； (2)防腐刷油	03080178、03110122、03110123、03110117、03110118、03110007
5	031003001	螺纹阀门	个	阀门安装	03080245
6	031003013001	水表	组	水表安装	03080357
7	031004001001	浴缸	组	浴缸安装	03080376
8	031004003001	洗脸盆	组	洗脸盆安装	03080384
9	031004004001	洗涤盆	组	洗涤盆安装	03080392
10	031004006001	大便器	套	坐式大便器安装	03080416

续表

序号	项目编码	项目名称	计量单位	工程内容	定额指引
11	031004014001	给、排水附(配)件	个	水龙头安装	03080438
12	031004014002	给、排水附(配)件	个	地漏安装	03080447
13	031004014003	给、排水附(配)件	个	地面扫除口安装	03080451

根据《通用安装工程工程量计算规范》(GB 50854—2013)和《云南省建设工程工程量清单项目指南》，在表中填入各清单安装项目的项目编码、计量单位和定额编号。如镀锌钢管安装的项目编码，可从《通用安装工程工程量计算规范》(GB 50854—2013)查知镀锌钢管安装项目的编码是“031001001”，计量单位是“m”，并根据定额编号和本工程镀锌钢管安装的工作内容，其定额子目有“03080087、03080088、03080089、03080090、03080091、03080230、03110073、03110072、03110189、03111250、03111251”。

同样，可查知承插铸铁管安装的项目编码是“031001003”，计量单位是“m”，定额子目有“03080144、03080145、03080146、03080147、03110198、03110200、03110201、03110206、03110207”。

其他清单安装的项目编码、计量单位和定额子目也可以一一查得。

本项目工程清单项目的划分及项目编码表见表5-37。

表5-37 工程清单项目的划分及项目编码表

工程名称：某住宅楼给排水工程　　　　第　页　共　页

序号	项目编码	项目名称	计量单位	工程内容	数量	定额编号
1	031001001001	*DN*15 镀锌钢管	m	(1)管道安装； (2)消毒、冲洗	1 093	03080087、03080230
2	031001001002	*DN*20 镀锌钢管	m	(1)管道安装； (2)消毒、冲洗	114	03080088、03080230
3	031001001003	*DN*25 镀锌钢管	m	(1)管道安装； (2)消毒、冲洗	36	03080089、03080230
4	031001001004	*DN*32 镀锌钢管	m	(1)管道安装； (2)消毒、冲洗	36	03080090、03080230
5	031001001005	*DN*40 镀锌钢管	m	(1)管道安装； (2)冲洗	66	03080091、03080230
6	031001001006	地沟内 *DN*20 镀锌钢热水管	m	(1)管道安装； (2)冲洗； (3)埋地管防腐； (4)地沟热水管保温、刷漆	15	03080088、03080230、03110073、03110072、031101891、03112153、03110250、03110251
7	031001001007	地沟内 *DN*40 镀锌钢热水管	m	(1)管道安装； (2)冲洗； (3)埋地管防腐； (4)地沟热水管保温、刷漆	27	03080091、03080230、03110073、03110072、031101891、03112153、03110250、031101251

续一

序号	项目编码	项目名称	计量单位	工程内容	数量	定额编号
8	031001005001	室内埋地 DN50 承插铸铁管	m	(1)管道安装； (2)除锈； (3)埋地管防腐	26.9	03080144、03110001、03110198、03110206、03110207
9	031001005002	室内埋地 DN75 承插铸铁管	m	(1)管道安装； (2)除锈； (3)埋地管防腐	32.4	03080145、03110001、03110198、03110206、03110207
10	031001005003	室内埋地 DN100 承插铸铁管	m	(1)管道安装； (2)除锈； (3)埋地管防腐	5.4	03080146、03110001、03110198、03110206、03110207
11	031001005004	室内埋地 DN150 承插铸铁管	m	(1)管道安装； (2)除锈； (3)埋地管防腐	56.1	03080147、03110001、03110198、03110206、03110207
12	031001005005	室内明敷 DN50 承插铸铁管	m	(1)管道安装； (2)除锈； (3)明敷管防腐	107.5	03080144、03110001、03110198、03110200、03110201
13	031001005006	室内明敷 DN75 承插铸铁管	m	(1)管道安装； (2)除锈； (3)明敷管防腐	149.4	03080145、03110001、03110198、03110200、03110201
14	031001005007	室内明敷 DN100 承插铸铁管	m	(1)管道安装； (2)除锈； (3)明敷管防腐	21.6	03080146、03110001、03110198、03110200、03110201
15	031001005008	室内明敷 DN150 承插铸铁管	m	(1)管道安装； (2)除锈； (3)明敷管防腐	94.2	03080147、03110001、03110198、03110200、03110201
16	031001002001	管道穿楼板钢套管 DN32	m	钢套管制作、安装	9	03080023
17	031001002002	管道穿楼板钢套管 DN40	m	钢套管制作、安装	18	03080024
18	031001002003	管道穿楼板钢套管 DN50	m	钢套管制作、安装	9	03080025
19	031001002004	穿墙镀锌铁皮套管 DN25	个	铁皮套管制作	60	03080169
20	031002001001	管道支架制作、安装	kg	(1)管道支架制作、安装； (2)防腐刷油	69	03080178、03110007、03110122、03110123、03110117、03110118
21	031003001001	DN40 螺纹阀门	个	阀门安装	12	03080245
22	031003003001	DN15 螺纹水表	组	水表安装	30	03080357

续二

序号	项目编码	项目名称	计量单位	工程内容	数量	定额编号
23	031004001001	冷热水带喷头搪瓷浴盆安装	组	浴盆安装	30	03080376
24	031004003001	冷热水洗脸盆安装	组	洗脸盆安装	30	03080384
25	031004004001	双嘴洗涤盆安装	组	洗涤盆安装	30	03080392
26	031004006001	坐式大便器安装	套	坐式大便器安装	30	03080416
27	031004014001	洗衣机水龙头安装	个	水龙头安装	30	03080438
28	031004014002	*DN*50 地漏安装	个	地漏安装	30	03080447
29	031004014003	地面扫除口	个	地面扫除口安装	30	03080451

四、工程量计算

(一)清单工程量计算

本项目清单工程量计算表见表5-38。

表5-38　清单工程量计算表

工程名称：某住宅楼给排水工程　　　　第　页　共　页

序号	分部分项工程名称	计算式	计量单位	工程数量	部位
1	镀锌钢管安装	1 093+129+36+36+93	m	1 387	给水、热水系统
2	承插铸铁管安装	134.4+181.8+27+150.3	m	493.5	排水系统
3	钢套管	9+18+9	m	36	管穿楼板处
		2×30	个	60	*DN*15 管穿墙处
4	管道支架制作、安装	6.2+63	kg	69	地沟内、*DN*40 立管上
5	螺纹阀门	6+6	个	12	各单元进户阀门井
6	水表	30+30	组	60	各厨房
7	浴盆	30	组	30	各卫生间
8	洗脸盆	30	组	30	各卫生间
9	洗涤盆	30	组	30	各厨房
10	大便器	30	套	30	各卫生间
11	水龙头	30	个	30	各卫生间
12	地漏	30	个	30	各卫生间
13	地面扫除口	24+6	个	30	各卫生间

1. 镀锌钢管(螺纹连接)

(1)室内给水系统安装：

1)*DN*40：42 m{[1.6(阀门井至外墙皮)+0.4(外墙皮至立管)+1+1+3(高低差)]×6=42(m)}；

2)*DN*32：3×6＝18(m)；

3)*DN*25：3×6＝18(m)；

4)*DN*20：3×6＝18(m)；

5)*DN*15：617 m{[3(轴线1/7～1/8距离)＋(3.15＋1.65)(轴线Ⓐ～Ⓑ距离)＋3.45(轴线1/8～⑨距离)＋(2.8－1)＋(2.8－0.3)(轴线1/A～Ⓑ标高差)＋(1－0.3)×2(水龙头安装点标高差)＋(1.6＋2)(图 5-25 标注)]×30＝617(m)}。

(2)热水供应系统安装：镀锌钢管(螺纹连接)。

1)*DN*40：45＋6＝51(m)。

其中，*DN*40 供热管：[1.5(室外至外墙皮)＋0.5(外墙皮至管沟)＋2.7(轴线1/6～1/7距离)＋0.3(轴线1/6～1/7至两边立管距离之和)＋(1＋1＋3)×2(标高差)]×3＝45(m)；*DN*40 回水管：[1.5(室外至外墙皮)＋0.5(外墙皮至管沟)]×3＝6(m)。

2)*DN*32：3×6＝18(m)。

3)*DN*25：3×6＝18(m)。

4)*DN*20：18＋93＝111(m)。

其中，*DN*20 供热管：3×6＝18(m)；*DN*20 回水管：[0.5(供水与回水管的连管)＋(12.5＋1)(回水立管长度)]×6＋[2.7(轴线1/6～1/7距离)＋0.3(轴线1/6～1/7至两边立管距离之和)]×3＝93(m)。

5)*DN*15：476 m[3(轴线1/7～1/8距离)＋(3.15＋1.65)(轴线Ⓐ～Ⓑ距离)＋(3.45－0.4)(轴线1/8～浴盆水龙头)＋(2.8－1)＋(2.8－0.3)(轴线1/A～Ⓑ标高差)＋(1－0.3)(浴盆水龙头安装点标高差)×30＝476(m)]。

(3)小计：

*DN*15 管长：617＋476＝1 093(m)；

*DN*20 管长：18＋111＝129(m)(其中有 15 m 热水回水管在沟内)；

*DN*25 管长：18＋18＝36(m)；

*DN*32 管长：18＋18＝36(m)；

*DN*40 管长：42＋51＝93(m)(其中有 27 m 热水回水管在沟内)。

合计管长：1 093＋129＋36＋36＋93＝1 387(m)。

冷水管消毒冲洗：617＋18＋18＋42＝695(m)。

热水管冲洗：476＋111＋18＋18＋51＝674(m)。

2. 承插铸铁管安装(室内排水系统安装)

(1)厨房。

*DN*75：[2(户外化粪池至厨房立管)＋(1.1＋15＋0.7)(立管总高度)]×6＝112.8(m)；

*DN*50：[(12－11.7)(标高差)＋1.5(图 5-26 厨房平面图)＋0.07(45°斜三通增加长度)]×30＝56.1(m)。

(2)卫生间。

*DN*150：[(2＋3.15＋1.65)(户外化粪池至轴线Ⓑ)＋(3.45－2.4＋0.4)(轴线1/8至立管)＋(1.1＋15＋0.7)(立管总高度)]×6＝150.3(m)；

*DN*100：[0.5(图 5-27 标注)＋(12－11.7)(标高差)＋0.1(45°斜三通增加部分)]×30＝0.9×30＝27(m)；

*DN*75：[(1.2＋1.0)(图 5-27 标注)＋0.1(45°斜三通增加部分)]×30＝2.3×30＝69(m)；

*DN*50：[1.5(图 5-27 标注)＋(12－11.7)×3(标高差)＋0.07×3(45°斜三通增加部分)]×30＝2.61×30＝78.3(m)。

(3)小计：

*DN*50 管长：56.1＋78.3＝134.4(m)；

*DN*75 管长：112.8＋69＝181.8(m)；

*DN*100 管长：27 m；

*DN*150 管长：150.3 m。

合计：134.4＋181.8＋27＋150.3＝493.5(m)。

3. 钢套管安装

热水供应系统安装管道穿楼板钢套管制作安装，套管长度均按 300 mm 计，表 5-39 为穿楼板钢套管长度。

表 5-39 穿楼板钢套管长度

管道	穿楼板钢套管	数量/个	钢管长度/m
*DN*20	*DN*32	1×30＝30	0.3×30＝9
*DN*25	*DN*40	2×30＝60	0.3×60＝18
*DN*32	*DN*40		
*DN*40	*DN*50	2×30＝60	0.3×30＝9

合计穿楼板钢套管工程量：9＋18＋9＝36(m)。

热水供应系统安装管道穿墙镀锌铁皮套管制作数量见表 5-40。

表 5-40 管道穿墙镀锌铁皮套管制作数量

管道	穿墙镀锌铁皮套管	数量/个
*DN*15	*DN*25	2×30＝60

合计 *DN*25 穿墙镀锌铁皮套管工程量：2×30＝60(个)。

4. 管道支架制作、安装

室内给水系统中 *DN*40 单管支架：每根立管上 1 个，6 根立管共 6 个，查知单管支架尺寸为∟40×4×375，ϕ10 圆钢长度为 190 mm。∟40×4 角钢为 2.42 kg/m，ϕ10 圆钢为 0.62 kg/m，故管道支架为：(2.42×0.375＋0.62×0.19)×6≈6.2(kg)。

热水供应系统 *DN*40 支架：立管上安装 *DN*40 单管支架 1 个，6 根立管共 6 个，质量 6.2 kg；地沟内安装 *DN*40 双管支架 4 个，三个单元共 12 个，双管支架尺寸为：[8×555，ϕ10 圆钢长度为 190 mm。[8 槽钢为 8 kg/m，ϕ10 圆钢为 0.62 kg/m，故双管支架总质量为：8×0.555×12＋0.62×0.19×12×2≈56.11(kg)。

小计支架质量：6.2＋56.11≈62.31(kg)。

合计：6.2＋63.01≈69.21(kg)。

5. 螺纹阀门安装

室内给水系统：(每个进户阀门井安装 *DN*40 螺纹阀门 1 个，全楼 6 处阀门井共)6 个。

热水供应系统：(每单元进户安装 *DN*40 螺纹阀门 2 个，全楼共)6 个。

合计：6＋6＝12(个)，主材型号为 Z15T-10K *DN*40，12 个。

6. 水表安装

室内给水系统：(每户给水管道安装 *DN*15 螺纹水表一组，全楼共 30 户，故共)30 组，水表定额包括表前螺纹阀门安装，主材型号为 LXS-15 *DN*15(螺纹水表)，30 个。

热水供应系统：每户给水管道安装 *DN*15 螺纹水表一组，全楼共 30 户，故共 30 组(水表定额包括表前螺纹阀门安装)，主材型号为 LXR-15 *DN*15 热水螺纹水表，30 个。

合计：30＋30＝60(组)。

7. 浴盆安装

浴盆安装：(冷热水带喷头搪瓷浴盆)30 组；主材为：冷热水带喷头浴盆 30 组，浴盆混合水嘴带喷头 30 组。

合计：30 组。

8. 洗脸盆安装

洗脸盆安装：冷热水洗脸盆 30 组；主材为：冷热水洗脸盆 30 组。

合计：30 组。

9. 洗涤盆安装

洗涤盆安装：双嘴洗涤盆 30 组；主材为：双嘴洗涤盆 30 组。

合计：30 组。

10. 大便器安装

坐式大便器安装：(连体水箱坐便器)30 套；主材为：连体水箱坐便器 30 套(含连体进水阀配件、连体排水口配件、坐便器桶盖)。

合计：30 套。

11. 水龙头安装

洗衣机水龙头安装：每户给水管道安装 *DN*15 水龙头 1 个，全楼共 30 户，故共 30 个；主材为：*DN*15 水龙头 30 个。

合计：30 个。

12. 地漏安装

地漏安装：*DN*50 地漏 30 个；主材为：*DN*50 地漏 30 个。

13. 地面扫除口安装

水平清扫口和地面扫除口安装：水平清扫口有 24 个，地面扫除口有 6 个，合计：24＋6＝30(个)；主材为：水平清扫口(清通口)24 个，地面扫除口 6 个。

(二)计价表定额子目工程量统计

本实训计价表工程量计算表见表 5-41。

表 5-41　计价表工程量计算表

序号	分项工程名称	计算式	单位	工程量
1	室内给水系统安装			
(1)	镀锌钢管(螺纹连接)			
	*DN*40	[1.6＋0.4＋(1＋1＋3)(标高差)]×6	m	42
	*DN*32	3×6	m	18
	*DN*25	3×6	m	18
	*DN*20	3×6	m	18
	*DN*15	[3＋(3.15＋1.65)＋3.45＋(2.8－1)＋(2.8－0.3)(标高差)＋(1－0.3)×2(标高差)＋(1.6＋2)]×30	m	617
(2)	管道支架制作、安装			
	*DN*40 支架	(2.42 kg/m×0.375＋0.62 kg/m×0.19)×6	kg	6.2
(3)	管道消毒冲洗			
	*DN*50 以下	42＋18＋18＋18＋617	m	713
(4)	阀门安装			
	*DN*40 螺纹闸阀	1×6	个	6
(5)	水表组成与安装			
	*DN*15 螺纹水表	1×30	个	30
(6)	洗衣机水龙头安装			
	*DN*15 水龙头	1×30	个	30
2	热水供应系统安装			
(1)	镀锌钢管(螺纹连接)			
	*DN*40	供热管：[1.5＋0.5＋2.7＋0.3＋(1＋1＋3)×2(标高差)]×3＝45 回水管：(1.5＋0.5)×3＝6	m	45＋6＝51
	*DN*32	3×6	m	18
	*DN*25	3×6	m	18
	*DN*20	供热管：3×6＝18 回水管：[0.5＋(12.5＋1)]×6＋(2.7＋0.3)×3＝93	m	18＋93＝111
	*DN*15	[3＋(3.15＋1.65)＋(3.45－0.4)＋(2.8－1)＋(2.8－0.3)(标高差)＋(1－0.3)(标高差)]×30	m	476
(2)	管道穿楼板钢套管制作、安装			
	*DN*32	0.3×30	m	9
	*DN*40	0.3×60	m	18
	*DN*50	0.3×30	m	9

续一

序号	分项工程名称	计算式	单位	工程量
(3)	穿墙镀锌铁皮套管			
	DN25	2×30	个	60
(4)	管道支架制作、安装			
	单管支架 双管支架	(2.42×0.375+0.62×0.19)×6≈6.2 8×0.555×12+0.62×0.19×12×2≈56.12	kg	6.2+56.12≈62.3
(5)	管道冲洗			
	DN50 以下	51+18+18+111+476	m	674
(6)	阀门安装			
	DN40 螺纹阀门	2×3	个	6
(7)	水表组成与安装			
	DN15 螺纹水表	1×30	组	30
3	室内排水系统安装			
(1)	承插铸铁排水管(水泥接口)安装			
	DN50	[(12−11.7)(标高差)+1.5+0.07(45°斜三通增加长度)]×30=1.87×30=56.1 [1.5+(12−11.7)×3(标高差)+0.07×3(45°斜三通增加部分)]×30=2.91×30=78.3	m	56.1+78.3=134.4
	DN75	[2+(1.1+15+0.7)(标高差)]×6=112.8 [(1.2+1.0)+0.1(45°斜三通增加部分)]×30=2.3×30=69	m	112.8+69=181.8
	DN100	[0.5+(12−11.7)(标高差)+0.1(45°斜三通增加部分)]×30= 0.9×30	m	27
	DN150	[(2+3.15+1.65)+(3.45−2.4+0.4)+(1.1+15+0.7)(立管总高度)]×6	m	150.3
(2)	浴盆安装			
	冷热水带喷头搪瓷浴盆	1×30	组	30
(3)	洗脸盆安装		组	30
	冷热水洗脸盆	1×30		
(4)	洗涤盆安装			
	双嘴洗涤盆	1×30	组	30
(5)	坐式大便器安装			
	连体水箱坐便器	1×30	套	30
(6)	地漏安装			

续二

序号	分项工程名称	计算式	单位	工程量
	DN50 地漏		个	30
(7)	水平清扫口和地面扫除口安装			
	水平清扫口(清通口、地面扫除口)	1×24 1×6	个	24 6
4	除锈、刷油、保温工程			
(1)	埋地镀锌钢管刷热沥青 DN40	π×0.048×18	m^2	3
(2)	铸铁排水管除锈与刷油			
	埋地部分	1.2×π×(0.06×26.9+0.085×32.4+0.11×5.4+0.162×56.1)	m^2	54
	明敷设部分	1.2×π×(0.06×107.5+0.085×149.7+0.11×21.6+0.162×94.2)	m^2	139
(3)	管道支架除锈与刷油	①6.2(单管支架)×2+56.12(双管支架)≈69; ②铸铁管吊架总重为：(3×1+2×1.5+1×2.2)×24=197; ③单立管角钢卡子总质量为：{0.19×[2(给水立管)+2+2×5(热水立管及回水管)]+0.20×4+0.22×4(给水及热水立管)+1.5×2×5+2.2×2×5(排水立管)}×3(单元)≈124 ④零星部分：10 管道支架总质量为：69+197+124+10	kg	400
(4)	绝热泡沫塑料瓦块安装	3.14×27(0.048+1.033×0.04)×1.033×0.04+3.14×9(0.027+1.033×0.04)×1.033×0.04	m^3	0.4
(5)	玻璃丝布保护层	3.14×9×(0.048+2.1×0.04)+3.14×27×(0.027+2.1×0.04)	m^2	15
(6)	绝热保护层刷油	同上	m^2	15

表 5-41 是按照定额子目的工程量计算规则及前面有关计算结果统计而来，以方便套取定额，计算分部分项工程量清单综合单。

表中除锈、刷油、保温工程的工程量：

(1)DN40 埋地镀锌钢管刷热沥青。刷油工程量见表 5-42，管长 L 等于[1.6(阀门井至外墙皮)+0.4(外墙皮至立管)+1(高低差)]×6=18(m)，表面积 S=π×外径 0.048×管长 18≈3(m^2)。

表 5-42　埋地镀锌钢管除锈刷油工程量

管型	外径 D/m	长度 L/m	表面积 $S=\pi DL/m^2$
DN40	0.048	18	2.7≈3

(2)铸铁排水管除锈与刷油埋地部分：

*DN*50：1.87×6(底层厨房)＋2.61×6(底层卫生间)＝26.9(m)。

*DN*75：(2＋1.1)×6＋2.3×6(底层卫生间)＝32.4(m)。

*DN*100：0.9×6(底层卫生间)＝5.4(m)。

*DN*150：[(2＋3.15＋1.65)(户外化粪池至轴线Ⓑ)＋(3.45－2.4＋0.4)(轴线1/8至立管)＋1.1(标高差)]×6＝56.1(m)。

埋地铸铁排水管除锈与刷油工程量(表 5-43)为 54 m^2。

表 5-43　铸铁排水管埋地部分除锈与刷油工程量

管型	外径 D/m	长度 L/m	表面积 $S=1.2\pi DL/m^2$
*DN*50	0.06	26.9	6.1
*DN*75	0.085	32.4	10.4
*DN*100	0.11	5.4	2.23
*DN*150	0.162	56.1	34.3
埋地部分铸铁排水管除锈与刷油总面积			≈54

明敷设部分：按全长减埋地部分计算，见表 5-44，明敷设部分铸铁排水管除锈与刷油工程量约为 139 m^2。

表 5-44　铸铁排水管明敷设部分除锈与刷油工程量

管型	外径 D/m	长度 L＝全长－埋地长/m	表面积 $S=1.2\pi DL/m^2$
*DN*50	0.06	56.1＋78.3－26.9＝107.5	24.3
*DN*75	0.085	112.8＋69－32.4＝149.4	47.9
*DN*100	0.11	27－5.4＝21.6	8.95
*DN*150	0.162	150.3－56.1＝94.2	57.5
明敷设部分铸铁排水管除锈与刷油总面积			≈139 m^2

(3)管道支架除锈与刷油。

①6.2(单管支架)×2＋56.12(双管支架)≈69.2(kg)。

②楼板下铸铁管吊架质量按：*DN*100(2.2 kg/个)；*DN*75(1.5 kg/个)；*DN*50(1 kg/个)计算。

铸铁管吊架总质量为：[(厨房 *DN*50 吊架 1 个＋卫生间 *DN*50 吊架 2 个)×1 kg/个＋卫生间 *DN*75 吊架 2 个×1.5 kg/个＋卫生间 *DN*100 吊架 1 个×2.2 kg/个]×二至六层的 24 户≈197(kg)。

③单立管角钢卡子质量按：*DN*20(0.19 kg/个)；*DN*25(0.20 kg/个)；*DN*32(0.22 kg/个)；*DN*75(1.5 kg/个)；*DN*150(2.2 kg/个)计算。

单立管角钢卡子总质量为：{0.19×[2(给水立管)＋2＋2×5(热水立管及回水管)]＋0.20×4＋0.22×4(给水及热水立管)＋1.5×2×5＋2.2×2×5(排水立管)}×3(单元)≈124(kg)。

④零星部分：10 kg。

管道支架总质量为：69.2＋197＋124＋10≈400(kg)。

(4)绝热层安装。保温层体积的计算(绝热层厚 δ=40 mm)见表 5-45。

表 5-45 保温层体积的计算

管型	外径 D/m	长度 L/m	保温层体积 $V=\pi L(D+1.033\delta)\times1.033\delta/m^3$
$DN40$	0.048	27	0.313
$DN20$	0.027	9	0.08
保温层体积			0.4

$DN40$ 供热管长：[1.5(室外至外墙皮)+0.5(外墙皮至管沟)+2.7(轴线⑯~⑰距离)+0.3(轴线⑯~⑰至两边立管距离之和)+1(标高差)×2]×3(单元数)=21(m)。

$DN40$ 回水管：[1.5(室外至外墙皮)+0.5(外墙皮至管沟)]×3(单元数)(在建模图中显示出各段的长度)=6(m)。

$DN40$ 共长 L=21+6=27(m)。

$DN20$ 回水管长 L：1(回水立管地下部分)×6(根)+[2.7(轴线⑯~⑰距离)+0.3(轴线⑯~⑰至两边立管距离之和)]×3(单元数)=15(m)。

保温层体积计算结果：0.4 m^3。

(5)绝热保护层安装、刷油保护层面积的计算见表 5-46。

表 5-46 绝热保护层安装、刷油保护层面积的计算

管型	外径 D/m	长度 L/m	保护层面积 $S=\pi L(D+2.1\delta)/m^2$
$DN40$	0.048	27	11.2
$DN20$	0.027	9	3.14
保护层面积			≈15

保护层面积约为 15 m^2。

埋地管道挖土、回填土及砌筑工程(略)。

计价表工程量汇总表见表 5-47。

根据预算定额中分项工程子目和各子目的定额编号，把工程量计算表中的同类项(即型号、规格相同的项目)工程量合并，填入计价表工程量汇总表。计价表工程量汇总表中的分项工程子目名称、定额编号和计量单位必须与所用定额一致。该表中的工程量数值，才是计算定额直接费时直接使用的数据。

表 5-47 计价表工程量汇总表

序号	定额编号	分项工程名称	单位	工程量	备注
一		镀锌钢管安装			
1	03080087	镀锌钢管(螺纹连接)$DN15$	10 m	109.3	
2	03080088	镀锌钢管(螺纹连接)$DN20$	10 m	12.9	
3	03080089	镀锌钢管(螺纹连接)$DN25$	10 m	3.6	
4	03080090	镀锌钢管(螺纹连接)$DN32$	10 m	3.6	

续一

序号	定额编号	分项工程名称	单位	工程量	备注
5	03080091	镀锌钢管(螺纹连接)*DN*40	10 m	9.3	
二		铸铁排水管安装			
6	03080144	承插铸铁排水管(水泥接口)*DN*50	10 m	13.44	
7	03080145	承插铸铁排水管(水泥接口)*DN*75	10 m	18.18	
8	03080146	承插铸铁排水管(水泥接口)*DN*100	10 m	2.7	
9	03080147	承插铸铁排水管(水泥接口)*DN*150	10 m	15.03	
三		钢套管制作、安装			
10	03080023	*DN*32	10 m	0.9	
11	03080024	*DN*40	10 m	1.8	
12	03080025	*DN*50	10 m	0.9	
		镀锌铁皮套管			定额含铁皮套管材料费
13	03080169	*DN*25	个	60	
四		管道支架制作、安装			定额含螺母、垫圈材料费
14	03080178	管道支架制作、安装	100 kg	0.69	
五		管道消毒冲洗 *DN*50 以下			
15	03080230	管道消毒冲洗 *DN*50 以下	100 m	7.13	
16	03080230	管道冲洗 *DN*50 以下	100 m	6.24	
六		螺纹闸阀 *DN*40			
17	03080303	螺纹闸阀 *DN*40	个	12	
七		螺纹水表 *DN*15			
18	03080415	螺纹水表 *DN*15	组	60	
八		卫生器具安装			
19	03080432	冷热水带喷头搪瓷浴盆	组	30	
20	03080442	冷热水洗脸盆	组	30	
21	03080450	双嘴洗涤盆	组	30	
22	03080474	连体水箱坐便器安装	组	30	
23	03080496	*DN*15 水龙头安装	个	30	
24	03080505	*DN*50 地漏	个	30	
25	03080509	*DN*50 水平清扫口和地面扫除口安装	个	30	
九		除锈、刷油工程			
26	03110001	铸铁排水管除锈	10 m²	19.3	定额含除锈材料费
27	03110007	管道支架除锈	100 kg	4	
28	03110072	*DN*40 埋地镀锌钢管刷热沥青第一遍	10 m²	0.3	定额含热沥青材料费
29	03110073	*DN*40 埋地镀锌钢管刷热沥青第二遍	10 m²	0.3	
30	03110198	铸铁排水管刷红丹第一遍	10 m²	13.9	
31	03110200	铸铁排水管刷银粉第一遍	10 m²	13.9	
32	03110201	铸铁排水管刷银粉第二遍	10 m²	13.9	

续二

序号	定额编号	分项工程名称	单位	工程量	备注
33	03110206	铸铁管刷热沥青第一遍	10 m^2	5.4	定额含热沥青材料费
34	03110207	铸铁管刷热沥青第二遍	10 m^2	5.4	
35	03110117	管道支架刷红丹第一遍	100 kg	4	
36	03110118	管道支架刷红丹第二遍	100 kg	4	
37	03110122	管道支架刷银粉第一遍	100 kg	4	
38	03110123	管道支架刷银粉第二遍	100 kg	4	
39	03111891	绝热泡沫塑料瓦块(δ=40 mm)安装	m^3	0.4	
40	03112153	玻璃丝布保护层安装	10 m^2	1.5	
41	03110250	玻璃丝布保护层刷沥青漆第一遍	10 m^2	1.5	
42	03110251	玻璃丝布保护层刷沥青漆第二遍	10 m^2	1.5	

五、计算主材费用

表 5-48 所示为主材费用计算表。

表 5-48　主材费用计算表

定额编号	材料名称	单位	数量	定额耗量	主材费单价	主材费合价/元
03080087	镀锌钢管(螺纹连接)*DN*15	10 m	109.3	10.2	6 元/m	6 689.16
03080088	镀锌钢管(螺纹连接)*DN*20	10 m	12.9	10.2	8 元/m	1 052.64
03080089	镀锌钢管(螺纹连接)*DN*25	10 m	3.6	10.2	10 元/m	367.20
03080090	镀锌钢管(螺纹连接)*DN*32	10 m	3.6	10.2	14 元/m	514.08
03080091	镀锌钢管(螺纹连接)*DN*40	10 m	9.3	10.2	18 元/m	1 707.48
03080144	承插铸铁排水管(水泥接口)*DN*50	10 m	13.44	8.8	25 元/m	2 956.80
03080145	承插铸铁排水管(水泥接口)*DN*75	10 m	18.18	9.3	30 元/m	5 072.22
03080146	承插铸铁排水管(水泥接口)*DN*100	10 m	2.7	8.9	40 元/m	961.20
03080147	承插铸铁排水管(水泥接口)*DN*150	10 m	15.03	9.6	50 元/m	7 214.40
03080023	钢套管钢管 *DN*32	10 m	0.9	10.15	14 元/m	127.89
03080024	钢套管钢管 *DN*40	10 m	1.8	10.15	18 元/m	328.86
03080025	钢套管钢管 *DN*50	10 m	0.9	10.15	22 元/m	200.97
03080178	管道支架制作、安装	100 kg	0.69	106	3.6 元/kg	240.40
03080303	螺纹闸阀 *DN*40	个	12	1.01	35 元/个	424.20
03080415	螺纹水表 *DN*15	组	60	1.00	40 元/个	2 400
03080432	冷热水带喷头搪瓷浴盆	10 组	3	10.0	600 元/个	18 000

续表

定额编号	材料名称	单位	数量	定额耗量	主材费单价	主材费合价/元
	浴盆混合水嘴带喷头	10套	3	10.1	90元/个	2 727
03080442	冷热水洗脸盆	10组	3	10.1	120元/个	3 636
03080450	双嘴洗涤盆	10组	3	10.1	100元/个	3 030
03080474	连体水箱坐便器安装	10套	3	10.1	700元/个	21 210
03080496	*DN*15水龙头安装	10个	3	10.1	10元/个	303
03080505	*DN*50地漏	10个	3	10	15元/个	450
03080509	*DN*50水平清扫口和地面扫除口安装	10个	3	10	10元/个	300
03110198	铸铁排水管刷红丹第一遍(防锈漆)	10 m^2	13.9	1.05	10元/kg	145.95
03110200	铸铁排水管刷银粉第一遍	10 m^2	13.9	0.45	12元/kg	75.06
03110201	铸铁排水管刷银粉第二遍	10 m^2	13.9	0.41	12元/kg	68.39
03110117	管道支架刷红丹第一遍(防锈漆)	100 kg	4	1.16	10元/kg	46.40
03110118	管道支架刷红丹第二遍(防锈漆)	100 kg	4	0.95	10元/kg	38.00
03110122	管道支架刷银粉第一遍	100 kg	4	0.25	12元/kg	12.00
03110123	管道支架刷银粉第二遍	100 kg	4	0.23	12元/kg	11.04
03111891	绝热泡沫塑料瓦块(δ=40 mm)安装	m^3	0.45	1.03	1 000元/m^3	412
03112153	玻璃丝布保护层安装	10 m^2	1.64	14	15元/m^2	315
03110250	玻璃丝布保护层刷沥青漆第一遍	10 m^2	1.64	5.2	2.5元/kg	19.50
03110251	玻璃丝布保护层刷沥青漆第二遍	10 m^2	1.64	3.85	2.5元/kg	14.43
主材费合计(精确到"元")						81 071

表中主材费单价应以当地工程造价管理部门所编制的材料预算价格为依据，缺项者可依据当地造价管理部门所发布的材料价格信息确定。如果还不能确定，可参考市场价或订货价，按材料预算价格编制的方法确定。

表中主材定额耗量是考虑主材的损耗量，由计价表中规定说明。

六、套用定额计价表计算分部分项工程量清单报价(含主材费)

先来分析分部分项工程量清单综合单价。

在分部分项工程量清单综合单价分析表5-49中，将已确定的清单项目"序号、项目编码、项目名称、定额编号、工作内容、单位和数量"填入相应栏目格中。查《云南省建设工程造价计价规则及机械仪器仪表台班费用定额》(DBJ 53/T-58-2013)，通用安装安装工程为管理费费率30%、利润率20%，计算基数均为分部分项工程费中的人工费+分部分项工程费中的机械费×8%。

表 5-49　分部分项工程量清单综合单价分析表

工程名称：某住宅楼给排水工程　　　　第　页　共　页

序号	项目编码	项目名称	定额编号	工作内容	单位	数量	综合单价组成/元					合价/元	综合单价/元
							人工费	材料费	机械费	管理费	利润		
1	031001001001	DN15 镀锌钢管	03080087	安装	10 m	10.93	45.29	19.27	0	13.59	9.06	9 532.05	15.13
				DN15	m	10.93		1.02×6				6 689.16	
			03080230	消毒冲洗	100 m	10.93	12.87	10.05		3.86	2.57	320.80	
2	031001001002	DN20 镀锌钢管	03080088	安装	10 m	11.4	45.29	19.06	0	9.06	5.43	1 259.30	17.15
				DN20	m	114		1.02×8				991.80	
			03080230	消毒冲洗	100 m	1.14	12.87	10.05		3.86	2.57	33.46	
3	031001001003	DN25 镀锌钢管	03080089	安装	10 m	3.6	54.45	24.41	1.14	16.36	10.91	386.17	21.22
				DN25	m	36		1.02×10				367.20	
			03080230	消毒冲洗	100 m	0.36	12.87	10.05		3.86	2.57	10.57	
4	031001001004	DN32 镀锌钢管	03080090	安装	10 m	3.6	54.45	27.32	1.14	16.36	10.91	396.65	25.59
				DN32	m	36		1.02×14				514.08	
			03080230	消毒冲洗	100 m	0.36	12.87	10.05		3.86	2.57	10.57	
5	030801001005	DN40 镀锌钢管	03080091	安装	10 m	6.6	64.85	25.97	1.14	19.48	12.99	821.24	31.66
				DN40	m	66		1.02×18				1 211.76	
			03080230	消毒冲洗	100 m	0.66	12.87	10.05		3.86	2.57	19.37	
			03110072	埋地刷热沥青第一遍	10 m²	0.3	20.83	53.02	0	6.25	4.17	25.28	
			03110073	埋地刷热沥青第二遍	10 m²	0.3	10.30	24.03	0	3.09	2.06	11.84	
6	030801001006	地沟内 DN20 镀锌热水钢管安装	03080088	安装	10 m	1.5	45.29	19.06	0	13.59	9.06	130.50	47.00
				DN20	m	15		1.02×8				122.4	
			03080230	消毒冲洗	100 m	0.15	12.87	10.05		3.86	2.57	4.40	
			03110072	刷热沥青第一遍	10 m²	0.52	22.03	59.62		6.61	4.41	48.19	
			03110073	刷热沥青第二遍	10 m²	0.52	10.89	26.95		3.27	2.18	22.51	

续一

序号	项目编码	项目名称	定额编号	工作内容	单位	数量	综合单价组成/元					合价/元	综合单价/元
							人工费	材料费	机械费	管理费	利润		
6	030801001006	地沟内 *DN*20 镀锌热水钢管安装	03111891	绝热瓦块安装	m^3	0.133	114.84	371.98	4.76	34.57	23.04	73.04	47.00
				泡沫塑料(保温)	m^3	0.133		1.03×1 000				136.99	
			03112153	保护层安装	10 m^2	0.52	11.63	0.16		3.49	2.33	9.16	
				玻璃丝布	m^2	5.2		1.4×15				109.2	
			03110250	刷沥青漆第一遍	10 m^2	0.52	21.29	4.8		6.39	4.26	19.10	
				沥青漆	kg	0.52		5.2×2.5				6.76	
			03110251	刷沥青漆第二遍	10 m^2	0.52	18.07	3.71		5.42	3.61	16.02	
				沥青漆	kg	0.52		5.2×2.5				6.76	
7	031001001008	地沟内 *DN*40 镀锌热水钢管安装	03080091	安装	10 m	2.7	64.85	25.97	1.14	19.48	13.00	335.99	68.37
				*DN*40	m	27		1.02×18				495.72	
			03080230	消毒冲洗	100 m	0.27	12.87	10.05		3.86	2.57	7.92	
			03110072	刷热沥青第一遍	10 m^2	1.12	22.03	59.62		6.61	4.41	103.79	
			03110073	刷热沥青第二遍	10 m^2	1.12	10.89	26.95		3.27	2.18	48.48	
			03111891	绝热瓦块安装	m^3	0.313	114.84	371.98	4.76	34.57	23.04	171.89	
				泡沫塑料(保温)	m^3	0.313		1.03×1 000				322.39	
			03112153	保护层安装	10 m^2	1.12	11.63	0.16		2.33	1.40	19.73	
				玻璃丝布	m^2	11.2		1.4×15				235.2	
			03110250	刷沥青漆第一遍	10 m^2	1.12	21.29	4.8		4.26	2.55	41.14	
				沥青漆	kg	1.12		5.2×2.5				14.56	
			03110251	刷沥青漆第二遍	10 m^2	1.12	18.07	3.71		5.42	3.61	34.50	
				沥青漆	kg	1.12		5.2×2.5				14.56	
			03080144	安装	10 m	2.69	55.44	56.34		16.63	11.09	375.26	
				*DN*50	m	26.90		0.88×25				591.80	

续二

序号	项目编码	项目名称	定额编号	工作内容	单位	数量	综合单价组成/元					合价/元	综合单价/元
							人工费	材料费	机械费	管理费	利润		
7	031001001008	地沟内 *DN*40 镀锌热水钢管安装	03110001	手工除锈(清锈)	10 m²	0.61	8.42	2.49		2.53	1.63	9.22	38.94
			03110198	刷红丹第一遍	10 m²	0.61	8.17	1.35		2.45	1.63	8.30	
				醇酸防锈漆	kg	0.61		1.05×10				6.41	
			03110206	刷沥青漆第一遍	10 m²	0.61	26.98	60.08		8.09	5.40	61.34	
			03110207	刷沥青漆第二遍	10 m²	0.61	12.87	27.15		3.86	2.57	28.33	
			03080145	安装	10 m	3.24	66.33	115.85		19.90	13.27	697.73	
				*DN*75	m	32.4		0.93×30				903.96	
			03110001	手工除锈(清锈)	10 m²	1.04	8.42	2.49		2.53	1.68	15.72	
			03110198	刷红丹第一遍	10 m²	1.04	8.17	1.35		2.45	1.63	14.14	
				醇酸防锈漆	kg	1.04		1.05×10				10.92	
			03110206	刷沥青漆第一遍	10 m²	1.04	26.98	60.08		8.09	5.40	104.57	
			03110207	刷沥青漆第二遍	10 m²	1.04	12.87	27.15		3.86	2.57	45.90	
			03080146	安装	10 m	0.54	85.64	188.42		25.69	17.13	171.12	55.41
				*DN*100	m	5.4		0.89×40				192.24	
			03110001	手工除锈(清锈)	10 m²	0.223	8.42	2.49		2.53	1.68	3.37	
			03110198	刷红丹第一遍	10 m²	0.223	8.17	1.35		2.45	1.63	3.03	
				醇酸防锈漆	kg	0.223		1.05×10				2.34	
			03110206	刷沥青漆第一遍	10 m²	0.223	26.98	60.08		8.09	5.40	22.42	
			03110207	刷沥青漆第二遍	10 m²	0.223	12.87	27.15		3.86	2.57	10.35	73.02
			03080147	安装	10 m	5.61	90.83	175.44		27.25	18.17	1 748.58	
				*DN*150	m	56.1		0.96×50				2 692.8	
			03110001	手工除锈(清锈)	10 m²	3.43	8.42	2.49		2.53	1.68	51.86	

续三

序号	项目编码	项目名称	定额编号	工作内容	单位	数量	综合单价组成/元					合价/元	综合单价/元
							人工费	材料费	机械费	管理费	利润		
7	031001001008	地沟内 *DN*40 镀锌热水钢管安装	03110198	刷红丹第一遍	10 m²	3.43	8.17	1.35		2.45	1.63	46.60	73.02
				醇酸防锈漆	kg	3.43		1.05×10				36.02	
			03110206	刷沥青漆第一遍	10 m²	3.43	26.98	60.08		8.09	5.40	344.85	
			03110207	刷沥青漆第二遍	10 m²	3.43	12.87	27.15		3.86	2.57	159.20	
			03080144	安装	10 m	10.75	55.44	56.34		16.63	11.09	1 499.63	90.55
				*DN*50	m	107.5		0.88×25				2 365.00	
			03110001	手工除锈(清锈)	10 m²	2.43	8.42	2.49		2.53	1.68	36.74	
			03110198	刷红丹第一遍	10 m²	2.43	8.17	1.35		2.45	1.63	33.05	
				醇酸防锈漆	kg	2.43		1.05×10				25.52	
			03110200	刷银粉第一遍	10 m²	2.43	8.42	5.04		2.53	1.68	42.94	
				酚醛清漆	kg	2.43		0.45×12				13.12	
			03110201	刷银粉第二遍	10 m²	2.43	8.17	4.45		2.45	1.63	40.58	
				酚醛清漆	kg	2.43		0.41×12				0.12	
			03080145	安装	10 m	14.94	66.33	115.85		19.90	13.27	3 217.33	37.70
				*DN*75	m	149.4		0.93×30				4 168.26	
			03110001	手工除锈(清锈)	10 m²	4.79	8.42	2.49		2.53	1.68	72.42	
			03110198	刷红丹第一遍	10 m²	4.79	8.17	1.35		2.45	1.63	65.14	
				醇酸防锈漆	kg	4.79		1.05×10				50.30	
			03110200	刷银粉第一遍	10 m²	4.79	8.42	5.04		2.53	1.68	84.64	
				酚醛清漆	kg	4.79		0.45×12				25.87	52.07
			03110201	刷银粉第二遍	10 m²	4.79	8.17	4.45		2.45	1.63	72.19	
				酚醛清漆	kg	4.79		0.41×12				23.57	

续四

序号	项目编码	项目名称	定额编号	工作内容	单位	数量	综合单价组成/元					合价/元	综合单价/元
							人工费	材料费	机械费	管理费	利润		
7	031001001008	地沟内DN40镀锌热水钢管安装	03080146	安装	10 m	2.16	85.64	188.42		25.69	17.13	684.46	52.07
				DN100	m	21.6		0.89×40				768.96	
			03110001	手工除锈(清锈)	10 m^2	0.895	8.42	2.49		2.53	1.68	13.53	
			03110198	刷红丹第一遍	10 m^2	0.895	8.17	1.35		2.45	1.63	12.17	70.76
				醇酸防锈漆	kg	0.895		1.05×10				9.40	
			03110200	刷银粉第一遍	10 m^2	0.895	8.42	5.04		2.53	1.68	15.81	
				酚醛清漆	kg	0.895		0.45×12				4.83	
			03110201	刷银粉第二遍	10 m^2	0.895	8.17	4.45		2.45	1.63	14.95	
				酚醛清漆	kg	0.895		0.41×12				4.40	
			03080147	安装	10 m	9.42	90.83	175.44		27.25	18.17	2 936.12	84.23
				DN150	m	94.2		0.96×50				4 521.60	
			03110001	手工除锈(清锈)	10 m^2	5.75	8.42	2.49		2.53	1.68	86.94	
			03110198	刷红丹第一遍	10 m^2	5.75	8.17	1.35		2.45	1.63	78.20	
				醇酸防锈漆	kg	5.75		1.05×10				60.38	
			03110200	刷银粉第一遍	10 m^2	5.75	8.42	5.04		2.53	1.68	101.60	
				酚醛清漆	kg	5.75		0.45×12				31.05	17.21
			03110201	刷银粉第二遍	10 m^2	5.75	8.17	4.45		2.45	1.63	90.03	
				酚醛清漆	kg	5.75		0.41×12				28.29	
			03080023	套管制作、安装	10 m	0.9	17.57	2.68	1.10	5.30	3.53	27.16	
				DN32 钢管	m	9		1.015×14				127.89	
17	031001002002	DN40 套管制作、安装	03080024	套管制作、安装	10 m	1.8	18.32	3.04	1.10	5.52	3.68	56.99	21.44
				DN40 钢管	m	18		1.015×18				328.86	

续五

序号	项目编码	项目名称	定额编号	工作内容	单位	数量	综合单价组成/元					合价/元	综合单价/元
							人工费	材料费	机械费	管理费	利润		
18	031001002003	*DN*50套管制作、安装	03080025	套管制作、安装	10 m	0.9	21.29	6.94	1.10	6.41	4.28	36.02	26.33
				*DN*50钢管	m	9		10.15×22				200.97	
19	0310080002004	*DN*25镀锌铁皮套管	03080169	*DN*25镀锌铁皮套管	个	60	0.74	0.76	0	0.22	0.15	112.20	25.91
20	031002001001	管道支架制作、安装			kg	69	4.30	·				1 442.4	20.90
			03080178	支架制作、安装	100 kg	0.692	250.97	183.08	304.82	82.61	55.07	606.57	1 320.72÷69=19.09(元/kg)
				型钢	kg			106×3.6				264.07	
			03110122	刷银粉第一遍	100 kg	4	5.45	3.56	5.73	1.77	1.18	70.76	
				酚醛清漆	kg			0.25×12				12.00	
			03110123	刷银粉第二遍	100 kg	4	5.45	2.93	5.73	1.77	1.18	68.24	
				酚醛清漆	kg			0.23×12				11.04	
			03110117	刷红丹第一遍	100 kg	4	5.69	0.99	5.73	1.84	1.23	61.92	
				醇酸防锈漆	kg			1.16×10				46.40	
			03110118	刷红丹第二遍	100 kg	4	5.45	0.86	5.73	1.77	1.18	59.96	
				醇酸防锈漆	kg			0.95×10				38.00	
			03110007	手工除锈	100 kg	4	8.42	1.85	5.73	2.66	1.78	81.76	
21	031003001001	螺纹阀门			个	12						607.08	50.59
			03080303	螺纹闸阀安装	个	12	6.19	6.01	0	1.80	1.24	182.88	
				螺纹阀门	个	12		1.01×35				424.20	
22	031003003001	*DN*15水表			组	60	8.42					3 193.20	53.22
			3080415	水表安装	组	60	8.42	0.59	0	2.53	1.68	702.00	
				水表	组	60		40.0				2 400	

续六

序号	项目编码	项目名称	定额编号	工作内容	单位	数量	综合单价组成/元					合价/元	综合单价/元
							人工费	材料费	机械费	管理费	利润		
23	031004001001	浴缸			组	30	202.46					21 769.59	729.30
			03080432	浴盆安装	10 组	3	202.46	80.28	0	60.74	40.49	1 151.91	
				浴盆	组	30		600＋90×1.01				20 727	
24	031004003001	洗脸盆			组	30	161.12					4 722.03	157.40
			03080442	洗脸盆安装	10 组	3	161.12	120.33	0	48.34	32.22	1 086.03	
				洗脸盆	组	30		120×1.01				3 636	
25	031004004001	洗涤盆			组	30	11.99					3 951.39	131.71
			03080450	洗涤盆安装	10 组	3	114.10	135.98	0	34.23	22.82	921.39	
				洗涤盆	组	30		100×1.01				3 030	
26	031004006001	大便器			组	30	168.05					22 095.42	736.51
			03080474	坐式大便器安装	10 组	3	168.05	43.06	0	50.42	33.61	885.42	
				大便器	组	30		700×1.01				21 210	
27	031004014001	给、排水附(配)件			个	30	6.93					336.78	11.23
			03080496	水龙头安装	10 个	3	6.93	0.86	0	2.08	1.39	33.78	
				水龙头	个	30		10×1.01				303	
28	031004014002	给、排水附(配)件			个	30	39.60					676.86	22.56
			03080505	地漏安装	个	3	39.60	16.22	0	11.88	7.92	226.86	
				地漏	个	30		15				450	
29	031004014003	给、排水附(配)件			个	30	1.95					387.54	12.92
			03080509	地面扫除口安装	10 个	3	18.56	1.34	0	5.57	3.71	81.54	
				地面扫除口	个	30		10				300	
									373.77				

通过《云南省安装工程计价表》第八册和第十一册，将查得的各清单项目定额编号的综合单价组成：人工费、材料费、机械费、管理费和利润填入表中。

例如：对于清单项目是031001001001的镀锌钢管。

通过《云南省通用安装工程消耗量定额》第八册，可查得定额编号为“03080087”，*DN*15镀锌钢管安装的人工费为45.29元/10 m、材料费为19.27元/10 m、机械费为0元/10 m、管理费为13.59元/10 m、利润为9.06元/10 m，并将这些人工费、材料费、机械费、管理费和利润数据填入表5-49中。

参考市场价，*DN*15镀锌钢管的单价是6元/m，并考虑主材定额耗量系数10.2 m/10 m=1.02，得主材钢管的定额费用为1.02×6元/m。

通过定额计价表，可分别查得表格中定额编号“03080088、03080089、03080090、03080091、03080230、…、031101891”的定额人工费、材料费、机械费、管理费、利润和主材耗量的数据。

通过定额，分别查出清单项目“031001005001 承插铸铁管、031001002001 钢管、031002001001 管道支架制作、安装……、031004014003 地面扫除口”有关定额的人工费、材料费、机械费、管理费、利润和主材耗量的数据，同样可算出其他的定额合价。

将每一清单项目下的各定额合价相加，就可求得各自清单项目的合价。如对于“031001001001 镀锌钢管”清单项目，将各定额的合价“人工费4 950.20，含主材材料费8 795.37、机械费0元、管理费1 485.39元、利润990.26元”相加，就得到镀锌钢管清单项目的合价16 537.09元；将合价16 537.09元除以工程量1 093得，综合单价为15.13元/m。

同样的方法，可算出其他清单项目的合价和综合单价。

将每个清单项目下的数量分别乘以相应定额的人工费后相加，再除以清单项目的工程量，可得各清单项目的人工费单价。如对于“031001001001 镀锌钢管”清单项目：(109.3×45.29+10.93×12.87)÷1 093=4.66(元/m)。

同样可算出其他清单项目的人工费单价。

将表5-49中的有关数值填入“分部分项工程量清单计价表(表5-50)”中。

表5-50 含主材的分部分项工程量清单计价表

工程名称：某住宅楼给排水工程　　　　第　页　共　页

序号	项目编码	项目名称	计量单位	工程数量	综合单价	合价	人工费/元	
							单价	合价
1	031001001001	镀锌钢管 *DN*15	m	1 093	15.13	16 537.09	4.66	5 093.38
2	031001001002	镀锌钢管 *DN*20	m	114	17.15	1 955.1	4.66	531.24
3	031001001003	镀锌钢管 *DN*25	m	36	21.22	763.92	5.57	200.52
4	031001001004	镀锌钢管 *DN*32	m	36	25.59	921.24	5.57	200.52
5	031001001005	镀锌钢管 *DN*40	m	66	31.66	2 089.56	6.75	445.50
6	031001001006	地沟内镀锌热水钢管 *DN*20	m	15	47.00	752.00	10.09	151.35
7	031001001007	地沟内镀锌热水钢管 *DN*40	m	27	68.31	1 844.37	11.43	308.49
8	031001005001	室内埋地 *DN*50 承插铸铁管	m	26.9	40.17	1 080.57	6.82	183.56
9	031001005002	室内埋地 *DN*75 承插铸铁管	m	32.4	55.41	1 795.28	8.44	273.61

续表

序号	项目编码	项目名称	计量单位	工程数量	综合单价	合价	人工费/元	
							单价	合价
10	031001005003	室内埋地 *DN*100 承插铸铁管	m	5.4	74.98	404.89	10.92	58.95
11	031001005004	室内埋地 *DN*150 承插铸铁管	m	56.1	90.55	5 079.86	12.53	703.15
12	031001005005	室内明敷 *DN*50 承插铸铁管	m	107.5	37.70	4 052.75	6.32	679.18
13	031001005006	室内明敷 *DN*75 承插铸铁管	m	149.4	52.07	7 779.26	7.73	1 154.98
14	031001005007	室内明敷 *DN*100 承插铸铁管	m	21.6	70.76	1 528.42	9.94	214.68
15	031001005008	室内明敷 *DN*150 承插铸铁管	m	94.2	84.23	7 934.47	11.11	1 046.40
16	031001002001	管道穿楼板钢套管 *DN*32	m	9	17.23	155.07	1.76	15.84
17	031001002002	管道穿楼板钢套管 *DN*40	m	18	21.44	385.97	1.83	32.94
18	031001002003	管道穿楼板钢套管 *DN*50	m	9	26.33	236.97	2.13	19.17
19	031001002004	穿墙镀锌铁皮套管 *DN*25		60	25.91	1 554.60	0.74	44.40
20	031002001001	管道支架制作、安装	kg	69	19.09	1 317.21	4.28	295.51
21	031003001001	*DN*40 螺纹阀门	个	12	50.59	607.08	6.19	74.28
22	031003013001	*DN*15 水表	组	60	53.22	3 193.20	8.42	435.31
23	031004001001	冷热水带喷头搪瓷浴盆	组	30	729.30	21 879.00	20.25	607.50
24	031004003001	冷热水洗脸盆	组	30	157.40	4 722.00	16.11	483.30
25	031004004001	双嘴洗涤盆	组	30	131.71	3 951.30	11.99	359.70
26	031004006001	连体水箱坐便器安装	套	30	736.51	22 095.30	16.81	504.30
27	031004014001	*DN*15 水龙头安装	个	30	11.23	336.90	0.69	20.70
28	031004014002	*DN*50 地漏	个	30	22.56	676.80	3.96	118.80
29	031004014003	地面扫除口	个	30	12.92	387.60	1.86	55.80
小计						116 017.78		14 313.06

小计出分部分项工程量清单报价：116 017.78 元，其中人工费为 14 313.06 元、机械费为 373.77 元。

七、单位工程措施项目清单

常见的单位工程措施项目有：现场安全文明施工措施费，脚手架搭设费，夜间施工增加费，二次搬运费和冬、雨期施工增加费等。本工程现只考虑现场安全文明施工措施费和脚手架搭设费两项，见表 5-51。

表 5-51　单位工程措施项目清单表

工程名称：某住宅楼电气照明工程　　　　第　页　共　页

序号	项目名称	计算基数/元	费率/%	金额/元
1	现场安全文明施工措施费	14 313.06+373.77×8%	12.65	1 814.38
2	脚手架搭设费	14 313.06	4	572.52
3	夜间施工增加费			0
4	二次搬运费			0
5	冬、雨期施工增加费			0
小计				2 386.90

安装工程现场安全文明施工措施费的计算基数是分部分项工程量清单报价表(表 5-49)中安装费报价人工费 14 313.06＋机械费 373.77×8%。

安装工程现场安全文明施工措施费的费率是 12.65%，为 1 814.38 元。

脚手架搭设费的计算基数是分部分项工程量清单报价表(表 5-49)中小计的人工费 14 313.06元，计算费率为 4%，等于 572.52 元。

小计措施项目清单费用：(1 814.38＋572.52＝)2 386.90 元。

八、单位工程其他项目清单

常见的其他项目清单分为招标人部分和投标人部分，招标人部分有不可预留费、工程分包和材料购置等；投标人部分有总承包服务费、零星工作项目等(表 5-52)。

单位工程其他项目清单费用可由招标文件或甲、乙双方协商确定。本工程未考虑其他项目清单费。

表 5-52　单位工程其他项目清单表

工程名称：某住宅楼电气照明工程　　　　第　页　共　页

序号	项目名称	金额/万元
1	暂列金	
2	暂估价	
2.1	材料暂估价	
2.2	专业暂估价	
3	总承包费	
4	计日工	
	合计	

九、规费明细

建筑安装工程规费项目有：工程排污费，社会保障及劳动保险费，工程定额测定费和危险作业意外伤害保险费等。本工程考虑了社会保障及劳动保险和危险作业意外伤害保险费两项规费(表 5-53)。

表 5-53　规费明细表

工程名称：某住宅楼电气照明工程　　　　第　页　共　页

序号	名称	计算基数	费率/%	金额/元
1	工程排污费	按文件规定		0
2	社会保障及劳动保险费：(分部分项工程量清单费用中的人工费＋单价措施项目清单费用中的人工费＋其他项目费用中的人工费)×26%	14 313.06	26	3 721.40
3	工程定额测定费	停征	0	0
4	危险作业意外伤害保险费：(分部分项工程量清单费用中的人工费＋单价措施项目清单费用中的人工费＋其他项目费用中的人工费)×1%	14 313.06	1	143.13
小计				3 864.53

危险作业意外伤害保险费计算基数为分部分项工程量清单费用中的人工费 14 313.06 元，加单价措施项目清单费用中的人工费 0 元，再加其他项目费用中的人工费 0 元，计算基数等于 14 313.06 元，费率为 1%，该项费用等于 143.13 元。

社会保障及劳动保险费费率为 26%，计算基数为分部分项工程量清单费用中的人工费 14 313.06 元，加单价措施项目清单费用中的人工费 0 元，再加其他项目费用中的人工费 0 元，计算基数等于 14 313.06 元，计算得 3 721.40 元。

规费小计：3 864.53 元。

十、单位工程费用汇总

根据云南省安装工程计算程序(包工包料)，本工程造价等于分部分项工程量清单费用(含主材)116 017.78 元＋措施项目清单费用 2 386.90 元＋其他项目费用 0 元＋规费 3 864.53元＋税金 4 254.97 元，计算为 126 524.18 元(表 5-54)。

表 5-54 单位工程费用汇总表

工程名称：某住宅楼电气照明工程　　　　第　页　共　页

序号	费用名称	计算公式	费率/%	金额/元
1	分部分项工程量清单费用	分部分项合计(含主材)		116 017.78(其中：主材 81 071 元、机械费 373.77 元)
2	措施项目清单费用	[措施项目合计]		2 386.90
3	其他项目费用	[其他项目合计]		0
4	规费	F4.1＋F4.2＋F4.3＋F4.4		3 864.53
4.1	工程排污费			0
4.2	社会保障及劳动保险：(分部分项工程量清单费用中的人工费＋单价措施项目清单费用中的人工费＋其他项目费用中的人工费)×26%		26	3 721.40
4.3	工程定额测定费		0	0
4.4	危险作业意外伤害保险费：(分部分项工程量清单费用中的人工费＋单价措施项目清单费用中的人工费＋其他项目费用中的人工费)×1%		1	143.13
5	税金	(F1＋F2＋F3＋F4)×费率	3.48	4 254.97
6	工程造价	F1＋F2＋F3＋F4＋F5		126 524.18

其中，税金 4 254.97 元等于分部分项工程量清单费用、措施项目清单费用、其他项目费用、规费四项之和与税金费率 3.48%的乘积。

本住宅楼电气照明工程的工程造价是：126 524.18 元。

第四节　通风空调工程清单项目及工程量计算

一、通风空调工程清单项目及工程量计算规则

通风空调工程清单项目及工程量计算规则涉及表格见表5-55～表5-57。

表5-55　通风空调设备及部件制作安装(编码：030701)

项目编码	项目名称	项目特征	计量单位	工程量计算规则	工作内容
030701001	空气加热器(冷却器)	1. 名称 2. 型号 3. 规格 4. 质量 5. 安装形式 6. 支架形式、材质	台	按设计图示数量计算	1. 本体安装、调试 2. 设备支架制作、安装 3. 补刷(喷)油漆
030701002	除尘设备				
030701003	空调器	1. 名称 2. 型号 3. 规格 4. 安装形式 5. 质量 6. 隔振垫(器)、支架形式、材质	台(组)	按设计图示数量计算	1. 本体安装或组装、调试 2. 设备支架制作、安装 3. 补刷(喷)油漆
030701004	风机盘管	1. 名称 2. 型号 3. 规格 4. 安装形式 5. 减振器、支架形式、材质 6. 试压要求	台		1. 本体安装、调试 2. 支架制作、安装 3. 试压 4. 补刷(喷)油漆
030701005	表冷器	1. 名称 2. 型号 3. 规格			1. 本体安装 2. 型钢制作、安装 3. 过滤器安装 4. 挡水板安装 5. 调试及运转 6. 补刷(喷)油漆
030701006	密闭门	1. 名称 2. 型号 3. 规格 4. 形式 5. 支架形式、材质	个		1. 本体制作 2. 本体安装 3. 支架制作、安装
030701007	挡水板				
030701008	滤水器、溢水盘				
030701009	金属壳体				

续表

项目编码	项目名称	项目特征	计量单位	工程量计算规则	工作内容
030701010	过滤器	1. 名称 2. 型号 3. 规格 4. 类型 5. 框架形式、材质	1. 台 2. m^2	1. 以台计量，按设计图示数量计算 2. 以面积计量，按设计图示尺寸以过滤面积计算	1. 本体安装 2. 框架制作、安装 3. 补刷(喷)油漆
030701011	净化工作台	1. 名称 2. 型号 3. 规格 4. 类型	台	按设计图示数量计算	1. 本体安装 2. 补刷(喷)油漆
030701012	风淋室	1. 名称 2. 型号 3. 规格 4. 类型 5. 质量	台	按设计图示数量计算	1. 本体安装 2. 补刷(喷)油漆
030701013	洁净室				
030701014	除湿机	1. 名称 2. 型号 3. 规格 4. 类型			本体安装
030701015	人防过滤吸收器	1. 名称 2. 规格 3. 形式 4. 材质 5. 支架形式、材质			1. 过滤吸收器安装 2. 支架制作、安装
注：通风空调设备安装的地脚螺栓按设备自带考虑。					

表 5-56　通风管道制作安装(编码：030702)

项目编码	项目名称	项目特征	计量单位	工程量计算规则	工作内容
030702001	碳钢通风管道	1. 名称 2. 材质 3. 形状 4. 规格 5. 板材厚度 6. 管件、法兰等附件及支架设计要求 7. 接口形式	m^2	按设计图示内径尺寸，以展开面积计算	1. 风管、管件、法兰、零件、支吊架制作、安装 2. 过跨风管落地支架制作、安装
030702002	净化通风管				

续表

项目编码	项目名称	项目特征	计量单位	工程量计算规则	工作内容
030702003	不锈钢板通风管道	1. 名称 2. 形状 3. 规格 4. 板材厚度 5. 管件、法兰等附件及支架设计要求 6. 接口形式	m²	按设计图示内径尺寸，以展开面积计算	1. 风管、管件、法兰、零件、支吊架制作、安装 2. 过跨风管落地支架制作、安装
030702004	铝板通风管道				
030702005	塑料通风管道				
030702006	玻璃钢通风管道	1. 名称 2. 形状 3. 规格 4. 板材厚度 5. 支架形式、材质 6. 接口形式		按设计图示外径尺寸，以展开面积计算	1. 风管、管件安装 2. 支吊架制作、安装 3. 过跨风管落地支架制作、安装
030702007	复合型风管	1. 名称 2. 材质 3. 形状 4. 规格 5. 板材厚度 6. 接口形式 7. 支架形式、材质			
030702008	柔性软风管	1. 名称 2. 材质 3. 规格 4. 风管接头、支架形式、材质	1. m 2. 节	1. 以米计量，按设计图示中心线以长度计算 2. 以节计量，按设计图示数量计算	1. 风管安装 2. 风管接头安装 3. 支吊架制作、安装
030702009	弯头导流叶片	1. 名称 2. 材质 3. 规格 4. 形式	1. m² 2. 组	1. 以面积计量，按设计图示以展开面积平方米计算 2. 以组计量，按设计图示数量计算	1. 制作 2. 安装
030702010	风管检查孔	1. 名称 2. 材质 3. 规格	1. kg 2. 个	1. 以千克计量，按风管检查孔质量计算 2. 以个计量，按设计图示数量计算	1. 制作 2. 安装
030702011	温度、风量测定孔	1. 名称 2. 材质 3. 规格 4. 设计要求	个	按设计图示数量计算	

注：1. 风管展开面积，不扣除检查孔、测定孔、送风口、吸风口等所占面积；风管长度一律以设计图示中心线长度为准(主管与支管以其中心线交点划分)，包括弯头、三通、变径管、天圆地方等管件的长度，但不包括部件所占的长度。风管展开面积不包括风管、管口重叠部分面积。风管渐缩管：圆形风管按平均直径；矩形风管按平均周长。

2. 穿墙套管按展开面积计算，计入通风管道工程量中。

3. 通风管道的法兰垫料或封口材料，按图纸要求应在项目特征中描述。

4. 净化通风管的空气洁净度按 100 000 级标准编制，净化通风管使用的型钢材料如要求镀锌时，工作内容应说明支架镀锌。

5. 弯头导流叶片数量，按设计图纸或规范要求计算。

6. 风管检查孔、温度测定孔、风量测定孔数量，按设计图纸或规范要求计算。

表 5-57 通风管道部件制作安装(编码：030703)

项目编码	项目名称	项目特征	计量单位	工程量计算规则	工作内容
030703001	碳钢阀门	1. 名称 2. 型号 3. 规格 4. 质量 5. 类型 6. 支架形式、材质	个	按设计图示数量计算	1. 阀体制作 2. 阀体安装 3. 支架制作、安装
030703002	柔性软风管阀门	1. 名称 2. 规格 3. 材质 4. 类型			阀体安装
030703003	铝蝶阀	1. 名称 2. 规格 3. 质量 4. 类型			
030703004	不锈钢蝶阀				
030703005	塑料阀门	1. 名称 2. 型号 3. 规格 4. 类型			
030703006	玻璃钢蝶阀				
030703007	碳钢风口、散流器、百叶窗	1. 名称 2. 型号 3. 规格 4. 质量 5. 类型 6. 形式			1. 风口制作、安装 2. 散流器制作、安装 3. 百叶窗安装
030703008	不锈钢风口、散流器、百叶窗	1. 名称 2. 型号 3. 规格 4. 质量 5. 类型 6. 形式			
030703009	塑料风口、散流器、百叶窗				
030703010	玻璃钢风口	1. 名称 2. 型号 3. 规格 4. 类型 5. 形式			风口安装
030703011	铝及铝合金风口、散流器				1. 风口制作、安装 2. 散流器制作、安装

续一

项目编码	项目名称	项目特征	计量单位	工程量计算规则	工作内容
030703012	碳钢风帽	1. 名称 2. 规格 3. 质量 4. 类型 5. 形式 6. 风帽筝绳、泛水设计要求	个	按设计图示数量计算	1. 风帽制作、安装 2. 筒形风帽滴水盘制作、安装 3. 风帽筝绳制作、安装 4. 风帽泛水制作、安装
030703013	不锈钢风帽				
030703014	塑料风帽				
030703015	铝板伞形风帽				1. 板伞形风帽制作、安装 2. 风帽筝绳制作、安装 3. 风帽泛水制作、安装
030703016	玻璃钢风帽				1. 玻璃钢风帽安装 2. 筒形风帽滴水盘安装 3. 风帽筝绳安装 4. 风帽泛水安装
030703017	碳钢罩类	1. 名称 2. 型号 3. 规格 4. 质量 5. 类型 6. 形式			1. 罩类制作 2. 罩类安装
030703018	塑料罩类				
030703019	柔性接口	1. 名称 2. 规格 3. 材质 4. 类型 5. 形式	m^2	按设计图示尺寸，以展开面积计算	1. 柔性接口制作 2. 柔性接口安装
030703020	消声器	1. 名称 2. 规格 3. 材质 4. 形式 5. 质量 6. 支架形式、材质	个	按设计图示数量计算	1. 消声器制作 2. 消声器安装 3. 支架制作、安装
030703021	静压箱	1. 名称 2. 规格 3. 形式 4. 材质 5. 支架形式、材质	1. 个 2. m^2	1. 以个计量，按设计图示数量计算 2. 以平方米计量，按设计图示尺寸，以展开面积计算	1. 静压箱制作、安装 2. 支架制作、安装

续二

项目编码	项目名称	项目特征	计量单位	工程量计算规则	工作内容
030703022	人防超压自动排气阀	1. 名称 2. 型号 3. 规格 4. 类型	个	按设计图示数量计算	安装
030703023	人防手动密闭阀	1. 名称 2. 型号 3. 规格 4. 支架形式、材质	个	按设计图示数量计算	1. 密闭阀安装 2. 支架制作、安装
030703024	人防其他部件	1. 名称 2. 型号 3. 规格 4. 类型	个(套)	按设计图示数量计算	安装

注：1. 通风部件是按图纸要求制作、安装还是用成品部件，只安装不制作，这类特征在项目特征中应明确描述。
2. 静压箱的面积计算：按设计图示尺寸以展开面积计算，不扣除开口的面积。

二、通风管道部件制作、安装工程工程量清单项目说明

(1)概况。通风管道部件制作、安装，包括各种材质、规格和类型的阀类制作、安装，散流器制作、安装，风口制作、安装，风帽制作、安装，罩类制作、安装，消声器制作、安装等项目。

(2)注意事项。

1)有的部件图纸要求制作、安装，有的要求用成品部件，只安装不制作，这类特征在工程量清单中应明确描述。

2)碳钢调节阀制作、安装项目，包括空气加热器上通阀、空气加热器旁通阀、圆形瓣式启动阀、保温及不保温风管蝶阀、风管止回阀、密闭式斜插板阀、矩形风管三通调节阀、对开多叶调节阀、风管防火阀、各类风罩调节阀等。编制工程量清单时，除明确描述上述调节阀的类型外，还应描述其规格、质量、形状(方形、圆形)等特征。

3)散流器制作、安装项目，包括矩形空气分布器、圆形散流器、方形散流器、流线型散流器、百叶风口、矩形风口、旋转吹风口、送吸风口、活动算式风口、网式风口、钢百叶窗等。编制工程量清单时，除明确描述上述散流器及风口的类型外，还应描述其规格、质量、形状(方形、圆形)等特征。

4)风帽制作、安装项目，包括碳钢风帽、不锈钢板风帽、铝风帽、塑料风帽等。编制工程量清单时，除明确描述上述风帽的材质外，还应描述其规格、质量、形状(伞形、锥形、筒形)等特征。

5)罩类制作、安装项目，包括皮带防护罩、电动机防雨罩、侧吸罩、焊接台排气罩、整体分组式槽边侧吸罩、吹吸式槽边通风罩、条缝槽边抽风罩、泥芯烘炉排气罩、升降式回转排气罩、上下吸式圆形回转罩、升降式排气罩、手锻炉排气罩等，在编制上述罩类工

程量清单时，应明确描述出罩的种类、质量等特征。

6)消声器制作、安装项目，包括片式消声器、矿棉管式消声器、聚酯泡沫管式消声器、卡普隆纤维式消声器、弧形声流式消声器、阻抗复合式消声器、消声弯头等。编制消声器制作、安装工程量清单时，应明确描述出消声器的种类、质量等特征。

三、通风工程检测、调试

通风工程检测、调试工程量清单项目设置、项目特征描述的内容、计量单位及工程量计算规则，应按表 5-58 的规定执行。

表 5-58　通风工程检测、调试(编码：030704)

项目编码	项目名称	项目特征	计量单位	工程量计算规则	工作内容
030704001	通风工程检测、调试	风管工程量	系统	按通风系统计算	1. 通风管道风量测定 2. 风压测定 3. 温度测定 4. 各系统风口、阀门调整
030704002	风管漏光试验、漏风试验	漏光试验、漏风试验、设计要求	m^2	按设计图纸或规范要求以展开面积计算	通风管道漏光试验、漏风试验

实训 20

1. 实训内容

空气加热器安装示意图如图 5-31 所示，计算工程量并套用定额(不含主材费)。

塑料通风管道长 45 m，厚度 $\delta=4$ mm，$\phi=400$ mm，由两处吊托支架支撑且开一风管测定孔。

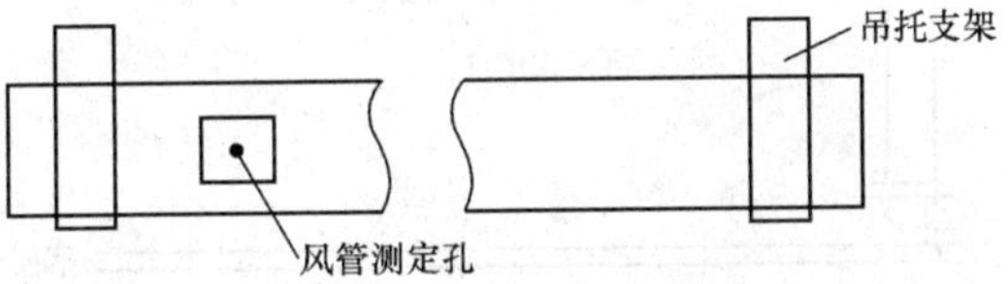

图 5-31　空气加热器安装示意图

2. 实训步骤

(1)清单工程量。

$$S=\pi dl=3.14\times0.4\times45=56.52(m^2)$$

清单工程量计算见表 5-59。

表 5-59　清单工程量计算表

项目编码	项目名称	项目特征描述	计算单位	工程量
030702005001	塑料通风管道制作、安装	直径为 0.4 m，长度为 45 m	m^2	56.52

(2)定额工程量。

1)$\phi400$ 的塑料通风管道的工程量为：

$$S=\pi(D-2\delta)\times L$$
$$=3.14\times(0.4-2\times0.004)\times45$$
$$=5.539(10\ m^2)$$

其中(0.4－2×0.004)为塑料通风管道的内径。

由于塑料圆形风管直径×壁厚＝4×400＝1 600(mm)＜630×4＝2 520(mm)。

根据《云南省安装工程消耗量定额》03090292，基价：1 778.99 元，其中人工费 53.23×23.05＝1 226.95(元)、材料费 176.30 元、机械费 375.74 元。

《云南省安装工程消耗量定额》中规定：塑料风管、复合型材料风管制作、安装定额所列规则为内径，周长为内周长，因此，计算塑料风管工程量时以内径计算。

2)吊托支架工程量。已知吊托支架一处的质量为 10.2 kg/个，共有 2 个吊托支架，所以吊托支架的工程盘是 2×10.2＝20.4(kg)＝0.204(100 kg)。

根据《云南省安装工程消耗量定额》03090270，基价：568.01 元，其中人工费 53.23×7.9＝420.52(元)、材料费 120.77 元、机械费 26.72 元。

3)风管测定孔制作、安装。计量单位：个，工程量：1。

根据《云南省安装工程消耗量定额》03090043，基价：41.58 元，其中人工费 53.23×0.61＝32.47(元)、材料费 5.74 元、机械费 3.37 元。

实训 21

1. 实训内容

风机盘管采用卧式暗装(吊顶式)，如图 5-31 所示，计算工程量并套用定额。

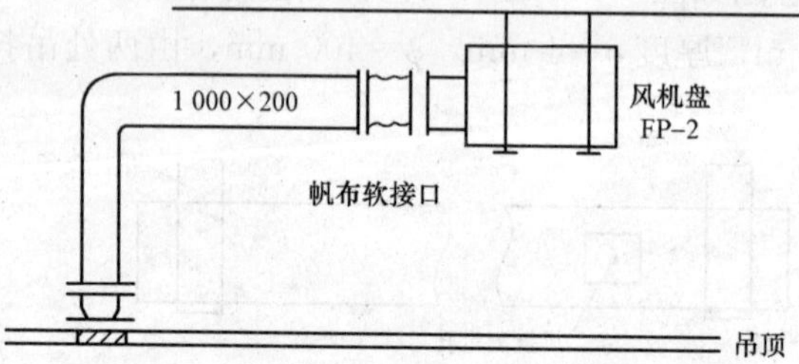

图 5-32　风机盘管安装示意图

2. 实训步骤

(1)清单工程量。清单工程量计算见表 5-60。

表 5-60　清单工程量计算表

项目编码	项目名称	项目特征描述	计算单位	工程量
030702005001	风机盘管	吊顶式	台	1

(2)定额工程量。

1)风机盘管安装。计量单位：台，工程量：1。

根据《云南省安装工程消耗量定额》03090245，基价：127.70 元，其中人工费 53.23×1.24＝66.01(元)、材料费 54.84 元、机械费 6.85 元。

2)设备吊托架安装。《云南省安装工程消耗量定额》规定，吊顶式风机盘管安装子目"03090245"中已包括支吊架制作、安装，因此，设备支吊架制作、安装不需要另行计算。

3)风机盘支架除锈。计量单位：100 kg，工程量：[19.75(定额含量)/1.04×1]/100=0.19。

根据《云南省安装工程消耗量定额》0311007，基价：25.68元，其中人工费53.23×0.34=18.10(元)、材料费1.85元、机械费5.73元。

4)风机盘支架刷油。计量单位：100 kg，工程量：0.19。

根据《云南省安装工程消耗量定额》03110117，基价：18.96元，其中人工费53.23×0.23=12.24(元)、材料费0.99元、机械费5.73元。

5)软管接口制作安装。计量单位：m^2，工程量：2×(0.2+1)×0.3=0.72(m^2)。

根据《云南省安装工程消耗量定额》03090041，基价：171.45元，其中人工费47.83元、材料费121.74元、机械费1.88元。

实训22

1. 实训内容

已知一活动百叶风口，尺寸为350 mm×175 mm，共8个，风口带调节板，如图5-33所示，试计算其工程量。

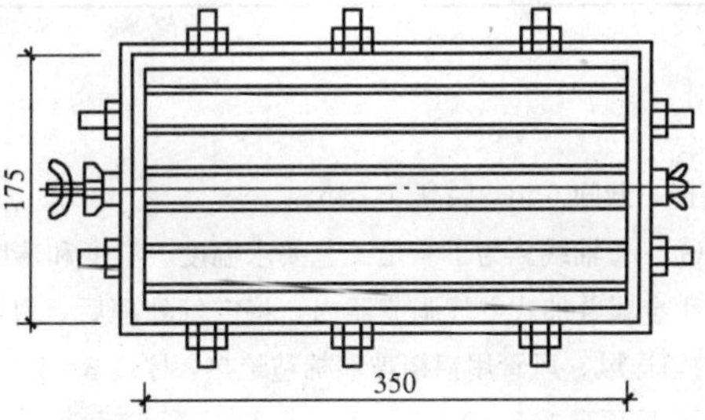

图5-33 带调节板活动百叶风口平面图

2. 实训步骤

(1)清单工程量。带调节板活动百叶风口：8个。

清单工程量计算见表5-61。

表5-61 清单工程量计算表

项目编码	项目名称	项目特征描述	计算单位	工程量
030702008001	不锈钢封口、散流器制作、安装(百叶窗)	不锈钢百叶风口，尺寸为350 mm×175 mm，带调节板	个	8

(2)定额工程量。

1)带调节板活动百叶风口制作。根据《国际通风部件标准质量表》，尺寸为350 mm×175 mm，1.79 kg/个，共8个，1.79×8=14.32(kg)。

①人工费：1 719.91/100×14.32=246.29(元)；

②材料费：635.86/100×14.32=91.06(元)；

③机械费：265.89/100×14.32=38.08(元)。

2)带调节板活动百叶风口的安装。

①人工费：5.34×8=42.72(元)；

②材料费：3.08×8=24.64(元)；

③机械费：0.22×8=1.76(元)。

某通风空调工程工程量清单及计价编制实例

一、实训内容

某机器制造厂3#厂房通风空调工程总说明见表5-62，其平面图、剖面图、系统图，分别如图5-34～图5-36所示。工程承包方没有企业的生产消耗定额和成本库，其人工、材料、机械台班的消耗量计算以当地的《安装工程消耗量定额》及《综合单价》为依据，主材单价以市场询价为主，经调整后确定。请编制分部分项工程量清单及计价表，计算分部分项工程量清单费用。

表5-62　总说明

工程名称：某机器制造厂3#厂房通风空调工程　　　标段：第1页　共1页

1. 工程批准文号(略)

2. 工程概况

3#厂房新建现浇4层框架结构，开间6 m，层高5.2 m。

通风空调工程在3#厂房底层⑧～⑫轴线。为了满足工艺要求温度、湿度和洁度的空气，通风空调系统由新风口吸入新鲜空气，经新风管进入ZK-1金属叠加式空气调节器内，将空气处理后，由镀锌钢板($\delta=1$)制作的五个风管，用方形直流片式散流器，向房间均匀送风。风管用铝箔玻璃棉毡绝热，厚度$\delta=100$。风管用吊架吊在房间顶板上(顶板底高5 m)，并安装在房间吊顶内(吊顶高3.5 m)。

叠式金属空气调节器分6个段室：风机段、喷淋段、过滤段、加热段、空气冷处理段和中间段，其外形尺寸为3 342×1 620×2 109，共1 200 kg，其供风量为8 000～12 000 m^3/h。由FJZ-30型制冷机组、冷水箱、泵两台，与*DN*100及*DN*70的冷水管、回水管相连，组成供应冷冻水系统，由*DN*32和*DN*25蒸汽动力管和凝结水管相连，组成供热系统，还有冷却塔及循环水系统，以及配管、配线、配电箱柜组成的控制系统。

3. 发包范围

本标段为镀锌钢板通风管道制作安装，通风管道的附件和阀件的制作安装，管道铝箔玻璃棉毡绝热，叠式金属空气调节器安装工程。冷水机组，供冷、供热管网系统，配电及控制系统的安装作为另一标段。

4. 报价要求

主材按造价部门公布的当期指导价计算或者自行询价报价，结算时人工和主材发生的价差，在+5%～-5%以内时不做调整。

叠式金属空调器设备由发包方采购，并运送至承包方安装现场内或承包方指定点。通风管道主材、管道部件由承包方采购。

5. 其他各项(略)

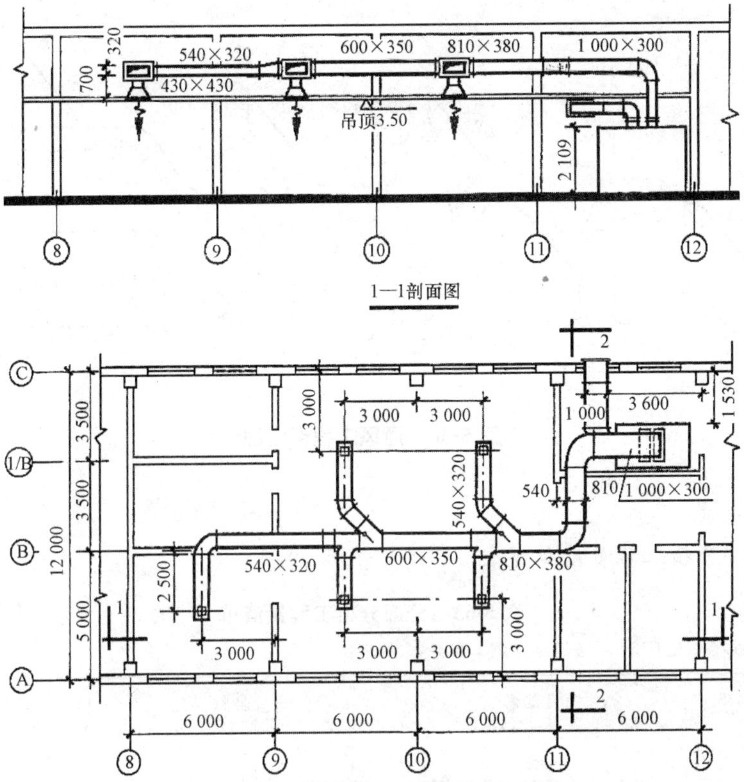

图 5-34　通风系统平面图

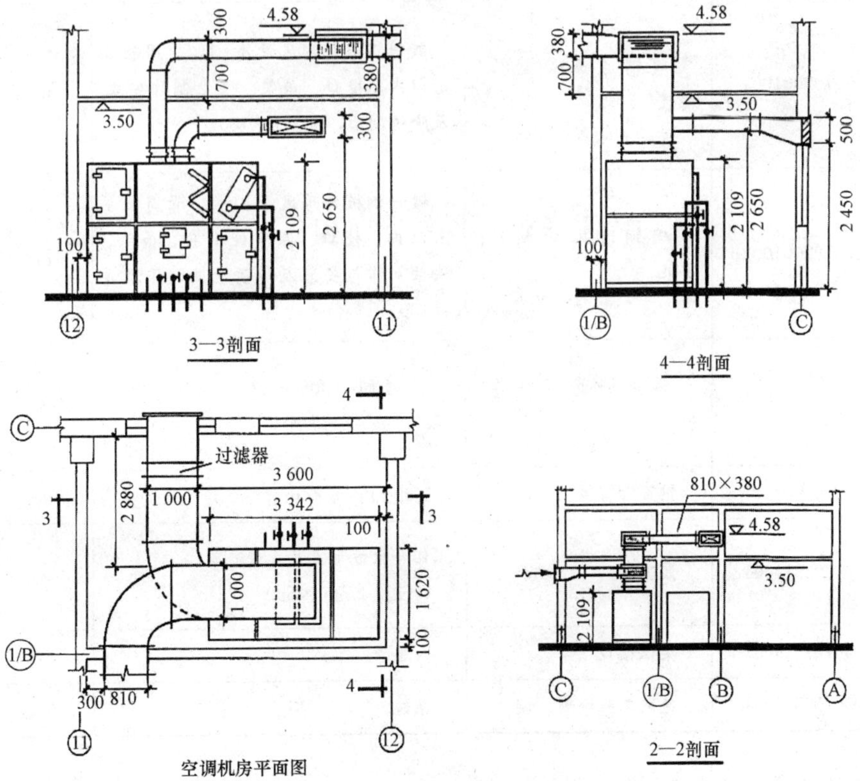

图 5-35　通风工程剖面图

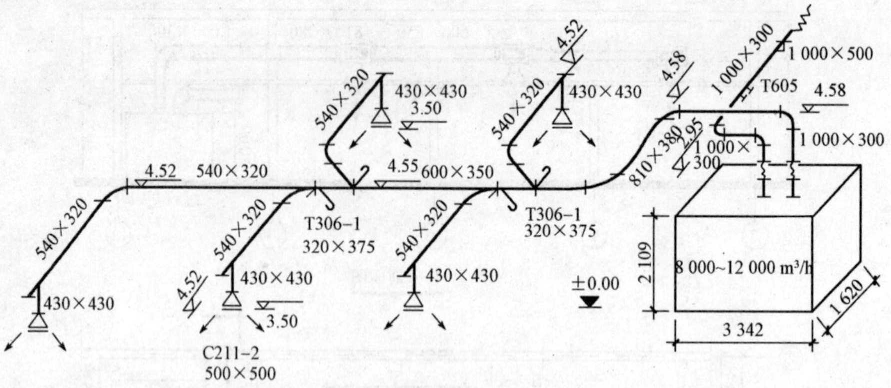

图 5-36　通风工程系统图

二、实训步骤

本工程分部分项工程量清单见表 5-63。

表 5-63　分部分项工程量清单

工程名称：某机器制造厂 3# 厂房通风空调工程　　标段：　　　　第　页　共　页

序号	项目编码	项目名称	项目特征描述	计量单位	工程数量
C. 9 通风空调工程					
1	030701003001	空调器	叠式(6段)ZK-1 型	kg	1 200.00
2	030702001001	碳钢通风管制作、安装	镀锌钢板矩形风管 δ=1，管周长 2 m以内，咬口、吊架、法兰制作安装及除锈刷油，保温 δ=100	m²	71.56
3	030702001002	碳钢通风管制作、安装	镀锌钢板矩形风管 δ=1，管周长 4 m以内，咬口、温度检测孔、吊架、法兰制作与安装及除锈刷油，保温 δ=100	m²	40.44
4	030703001001	碳钢调节阀制作、安装	三通阀 T306-1 320×357，每个 12.23 kg，除锈刷油	个	4.00
5	030703007001	钢百叶窗	1 000 m×500 m	m²	0.50
6	030703011001	散流器	铝合金方形直片式散流器 CT211-2 500×500	个	5.00
7	030703019001	柔性接口	人造革	m²	1.56
8	030704001001	通风工程检测、调试	系统	系统	1.00

工程量计算式见表 5-64。

表 5-64　工程量计算式

工程名称：某机器制造厂 3# 厂房通风空调工程　　　　第 1 页　共 1 页

序号	工程项目名称	单位	数量	部位提要	计算式
1	叠式金属空气调节器	kg	1 200		6×200
2	镀锌钢板矩形风管 $\delta=1$	m^2	55.75	主管	$(1+0.3)\times2\times\left(3.5-2.209+0.7+\frac{0.3}{2}-0.2+4+1\right)+(0.81+0.38)\times2\times(3.5+3)+(0.6+0.35)\times2\times6+(0.54+0.32)\times2\times\left(3+3+\frac{0.54}{2}\right)$
		m^2	40.20	支管	$(0.54+0.32)\times2\times\left(4+0.5+4+0.5+\frac{0.43}{2}\times2+3+0.5+3+0.5+\frac{0.43}{2}+2.5+2.5+\frac{0.43}{2}\right)+(0.43+0.43)\times2\times(5\times0.7)+0.54\times0.32\times5$
		m^2	16.05	新风管	$(1+0.5)\times2\times0.8+(1+0.3)\times2\times\left(2.88-0.8+\frac{1}{2}+\frac{3.342}{2}+\frac{1}{2}+2.65-2.1+\frac{0.3}{2}-0.2\right)$
	风管小计	m^2	112.00		管周长 2 m 以内，共 71.56 m^2 管周长 4 m 以内，共 40.44 m^2
3	帆布接头	m^2	1.56		(1+0.3)×2×0.2×3
4	钢百叶窗(新风口)	m^2	0.5		1×0.5
5	方形直片散流器	kg	61.15		CT211-2(500×500)5×12.23
6	温度检测孔	个	2		T605
7	矩形风管三通调节阀	kg	48.92		4×12.23(T306-1)
8	铝箔玻璃棉毡 风管保温 $\delta=100$	m^2	11.2		112×0.1
9	角钢∟25×4	kg	437.70	法兰	75 个×(0.6+0.4)×2×1.459

分部分项工程量清单计价表见表 5-65。

表 5-65　分部分项工程量清单计价表

工程名称：某机器制作厂 3# 厂房通风空调工程　　标段：　　　　第　页共　页

序号	项目编码	项目名称	项目特征描述	计量单位	工程数量	金额/元	
						综合单价	合价
C.9 通风空调工程							
1	030701003001	空调器	叠式金属空调器 6 段	kg	1 200.00	1.02	1 224.00
2	030702001001	碳钢通风管制作、安装	镀锌钢板矩形风管 $\delta=1$，管周长 2 m 内，咬口、吊架、法兰制作安装及除锈刷油，保温 $\delta=100$	m^2	71.56	293.66	21 014.31

续表

序号	项目编码	项目名称	项目特征描述	计量单位	工程数量	金额/元	
						综合单价	合价
3	030702001002	碳钢通风管制作、安装	镀锌钢板矩形风管 $\delta=1$，周长 4 m 内，咬口、吊架、法兰制作安装及除锈刷油、保温 $\delta=100$ 温度测定孔 T615 2 个	m^2	40.44	280.62	11 348.27
4	030703001001	碳钢调节阀制作、安装	三通阀 T306-1，每个 12.23 kg，除锈、刷油	个	3.00	405.95	1 217.89
5	030703007001	百叶窗制作、安装	1 000×500 J718.1 碳钢除锈、刷油	m^2	0.50	460.06	230.03
6	030703011001	散流器	铝合金方形直片式 CT211-2 500×500	个	5.00	182.36	911.80
7	030703019001	柔性接口	人造革	m^2	1.56	230.53	359.63
8	030704001001	通风工程检测、调试	系统	系统	1.00	634.28	634.28
合计					3 694 021		

工程量清单综合单价分析表见表 5-66。

表 5-66　工程量清单综合单价分析表

工程名称：某机器制作厂 3#厂房通风空调工程　　　　标段：　　　　　　　　第　页　共　页

项目编码	030702001002			项目名称		碳钢通风管制作、安装		计量单位		m^2	
综合单价组成明细											
定额编号	定额名称	定额单价	工程数量	单价/元				合价/元			
				人工费	材料费	机械费	管理费和利润	人工费	材料费	机械费	管理费和利润
09-0007	镀锌钢板矩形风管 $\delta=1$，周长 4.00 内	10 m^2	4.044	129.74	156.83	31.82	135.54	524.67	634.22	126.68	548.12
11-0007	法兰、支吊架除锈	100 kg	1.573 9	8.84	2.60	7.49	9.24	13.91	4.09	11.79	14.54
11-0117	法兰、支吊架刷红丹漆第一遍	100 kg	1.573 9	5.98	0.75	7.49	6.25	9.41	1.18	11.79	9.84
11-0118	法兰、支吊架刷红丹漆第二遍	100 kg	1.573 9	5.72	0.65	7.49	5.98	9.00	1.02	11.79	9.41
09-0043	温度测定孔	个	2.00	15.86	9.60	6.36	16.57	31.72	19.20	12.72	33.14
11-2004	通风管道离心玻璃棉保温厚度 2×50	m^3	4.044	55.12	141.68	—	57.58	222.91	572.95		232.85
人工单位			小计					811.62	1 232.66	174.77	847.90
								3 066.96/40.44=75.84			
26 元/工日			未计价材料费					204.78			
清单项目综合单价								280.62			

主要材料计价表见表 5-67。

表 5-67　主要材料计价表

	主要材料名称、规格、型号	单位	数量	单价/元	合价/元	暂估单价/元	暂估合价/元
材料明细	角钢∟60	kg	35.04	3.58	125.44		
	角钢∟63	kg	0.160	3.58	0.57		
	扁钢−59	kg	1.120	3.58	4.01		
	圆钢 ϕ5.5～9	kg	1.490	2.95	4.40		
	电焊条结 422ϕ3.2	kg	0.490	6.30	3.09		
	精制六角螺栓 M8×75	套	4.300	0.25	1.08		
	铁铆钉	kg	0.220	4.48	0.99		
	橡胶板 δ1～3	kg	0.920	6.63	6.10		
	膨胀螺栓 M12	套	1.500	1.00	1.50		
	乙炔气(电石)	kg	0.160	15.04	2.41		
	氧气	m^3	0.450	8.43	3.79		
	材料费小计				156.83		
	钢丝刷	把	0.290	1.50	0.41		
	铁砂布 0#～2#	张	1.090	1.08	1.14		
	破布	kg	0.170	6.19	1.05		
	材料费小计				2.60		
	汽油 90#	kg	0.075	9.95	0.75		
	材料费小计				0.75		
	汽油 90#	kg	0.065	9.95	0.65		
	材料费小计				0.65		
	普通钢板 δ2.0～2.5	kg	0.180	3.80	0.68		
	电焊条 E4303	kg	0.110	6.30	0.69		
	精制六角螺栓 M(2～5)×(4～20)	套	4.160	0.25	1.04		
	弹簧垫圈 M2～M10	个	4.240	0.08	0.34		
	镀锌丝堵 *DN*50	个	1.000	3.45	3 45		
	熟铁管箍 *DN*50	个	1.000	3.45	3 45		
	材料费小计				9.60		
	塑料保温钉	套	420.000	0.06	25.20		
	氯丁胶	kg	0.550	23.34	12.84		
	铝箔胶粘带 45 m/卷	卷	3.200	32.00	102.40		
	破布	kg	0.200	6.19	1.24		
	材料费小计				141.68		

注：镀锌钢板通风管制作、安装未计价材料费及综合单价：

·镀锌钢板 δ1：40.44 m^2×1.138×10.5 元/m^2＝483.22 元；

·醇酸防锈漆 C53-1(红丹防锈漆)：157.39 kg×0.051×28.75 元/kg＝230.77 元，共刷两遍漆 230.77 元×2＝461.54 元；

·离心玻璃棉板：4.044 m^3×1.03×1.755 元/m^3＝7.31 元；

·综合单价：(483.22＋461.54＋7.31)元/40.44 m^2＝23.54 元/m^2。

第五节　定额计价与清单计价对比实例

某室内安装 $DN50$ 镀锌给水管（螺纹连接），工程量 200 m，要求管道消毒清洗，试压（镀锌管：25 元/m，取定人工单价 34.77 元/工日），试各用定额、清单计价法计算分部分项工程费用。

分析：查《云南省建设工程计价规则及机械仪器仪表台班费用定额》（DBJ 53/T-58-2013），建筑安装工程费用项目由分部分项工程费、措施项目费、其他项目费、规费、税金构成；工程量清单计价由分部分项工程费、措施项目费、其他项目费、规费、税金构成。根据云南省计价文件，两种计价模式下分部分项工程费用均由人工费、材料费、机械费、管理费、利润组成。由此可见，无论是定额计价还是清单计价，工程费构成内容均一致，只是清单计价采用了综合单价。两种计价模式下通用安装工程管理费费率为 30%、利润率为 20%，计算基数均为分部分项工程费中的人工费＋分部分项工程费中的机械费×8%。

1. 定额模式计价

（1）定额计价模式下建筑安装工程分部分项工程费中人、材、机计算表（注意定额单位量、工程量）见表 5-68。

表 5-68　人、材、机计算表

定额编号			03080092	03080230	03080236
项目		单位	室内镀锌钢管安装（螺纹连接）$DN50$ 以内	管道消毒、冲洗 $DN50$ 以内	管道压力试验 $DN100$ 以内
人工	综合工日	工日	2.68（消耗量）	0.52（消耗量）	4.63（消耗量）
材料	镀锌钢管 10.2/10 m		38.29（含未计材价）	10.05（单价）	
机械		台班	3.26（单价）	61.35（单价）	11.58（单价）

（2）定额计价方式下建安工程造价表见表 5-69。

表 5-69　定额计价方式下建安工程造价表

序号	定额编码	项目名称	计量单位	工程量	单价				合价			
					人工费	材料费	机械费	小计	人工费	材料费	机械费	小计
1	03080092	室内镀锌钢管安装（螺纹连接）$DN50$ 以内	10 m	20.0	34.77×2.68＝93.18	38.29	3.26	134.73	1 863.6	765.8	65.2	2 694.6
2	03080230	管道消毒、冲洗 $DN50$ 以内	100 mm	2	34.77×0.52＝18.08	10.05	—	28.13	36.16	20.1	—	56.26
3	03080236	管道压力试验 $DN100$ 以内	100 m	2	34.77×4.63＝160.99	61.35	11.58	233.92	321.98	122.7	23.16	467.84
	合计								2 221.74	908.60	88.36	3 218.70

(3)建筑安装工程费用计算见表 5-70。

表 5-70　建筑安装工程费用计算表

序号	项目名称	计算方法	金额/元
1	分部分项工程费用	F1.1+F1.2+…+F1.6	9 433.10
1.1	人工费		2 221.74
1.2	材料费		908.60
1.3	机械费		88.36
1.4	主材费	(10.2/10)×25×200	5 100.00
1.5	管理费	(人工费+机械费×8%)×管理费费率 30%	668.64
1.6	利润	(人工费+机械费×8%)×利润率 20%	445.76
2	措施费		374.66
2.1	总价措施费		374.66
2.1.1	安全文明施工费	(人工费+机械费×8%)×费率 12.65%	281.94
2.1.2	其他措施费	(人工费+机械费×8%)×管理费费率 4.16%	92.72
2.2	单价措施费		0
2.2.1	单价措施费中的人工费		0
3	其他项目费		0
3.1	其他项目费中的人工费		
6	规费		799.82
6.1	工程排污费		0
6.2	社会保障等费用	(2 221.74+0+0)×26%	577.65
6.3	危险作业意外险	(2 221.74+0+0)×1%	222.17
7	税金	(9 433.10+374.66+0+799.82)×0.034 8	369.14
8	单位工程造价	9 433.10+374.66+0+799.82+369.14	10 976.72

2. 清单模式计价

综合单价中管理费、利润的计算方法表达为：

管理费=计算基础×管理费费率

利润=计算基础×管理费费率

计算基础=分部分项工程费中的人工费+分部分项工程费中的机械费×8%

综合单价=全部施工费用÷清单工程量

=[分部分项工程施工量×消耗量基价(人、材、机、管理费、利润)÷定额单位]÷清单工程量

=(分部分项工程施工量÷定额单位÷清单工程量)×消耗量基价(人、材、机、管理费、利润及风险)

例题用清单计价法各计算一遍分部分项工程费。

解：施工量=清单量=200 m。

查《云南省建设工程计价规则及机械仪器仪表台班费用定额》(DBJ 53/T-58-2013)，通用安装工程管理费费率为 30%、利润率为 20%，计算基数均为分部分项工程费中的人工费+分部分项工程费中的机械费×8%。

清单模式计价的计算过程见表 5-71～表 5-75。

表 5-71 人、材、机计算表

定额编号			03080092	03080230	03080236
项目		单位	室内镀锌钢管安装(螺纹连接)*DN*50 以内(10 m)	管道消毒、冲洗 *DN*50 以内(100 m)	管道压力试验 *DN*50 以内(100 m)
人工	综合工日	工日	2.68	0.52	4.63
材料	镀锌钢管 10.2/10 m		38.29	10.05	61.35
机械		台班	3.26		11.58

表 5-72 工程量清单综合单价分析表(一)

序号	细目编码	细目名称	细目单位	工程内容				单价分析				综合单价/元
				定额编号	定额名称	定额单位	工程量	人工费	材料费	机械费	管理费 30% 利润率 20%	
1	031001001001	镀锌钢管螺纹连接	m	03080092	室内镀锌钢管安装(螺纹连接) *DN*50 以内	10 m	0.10	34.77×2.68 ×0.1 =9.318	(38.29+10.2×25) ×0.1= 29.329	3.26× 0.1= 0.326	4.672	47.166
				03080230	管道消毒、冲洗 *DN*50 以内	100 m	0.01	34.77×0.52 ×0.01 =0.181	10.05×0.01 =0.101	—	0.091	
				03080236	管道压力试验 *DN*100 以内	100 m	0.01	34.77×4.63 ×0.01 =1.61	61.35×0.01 =0.614	11.58 ×0.01 =0.116	0.810	

表 5-73 工程量清单综合单价分析表(二)

工程名称: 工程量清单综合单价分析表											
细目编码	031001001001		项目名称		镀锌钢管螺纹连接		计量单位		m		
清单综合单价组成明细											
定额编号	定额名称	定额单位	数量	单价/元			合价/元				
				人工费	材料费	机械费	人工费	材料费	机械费	管理费	利润	风险费
03080092	室内镀锌钢管安装	10 m	0.1	2.68×34.77	38.29	3.26	9.318	3.83	0.329	2.80	1.86	0
03080230	管道消毒、冲洗	100 m	0.01	0.52×34.77	10.05	—	0.181	0.10	—	0.054	0.036	0
03080236	管道压力试验	100 m	0.01	4.63×34.77	61.35	11.58	1.61	0.614	0.116	0.485	0.323	0
人工单价		小计					11.109	4.544	0.445	3.339	2.219	0
34.77 元/工日		未计价材料费					25.5					
清单项目综合单价							47.166					
材料费明细	主要材料名称、规格、型号		单位	数量	单价/元		合价/元	暂估单价/元	暂估合价/元		
	镀锌钢管 *DN*50		m	1.02	25		25.5				
	其他材料费										
	材料费小计										

表 5-74 分部分项工程工程量与清单计价表

序号	项目编码	项目名称	项目特征	计量单位	工程量	金额/元		
						综合单价	合价	其中：人工费
1	031001001001	镀锌钢管螺纹连接	安装、消毒冲洗、压力试验	m	200	47.166	9 433.20	2 221.74
合计							9 433.20	2 221.74

表 5-75 清单计价方式下建安工程造价表

序号	项目名称	计算方法	金额(元)
1	分部分项工程费用	F1.1+F1.2+…+F1.6	9 433.20
1.1	人工费		2 221.74
2	措施费		374.66
2.1	总价措施费		374.66
2.1.1	安全文明施工费	(人工费+机械费×8%)×费率 12.65%	281.94
2.1.2	其他措施费	(人工费+机械费×8%)×管理费费率 4.16%	92.72
2.2	单价措施费		0
2.2.1	单价措施费中的人工费		0
3	其他项目费		0
3.1	其他项目费中的人工费		
6	规费		799.82
6.1	工程排污费		0
6.2	社会保障等费用	(2 221.74+2.2.1+3.1)×26%	577.65
6.3	危险作业意外险	(2 221.74+2.2.1+3.1)×1%	222.17
7	税金	(9 433.20+374.66+0+799.82)×0.034 8	369.15
8	单位工程造价	9 433.20+374.66+0+799.82+369.15	10 976.83

由此可见，现行《云南省建设工程计价规则及机械仪器仪表台班费用定额》(DBJ 53/T-58-2013)下，建筑安装工程费用项目由分部分项工程费、措施项目费、其他项目费、规费、税金构成；工程量清单计价由分部分项工程费、措施项目费、其他项目费、规费、税金构成。根据云南省计价文件，两种计价模式下分部分项工程费用均由人工费、材料费、机械费、管理费、利润组成。两种模式工程费构成内容一致，计算结果一致。

复习思考题

1. 简述工程量清单的主要作用。
2. 简述工程量清单的内容。
3. 简述清单项目设置中项目编码设置的规定。

4. 计算下列水施图纸工程量清单(本实例仅计算 1 户的工程量清单)。

本工程位于某市近郊某厂生活区内，该建筑为钢筋混凝土框架结构，现浇钢筋混凝土楼板，共 7 层，层高 3 m，屋顶为可上人屋面。给水管道用镀锌钢管丝接，排水用承插塑料管道粘接。挂式 13102 型陶瓷洗脸盆，配冷热水龙头；1500 型陶瓷浴盆，配冷热水混合开关带喷头；蹲式 6203 型陶瓷大便器，配按压式延时自动关闭冲洗阀；不锈钢地漏及地面扫除口；旋翼式螺纹水表组；内螺纹直通式截止阀和闸阀。

本工程给排水工程平面图及系统图如图 5-37 所示。

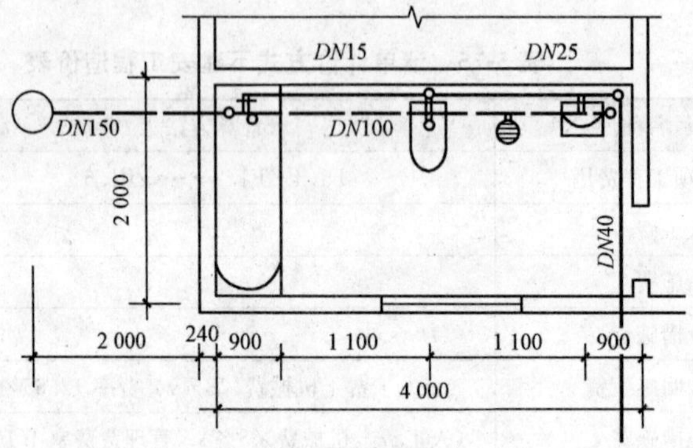

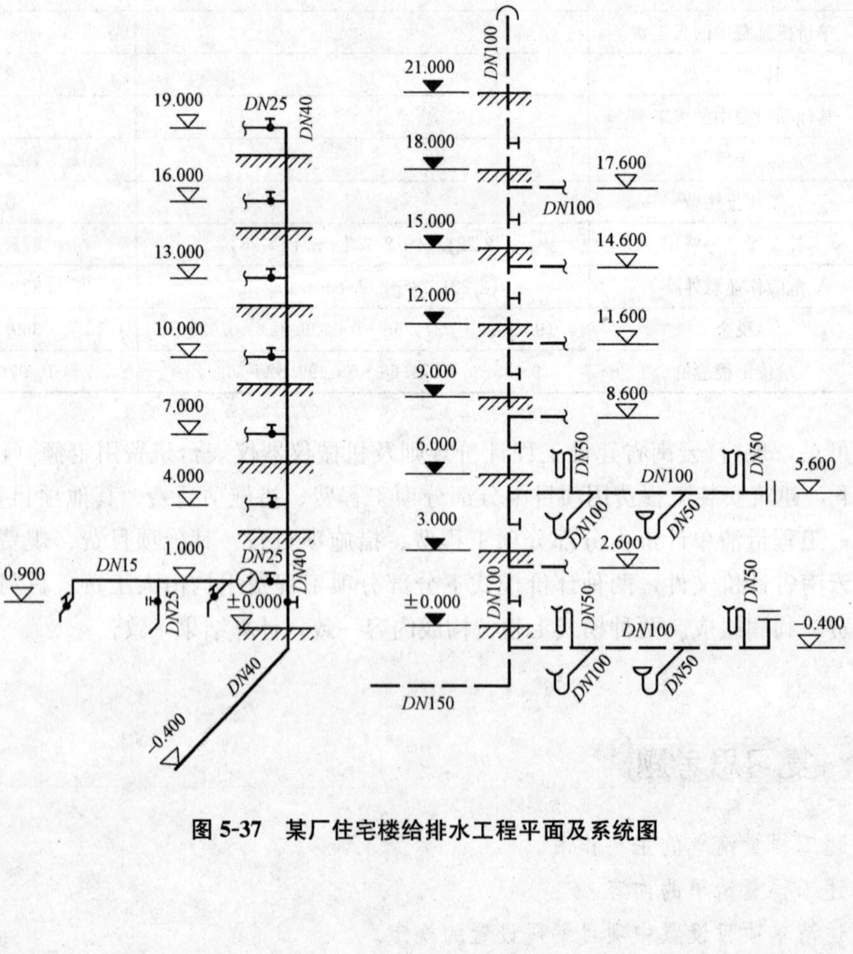

图 5-37 某厂住宅楼给排水工程平面及系统图

5. 计算下列电施图纸工程量清单。

某住宅小区 A-12 住宅楼，建筑面积 2 350 m，共 6 层，层高 3 m。仅一个单元，两户对称，共计 12 户。240 砖墙，现浇钢筋混凝土楼板及屋面。

电气照明工程，电缆 YJV-4×25＋1×16 穿 PVC 管 *DN*40 埋地入户，户内主干线用 BV-4×25＋1×16 穿 PVC 管 *DN*40 沿墙暗敷，每层暗设电表箱，进入每户配电箱，其余见图 5-38 及图 5-39 所示。

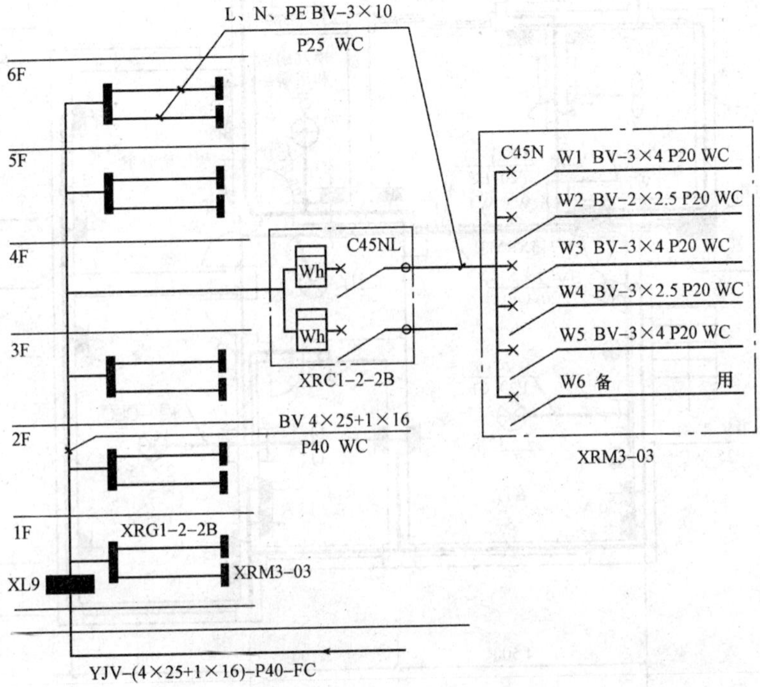

图 5-38 A-12 住宅楼电气照明系统图

安装要求如下：

(1)配电箱安装高度 1 800。总配电箱 XL9 型 1 165×1 065；层配电箱 XRCL 型 320×420 户配电箱 XRM3 型 180×320。

(2)插座安装高度 300；开关高度 1 300；厨房、浴卫冰箱、洗衣机插座高度 1 300；楼梯间声控开关高度 2 200。

(3)荧光灯安装高度 2 000，壁灯高度 2 200。

(4)抽油烟机安装高度 1 800，轴流排风扇高度 2 300。

(5)因楼面结构较薄，导管不能埋地敷设，所以本工程配管配线全部沿墙暗敷设。

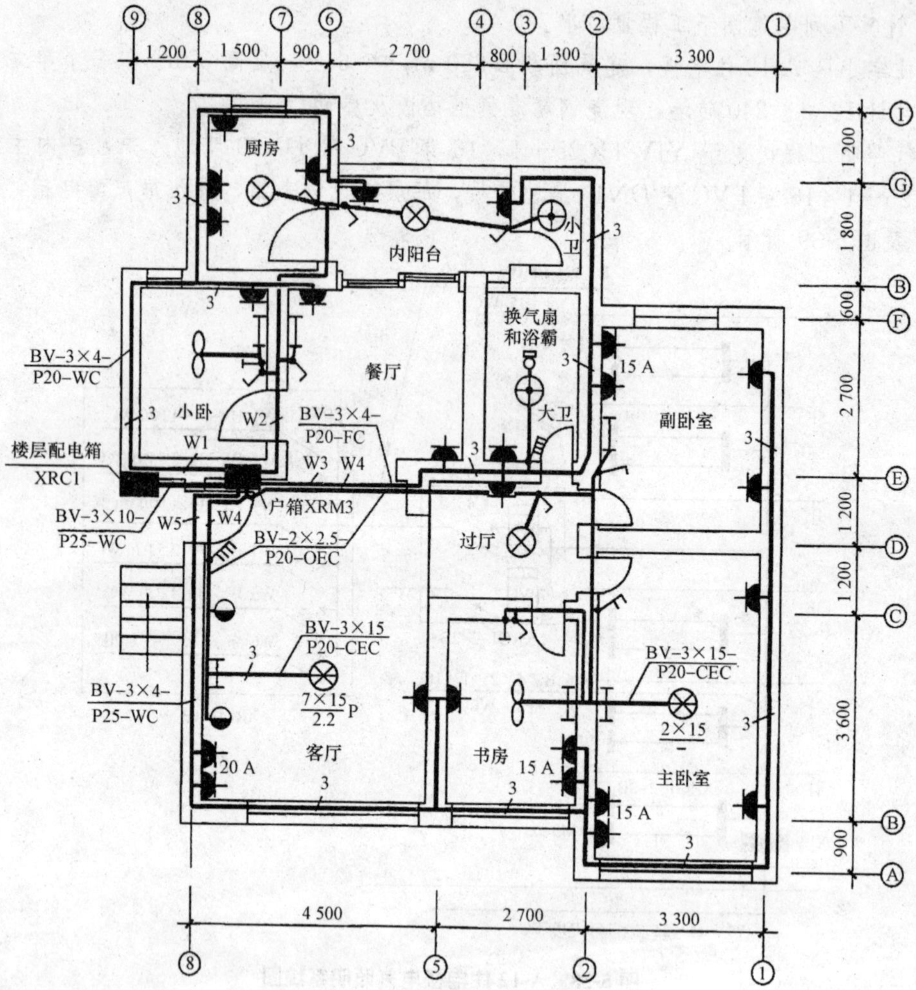

图 5-39　A-12 住宅楼电气照明平面图

第六章　安装工程造价审核与管理

第一节　设计概算概述

一、设计概算的含义

建设项目设计概算是初步设计文件的重要组成部分，是在投资估算的控制下由设计单位根据初步设计或扩大初步设计的图纸及说明，利用国家或地区颁发的概算指标、概算定额或综合指标预算定额、设备材料预算价格等资料，按照设计要求，概略地计算建筑物或构筑物造价的文件。

二、设计概算的作用

1. 设计概算是编制建设项目投资计划、确定和控制建设项目投资的依据

国家规定，编制年度固定资产投资计划，确定计划投资总额及其构成数额，要以批准的初步设计概算为依据，没有批准的初步设计及其概算的建设工程不能列入年度固定资产投资计划。

经批准的建设项目设计总概算的投资额，是该工程建设投资的最高限额。在工程建设过程中，年度固定资产投资计划安排、银行拨款或贷款、施工图设计及其预算、竣工决算等，未经按规定的程序批准，都不能突破这一限额，以确保国家固定资产投资计划的严格执行和有效控制。

2. 设计概算是签订建设工程合同和贷款合同的依据

《中华人民共和国合同法》明确规定，建设工程合同是承包人进行工程建设，发包人支付价款的合同。合同价款的多少是以设计概算为依据的，而且总承包合同不得超过设计总概算的投资限额。

设计概算是银行拨款或签订贷款合同的最高限额，建设项目的全部拨款或贷款以及各单项工程的拨款或贷款的累计总额，不能超过设计概算。如果项目的投资计划所列投资额或拨款或贷款突破设计概算时，必须查明原因后由建设单位报请上级主管部门调整或追加设计概算总投资额，凡未经批准前，银行对其超支部分拒不拨付。

3. 设计概算是控制施工图设计和施工图预算的依据

经批准的设计概算是建设项目投资的最高限额，设计单位必须按照批准的初步设计及其概算进行施工图设计，施工图预算不得突破设计概算。如确需突破总概算时，应按规定程序报经批准。

4. 设计概算是衡量设计方案技术经济合理性和选择最佳设计方案的依据

设计概算是设计方案技术经济合理性的综合反映，据此可以用来对不同的设计方案进行技术与经济合理性的比较，以便选择最佳设计方案。

5. 设计概算是工程造价管理及编制招标标底和投标报价的依据

设计总概算一经批准，就作为工程造价管理的最高限额，并据此对工程造价进行严格的控制。以设计概算进行招标的工程，招标单位编制标底是以设计概算造价为依据的，并以此作为评标定标的依据。承包单位为了在投标竞争中取胜，也以设计概算为依据，编制出合适的投标报价。

6. 设计概算是考核建设项目投资效果的依据

通过设计概算与竣工决算的对比，可以分析和考核投资效果的好坏，同时，还可以验证设计概算的准确性，有利于加强设计概算管理和建设项目的造价管理工作。

三、设计概算的内容

1. 单位工程概算

单位工程概算是确定各单位工程建设费用的文件，是编制单项工程综合概算的依据，是单项工程综合概算的组成部分。对一般工业与民用建筑工程而言，单位工程概算按其工程性质分为建筑工程概算和设备及安装工程概算两大类。

2. 单项工程概算

单项工程概算是确定一个单项工程所需建设费用的文件，它是由单项工程中的各单位工程概算汇总编制而成的，是建设项目总概算的组成部分。

3. 建设项目总概算

建设项目总概算由各单项工程综合概算、工程建设其他费用概算、预备费、投资方向调节税和贷款利息概算等汇总编制而成。

第二节 设计概算编制的原则和依据

一、设计概算的编制原则

为提高建设项目设计概算编制质量，科学、合理地确定建设项目投资，设计概算编制应坚持以下原则：

(1)严格执行国家的建设方针和经济政策的原则；

(2)完整、准确地反映设计内容的原则；

(3)坚持结合拟建工程的实际，反映工程所在地当时价格水平的原则。

二、设计概算的编制依据

编制设计概算的主要依据包括：

(1)经批准的建筑安装工程项目的可行性研究报告；

(2)(扩大)初步设计文件，包括设计图纸及说明书，设备表、材料表等有关资料；

(3)建设地区的自然条件和技术经济条件资料，主要包括工程地质勘测资料，施工现场的水、电供应情况，原材料供应情况，交通运输情况等；

(4)建设地区的工资标准、材料预算价格和设备预算价格资料；

(5)国家、省、自治区颁发的现行建筑安装工程费用定额；

(6)国家、省、自治区颁发的现行建筑安装工程概算定额或指标；

(7)类似工程的概算、预算和技术经济指标等；

(8)施工组织设计文件。

第三节　安装工程设计概算编制及审查方法

一、安装工程设计概算的编制方法

根据工程项目规模大小、初步设计或扩大设计深度等有关资料的齐备程度不同，通常可以采用概算定额法、概算指标法和类似工程预算法编制安装工程设计概算。

1. 概算定额法(达到一定的设计深度)

工程项目的初步设计或扩大初步设计具有相当深度，建筑、结构类型要求比较明确，基本上能够按照初步设计的平、立、剖面图纸计算分部工程或扩大结构构件等项目的工程量时，可以采用概算定额编制概算。

(1)收集基础资料。采用概算定额编制概算，最基本的资料为前面所提的编制依据。除此之外，还应获得建筑工程中各分部工程施工方法的有关资料。对于改建或扩建的建筑工程，还需要收集原有建筑工程的状况图、拆除及修缮工程概算定额的费用定额及旧料残值回收计算方法等资料。

(2)熟悉设计文件，了解施工现场情况。在编制概算前，必须熟悉图纸，掌握工程结构形式的特点，以及各种构件的规格和数量等，并充分了解设计意图，掌握工程全貌，以便更好地计算概算工程量，提高概算的编制速度和质量。另外，概算工作者必须深入施工现场，调查、分析和核实地形、地貌、作业环境等有关原始资料，从而保证概算内容更好地反映客观实际，为进一步提高设计质量提供可靠的原始依据。

(3)计算工程量。编制概算时，应按概算定额手册所列项目分列工程项目，并按其所规定的工程量计算规则进行工程量计算，以便正确地选套定额，提高概算造价的准确性。

(4)选套概算定额。当分列的工程项目及相应汇总的工程量，经复核无误后，即可选套概算定额，确定定额单价。通常选套概算定额的方法如下：

1)把定额编号、工程项目及相应的定额计量单位、工程量，按定额顺序填列于建筑工程概算表 6-1 中。

表 6-1　建筑工程概算表

序号	定额编号	项目名称	工程量		价值/元	
			单位	数量	单价	合价

2)根据定额编号，查阅各工程项目的概算基价，填列于概算表格的相应栏内。

另外，在选套概算定额时，必须按各分部工程说明中的有关规定进行，避免错选或重套定额项目，以保证概算的准确性。

(5)计取各项费用，确定工程概算造价。当工程概算直接工程费确定后，就可按费用计算程序进行各项费用的计算，可按下式计算概算造价的单方造价。

安装工程概算造价＝直接费＋间接费＋利润＋其他费用＋税金　　(6-1)

单方造价＝安装工程概算造价/建筑面积　　(6-2)

(6)编制工程概算书。按表 6-2 的内容填写概算书封面；按表 6-3 的内容计算各项费用；按表 6-1 的内容编制建筑工程概算表，并根据相应工程情况，如工程概况、概算编制依据及方法等，编制概算说明书；最后将概算书封面、各项工程费用计算、工程概算表等按顺序装订成册，即构成建筑工程概算书。

表 6-2　工程概算书封面

工程概算书

工程编号________

建设单位________________　　编制单位________

工程名称________________　　编　　制________

建筑面积________________　　审　　核________

概算价值________________

单方造价________________

年　　月　　日

表 6-3 工程费用汇总表

序号	项目名称	单位	计算式	合价	说明
一	直接费				
1	直接工程费				
2	措施费				
二	间接费				
1	规费				
2	企业管理费				
三	利润				
四	其他费用				
五	税金				
六	概算造价				
七	单方造价				

2. 概算指标法(设计深度不够时)

(1)采用概算指标编制概算的条件。对于一般民用工程和中小型通用厂房工程，在初步设计文件尚不完备、处于方案阶段，无法计算工程量时，可采用概算指标编制概算。概算指标是一种以建筑面积或体积为单位，以整个建筑物为依据编制的计价文件。它通常以整个房屋每 100 m^2 建筑面积(或按每座构筑物)为单位，规定人工、材料和施工机械使用费用的消耗量，所以比概算定额法更综合。采用概算指标法编制概算比采用概算定额法编制更加简化，是一种既准确又省时的方法。

(2)概算指标法操作步骤如下：

1)收集编制概算的原始资料，并根据设计图纸计算建筑面积。

2)根据拟建工程项目的性质、规模、结构内容及层数等基本条件，选用相应的概算指标。

3)计算工程直接费。通常可按下列公式进行计算。

$$工程直接费=每\ 100\ m^2\ 造价指标/100\times 建筑面积 \tag{6-3}$$

4)调整工程直接费。通常按下列公式进行调整。

$$调整后工程直接费=工程直接费\times 调整费率 \tag{6-4}$$

5)计算间接费、利润、其他费用、税金等。

采用概算指标法编制概算时，因为设计内容常常不完全符合概算指标规定的结构特征，所以就不能简单、机械地按类似的或最接近的概算指标套用计算，而必须根据差别的具体情况，按下列公式分别进行换算。

$$单位面积造价调整指标=原指标单价-换出构件单价+换入构件单价 \tag{6-5}$$

式中，换出(入)构件单价可按下列公式进行计算。

$$换出(入)构件单价=换出(入)构件工程量\times 相应概算定额单价 \tag{6-6}$$

工程概算直接费，可按下列公式进行计算。

$$工程概算直接费=建筑面积\times单位面积造价调整指标 \tag{6-7}$$

【例 6-1】 修正概算指标，如表 6-4 所示操作。

表 6-4 概算指标修正表

序号	概算定额编号	结构及项目名称	单位	数量	单价/元	合价/元
	甲	一般土建工程单位体积造价				13.08
		其中换出部分：				
1	2-3	外墙带型基墙	m^3	18	23.10	415.80
2	2-25	一砖厚外墙	m^3	46.5	61.10	2 841.15
3	7-(二)-2	檩木屋面板上铺贴黏土瓦屋面	m^3	99	14.60	1 445.40
		合计				4 702.35
		其中换入部分：				
4	2-3	外墙带型基础	m^3	19.6	23.10	452.76
5	2-26	一砖半厚外墙	m^3	62.5	62.20	3 887.50
6		小檩木上铺贴黏土瓦屋面	m^3	99	7.70	762.30
		合计				5 102.56

修正概算指标：

$$13.08-\frac{4\ 702.35}{1\ 000}+\frac{5\ 102.56}{1\ 000}=13.48$$

3. 类似工程预算法

当拟建工程缺少完整的初步设计方案而又急等上报设计概算，申请列入年度基本建设计划时，通常采用类似工程预(决)算编制设计概算的方法，快速编制概算。类似工程预(决)算是指与拟建工程在结构特征上相近的，已建成工程的预(决)算或在建工程的预算。采用类似工程预(决)算编制概算，不受不同单位和地区的限制，只要拟建工程项目在建筑面积、体积、结构特征和经济性方面完全或基本类似，已(在)建工程的相关数额即可采用。

类似工程预算法的操作步骤为：

(1)收集有关类似工程设计资料和预(决)算文件等原始资料。

(2)了解和掌握拟建工程初步设计方案。

(3)计算建筑面积。

(4)选定与拟建工程相类似的已(在)建工程预(决)算。

(5)根据类似工程预(决)算资料和拟建工程的建筑面积，计算工程概算造价和主要材料消耗量。

(6)调整拟建工程与类似工程预(决)算资料的差异部分，使其成为符合拟建工程要求的概算造价。

采用类似工程预(决)算编制概算，往往因拟建工程与类似工程之间在基本结构特征上存在着差异，而影响概算的准确性。因此，必须先求出各种不同影响因素的调整系数(或费用)，加以修正。具体调整方法如下(以综合系数法为例)。

采用类似工程预(决)算编制概算，经常因建设地点不同而引起人工费、材料和施工机械使用费以及间接费、利润和税金等费用不同，故常采用上述各费用所占类似工程预(决)算价值的比重系数，即综合调整系数进行调整。

采用综合系数法调整类似工程预(决)算，通常可按下列公式进行计算。

$$单位工程概算价值=类似工程预(决)算价值\times综合调整(差价)系数K \tag{6-8}$$

式中，综合调整(差价)系数 K 可按下列公式计算：

$$K=a\%\times K_1+b\%\times K_2+c\%\times K_3+d\%\times K_4+e\%\times K_5 \tag{6-9}$$

式中 a——人工工资在类似预(决)算价值中所占的比重，按下列公式计算

$$a=\frac{人工工资}{类似预(决)算价值}\times100\% \tag{6-10}$$

b——材料费在类似预(决)算价值中所占的比重，按下列公式计算

$$b=\frac{材料费}{类似预(决)算价值}\times100\% \tag{6-11}$$

c——施工机械使用费在类似预(决)算价值中所占的比重，按下列公式计算

$$c=\frac{施工机械使用费}{类似预(决)算价值}\times100\% \tag{6-12}$$

d——间接费及利润在类似预(决)算价值中所占的比重，按下列公式计算

$$d=\frac{间接费及利润}{类似预(决)算价值}\times100\% \tag{6-13}$$

e——税金在类似预(决)算价值中所占的比重，按下列公式计算

$$e=\frac{税金}{类似预(决)算价值}\times100\% \tag{6-14}$$

K_1——工资标准因地区不同而产生在价值上差别的调整(差价)系数，按下列公式计算

$$K_1=\frac{编制概算地区的工资标准}{采用类似预(决)算地区的工资标准}\times100\% \tag{6-15}$$

K_2——材料预算价格因地区不同而产生在价值上差别的调整(差价)系数，按下列公式计算

$$K_2=\frac{编制概算地区的材料预算价格}{采用类似预(决)算地区的材料预算价格}\times100\% \tag{6-16}$$

K_3——施工机械使用费因地区不同而产生在价值上差别的调整(差价)系数，按下列公式计算

$$K_3=\frac{编制概算地区的施工机械使用费}{采用类似预(决)算地区的施工机械使用费}\times100\% \tag{6-17}$$

K_4——间接费及利润因地区不同而产生在价值上差别的调整(差价)系数，按下列公式计算

$$K_4=\frac{编制概算地区的间接费及利润}{采用类似预(决)算地区的间接费及利润}\times100\% \tag{6-18}$$

K_5——税金因地区不同而产生在价值上差别的调整(差价)系数，按下列公式计算

$$K_5=\frac{编制概算地区的税金}{采用类似预(决)算地区的税金}\times100\% \tag{6-19}$$

【例 6-2】 新建某项工程，利用的类似工程体积为 1 000 m^3，预算价值为 20 000 元，其中，人工费占 20%，材料费占 55%，机械使用费占 13%，间接费占 12%。由于结构不同，净增加造价 500 元，通过计算，工资修正系数 $K_1=1.02$，材料修正系数 $K_2=1.05$，机械

使用费修正系数 $K_3=0.99$，间接费修正系数 $K_4=0.99$。

【解】 求综合修正系数：

$K=20\%\times1.02+55\%\times1.05+13\%\times0.99+12\%\times0.99=1.03$

修正后的类似概算总造价＝20 000×1.03＋500×(1＋12%×0.99)＝21 159.40(元)

设计对象的概算指标＝21 159.40/1 000＝21.16(元/m^3)

二、设备安装工程概算的编制方法

1. 预算单价法

当初步设计较深，有清单时，可直接按安装工程预算定额单价编制安装工程概算。该法具有计算比较具体、精确性较高的优点。

2. 扩大单价法

当初步设计深度不够，清单不完备时，可直接按安装工程预算定额单价编制安装工程概算。该法具有计算比较具体、精确性较高的优点。

3. 设备价值百分比法

当初步设计深度不够，只有设备出厂价而无详细规格、质量时，安装费可按占设备费的百分比计算。该法常用于价格波动不大的定型产品和通用设备产品。

$$设备安装费＝设备原价\times安装费率 \quad (6\text{-}20)$$

4. 综合吨位指标法

当初步设计提供的设备清单有规格和设备质量时，可采用综合吨位指标编制概算。该法常用于设备价格波动较大的非标准设备和引进设备的安装工程概算。

三、安装工程设计概算的审查内容及方法

1. 设计概算的审查内容

(1)审查设计概算的编制依据。

1)审查编制依据的合法性。

2)审查编制依据的时效性。

3)审查编制依据的适用范围。

(2)审查概算编制深度。一般大中型项目的设计概算，应有完整的编制说明和“三级概算”(即总概算表、单项工程综合概算表、单位工程概算表)，并按有关规定的深度进行编制。

(3)审查概算的编制范围。审查概算编制范围及具体内容是否与主管部门批准的工程建设项目范围及具体工程内容一致；审查分期工程建设项目的建筑范围及具体工程内容有无重复交叉，是否有重复计算或漏算的等。

(4)审查建设规模(投资规模、生产能力等)、建设标准(用地指标、建筑标准等)、配套工程、设计定员等是否符合原批准的可行性研究报告或立项批文的标准；对总概算投资超过批准投资估算10%以上的，应查明原因，重新上报审批。

(5)审查设备规格、数量和配置是否符合设计要求，是否与设备清单相一致，材质、自动化程度有无提高标准，引进设备是否配套、合理，备用设备台数是否恰当，消防、环保设备是否计算等。除此之外，还要重点审查设备价格是否合理、是否合乎有关规定等。

(6)审查工程量是否正确。

(7)审查计价指标。

(8)审查其他费用。

2. 设计概算的审查方法

(1)对比分析法。对比分析法主要是通过建设规模、标准与立项批文对比；工程数量与设计图纸对比；综合范围、内容与编制方法、规定对比；各项取费与规定标准对比；材料、人工单价与统一信息对比；技术经济指标与同类工程对比等，发现设计概算存在的主要问题和偏差。

(2)查询核实法。查询核实法是对一些关键设备和设施、重要装置、引进工程图纸不全、难以核算的较大投资进行多方查询核对，逐项落实的方法。

(3)联合会审法。联合会审前，可先采取多种形式分头审查，包括设计单位自审，主管、建设、承包单位初审，工程造价咨询公司评审，邀请同行专家预审，审批部门复审等，经层层审查把关后，由有关单位和专家进行联合会审。

第四节　安装工程施工图预算的编制与审查

一、施工图预算概述

施工图预算指建设工程开工前，根据施工图设计图纸、现行预算定额、现场条件及有关规定，以一定方法编制的、确定建筑安装工程造价的技术经济文件。

施工图预算的作用有以下几个方面。

(1)确定建筑产品的价格。

(2)是建设单位和建筑安装企业经济核算的基础。

(3)是编制工程进度计划和统计工作的基础，是设备、材料加工订货的依据。

(4)是编制工程标底和投标报价的基础。

二、施工图预算编制依据及步骤

1. 施工图预算编制依据

(1)经批准和会审后的施工图纸及说明书。

(2)施工组织设计或施工方案。

(3)现行预算定额及工程量清单计价规范。

(4)法律规范及有关规定。

(5)建安工程取费规定。

(6)掌握的人、材、机市场价格信息。

2. 施工图预算的编制步骤

施工图预算的编制步骤一般如下：

(1)收集资料。

(2)熟悉图纸。

1)对照图纸目录，检查图纸是否齐全。

2)采用何种标准图集，是否齐全。

3)对设计说明和附注要仔细阅读。

4)本工程与总平面图的关系，平面图与系统图的关系，系统图与原理图的关系，平面图与轴测图的关系。

(3)注意施工组织设计中影响工程费用的因素。

1)有无大型运输吊装机械设备，以确定其机械费用。

2)有无特殊脚手架搭拆要求。

3)有无特殊要求外加工的配件、设备。

(4)结合现场实际情况。在图纸和施工组织设计仍不能完全表示时，必须现场进行实地踏勘，以弥补上述不足之处。

(5)工程量计算。

1)按图计算。

2)仔细核对。

3)合理安排工程量计算顺序。

4)迅速减少和随时清理施工图。

5)灵活掌握常用数据。

6)运算正确。

7)熟练使用电子计算器，有条件的，熟练使用计算机，这样既可使运算结果正确无误，又能收到事半功倍的效果。

(6)工程量汇算。工程量计算完成后，应根据定额分部分项名称将工程量汇总列入预算价值表，准备套定额。

(7)套定额。

1)分项工程的名称、规格、计量单位必须与定额所列的内容完全一致，这样可以很快从定额中找出与之相适应的子目编号。

2)凡与定额不符合的项目，要根据相应的定额进行换算，即以某项定额为基准进行局部调整，但必须注意一定要按定额说明是否允许换算的规定办理，有的项目允许换算，有的项目不允许换算，应严格执行定额规定。

3)如果在定额中找不到某一项目的定额，也没有相接近的定额可以参照换算，则必须重新估工算料。

4)在定额编号栏中，要注明定额编号。

(8)计算直接工程费。每个项目套上定额后，根据市场行情确定相应人工、材料、机械单价，计算直接工程费。

(9)费用计算。

(10)编制说明。编制人员向使用人交代编制情况：用什么图纸、什么定额、什么取费规则、哪些费用未包括、哪些设计变更已列入以及在编制中尚未解决的遗留问题。

(11)复核、装订、签章。复核是指编制单位工程预算后，由本单位有关人员对预算进行检查核对，及时发现差错，及时纠正，以提高预算的准确性。

三、安装工程施工图预算的审查

1. 施工图预算审查的意义

施工图预算编制完成之后，必须认真进行审查。加强对施工图预算的审查，对提高预算的准确性，合理确定工程造价具有重要的现实意义。

(1)有利于控制工程造价，防止预算超概算。

(2)有利于施工承包合同价的确定。

(3)有利于分析各项技术经济指标。

2. 审查施工图预算的内容

审查施工图预算的重点放在工程量计算，定额的套用，人工、材料、机械台班单价取定是否正确，各项费用标准取定是否符合现行规定等方面。

(1)审查工程量。在对计算出的工程量进行审查时，应首先审查其计算依据是否为全国统一的安装工程量计算规则，计算公式是否正确；其次是在一些具体环节上，是否有漏算和错算的情况。

(2)审查人工、材料、机械台班价格。由于所用的人工、材料和机械台班的单价都是当时当地的实际价格，所以要审查所采用的人工、材料、机械台班价格是否比较准确地反映当时当地实际水平，误差较小。

(3)审查定额子目的套用。该部分的审查主要有三个内容：首先是审查分项工程预算单价是否与定额规定的预算单价相符，其名称、规格、计量单位以及所包括的工程内容是否与单位估价表一致；其次是对需要换算的单价，要审查其换算的正确性；最后是补充定额的审查，要审查其编制的依据是否符合原则，其编制结果是否合理。

(4)审查有关费用项目及取费标准。其审查主要包括两个内容：一个是各项费用的计算基础要符合现行的规定，一般安装工程以人工费取费，土建工程以直接费取费；另一个是材料价差的处理，是否错误地将其列入了各项费用的计算基础中。

3. 施工图预算的审查方法

审查施工图预算常见有以下几种方法：

(1)标准预算审查法。对于利用标准图纸或通用图纸施工的工程，先集中力量，编制标准预算，以此为标准审查预算的方法。按标准图纸设计或通用图纸施工的工程一般上部结构和做法相同，可集中力量细审一份预算或编制一份预算，作为这种标准图纸的标准预算，或以这种标准图纸的工程量为标准，对照审查，而对局部不同部分做单独审查即可。这种方法的优点是时间短、效果好、好定案；缺点是只适用于按标准图纸设计的工程，适用范围小。

(2)对比审查法。由于上述两种方法类似编制施工图预算，工作量大，审核周期长，预算人员在长期的工作中摸索出另一种方法，即分析对比审核法。该方法是在总结分析预结算资料的基础上，找出同类工程造价及工料消耗的规律性，整理出用途不同、结构形式不同、地区不同的工程造价、工料消耗指标。然后，根据这些指标对审核对象进行分析对比，从中找出不符合投资规律的分部分项工程，针对这些子目进行重点审核，分析其差异较大的原因。常用的指标有以下几种类型：①单方造价指标（元、/m^2、元/m^2、元/m、…）；②分部工程比例：基础、楼板屋面、门窗、围护结构等各占定额直接费的比例；③各种结构比例：砖石、混凝土及钢筋混凝土、木结构、金属结构、装饰、土石方等各占定额直接费的比例；④专业投资比例：土建、给排水、采暖通风、电气照明等各专业占总造价的比例；⑤工料消耗指标：钢材、木材、水泥、砂、石、砖、瓦、人工等主要工料的单方消耗指标。

(3)分组计算审查法。这种方法类同于全面审核法，其与全面审核法的区别仅是审核范围不同而已。该方法有侧重、有选择地根据施工图计算部分价值较高或占投资比例较大的分项工程量。如电气安装设备(变压器、控制柜、配电箱、发电机等)、消防安装设备(数字模块、消防控制箱、报警装置)、通风空调安装设备(风机、空调制冷设备等)，以及工业安装工程中的设备等；而对其他价值较小或占投资比例较小的分项目工程，如辅助材料(即定额中的计价材如管卡、垫圈、焊接材料)等，审核者往往有意忽略不计，重点核实与上述工程量相对应的定额单价。这种方法在审核进度较紧张的情况下，常常适用于建设单位审核施工单位的预算或施工单位审核设计单位的预算。

(4)筛选审查法。筛选法是统筹法的一种，也是一种对比方法。建筑工程虽然有建筑面积和高度的不同，但是它们的各个分部分项工程的工程量、造价、用工量在每个单位面积上的数值变化不大，我们把这些数据加以汇集，优选，归纳为工程量、造价、用工 3 个单方基本值表，并注明其适用的建筑标准。这些基本值犹如“筛子孔”，用来筛选各分部分项工程，筛下去的就不审查了，没有筛下去的就意味着此分部分项的单位建筑面积数值不在基本值范围之内，应对该分部分项工程详细审查。当所审查的预算的建筑面积标准与“基本值”所适用的标准不同时，就要对其进行调整。

(5)重点抽查法。重点抽查法是抓住工程预算中的重点进行审查的方法。审查的重点一般是：工程量大或造价较高、工程结构复杂的工程，补充单位估价表、计取的各项费用(计费基础、取费标准等)。重点抽查法的优点是重点突出，审查时间短，效果好。

(6)全面审查法。全面审查法又叫逐项审查法，就是按预算定额顺序或施工的先后顺序，逐一地全部进行审查的方法。其具体计算方法和审查过程与编制施工图预算基本相同。此方法的优点是全面、细致，经审查的工程预算差错比较少，质量比较高。缺点是工作量大。对于一些工程量比较小、工艺比较简单的工程，编制工程预算的技术力量又比较薄弱，可采用全面审查法。

(7)利用手册审查法。利用手册审查法是把工程中常用的构件、配件，事先整理成预算手册，按手册对照审查的方法。如钢结构工程常用的预制构配件：地脚螺栓、拉条、焊钉、钢结构螺栓、采光板、彩板支架、通风器等，几乎每个工程都有，把这些按标准图集计算出工程量，套上单价，编制成预算手册使用，可大大简化预结算的编审工作。

第五节　工程价款结算、竣工结算与竣工决算

一、工程价款结算

(一)工程价款结算

工程价款结算是指承包商在施工过程中，依据承包合同关于付款的规定和已完成的工程量，以预付备料款和工程进度款的形式，按照规定的程序向业主收取工程价款的一项经济活动。

(二)工程价款的结算方法

1. 工程预付款结算的规定

(1)包工包料工程的预付款按合同约定拨付，原则上预付比例不低于合同金额的10%，不高于合同金额的30%，对重大工程项目，按年度工程计划逐年预付。

(2)在具备施工条件的前提下，发包人应在双方签订合同后的一个月内或不迟于约定的开工日期前的7天内预付工程款，发包人不按约定预付，承包人应在预付时间到期后10天内向发包人发出要求预付的通知，发包人收到通知后仍不按要求预付，承包人可在发出通知14天后停止施工，发包人应从约定应付之日起向承包人支付应付款的利息(利率按同期银行贷款利率计)，并承担违约责任。

(3)预付的工程款必须在合同中约定抵扣方式，并在工程进度款中进行抵扣。

(4)凡是没有签订合同或不具备施工条件的工程，发包人不得预付工程款，不得以预付款为名转移资金。

2. 工程进度款结算的规定

工程进度款结算方式有以下两种：

(1)按月结算与支付。

(2)分段结算与支付。

工程量计算的规定如下：

(1)承包人应当按照合同约定的方法和时间向发包人提交已完工程量的报告。

(2)发包人收到承包人报告后14天内未核实完工程量的，从第15天起，承包人报告的工程量即视为被确认，作为工程价款支付的依据，双方合同另有约定的，按合同执行。

(3)对承包人超出设计图纸(含设计变更)范围和因承包人原因造成返工的工程量，发包人不予计量。

工程进度款支付的规定如下：

(1)根据确定的工程计量结果，承包人向发包人提出支付工程进度款申请，14天内，发包人应按不低于工程价款的60%，不高于工程价款的90%向承包人支付工程进度款。

(2)发包人超过约定的支付时间不支付工程进度款，承包人应及时向发包人发出要求付款的通知，发包人收到承包人通知后仍不能按要求付款，可与承包人协商签订延期付款协议，经承包人同意后可延期支付，协议应明确延期支付的时间和从工程计量结果确认后第15天起计算应付款的利息(利率按同期银行贷款利率计)。

(3)发包人不按合同约定支付工程进度款，双方又未达成延期付款协议，导致施工无法进行的，承包人可停止施工，由发包人承担违约责任。

二、竣工结算

1. 竣工结算

竣工结算是指已完工程经有关部门点交验收后，承发包双方就最后工程价款进行结算，包括施工结算和项目竣工决算。

2. 工程竣工结算方式

工程竣工结算方式三类：建设项目竣工总结算、单位工程竣工结算、单项工程竣工结算。

建设项目竣工总结算就是整个项目的竣工结算(如学校、医院、住宅小区等竣工决算);单项工程竣工结算就是一个单项工程竣工的结算(如教学楼、住院部楼、一幢住宅楼等竣工结算);单位工程竣工结算就是一个单位工程的竣工结算(如给排水、采暖工程、通风、空调工程、电气照明工、弱电工程等竣工决算)。

3. 工程竣工结算依据

(1)定额及工程量清单计价规范。

(2)施工合同。

(3)工程竣工图纸及资料。

(4)双方确认的工程量。

(5)双方确认追加(减)的工程价款。

(6)双方确认的索赔、现场签证事项及价款。

(7)投标文件。

(8)招标文件。

(9)其他依据。

4. 工程竣工结算编审

(1)单位工程竣工结算由承包人编制,发包人审查;实行总承包的工程,由具体承包人编制,在总包人审查的基础上,发包人审查。

(2)单项工程竣工结算或建设项目竣工总结算由总(承)包人编制,发包人可直接进行审查,也可以委托具有相应资质的工程造价咨询机构进行审查。

5. 工程竣工结算审查期限

(1)竣工结算的核对时间(表 6-5)按发、承包双方合同约定的时间完成。

表 6-5 核对竣工结算的时间

序号	工程竣工结算书金额/元	核对时间
1	500 万以下	从接到竣工结算书之日起 20 天
2	500 万～2 000 万	从接到竣工结算书之日起 30 天
3	2 000 万～5 000 万	从接到竣工结算书之日起 45 天
4	5 000 万以上	从接到竣工结算书之日起 60 天

(2)发、承包双方签字确认后,表示工程竣工结算完成,禁止发包人又要求承包人与另一或多个工程造价咨询人重复核对竣工结算。

6. 工程竣工价款结算

发包人收到承包人递交的竣工结算报告及完整的结算资料后,应按本办法规定的期限(合同约定有期限的,从其约定)进行核实,给予确认或者提出修改意见。

7. 索赔价款结算

发承包人未能按合同约定履行自己的各项义务或发生错误,给另一方造成经济损失的,由受损方按合同约定提出索赔,索赔金额按合同约定支付。

三、工程竣工决算

(一)竣工决算的含义及作用

1. 竣工决算的含义

建设项目竣工决算是指所有建设项目竣工后，建设单位按照国家有关规定，在新建、扩建和改建工程建设项目竣工验收阶段编制的竣工决算报告。

2. 竣工决算的作用

竣工决算具有以下作用：

(1)是竣工验收报告的重要组成部分。

(2)是反映实际造价和投资效果的文件。

(3)有利于总结、分析建设过程的经验教训。

(4)有利于提高工程造价管理水平。

(5)为有关部门修订概、预算指标提供资料和经验。

(二)工程竣工决算的内容及编制方法

1. 竣工决算的内容

建设项目竣工决算应包括从筹建到竣工投产全过程的全部实际费用。

(1)竣工决算编制说明书。

1)工程建设概况(从工程造价、质量、安全、进度方面进行分析说明)。

2)工程概(预)算执行情况说明，其中应说明招标方式、结果及重大设计变更情况。

3)设备、工具器具购置情况说明。

4)工程建设其他费用使用情况的说明(如征地、拆迁费、监理费、建设单位管理费、勘察设计费等)。

5)预留金费用使用情况说明。

6)其他需说明的事项(如经验与教训、遗留问题等)。

(2)竣工财务决算报表。建设项目竣工财务决算报表要根据大、中型建设项目和小型建设项目划分制定。

(3)建设工程竣工图。建设工程竣工图是如实记录各种地上、地下建筑物、构筑物等情况的技术文件，是工程进行竣工验收、维护改建和扩建的依据，是工程的重要技术档案，对其具体要求是：

1)凡按原设计施工图竣工没有变动的，由施工单位在原施工图上加盖“竣工图”标志后，即作为竣工图。

2)凡在施工中虽有一般性设计变更但可将原施工图加以修改补充作为竣工图的，可不重新绘制，由承包商负责在原施工图(必须是新蓝图)上注明修改部分并附以设计变更通知单和施工说明，加盖“竣工图”标志后，作为竣工图。

3)如设计变更的内容很多，或属于改变结构形式、改变平面布置、改变工艺等重大修改，就必须由原设计单位负责重新绘制。

4)为了满足竣工验收和竣工决算需要，还应绘制反映竣工工程全部内容的工程设计平面示意图。

2. 竣工决算的编制方法

(1)竣工决算的编制依据。

1)批准的设计文件。

2)设计交底或施工图会审记录。

3)招标文件及与各有关单位签订的合同文件。

4)设计变更、现场施工签证等有关资料。

5)材料、设备和其他各项费用调整依据。

6)有关定额、费用调整的补充规定。

(2)竣工决算的编制方法。

1)收集、整理、分析原始资料。

2)对照、核实工程变动情况，重新核实各单位工程造价。

3)清理各项财务、债务和结余物资。

4)编制竣工财务决算说明书。

5)据实填报竣工财务决算报表。

6)认真做好工程造价对比分析。

7)按规定上报主管部门审批存档。

上述编写的文字说明和填写的表格经核对无误后，装订成册。

第六节　工程造价管理

所谓工程造价管理，一是指工程投资费用管理；二是指工程价格管理。

工程投资费用管理属于投资管理范畴。更明确地说，它属于工程建设投资管理范畴。建设工程的投资费用管理，是为了达到预期的效果(效益)，对建设工程的投资行为进行计划、预测、组织、指挥和监控等系统活动。这一含义既涵盖了微观层次的项目投资费用的管理，也涵盖了宏观层次的投资费用的管理。

工程价格管理属于价格管理范畴。在社会主义市场经济条件下，工程价格管理分两个层次。在微观层次上，是生产企业在掌握市场价格信息的基础上，为实现管理目标而进行的成本控制、计价、定价和竞价的系统活动。在宏观层次上，是政府根据社会经济发展的要求，利用法律手段、经济手段和行政手段对价格进行管理和调控，以及通过市场管理规范市场主体价格行为的系统活动。

工程造价管理是运用科学、技术原理和方法，在统一目标、各司其责的原则下，为确保建设工程的经济效益和有关各方面的经济权益，而对建筑工程造价管理及建安工程价格所进行的全过程、全方位的、符合政策和客观规律的全部业务行为和组织活动。建筑工程造价管理是一个项目投资的重要环节。

我国是一个资源相对缺乏的发展中国家，为了保持适当的发展速度，需要投入更多的建设资金，而筹措资金很不容易也很有限，从这一基本国情出发，如何有效地利用投入建设工程的人力、物力、财力，以尽量少的劳动和物质消耗，取得较高的经济和社会效益，保持我国国民经济持续、稳定、协调发展，就成为十分重要的问题。因此，区分不同的管理职能，制定不同的管理目标，进而采用不同的管理方法是非常必要的。

第七节　安装工程造价管理

一、安装工程造价的控制要点

基本建设工程的造价由设备费、建筑安装费以及其他管理费构成，其中建筑安装费是建设工程造价非常重要的组成部分。加强建筑安装工程投资管理，把建设资金控制好，最大限度地创造出投资效益是投资管理者孜孜以求的目标，要加强建筑安装工程投资管理，必须抓好以下三个方面的工作：

(1)必须抓好从事建筑安装工程投资管理人员业务再教育，制定出一套切实可行的建筑安装工程投资管理的规章制度和管理办法，因为教育可以筑起思想道德防线，制度可以确保工作正常开展。

(2)要坚定不移地实行工程招标发包制，因为实行工程招标发包制是铲除腐败、节约投资、择优选择施工单位的最佳方式。

(3)施工图预算编制的取费应该完全按照工程类别取费，在签订建筑安装工程承包施工合同时，尽可能将设计变更现场签证等发生的费用，按预测的一定比例系数计入标价，一次包定，不做调整，最大限度地控制工程造价。

二、安装工程造价的控制措施

1. 加强对项目设计阶段的控制管理

众所周知，对工程造价影响最大的建设阶段是设计阶段。有资料分析，设计费一般只相当于建设工程全寿命费用的1%以下，但正是这少于1%的费用对工程造价的影响度却达75%以上。设计成果的好坏会直接影响到工程造价的高低以及工程的质量，对设计单位必须加强管理，强调要达到一定的设计深度，材料的型号、规格、数量要明确。

(1)实行设计招投标。对设计单位的选择，应通过公平、公开的市场化竞争，对竞标单位的设计方案进行考核比较，选择质量高、适合本工程建设的设计方案。

(2)积极推行限额设计。限额设计是按照投资或造价的限额进行满足技术要求的设计。要求设计人员应熟悉和掌握国家现行计价规定，熟悉安装工程材料预算价格，然后按项目批准的设计概算进行合理的分析比较，使施工图设计和施工图预算相结合，做到技术和经济的统一。推行安装工程限额设计，可以保证投资限额不会轻易被突破。

(3)优化设计。

1)在设计方面出现不合理的因素或者材料方面选用不合格，都会影响到工程造价的控制。设计人员的素质参差不齐，每个设计人员的专长也不同，在具体的操作过程中，很难择优选用，这些因素都会影响到工程的质量与造价。

2)在经济建设高速发展时期，个别设计单位为了追求速度，多接任务，设计方面赶时间，造成质量差，没有创新，达不到一定的深度，甚至漏洞百出。施工单位根据设计的情况，站在自身角度计算工程量，往往多计算或者重复计算，施工过程中就会出现变更，从而影响造价的控制。

3)有些设计单位在设计上处处讲求先进性，无论是设计方案本身，还是支持方案实施的技术和材料设备，都过分讲求新技术、新材料，而某些新技术、新材料价格较高，这样就直接增加了工程造价。

因此，要对工程造价进行有效管理，就必须从工程建设实际需要出发，对设计方案进行优化。

(4)注意核查设计方选用的各种设备和材料。一些单位所用设备与材料是指定厂商的，其价格比市场价格要高很多。工程设计方从自己的设计方案出发，往往会向业主推荐或直接在设计方案中规定施工中所必须用到的某些设备和材料的质量等级、生产厂家等。对此，工程招标方必须在考虑工程实际需要的前提下，对这些材料设备进行核查鉴定，以决定是否按照设计方的要求购买设备和材料。由于市场经济的作用，设计人员除了向业主推荐施工单位外，还推荐一些品牌的材料、设备，从中获得厂商的回扣，间接地加大了业主的投资。

2. 加强对项目施工阶段的控制管理

(1)工程建设中要进行专业分包单位的选择，以防企业垄断抬高价格。专业分包工程应采用公开招标的方式，根据其报价，综合考虑施工组织设计及施工方案，进行经济分析和比较，最后选定理想的专业分包队伍。

(2)严格控制安装工程材料设备价格。在不同时期、不同地区、不同生产厂家，安装工程材料设备价格相差较大，这就要求管理者定期进行市场考察，并结合当地工程造价管理部门发布的工程造价信息，合理确定材料价格，从而达到控制安装工程造价的目的。

(3)加强安装工程变更签证管理。施工过程中难免或多或少地发生一些设计变更及签证现象，合理有效地控制工程造价，加强变更签证管理是非常必要的。

1)在加强设计管理的基础上，坚持图纸会审和交底制度，执行严格审图制度，力求使图纸中的问题尽可能早些暴露和解决。

2)坚持严格的审查审批程序。凡变更造价超过单位工程造价5%以上的，应报项目主管部门审批并补办相关手续。

3)分级控制、限额签证。签证不仅要做到"随做随签"，而且要严格审核，按程序和制度签证。有效签证必须有施工、设计、监理和甲方有权代表签字，一次签证费超过合同价1%或5万元的，应由项目法人签字。

4)完善手续，明确价格。变更或者签证实施前，甲乙双方应就涉及的造价调整达成一致，并在变更核定单或签证单上注明变更原因、部位、时间，变更或签证的内容以及变更或签证的价款，尽可能避免事后或结算时才进行价款确认。

(4)由于安装工程的复杂性，影响因素的多变性，工程实施阶段往往会出现一些意想不到的图纸外工程项目或隐蔽工程，如既关系到工程的质量，又关系到工程造价的隐蔽工程的签证等，必须加强隐蔽工程验收会签制度，杜绝掺假和漏洞。对于建设单位，除了随时检查隐蔽工程的质量、严把隐蔽工程验收签认外，对于图纸以外的工程，发生隐蔽前，要组织设计单位、施工单位、建设单位和监理单位，对隐蔽工程进行数量、质量的会签，确保隐蔽工程的准确性；建设单位的工程管理人员，要严格坚持按图施工的原则，按照设计施工图要求，进行施工和监督，这样才能在保证工程质量的前提下，加快工程进度、控制工程造价。

(5)作为对造价的综合管理，设计概算、施工预算、竣工结算是工程造价的三把“钥匙”。竣工结算是控制造价的最后一道关口，建设单位必须按图纸、规范、合同及基建程序的要求进行复查。

建设单位工程造价管理部门应首先对完成的工程量进行复核，对设计变更、现场签证逐一核实，予以确认；对工程质量、工期做出评定，此后再按核实工程数量、定额单价、取费标准确定结算造价，并按合同要求做进一步处理。只有这样，才能比较完善地控制安装工程造价。

综上所述，现代工程安装造价管理过程中，企业管理体系、管理工作的开展、影响造价的各因素都将影响工程安装造价。因此，现代工程安装企业必须从自身的实际情况出发，针对工程特点进行相关管理体系的完善、进行相应管理工作的强化。通过针对影响工程安装造价的因素控制保障造价控制工作的有效开展，保障企业的经济效益。

三、安装工程造价信息管理

随着经济和科学技术的高度发展，工程造价管理改革不断深化，工程造价信息在工程建设中的作用也日趋明显。

工程造价信息管理是指对信息的收集、加工整理、储存、传递与应用等一系列工作的总称，其目的是通过有组织的信息流通，使决策者能及时、准确地获得相应的信息。我国的工程造价信息都是通过政府的工程造价管理部门发布的。而发达国家及地区的是通过政府和民间两种渠道发布工程造价信息，其中政府主要发布总体性、全局性的各种造价信息，民间组织主要发布相关资源的市场行情信息。工程造价信息的发布必须坚持公开、公平和公正的基本原则，工程造价应由市场双方自行确定。

我国建筑工程造价管理逐步国际化，在建立健全建筑法规的基础上，努力完善建筑工程造价的信息管理是行业创新和变革的必然要求。

1. 工程造价的信息管理的现状

(1)对信息的采集、加工和传播缺乏统一规划、统一编码、系统分类，信息系统开发与资源拥有处于分散状态，无法达到信息资源共享和优势互补，更多的管理者满足于目前的表面信息，忽略信息深加工。

(2)信息网建设有待完善。现有工程造价网多为造价站或咨询公司所建，网站内容主要为定额颁布、价格信息、相关文件转发、招投标信息发布、企业或公司介绍等；网站只是将已有的造价信息在网站上显示出来，缺乏对这些信息的整理与分析；信息维护更新速度慢，不能满足信息市场的需要。

(3)定额计价方法下积累的信息资料与清单计价方法标准不符，不能完全实现和工程量清单计价方法的接轨。由于目前项目前期造价资料以定额计价方法为主，定额项目的划分与清单项目的划分口径不统一；信息的分类、采集、加工处理等的标准不一致，没有统一的范式和标准；数据格式与存取方式不一致，造成了前期造价资料不能直接应用于清单应用阶段，不能满足清单计价方法的要求，需要根据要求不断地进行调整。

2. 工程造价信息的特点

(1)区域性。筑材料大多数量大、体积大、产地远离消费地点，因而运输量大、费用也较高。尤其一些建筑材料本身价格用并不算高，但所需运输费用却很高，这都在客观上要求尽可能就近使用建筑材料，因此，这类建筑信息的交换和流通往往限定在一定区域范围内。

(2)多样性。建筑材料具有多样性的特点，要使建筑工程造价管理的信息资料满足不同特点项目的需求，在信息形式和内容上应具有多样性的特点。

(3)专业性。工程造价信息的专业性集中反应在建筑工程专业化的特点上，例如水利、隧道、公路等工程，所需的信息有它的专业特殊性。

(4)系统性。工程造价信息是由若干具有特定内容和同类性质的、在一定时间和空间内形成的一连串信息。一切工程造价的管理活动和变化总是在一定条件下受各种因素的制约和影响。工程造价管理工作也同样是多种因素相互作用的结果，并且从多方面反映出来，因而从工程造价信息源发出来的信息都不是孤立的、紊乱的，而是大量的、有系统的。

(5)动态性。建设工程项目建设时间长，程序多，工程造价总是不停地变化着、运动着，不同阶段形成不同的造价文件，如可行性研究和项目建议书阶段中的投资估算；方案设计阶段的设计概算；招投标阶段的招标控制价、投标价、中标价；施工阶段的结算价；竣工阶段的决算价等。这些造价文件的形成，是工程造价信息的动态性的具体表现。所以造价信息应保持新鲜度，经常更新，真实反映工程造价的动态变化。

(6)季节性。由于建筑生产受自然条件影响大，施工内容的安排必须充分考虑季节因素，使得工程造价的信息也不能完全避免季节性的影响。

3. 工程造价信息管理的基本原则

(1)标准化原则。要求在项目的实施过程中对有关信息的分类进行统一，对信息流程进行规范，力求做到格式化和标准化，从组织上保证信息生产过程的效率。

(2)有效性原则。工程造价信息应针对不同层次管理者的要求进行适当加工，针对不同管理层提供不同要求和浓缩程度的信息。这一原则是为了保证信息产品对决策支持的有效性。

(3)定量化原则。工程造价信息不应是项目实施过程中产生数据的简单记录，应该是经过信息处理人员的比较与分析。采用定量工具对有关数据进行分析和比较是十分必要的。

(4)时效性原则。考虑到工程造价计价与控制过程的时效性，工程造价信息也应具有相应的时效性，以保证信息产品能够及时服务于决策。

(5)高效处理原则。通过采用高性能的信息处理工具(如工程造价信息管理系统)，尽量缩短信息在处理过程中的延迟。

复习思考题

1. 简述设计概算的内容及作用。
2. 简述安装工程设计概算的编制方法。
3. 简述施工图预算编制步骤。
4. 简述工程造价信息的特点。
5. 简述工程造价信息的主要内容。

附　　录

附录一　某住宅楼建筑电气安装工程施工图图纸

电气设计说明

一、设计依据

(1)3 号住宅建筑面积为 1 500 m^2，为地上四层的多层住宅。建筑总高度为 14.60 m。结构形式为框架结构，钢筋混凝土现浇楼板，基础形式为挖孔桩形式。

(2)建设单位提供设计委托书及设计任务书。

(3)相关专业提供作业图及要求。

(4)本工程所遵循的国家现行有关规范、标准、行业及地方的标准、规定：

《建筑物防雷设计规范》(GB 50057—2010)；

《民用建筑电气设计规范(附条文说明[另册])》(JGJ/T 16—2008)；

《建筑设计防火规范》(GB 50016—2006)；

《住宅设计规范》(GB 50096—2011)；

《有线电视系统工程技术规范》(GB 50200—1994)；

其他相关的规范、规程、规定等。

二、设计范围

本单体工程的设计范围为 220/380 V 配电、照明系统及线路敷设；接地保护系统及安全措施。

本工程电源分界点为单元一层的总电源进线箱内的进线开关。电源进户位置及过墙套管由本设计提供。

三、220/380 V 配电、照明系统

(1)本工程用电设备均为三级负荷。每单元采用一回路低压电源(220/380 V)入户，电源由小区内土建变电站低压配电柜引来，距本单体大约 50 m。进线电缆从建筑物的北侧埋地引入每单元的一层总开关箱(ZM)。电缆埋地入户做法参见国标 D101-1～7 图。本工程配电系统采用放射式的供电方式供给每户住宅。

(2)计费：据《××市建发〔××〕号文件》规定，新建住宅住户的电费计量装置仅在每单元一层做集中电表箱统一管理，并预留住户电费远传管路。并规定每户住宅的用电标准为10 kW，车库的用电标准为每户 2 kW。

(3)负荷计算：本工程共有住户 25 户，车库 17 户。每单元安装容量 $P_a=112(60)$kW，计算容量为 $P_p=83.4(54)$kW，计算电流为 $I_{in}(n)=140.1(91.2)$A[$K_X=0.6(0.8)$，$\cos\varphi=0.9$]。总安装容量为 $P_a=275$ kW，计算容量为 $P_p=138$ kW，计算电流为 $I_{in}=232.2$ A($K_X=0.5$，$\cos\varphi=0.9$)。

(4)据甲方要求，本工程照明均采用白炽灯吸顶安装形式(除图中注明外)；插座除厨房、卫生间采用防溅插座外，其余均用普通型的安全插座；楼梯间照明采用红外自动感光声控照明吸顶灯。

(5)每户内照明、厨卫插座、普通插座、空调插座均由不同支路供电。除空调插座外，其余插座回路均设漏电保护，漏电动作电流为 30 mA。

四、导线选型及敷设

(1)室外电源进线由上一级配电开关确定，本设计所给定值为参考值。

(2)除图中注明外，本工程由配电箱配出的所有导线均采用 BV-500 V 聚氯乙烯绝缘铜芯导线穿阻燃型硬质塑料管(PC)保护，墙内、板内暗设。由住户开关箱(AM)配出的照明干线为 BV-2×4 mm^2，支线为 BV-2×2.5 mm^2(两个用电端以下为支线，余同)，插座回路干线为 BV-3×4 mm^2。灯具高度低于 2.4 m 时，需增加一根 PE 线。线路过沉降缝时，加装沉降盒。线路过长时，加装过线盒。

五、设备的安装

除图中注明外，电源总开关箱(ZM)、集中电表箱(BM)、住户开关箱(AM)均为铁制定型箱，墙内暗设。ZM 箱下沿距地 1.5 m，BM 箱下沿距地 0.5 m，AM 箱下沿距地 1.8 m。跷板开关墙内暗设，底距地 1.2 m，防溅插座底距地 1.8 m，卧室、书房空调插座底距地 2.2 m，客厅空调插座底距地 0.3 m，其余插座底距地 0.3 m，有淋浴、浴缸的卫生间内的开关，插座设在 2 区以外。壁灯底距地 2.4 m。

六、建筑物防雷、接地系统及安全措施

(1)防雷：本建筑为一般性民用建筑物，按第三类防雷建筑物设计。屋顶避雷带利用 ϕ12 镀锌圆钢沿女儿墙与屋面四周支设，支高 0.15 m，间距 1 m(不同标高的避雷带应紧密焊接在一起)。防雷引下线利用结构柱内两根 ϕ16 的主筋连续焊接，上与避雷带、下与接地装置紧密焊接。

(2)接地及安全措施：①本工程等电位接地，电气设备的保护接地，有线电视、宽带网系统的接地共用统一的接地装置，要求接地电阻不大于 4 Ω，实测不满足要求时，增设人工接地极。②接地极利用建筑物基础承台梁中的上、下两层钢筋中的两根≥ϕ12 的主筋通长焊接，并和与之相交的所有挖孔桩内的四根大于 ϕ12 的主钢筋焊接连通。③凡正常不带电，而当绝缘破坏，有可能呈现电压的一切电气设备金属外壳，均应可靠接地。④本工程采用

总等电位联结，总等电位板由紫铜板制成，总等电位箱底距地 0.3 m。应将建筑物内保护干线、设备进线总管、建筑金属结构等进行联结。总等电位箱联结干线，采用一根镀锌扁钢－40×4 由基础接地板引来，并从总等电位箱引出一根镀锌扁钢－40×4，引出室外散水 0.1 m，室外埋深 0.8 m。当接地电阻值不能满足要求时，在此处补打人工接地极，直至满足要求。注意避开各单元的出入口处。总等电位联结线采用 BV-1×25 mm，PC32，总等电位联结均采用等电位卡子，禁止在金属管道上焊接。⑤有淋浴室的卫生间采用局部等电位联结，设有局部等电位箱(LEB)，局部等电位箱暗装，底边距地 0.5 m。将卫生间内所有金属管道、金属构件、建筑物金属结构联结，并通过钢芯绝缘导线 BV-1×6-PC16 与浴室内的 PE 线相连。具体做法参见《等电位联结安装》(02D501-2)。⑥有线电视系统引入墙、电话引入端等处设过电压保护装置。该装置由电视、电话施工部门负责安装。⑦本工程接地形式采用 TN-C-S 系统，电源在进户处做重复接地，并与弱电工程共用接地板。其工作零线和保护地线在接地点后严格分开。

七、其他

(1)凡与施工有关而又未说明之处，参见国家、地方标准图集施工，或与设计院协商解决。

(2)本工程所选设备、材料必须具有国家检测中心的检测合格证书(3C 认证)，必须满足与产品相关的国家标准；供电产品、消防产品应具有入网许可证。

(3)施工时，应严格遵行国务院签发的《建设工程质量管理条例》的相关内容。

(4)本工程引用的国家及地方建筑标准设计图集有：《等电位联结安装》(02D501-2)、《住宅建筑电话通信安装图》(辽 93D601)、《新建住宅电气安装图》(辽 2000D703)、《建筑防雷、接地设计与安装》(辽 2002D501)、《住宅建筑有线电视、宽带网设计安装图》LY203D01、《建筑安全防范系统设计与安装》(辽 2003D603)、《电缆敷设》D101-1～7。

八、编制计价表格

(1)按清单工程量计算规则计算工程量并填写计算表；按定额工程量计算规则计算相应的工程量，并写计算表；

(2)编制工程量清单；

(2)按施工图及工程量清单中描述的项目特征，编制综合单价分析表；

(3)按计价规则、程序计算该项目的工程造价：编制分部分项工程费用计价表、措施项目清单与计价表(一)、措施项目清单计价表(二)、其他项目清单与计价汇总表、暂列金额明细表、材料暂估单价表、专业工程暂估价表、主要材料表。

主要设备选用表

符号	图例符号	名称	规格、型号	备注
1	ZM	总电源箱	500 mm(h)×400 mm×200 mm	
2	BM	集中电能计量表箱	1 290 mm(h)×900 mm×180 mm	

续表

符号	图例符号	名称	规格、型号	备注
3	AM	住户箱	250 mm(h)×390 mm×140 mm	
4	CM	车库预付费电表箱	350 mm(h)×440 mm×180 mm	
5		防水型座灯头	250 V，4 A	用于厨、卫
6		胶质座灯头	250 V，4 A	
7		感光声控自熄座灯头	250 V，4 A	用于楼梯间
8		接线盒	75 mm×75 mm×60 mm	用于卫生间、车库
9		壁灯	220 V，25 W	
10		一位扳式暗开关	86K116 型，250 V，6 A	
11		二位扳式暗开关	86K216 型，250 V，6 A	
12		三位扳式暗开关	86K316 型，250 V，6 A	
13		双控一位扳式暗开关	250 V，6 A	
14		单相二极暗插座	250 V，16 A	位于其他房间
15		防溅型单相二极＋三极暗插座	250 V，16 A	用于厨、卫
16		安全型二极＋三极暗插座	250 V，16 A	
17		单相三极暗插座	250 V，16 A	位于客厅
18	MEB	总等电位联结箱	250 mm(h)×350 mm×140 mm	
19	LEB	局部等电位联结箱	75 mm(h)×160 mm×60 mm	

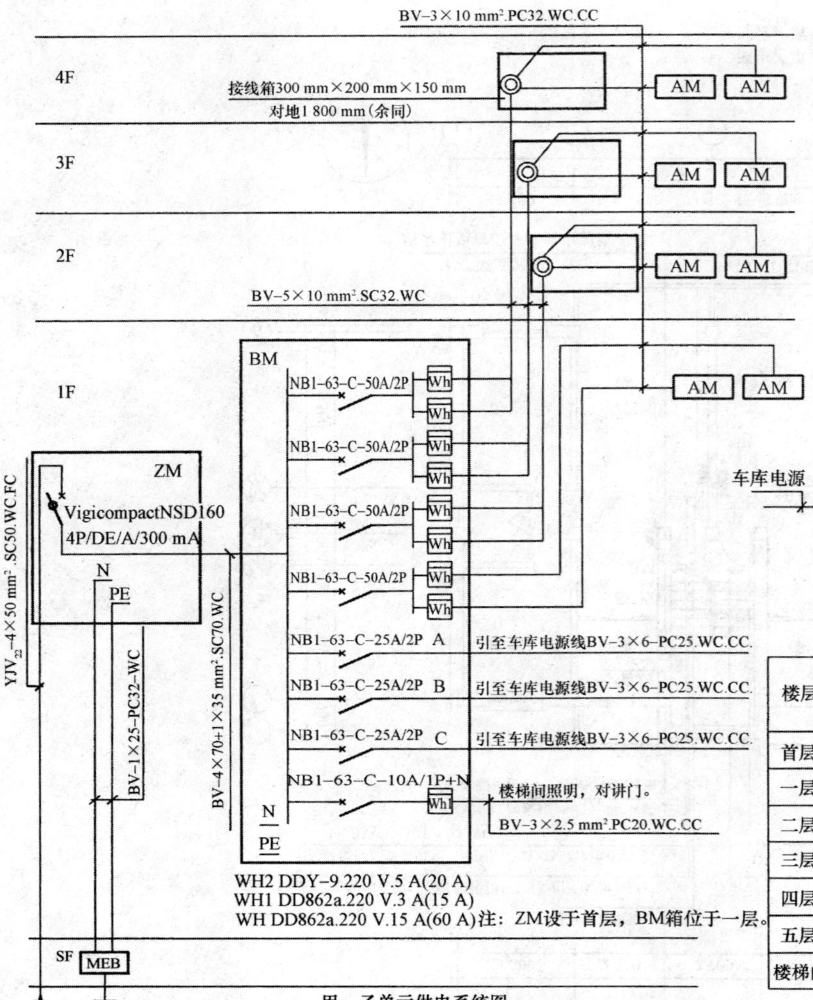

甲、乙单元供电系统图

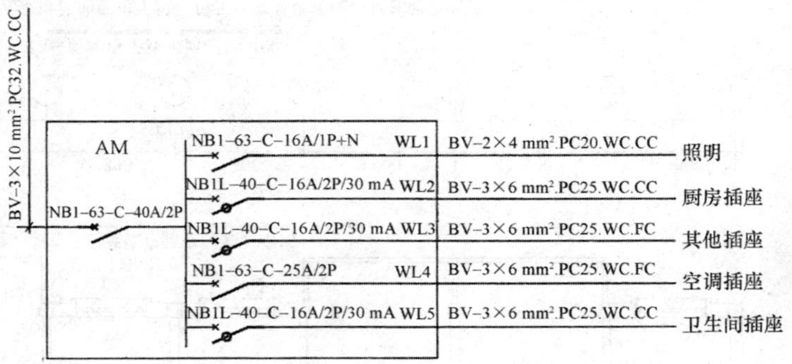

AM箱内系统图

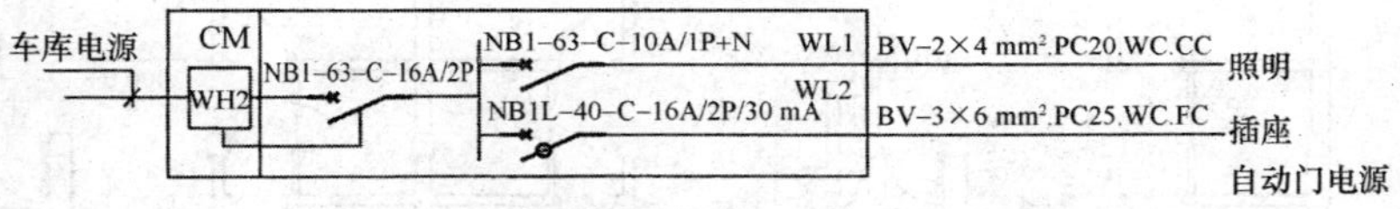

CM卡表箱内系统图

相序分配表

楼层	甲单元		乙单元		丙单元	
	左	右	左	右		右
首层	见平面图、系统图					
一层	C	B	A	C		A
二层	A	C	B	A		B
三层	B	A	C	B		C
四层	C	B	A	C		A
五层	A	C	B	A		B
楼梯间	A		B		C	

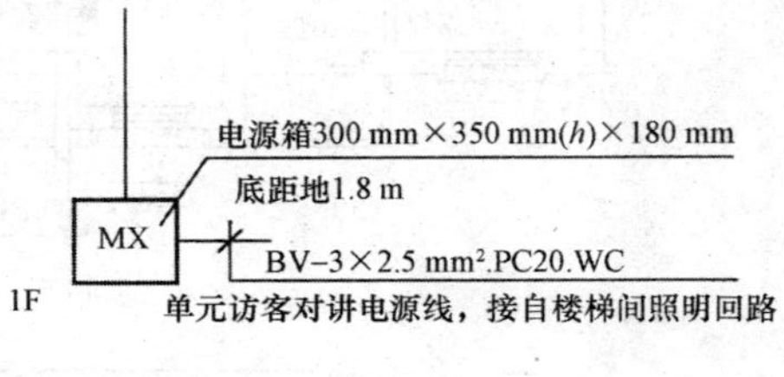

甲、乙单元访客对讲门系统图

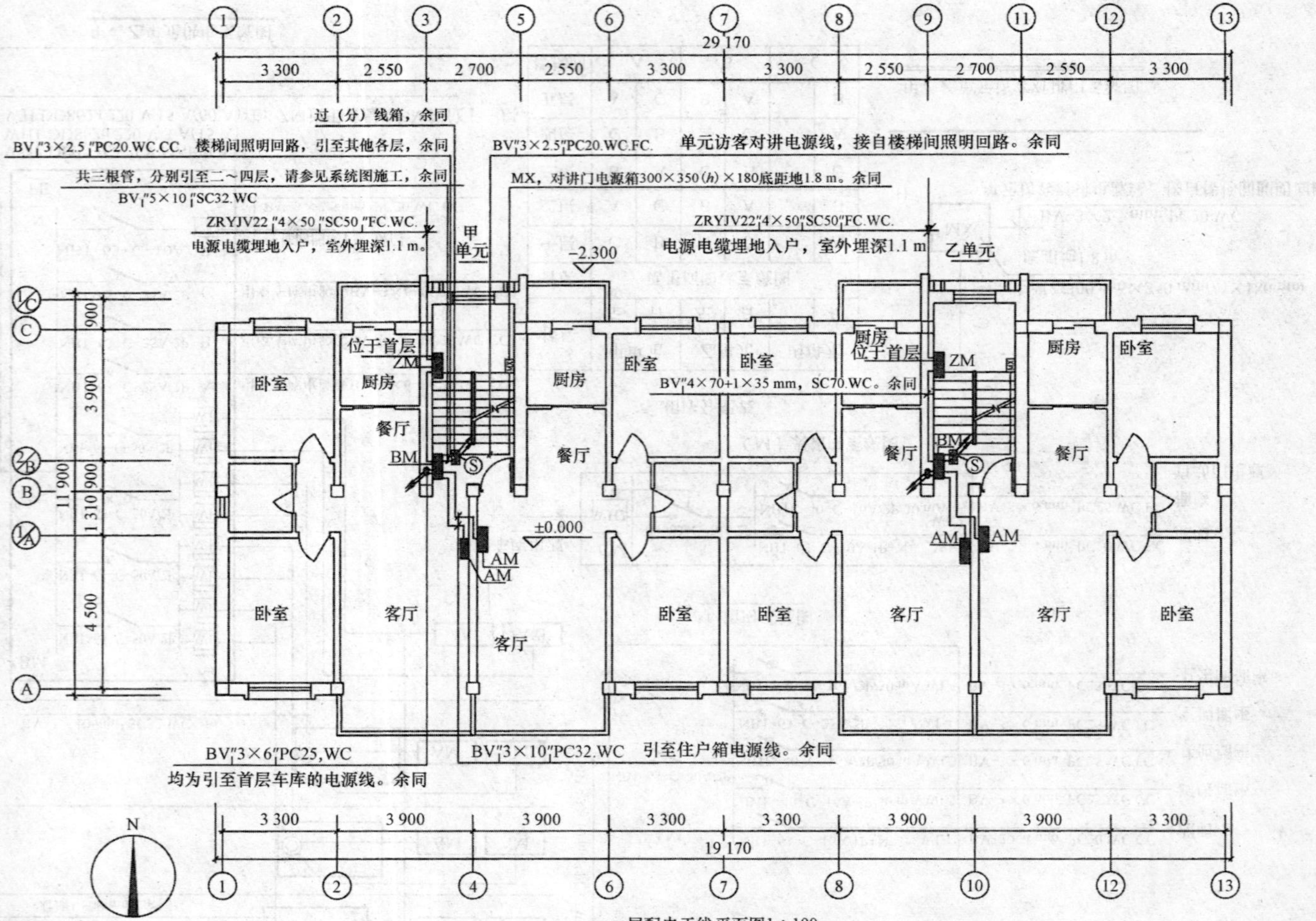

一层配电干线平面图1：100

注：图中乙单元未标注的配电干线、单元访客对讲系统、楼梯间照明等部分，请参见甲单元相应部分的标注。

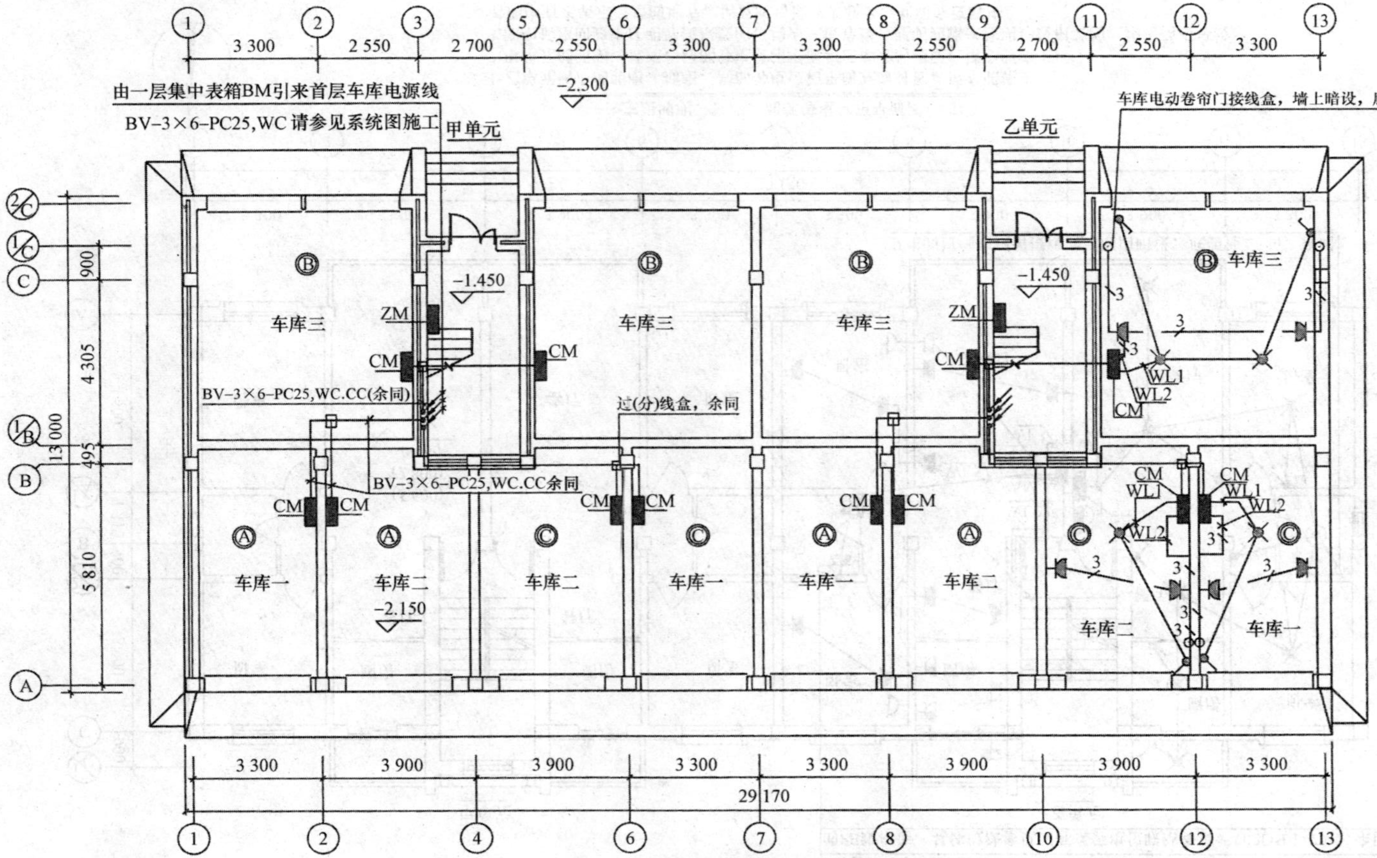

首层车库照明、插座平面图1：100

注：1. 乙单元⑦～⑩轴的车库照明、插座平面图与⑩～⑬轴的互为对称，请参照施工。
2. 甲单元的车库照明、插座平面图与乙单元的相同，请参照施工。
3. 图中插座回路未注明导线根数的，均为三根导线；照明回路未注明导线根数的，均为两根导线。
若图中有未表示清楚的地方，请及时与设计者联系，共同商议解决。

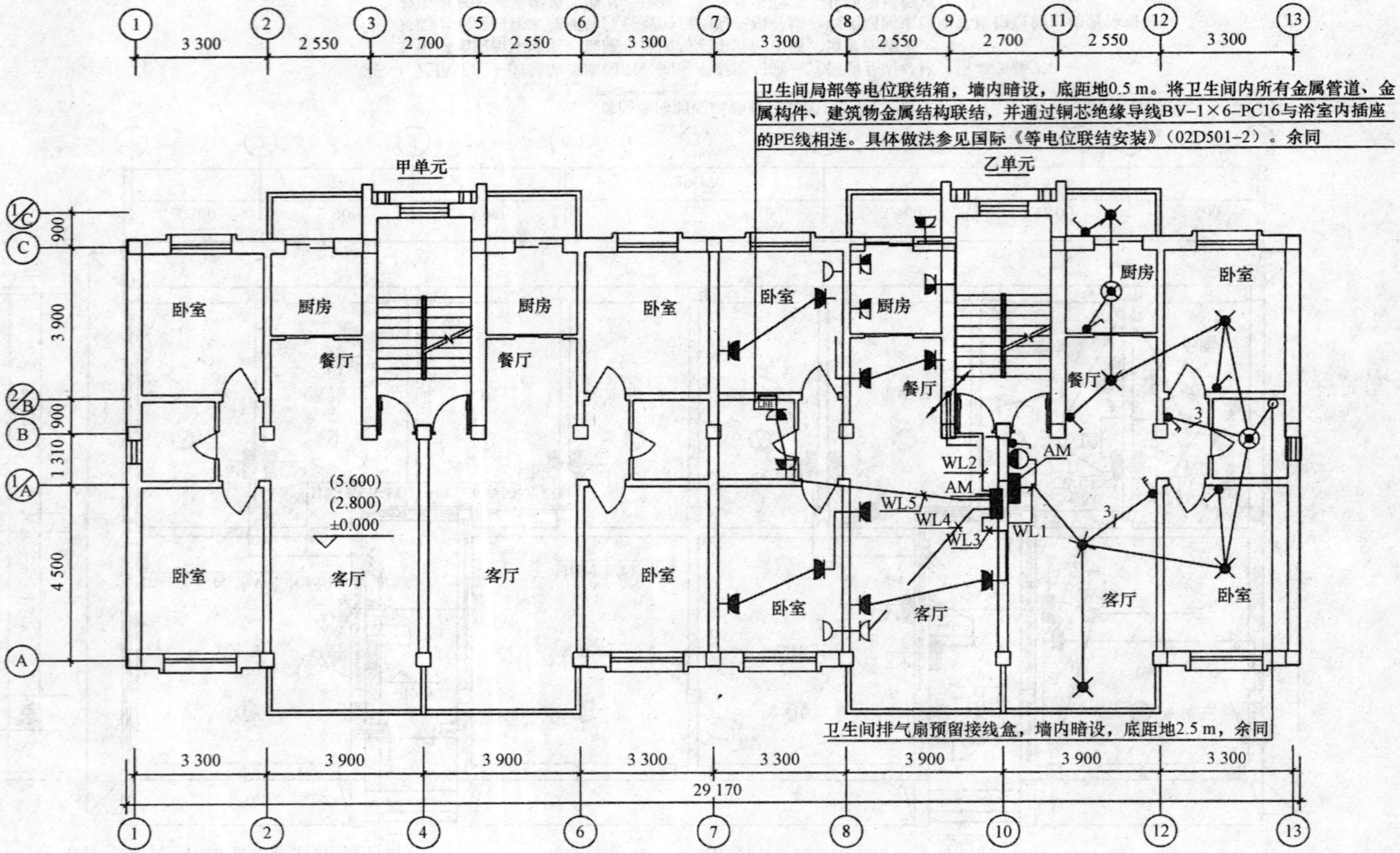

一～三层照明、插座、局部等电位箱平面图1：100

注：1.乙单元两户的照明、插座、局部等电位箱平面互为对称，请参照施工。
2.甲单元的照明、插座、局部等电位箱平面与乙单元的相同，请参照施工。
3.图中插座回路未注明导线根数的，均为三根导线；照明回路未注明导线根数的，均为两根导线。
若图中有未表示清楚的地方，请及时与设计者联系，共同商议解决。

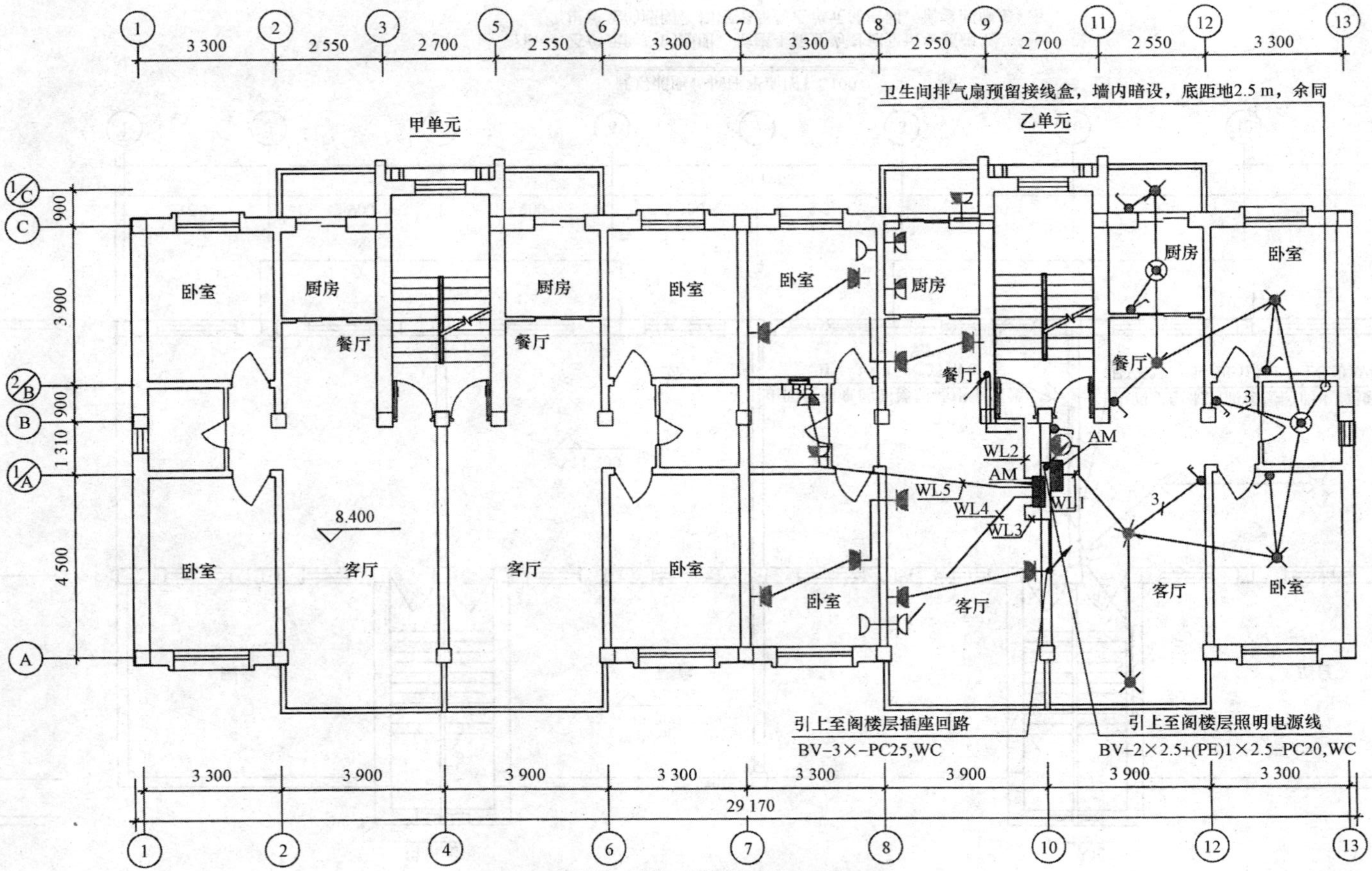

四层照明、插座、局部等电位箱平面图1：100

注：1.乙单元两户的照明、插座、局部等电位箱平面互为对称，请参照施工。
2.甲单元的照明、插座、局部等电位箱平面与乙单元的相同，请参照施工。
3.图中插座回路未注明导线根数的，均为三根导线；照明回路未注明导线根数的，均为两根导线。
若图中有未表示清楚的地方，请及时与设计者联系，共同商议解决。

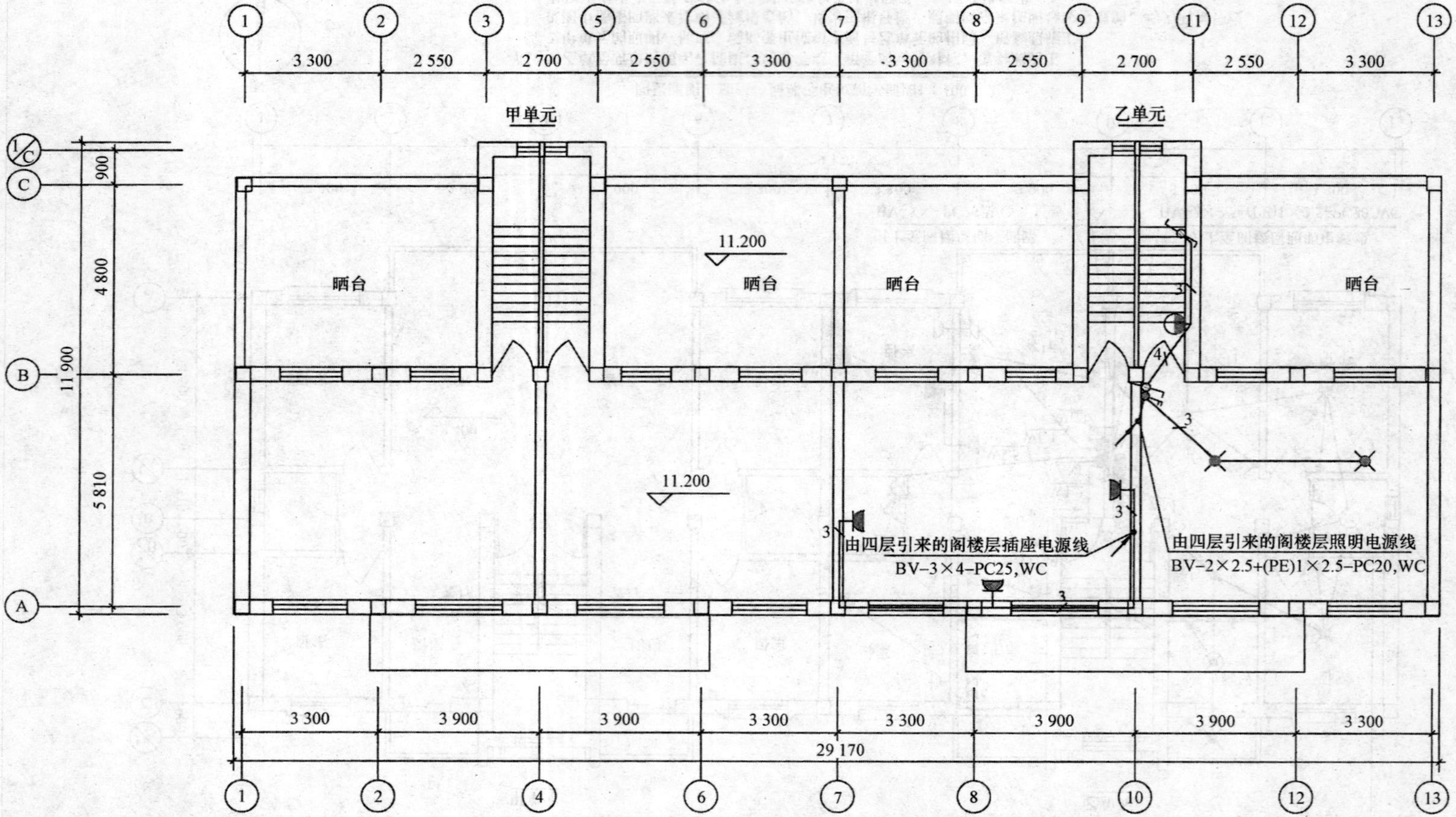

跃层照明、插座平面图1：100

注：1.乙单元两户的照明、插座平面互为对称，请参照施工。
2.甲单元的照明、插座平面与乙单元的相同，请参照施工。

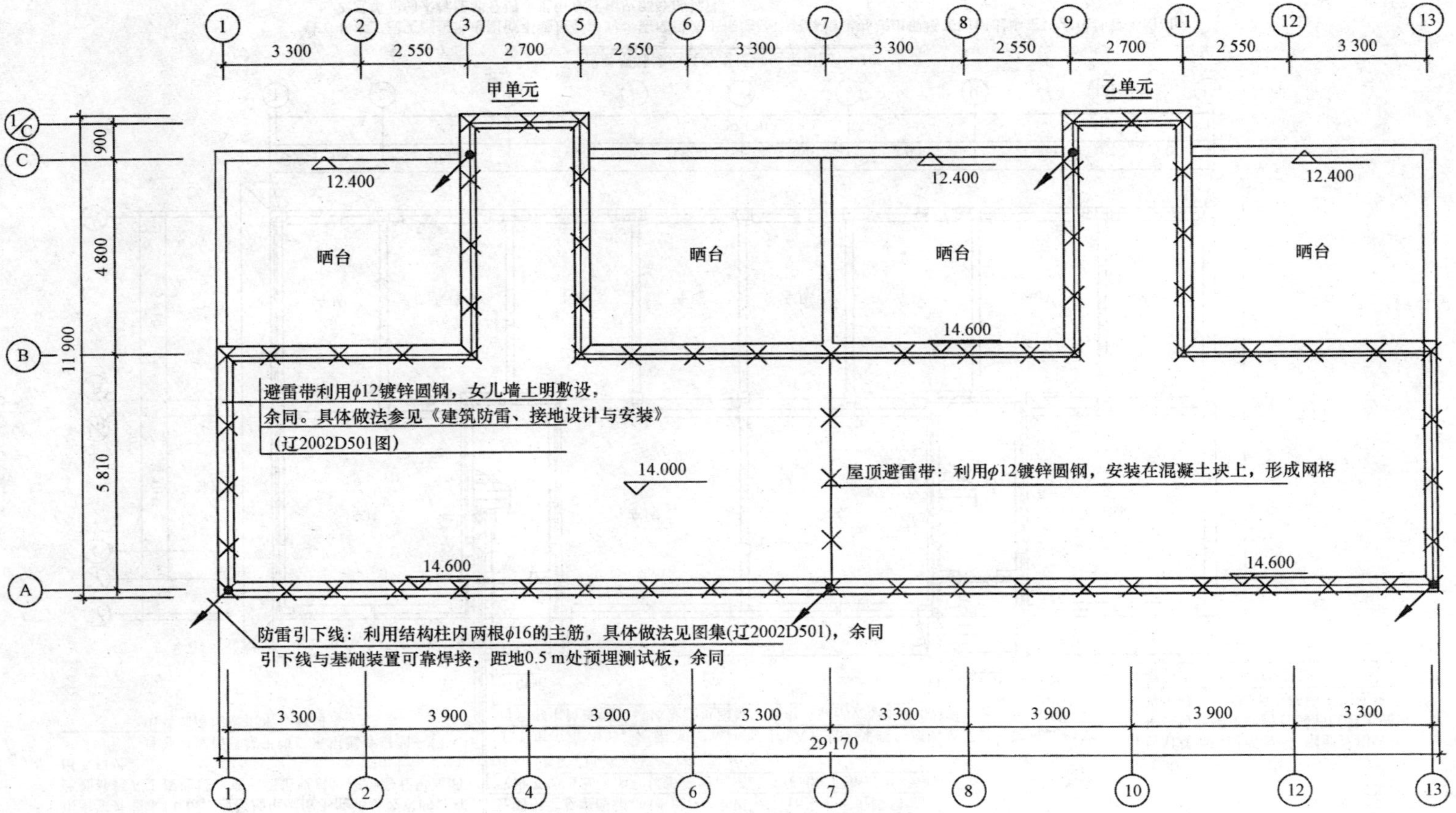

屋面防雷平面图1：100

注：1.避雷带，利用ϕ12镀锌圆钢沿女儿墙与屋面四周支设，支高0.15 m，间距1 m（不同标高的避雷带应紧密焊接在一起）。
2.防雷引下线，利用结构柱内两根ϕ16的主筋连续焊接，上与避雷带、下与接地装置紧密焊接，共5处。
3.本建筑住宅为一般性民用建筑物，按第三类防雷建筑物设计。

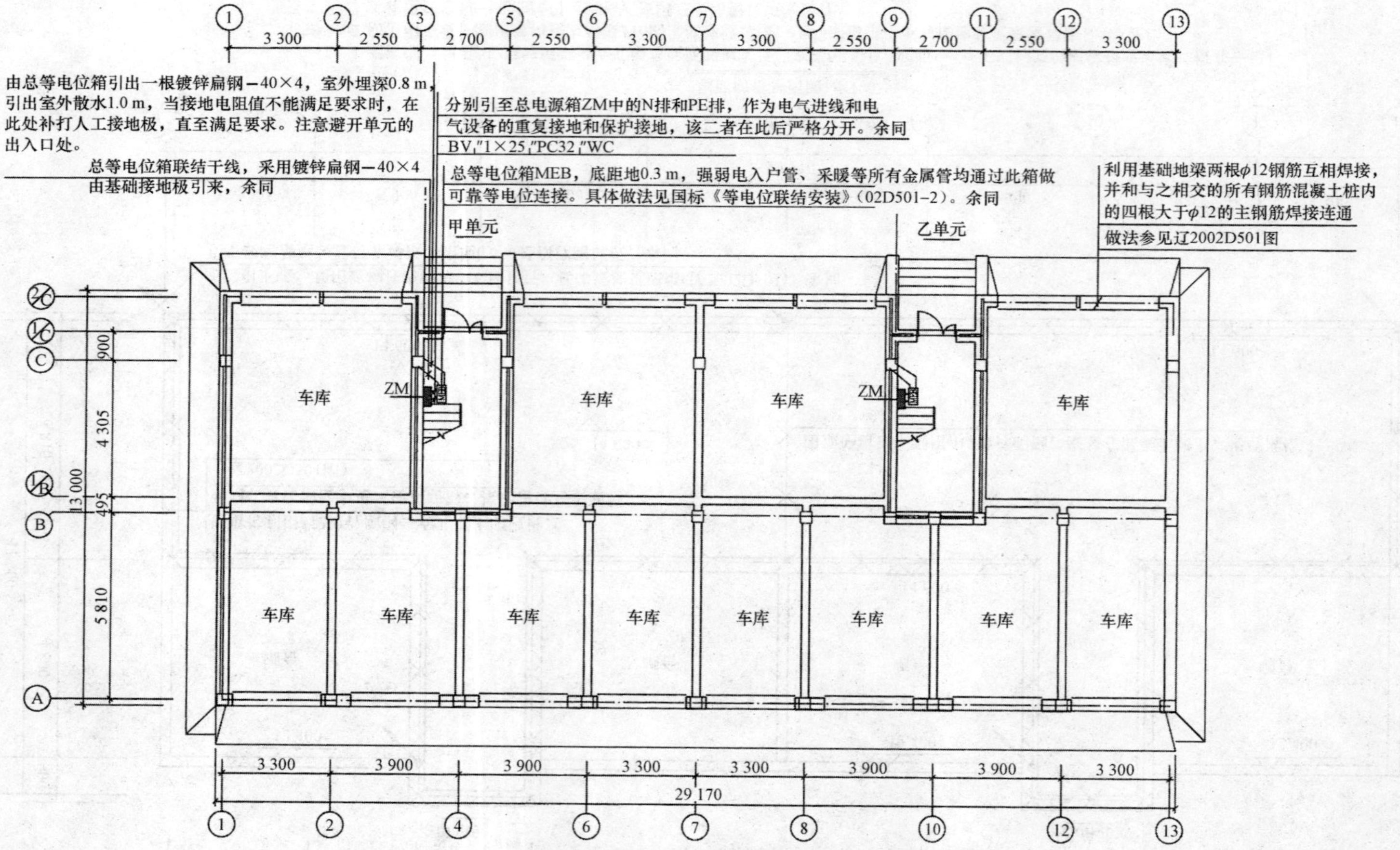

首层基础接地及等电位接地平面图1∶100

注：1.本工程实测接地电阻值不满足要求时，需增设人工接地极，具体增设办法由现场实时情况确定，本设计暂不给出。
2.乙单元的未标注部分请参见甲单元相应部分的标注。

附录二　电气安装工程清单工程量计算及计价表格

电器清单工程量计算表

序号	项目名称	规格型号	计量单位	数量	计算过程
1	单控单联开关暗装	250 V，6 A	套	96	平面图查出
2	单控双联开关暗装	250 V，6 A	套	36	平面图查出
3	双控单联开关暗装	250 V，6 A	套	8	平面图查出
4	单相暗插座二极＋三极安全形	250 V，15 A	套	180	平面图查出
5	单相暗插座二极＋三极防溅形	250 V，15 A	套	96	平面图查出
6	单相暗插座二孔	250 V，15 A	套	32	平面图查出
7	单相暗插座三孔	250 V，15 A	套	16	平面图查出

管线及其他工程量清单计算表

序号	项目名称	计量单位	数量	计算过程
一	进户线			
	镀锌钢管 SC50	m	14.30	{2.7(ZM至外墙皮水平长度)＋1(出户增加长度)＋[1.1(埋深)＋(2.3－1.45)＋1.5](垂直)}×2(2个单元)
二	ZM箱至BM箱配管配线			
1	镀锌钢管 SC70	m	14.1	[(1.5＋0.3)(ZM箱垂直)＋(0.5＋1.45＋0.3)(BIV/箱垂直)＋3(水平)]×2(2个单元)
2	管内穿线 35 mm²	m	14.10	14.10×1
3	管内穿线 70 mm²	m	56.40	14.10×4
三	BM箱至一层AM箱配管配线			
1	硬质塑料管 PC32	m	21.64	{[3.75(水平)＋(2.8－0.5－1.29)(BM箱上部垂直管)＋(2.8－1.8－0.25)(AM箱上部垂直管)](①～④轴用户)＋[3.55(水平)＋(2.8－0.5－1.29)(BM箱上部垂直管)＋(2.8－1.8－0.25)(AM箱上部垂直管)](④～⑦轴用户)}×2(2个单元)
2	管内穿线 10 mm²	m	64.92	21.64×3
四	BM箱至二层AM箱配管配线			
1	镀锌钢管 SC32	m	5.62	(2.8－0.5－1.29＋1.8)×2(2个单元)
2	硬质塑料管 PC32	m	21.60	{[3.75(水平)＋(2.8－1.8)(接线箱上部配管)＋(2.8－1.8－0.25)(AM箱上部配管)](⑦～⑩轴用户)＋[3.55(水平)＋(2.8－1.8)(接线箱上部配管)＋(2.8－1.8－0.25)(AM箱上部配管)](⑩～⑬轴用户)}×2(2个单元)

续一

序号	项目名称	计量单位	数量	计算过程
3	管内穿线 10 mm^2	m	92.90	5.62×5(SC32 管内穿线)+21.60×3(PC32 管内穿线)
五	BN 箱至三层 AM 箱配管配线			
1	镀锌钢管 SC32	m	11.22	[(2.8−0.5−1.29+1.8)+2.8]×2
2	硬质塑料管 PC32	m	21.60	同二层
3	管内穿线 10 mm^2	m	120.90	11.22×5+21.60×3
六	BM 箱至四层 AM 箱配管配线			
1	镀锌钢管 SC32	m	16.82	[(2.8−0.5−1.29+1.8)+2.8×2]×2
2	硬质塑料管 PC32	m	21.60	同二层
3	管内穿线 10 mm^2	m	148.90	16.82×5+21.60×3
七	BM 箱至 A 相电车库 CM 箱配管配线			
1	硬质塑料管 PC25	m	16.90	{0.5(BM 箱下垂直)+2.55(②～③轴水平距离)+[2.4(接线盒至 CM 箱水平)+(2.15−1.5−0.35)(CM 箱垂直)]×2(2 条管路接至 CM 箱)}×2(2 个单元)
2	管内穿线 6 mm^2	m	50.70	16.90×3
八	BM 箱至 B 相电车库 CM 箱配管配线			
1	硬质塑料管 PC25	m	10.60	{[0.5(BM 箱下垂直)+1.2(水平至接线盒上方)+(2.15−1.5−0.35)(CM 箱垂直)](①～③轴车库 CM 箱)+2.7(③～⑤轴水平距离)+0.3(接线盒至楼板取)+(2.15−1.5−0.35)(CM 箱垂直)}×2(2 个单元)
2	管内穿线 6 mm^2	m	31.80	10.60×3
九	BM 箱至 C 相电车库 CM 箱配管配线			
1	硬质塑料管 PC25	m	19.90	{0.5(BM 箱下垂直)+1.2(水平)+(2.7+2.55)(③～⑥轴水平距离)+[1.2(水平)+(2.15−1.5−0.35)(CM 箱垂直)]×2(2 条管路)}×2(2 个单元)
2	管内穿线 6 mm^2	m	59.70	19.90×3
十	一层用户配管配线			
1	WTL1 回路(照明回路)(以乙单元一户为例)			
1.1	AM 箱至接线盒			
1.1.1	硬质塑料管 PC20	m	0.35	2.4−(1.8+0.25)(AM 箱上沿距地)
1.1.2	管内穿线 4 mm	m	0.70	0.35×2
1.2	接线盒至门厅壁灯			
1.2.1	硬质塑料管 PC20	m	0.70	0.7(水平量取)
1.2.2	管内穿线 2.5 mm^2	m	1.40	0.70×2 支线用 2.5 mm^2
1.3	门厅壁灯至其开关			
1.3.1	硬质塑料管 PC20	m	1.60	0.4(水平)+(2.4−1.2)(开关垂直)

续二

序号	项目名称	计量单位	数量	计算过程
1.3.2	管内穿线 2.5 mm^2	m	3.20	1.60×2
1.4	接线盒至客厅灯			
1.4.1	硬质塑料管 PC20	m	2.90	(2.8−2.4)(垂直)+2.5(水平量取)
1.4.2	管内穿线 4 mm^2	m	5.80	2.90×2
1.5	客厅灯至开关			
1.5.1	硬质塑料管 PC20	m	3.90	2.3(水平)+(2.8−1.2)(开关垂直)
1.5.2	管内穿线 2.5 mm^2	m	11.70	3.90×3(支线)
1.6	客厅灯至南侧阳台灯			
1.6.1	硬质塑料管 PC20	m	3.60	3.6(水平量取)
1.6.2	管内穿线 2.5 mm^2	m	7.20	3.60×2
1.7	客厅灯至南侧卧室灯			
1.7.1	硬质塑料管 PC20	m	3.60	3.60(水平量取)
1.7.2	管内穿线 4 mm^2		7.20	3.60×2
1.8	南侧卧室灯至其开关			
1.8.1	硬质塑料管 PC20	m	4.10	2.5(水平)+(2.8−1.2)(开关垂直)
1.8.2	管内穿线 2.5 mm^2	m	8.20	4.10×2
1.9	南侧卧室灯至卫生间灯			
1.9.1	硬质塑料管 PC20	m	3.40	3.4(水平量取)
1.9.2	管内穿线 4 mm^2	m	6.80	3.40×2
1.10	卫生间灯至其开关			
1.10.1	硬质塑料管 PC20	m	3.90	2.3(水平)+(2.8−1.2)(开关垂直)
1.10.2	管内穿线 2.5 mm^2	m	11.70	3.90×3
1.11	卫生间灯至卫生间排气扇预留接线盒			
1.11.1	硬质塑料管 PC20		1.50	1.2(水平)+(2.8−2.5)(垂直)
1.11.2	管内穿线 2.5 mm^2	m	3.00	1.50×2
1.12	卫生间灯至北侧卧室灯			
1.12.1	硬质塑料管 PC20		3.00	3.0(水平量取)
1.12.2	管内穿线 4 mm^2	m	6.00	3.00×2
1.13	北侧卧室灯至其开关			
1.13.1	硬质塑料管 PC20		3.40	1.8(水平)+(2.8−1.2)(开关垂直)
1.13.2	管内穿线 2.5 mm^2	m	6.80	3.40×2
1.14	北侧卧室灯至餐厅灯			
1.14.1	硬质塑料管 PC20		3.20	3.20(水平量取)
1.14.2	管内穿线 4 mm^2		6.40	3.20×2
1.15	餐厅灯至其开关			
1.15.1	硬质塑料管 PC20		3.10	1.5(水平)+(2.8−1.2)(开关垂直)

续三

序号	项目名称	计量单位	数量	计算过程
1.15.2	管内穿线 2.5 mm^2		6.20	3.10×2
1.16	餐厅灯至厨房灯			
1.16.1	硬质塑料管 PC20		2.30	2.30(水平量取)
1.16.2	管内穿线 2.5 mm^2		4.60	2.30×2 支线
1.17	厨房灯至其开关			
1.17.1	硬质塑料管 PC20		2.80	1.2(水平)+(2.8−1−2)(开关垂直)
1.17.2	管内穿线 2.5 mm^2	m	5.60	2.80×2
1.18	厨房灯至北侧阳台灯			
1.18.1	硬质塑料管 PC20		2.00	2.0(水平量取)
1.18.2	管内穿线 2.5 mm^2		4.00	2.00×2
1.19	北侧阳台灯至其开关			
1.19.1	硬质塑料管 PC20		2.40	0.8(水平)+(2.8−1.2)(开关垂直)
1.19.2	管内穿线 2.5 mm^2		4.80	2.40×2
1.20	小计			
1.20.1	硬质塑料管 PC20		51.75	上述所有 PC20 之和
1.20.2	管内穿线 4 mm^2		32.90	上述所有 4 mm^2 导线之和
1.20.3	管内穿线 2.5 mm^2		80.20	上述所有 2.5 mm^2 导线之和
2	WL2 回路(厨房插座回路)(以乙单元一户为例)			
2.1	硬质塑料管 PC25		18.50	(2.8−1.8−0.25)(配电箱垂直)+10.75(至最末一个插座水平距离)+(2.8−1.8)×7(插座垂直配管)
2.2	管内穿线 4 mm^2		22.50	[3.5(最后两个插座连线水平距离)+(2.8−1.8)×4(插座垂直配管)]×3
2.3	管内穿线 6 mm^2		33.00	[18.5−7.5(上式中管的长度)]×3
3	WL3 回路(其他插座回路)(以乙单元一户为例)			
3.1	硬质塑料管 PC25		33.90	(1.8+0.1)(配电箱垂直)+27.6(至最末一个插座水平距离)+(0.3+0.1)×11(插座垂直配管)
3.2	管内穿线 4 mm^2	m	15.90	[4.5+(0.3+0.1)×2]×3
3.3	管内穿线 6 mm^2	m	85.80	(33.90−5.30)×3
4	WL4 回路(空调插座回路)(以乙单元一户为例)			
4.1	硬质塑料管 PC25		21.30	(1.8+0.1)(配电箱垂直)+14.2(至最末一个插座水平距离)+(0.3+0.1)×2(客厅插座垂直配管)+(2.2−0.3)(南侧卧室插座垂直)+(2.2+0.1)(北侧卧室插座垂直)+0.2(穿墙管)
4.2	管内穿线 6 mm^2	m	21.90	[(1.8+0.1)+5+(0.1+0.3)]×3

序号	项目名称	计量单位	数量	计算过程
4.3	管内穿线 4 mm^2	m	28.00	[21.30−7.3(至第一个插座长度)]×2(后接 2 极插座)
5	WL5 回路(卫生间插座回路)(以乙单元一户为例)			
5.1	硬质塑料管 PC25	m	11.45	(2.8−1.8−0.25)(配电箱垂直)+7.7(至最末一个插座水平距离)+(2.8−1.8)×3(插座垂直配管)
5.2	管内穿线 6 mm^2	m	34.35	11.45×3
6	小计(全楼层)			
6.1	硬质塑料管 PC20		207.00	51.75×2(一梯两户)×2(2 个单元)
6.2	硬质塑料管 PC25		340.60	(18.5+33.9+21.3+11.45)×2(一梯两户)×2(2 个单元)
6.3	管内穿线 2.5 mm^2		320.80	80.20×2(一梯两户)×2(2 个单元)
6.4	管内穿线 4 mm^2	m	397.20	(32.90+22.50+15.90+28.00)×2(一梯两户)×2(2 个单元)
6.5	管内穿线 6 mm^2		700.20	(33.00+85.80+21.90+34.35)×2(一梯两户)×2(2 个单元)
十一	二层用户配管配线(同一层)			
1	硬质塑料管 PC20	m	207.00	
2	硬质塑料管 PC25		340.60	
3	管内穿线 2.5 mm^2		320.80	
4	管内穿线 4 mm^2		397.20	
5	管内穿线 6 mm^2		700.20	
十二	三层用户配管配线(同一层)			
1	硬质塑料管 PC20		207.00	
2	硬质塑料管 PC25		340.60	
3	管内穿线 2.5 mm^2		320.80	
4	管内穿线 4 mm^2		397.20	
5	管内穿线 6 mm^2		700.20	
十三	四层用户配管配线(同一层，增加量算至阁楼层)			
1	硬质塑料管 PC20		207.00	
2	硬质塑料管 PC25		340.60	
3	管内穿线 2.5 mm^2		320.80	
4	管内穿线 4 mm^2		397.20	
5	管内穿线 6 mm^2		700.20	
十四	阁楼层配管配线			
1	WL1 回路(以一户为例)			
1.1	四层接线盒至阁楼开关			

续五

序号	项目名称	计量单位	数量	计算过程
1.1.1	硬质塑料管 PC20		2.80	(2.8−2.4)(四层垂直部分)+1.2(开关距地高度)+1.2(水平)
1.1.2	管内穿线 2.5 mm^2		8.40	2.80×3(火线、零线、保护线)
1.2	开关至第一盏灯具			
1.2.1	硬质塑料管 PC20		4.10	(2.8−1.2)(垂直)+2.5(水平)
1.2.2	管内穿线 2.5 mm^2		12.30	4.10×3
1.3	第一盏灯具至第二盏灯具			
1.3.1	硬质塑料管 PC20		3.70	3.7(水平)
1.3.2	管内穿线 2.5 mm^2		7.40	3.70×2
1.4	阁楼双控开关至楼梯壁灯			
1.4.1	硬质塑料管 PC20		4.00	(2.8−1.2)(垂直)+2(水平)+(2.8−2.4)(壁灯垂直)
1.4.2	管内穿线 2.5 mm^2		16.00	4.00×4
1.5	楼梯壁灯至四层双控开关			
1.5.1	硬质塑料管 PC20		6.20	2.2(水平)+(2.8+2.4−1.2)(双控开关垂直)
1.5.2	管内穿线 2.5 mm^2		18.60	6.20×3
2	WL3 回路(自四层该回路第一插座起)(以一户为例)			
2.1	硬质塑料管 PC25		18.90	(2.8−0.3)(四层引上垂直)+(1+4+3.3+3.9+2.2)(水平)+(0.3+0.1)×5(插座距地高度)
2.2	管内穿线 4 mm^2		56.70	18.90×3
3	小计(全层)			
3.1	硬质塑料管 PC20		83.20	20.80×2(一梯两户)×2(2 个单元)
3.2	硬质塑料管 PC25		78.60	18.90×2(一梯两户)×2(2 个单元)
3.3	管内穿线 4 mm^2		226.80	56.70×2(一梯两户)×2(2 个单元)
3.4	管内穿线 2.5 mm^2		250.80	62.70×2(一梯两户)×2(2 个单元)
十五	车库层配管配线			
1	车库一配管配线			
1.1	WL1 回路(照明回路)			
1.1.1	硬质塑料管 PC20		28.20	[(2.15−1.5−0.35)(CM 箱上部垂直配管)+2.2(水平，至灯)+3.6(水平，至开关)+(2.15−1.2)(开关上部垂直配管)]×4(车库一数量)
1.1.2	管内穿线 2.5 mm^2		56.40	28.20×2
1.2	WL2 回路(插座回路)			
1.2.1	硬质塑料管 PC25		44.80	[(1.5+0.1)(CM 箱下部垂直)+(2.1+1.4+3.3)(水平)+(0.3+0.1)×3(插座垂直)+(1.9−0.3)(电动卷帘门接线盒垂直配管)]×4(车库一数量)

续六

序号	项目名称	计量单位	数量	计算过程
1.2.2	管内穿线 4 mm^2		85.20	[1.4+(1.9−0.3)+3.3+(0.3+0.1)×2]×4(车库一数量)×3
1.2.3	管内穿线 6 mm^2		49.20	(44.80−7.1×4)×3
2	车库二配管配线			
2.1	WL1 回路(照明回路)			
2.1.1	硬质塑料管 PC20		33.80	[(2.15−1.5−0.35)(CM 箱上部垂直配管)+3.2(水平，至灯)+4(水平，至开关)+(2.15−1.2)(开关上部垂直配管)]×4(车库二数量)
2.1.2	管内穿线 2.5 mm^2		67.60	33.80×2
2.2	WL1 上回路(插座回路)			
2.2.1	硬质塑料管 PC25		47.60	[(1.5+0.1)(CM 箱下部垂直)+(2.1+1.4+4)(水平)+(0.3+0.1)×3(插座垂直)+(1.9−0.3)(电动卷帘门接线盒垂直配管)]×4(车库二数量)
2.2.2	管内穿线 4 mm^2		93.60	[1.4+(1.9−0.3)+4+(0.3+0.1)×2]×4(车库二数量)×3
2.2.3	管内穿线 6 mm^2		49.20	(47.60−7.8×4)×3
3	车库三配管配线			
3.1	WL1 回路(照明回路)			
3.1.1	硬质塑料管 PC20		51.20	[(2.15−1.5−0.35)(CM 箱上部垂直配管)+1.7(水平，至第一盏灯)+3.3(水平，至第一盏灯开关)+2.6(水平，至第二盏灯)+3(水平，至第二盏灯开关)+(2.15−1.2)×2(开关上部垂直配管)]×4(车库二数量)
3.1.2	管内穿线 2.5 mm^2		102.40	51.20×2
3.2	WL2 回路(插座回路)			
3.2.1	硬质塑料管 PC25		68.60	[(1.5+0.1)(CM 箱下部垂直)+(0.9+2.55+3.3+2.2×2)(水平)+(0.3+0.1)×3(插座垂直)+(1.9−0.3)×2(电动卷帘门接线盒垂直配管)]×4(车库二数量)
3.2.2	管内穿线 4 mm^2		171.00	[2.2×2+(1.9−0.3)×2+2.55+3.3+(0.3+0.1)×2]×4(车库二数量)×3
3.2.3	管内穿线 6 mm^2	m	34.80	(68.60−14.25×4)×3
4	小计			
4.1	硬质塑料管 PC20		113.20	
4.2	硬质塑料管 PC25		161.00	
4.3	管内穿线 2.5 mm^2		226.40	
4.4	管内穿线 4 mm^2		349.80	
4.5	管内穿线 6 mm^2		133.20	

续七

序号	项目名称	计量单位	数量	计算过程
十六	楼梯间感应灯及对讲门电源配管配线			
1	BM箱至分线箱(以甲单元为例)			
1.1	硬质塑料管PC20		0.71	2.8－0.5(BM箱下沿距地)－1.29(BM箱高度)－0.3(板下300 mm，分线箱的安装位置)
1.2	管内穿线2.5 mm²		2.13	0.71×3
2	分线箱至对讲门电源箱MX(以甲单元为例)			
2.1	硬质塑料管PC20		8.05	(2.8－0.3)(垂直)＋(2.7＋2.5)(水平)＋(1.8－1.45)(MX箱下部垂直)
2.2	管内穿线2.5 mm²		24.15	8.05×3
3	分线箱至其他各层配管配线(以甲单元为例)			
3.1	硬质塑料管PC20		8.70	11.2－2.8＋0.3
3.2	管内穿线2.5 mm²		17.40	8.70×2
4	各层分线箱至声控灯(以甲单元为例)			
4.1	硬质塑料管PC20		6.60	[0.3(垂直)＋2.7/2(水平)]×4(四层)
4.2	管内穿线2.5 mm²		13.20	6.60×2
5	小计(全楼)			
5.1	硬质塑料管PC20		48.12	24.06×2(2个单元)
5.2	管内穿线2.5 mm²		113.76	56.88×2(2个单元)

灯具工程量清单计算表

序号	项目名称	规格型号	计量单位	数量	计算过程
1	一般壁灯	220 V，25 W	套	4	平面图
2	防水灯头	250 V，4 A	套	32	平面图
3	节能座灯头	250 V，4 A	套	8	楼梯间声控灯
4	座灯头	250 V，4A	套	120	平面图

开关工程量清单计算表

序号	项目名称	规格型号	计量单位	数量	计算过程
1	单控单联开关暗装	250 V，6 A	套	96	平面图查出
2	单控双联开关暗装	250 V，6 A	套	36	平面图查出
3	双控单联开关暗装	250 V，6 A	套	8	平面图查出
4	单相暗插座二极＋三极安全型	250 V，15 A	套	180	平面图查出
5	单相暗插座二极＋三极防溅型	250 V，15 A	套	96	平面图查出
6	单相暗插座二孔	250 V，15 A	套	32	平面图查出
7	单相暗插座三孔	250 V，15 A	套	16	平面图查出

配线预留长度

序号	项　　目	预留长度/m	说明
1	各种开关箱、柜、板	高+宽	盘面尺寸
2	单独安装(无箱、盘)的铁壳开关、闸刀开关、启动器、母线槽进出线盒等	0.3	以安装对象中心算起
3	由地坪管子出口至动力接线箱	1	以管口计算
4	电源与管内导线连接(管内穿线与软、硬母线接头)	1.5	以管口计算
5	出户线	1.5	以管口计算

定额工程量计算公式

序号	项目名称	计量单位	数量	计算过程
一	进户线			
	镀锌钢管 SC50		14.30	同清单项目工程量计算表
二	ZM 箱至 BM 箱配管配线			
1	镀锌钢管 SC70		14.10	同清单项目工程量计算表
2	管内穿线 35 mm^2		20.28	[14.10/2+(0.4+0.5)(ZM 箱半周长)+(0.9+1.29)(BM 箱半周长)]×1×2(2 个单元)
3	管内穿线 70 mm^2		81.12	[14.10/2+(0.4+0.5)(ZM 箱半周长)+(0.9+1.29)(BM 箱半周长)]×4×2(2 个单元)
三	BM 箱至一层 AM 箱配管配线			
1	硬质塑料管 PC32		21.64	同清单项目工程量计算表
2	管内穿线 10 mm^2		72.60	[21.64+(0.9+1.29)(BM 箱半周长)+(0.39+0.25)(AM 箱半周长)]×3
四	BM 箱至二层 AM 箱配管配线			
1	镀锌钢管 SC32		5.62	同清单项目工程量计算表
2	硬质塑料管 PC32		21.60	同清单项目工程量计算表
3	管内穿线 10 mm^2		122.48	[5.62+(0.9+1.29)(BM 箱半周长)×2(2 个 BM 箱)]×5(SC32 管内穿线)+[21.60+(0.39+0.25)(AM 箱半周长)×4(4 个 AM 箱)]×3(PC32 管内穿线)
4	接线箱 300 mm×200 mm×150 mm	个	2	每单元 1 个
五	BM 箱至三层 AM 箱配管配线			
1	镀锌钢管 SC32		11.22	同清单项目工程量计算表
2	硬质塑料管 PC32		21.60	同清单项目工程量计算表
3	管内穿线 10 mm^2		150.48	[11.22+(0.9+1.29)(BM 箱半周长)×2(2 个 BM 箱)]×5(SC32 管内穿线)+[21.60+(0.39+0.25)(AM 箱半周长)×4(4 个 AM 箱)]×3(PC32 管内穿线)

续一

序号	项目名称	计量单位	数量	计算过程
4	接线箱 300 mm×200 mm×150 mm	个	2	每单元 1 个
六	BM 箱至四层 AM 箱配管配线			
1	镀锌钢管 SC32		16.82	同清单项目工程量计算表
2	硬质塑料管 PC32		21.60	同清单项目工程量计算表
3	管内穿线 10 mm^2		178.48	[16.82+(0.9+1.29)(BM 箱半周长)×2(2 个 BM 箱)]×5(SC32 管内穿线)+[21.60+(0.39+0.25)(AM 箱半周长)×4(4 个 AM 箱)]×3(PC32 管内穿线)
4	接线箱 300 mm×200 mm×150 mm	个	2	每单元 1 个
七	BM 箱至 A 相电车库 CM 箱配管配线			
1	硬质塑料管 PC25		16.90	同清单项目工程量计算表
2	管内穿线 6 mm^2	m	73.32	[16.90+(0.9+1.29)(BM 箱半周长)×2(2 路线管由 BM 配出)+(0.44+0.35)(CM 箱半周长)×4(4 个 CM 箱)]×3
3	接线盒	个	2	每单元配管回路上 1 个
八	BM 箱至 B 相电车库 CM 箱配管配线			
1	硬质塑料管 PC25		10.60	同清单项目工程量计算表
2	管内穿线 6 mm^2		54.42	[10.60+(0.9+1.29)(BM 箱半周长)×2(2 路线管由 BM 配出)+(0.44+0.35)(CM 箱半周长)×4(4 个 CM 箱)]×3
3	接线盒	个	2	每单元配管回路上 1 个
九	BM 箱至 C 相电车库 CM 箱配管配线			
1	硬质塑料管 PC25		19.90	同清单项目工程量计算表
2	管内穿线 6 mm^2		82.32	[19.90+(0.9+1.29)(BM 箱半周长)×2(2 路线管由 BM 配出)+(0.44+0.35)(CM 箱半周长)×4(4 个 CM 箱)]×3
3	接线盒	个	2	每单元配管回路上 1 个
十	一层用户配管配线			
1	WL1 回路(照明回路)(以乙单元一户为例)			
1.1	AM 箱至接线盒			
1.1.1	硬质塑料管 PC20		0.35	同清单项目工程量计算表

续二

序号	项目名称	计量单位	数量	计算过程
1.1.2	管内穿线 4 mm^2		1.98	[0.35+(0.39+0.25)(AM箱半周长)]×2
1.2	接线盒至门厅壁灯			
1.2.1	硬质塑料管 PC20		0.70	同清单项目工程量计算表
1.2.2	管内穿线 2.5 mm^2		1.40	同清单项目工程量计算表
1.3	门厅壁灯至其开关			
1.3.1	硬质塑料管 PC20		1.60	同清单项目工程量计算表
1.3.2	管内穿线 2.5 mm^2		3.20	同清单项目工程量计算表
1.4	接线盒至客厅灯			
1.4.1	硬质塑料管 PC20		2.90	同清单项目工程量计算表
1.4.2	管内穿线 4 mm^2		5.80	同清单项目工程量计算表
1.5	客厅灯至开关			
1.5.1	硬质塑料管 PC20		3.90	同清单项目工程量计算表
1.5.2	管内穿线 2.5 mm^2		11.70	同清单项目工程量计算表
1.6	客厅灯至南侧阳台灯			
1.6.1	硬质塑料管 PC20	m	3.60	同清单项目工程量计算表
1.6.2	管内穿线 2.5 mm^2		7.20	同清单项目工程量计算表
1.7	客厅灯至南侧卧室灯			
1.7.1	硬质塑料管 PC20		3.60	同清单项目工程量计算表
1.7.2	管内穿线 4 mm^2		7.20	同清单项目工程量计算表
1.8	南侧卧室灯至其开关			
1.8.1	硬质塑料管 PC20		4.10	同清单项目工程量计算表
1.8.2	管内穿线 2.5 mm^2		8.20	同清单项目工程量计算表
1.9	南侧卧室灯至卫生间灯			
1.9.1	硬质塑料管 PC20		3.40	同清单项目工程量计算表
1.9.2	管内穿线 4 mm^2		6.80	同清单项目工程量计算表
1.10	卫生间灯至其开关			
1.10.1	硬质塑料管 PC20		3.90	同清单项目工程量计算表
1.10.2	管内穿线 2.5 mm^2		11.70	同清单项目工程量计算表
1.11	卫生间灯至卫生间排气扇预留接线盒			
1.11.1	硬质塑料管 PC20		1.50	同清单项目工程量计算表
1.11.2	管内穿线 2.5 mm^2		3.00	同清单项目工程量计算表
1.12	卫生间灯至北侧卧室灯			
1.12.1	硬质塑料管 PC20		3.00	同清单项目工程量计算表
1.12.2	管内穿线 4 mm^2		6.00	同清单项目工程量计算表
1.13	北侧卧室灯至其开关			
1.13.1	硬质塑料管 PC20		3.40	同清单项目工程量计算表

续三

序号	项目名称	计量单位	数量	计算过程
1.13.2	管内穿线 2.5 mm^2		6.80	同清单项目工程量计算表
1.14	北侧卧室灯至餐厅灯			
1.14.1	硬质塑料管 PC20		3.20	同清单项目工程量计算表
1.14.2	管内穿线 4 mm^2		6.40	同清单项目工程量计算表
1.15	餐厅灯至其开关			
1.15.1	硬质塑料管 PC20		3.10	同清单项目工程量计算表
1.15.2	管内穿线 2.5 mm^2		6.20	同清单项目工程量计算表
1.16	餐厅灯至厨房灯			
1.16.1	硬质塑料管 PC20		2.30	同清单项目工程量计算表
1.16.2	管内穿线 2.5 mm^2		6.40	同清单项目工程量计算表
1.17	厨房灯至其开关			
1.17.1	硬质塑料管 PC20		2.80	同清单项目工程量计算表
1.17.2	管内穿线 2.5 mm^2		5.60	同清单项目工程量计算表
1.18	厨房灯至北侧阳台灯			
1.18.1	硬质塑料管 PC20		2.00	同清单项目工程量计算表
1.18.2	管内穿线 2.5 mm^2		4.00	同清单项目工程量计算表
1.19	北侧阳台灯至其开关			
1.19.1	硬质塑料管 PC20		2.40	同清单项目工程量计算表
1.19.2	管内穿线 2.5 mm^2		4.80	同清单项目工程量计算表
1.20	小计			
1.20.1	硬质塑料管 PC20		51.75	上述所有 PC20 之和
1.20.2	管内穿线 4 mm^2		34.18	上述所有 4 mm^2 导线之和
1.20.3	管内穿线 2.5 mm^2		80.20	上述所有 2.5 mm^2 导线之和
1.20.4	接线盒	个	10	灯位盒与接线盒之和
1.20.5	开关盒	个	8	
2	WL2 回路(厨房插座回路)(以乙单元一户为例)			
2.1	硬质塑料管 PC25		18.50	同清单项目工程量计算表
2.2	管内穿线 4 mm^2		22.50	同清单项目工程量计算表
2.3	管内穿线 6 mm^2	m	34.92	{[18.5－7.5(上式中管的长度)]＋(0.39＋0.25)(AM 箱半周长)}×3
2.4	开关盒	个	4	4 个插座盒
3	WL3 回路(其他插座回路)(以乙单元一户为例)			
3.1	硬质塑料管 PC25		33.90	同清单项目工程量计算表
3.2	管内穿线 4 mm^2		15.90	同清单项目工程量计算表

续四

序号	项目名称	计量单位	数量	计算过程
3.3	管内穿线 6 mm^2		87.72	[(33.90－5.3)＋(0.39＋0.25)(AM 箱半周长)]×3
3.4	开关盒	个	9	9 个插座盒
4	WL4 回路(空调插座回路)(以乙单元一户为例)			
4.1	硬质塑料管 PC25		21.30	同清单项目工程量计算表
4.2	管内穿线 6 mm^2		23.82	[(1.8＋0.1)＋5＋(0.1＋0.3)＋(0.39＋0.25)(AM 箱半周长)]×3
4.3	管内穿线 4 mm^2		28.00	同清单项目工程量计算表
4.4	开关盒	个	3	3 个插座盒
5	WL5 回路(卫生间插座回路)(以乙单元一户为例)			
5.1	硬质塑料管 PC25		11.45	同清单项目工程量计算表
5.2	管内穿线 6 mm^2		36.27	[11.45＋(0.39＋0.25)(AM 箱半周长)]×3
5.3	开关盒	个	2	2 个插座盒
6	小计(全楼层)			
6.1	硬质塑料管 PC20	m	207.00	同清单项目工程量计算表
6.2	硬质塑料管 PC25	m	340.60	同清单项目工程量计算表
6.3	管内穿线 2.5 mm^2	m	320.80	80.2×2(一梯两户)×2(2 个单元)
6.4	管内穿线 4 mm^2		402.32	(34.18＋22.50＋15.90＋28.00)×2(一梯两户)×2(2 个单元)
6.5	管内穿线 6 mm^2		730.92	(34.92＋87.72＋23.82＋36.27)×2(一梯两户)×2(2 个单元)
6.6	接线盒	个	40	10×2(一梯两户)×2(2 个单元)
6.7	开关盒	个	104	26×2(一梯两户)×2(2 个单元)
十一	二层用户配管配线(同一层)			
1	硬质塑料管 PC20		207.00	
2	硬质塑料管 PC25		340.60	
3	管内穿线 2.5 mm^2		320.80	
4	管内穿线 4 mm^2		402.32	
5	管内穿线 6 mm^2		730.92	
6	接线盒	个	40	
7	开关盒	个	104	
十二	三层用户配管配线(同一层)			
1	硬质塑料管 PC20		207.00	
2	硬质塑料管 PC25		340.60	
3	管内穿线 2.5 mm^2		320.80	

续五

序号	项目名称	计量单位	数量	计算过程
4	管内穿线 4 mm^2		402.32	
5	管内穿线 6 mm^2		730.92	
6	接线盒	个	40	
7	开关盒	个	104	
十三	四层用户配管配线(同一层，增加量算至阁楼层)			
1	硬质塑料管 PC20		207.00	
2	硬质塑料管 PC25		340.60	
3	管内穿线 2.5 mm^2		320.80	
4	管内穿线 4 mm^2		402.32	
5	管内穿线 6 mm^2		730.92	
6	接线盒	个	40	
7	开关盒	个	104	
十四	阁楼层配管配线			
1	WL1 回路(以一户为例)			
1.1	四层接线盒至阁楼开关			
1.1.1	硬质塑料管 PC20		2.80	同清单项目工程量计算表
1.1.2	管内穿线 2.5 mm^2		8.40	同清单项目工程量计算表
1.2	开关至第一盏灯具			
1.2.1	硬质塑料管 PC20		4.10	同清单项目工程量计算表
1.2.2	管内穿线 2.5 mm^2	m	12.30	同清单项目工程量计算表
1.3	第一盏灯具至第二盏灯具			
1.3.1	硬质塑料管 PC20	m	3.70	同清单项目工程量计算表
1.3.2	管内穿线 2.5 mm^2		7.40	同清单项目工程量计算表
1.4	阁楼双控开关至楼梯壁灯			
1.4.1	硬质塑料管 PC20		4.00	同清单项目工程量计算表
1.4.2	管内穿线 2.5 mm^2	m	16.00	同清单项目工程量计算表
1.5	楼梯壁灯至四层双控开关			
1.5.1	硬质塑料管 PC20		6.20	同清单项目工程量计算表
1.5.2	管内穿线 2.5 mm^2	m	18.60	同清单项目工程量计算表
2	WL3 回路(自四层该回路第一插座起)(以一户为例)			
2.1	硬质塑料管 PC25	m	18.90	同清单项目工程量计算表
2.2	管内穿线 4 mm^2	m	56.70	同清单项目工程量计算表
3	小计(全层)			
3.1	硬质塑料管 PC20	m	83.20	20.80×2(一梯两户)×2(2 个单元)
3.2	硬质塑料管 PC25	m	75.60	18.90×2(一梯两户)×2(2 个单元)

序号	项目名称	计量单位	数量	计算过程
3.3	管内穿线 4 mm^2		226.80	56.70×2(一梯两户)×2(2 个单元)
3.4	管内穿线 2.5 mm^2	m	250.80	62.70×2(一梯两户)×2(2 个单元)
3.5	接线盒	个	12	3×2(一梯两户)×2(2 个单元)
3.6	开关盒	个	24	6×2(一梯两户)×2(2 个单元)
十五	车库层配管配线			
1	车库一配管配线			
1.1	WL1 回路(照明回路)			
1.1.1	硬质塑料管 PC20		28.20	同清单项目工程量计算表
1.1.2	管内穿线 2.5 mm^2	m	62.72	[28.20+(0.44+0.35)(CM 箱半周长)×4(4 个 CM 箱)]×2
1.2	WL2 回路(插座回路)			
1.2.1	硬质塑料管 PC25		44.80	同清单项目工程量计算表
1.2.2	管内穿线 4 mm^2	m	85.20	同清单项目工程量计算表
1.2.3	管内穿线 6 mm^2		58.68	[(44.80−7.1×4)+(0.44+0.35)(CM 箱半周长)×4(4 个 CM 箱)]×3
2	车库二配管配线			
2.1	WL1 回路(照明回路)			
2.1.1	硬质塑料管 PC20		33.80	同清单项目工程量计算表
2.1.2	管内穿线 2.5 mm^2		73.92	[33.80+(0.44+0.35)(CM 箱半周长)×4(4 个 CM 箱)]×2
2.2	WL2 回路(插座回路)			
2.2.1	硬质塑料管 PC25		47.60	同清单项目工程量计算表
2.2.2	管内穿线 4 mm^2		93.60	同清单项目工程量计算表
2.2.3	管内穿线 6 mm^2		58.68	[(47.60−7.8×4)+(0.44+0.35)(CM 箱半周长)×4(4 个 CM 箱)]×3
3	车库三配管配线			
3.1	WL1 回路(照明回路)			
3.1.1	硬质塑料管 PC20		51.20	同清单项目工程量计算表
3.1.2	管内穿线 2.5 mm^2		108.72	[51.20+(0.44+0.35)(CM 箱半周长)×4(4 个 CM 箱)]×2
3.2	WL2 回路(插座回路)			
3.2.1	硬质塑料管 PC25		68.60	同清单项目工程量计算表
3.2.2	管内穿线 4 mm^2		171.00	同清单项目工程量计算表
3.2.3	管内穿线 6 mm^2		44.28	[(68.60−14.25×4)+(0.44+0.35)(CM 箱半周长)×4(4 个 CM 箱)]×3
4	小计			
4.1	硬质塑料管 PC20		113.20	

续七

序号	项目名称	计量单位	数量	计算过程
4.2	硬质塑料管 PC25		161.00	
4.3	管内穿线 2.5 mm^2		245.36	
4.4	管内穿线 4 mm^2		349.80	
4.5	管内穿线 6 mm^2	m	161.64	
4.6	接线盒	个	16	
4.7	开关盒	个	40	
十六	楼梯间感应灯及对讲门电源配管配线			
1	BM 箱至分线箱(以甲单元为例)			
1.1	硬质塑料管 PC20		0.71	同清单项目工程量计算表
1.2	管内穿线 2.5 mm^2	m	8.70	[0.71+(0.9+1.29)(BM 箱半周长)]×3
2	分线箱至对讲门电源箱 MX(以甲单元为例)			
2.1	硬质塑料管 PC20	m	8.05	同清单项目工程量计算表
2.2	管内穿线 2.5 mm^2		26.10	[8.05+(0.3+0.35)(MX 箱半周长)]×3
3	分线箱至其他各层配管配线(以甲单元为例)			
3.1	硬质塑料管 PC20	m	8.70	同清单项目工程量计算表
3.2	管内穿线 2.5 mm^2	m	17.40	同清单项目工程量计算表
4	各层分线箱至声控灯(以甲单元为例)			
4.1	硬质塑料管 PC20	m	6.60	同清单项目工程量计算表
4.2	管内穿线 2.5 mm^2		13.20	同清单项目工程量计算表
5	小计(全楼)			
5.1	硬质塑料管 PC20		47.92	同清单项目工程量计算表
5.2	管内穿线 2.5 mm^2		130.74	65.37(上述各值之和)×2(2 个单元)
5.3	接线箱	个	2	
5.4	接线盒	个	8	

灯具定额工程量

序号	项目名称	规格型号	计量单位	数量	计算过程
1	一般壁灯	220 V，25 W	套	4	平面图
2	防水灯头	250 V，4 A	套	32	平面图
3	节能座灯头	250 V，4 A	套	8	楼梯间声控灯
4	座灯头	250 V，4 A	套	120	平面图

防雷接地装置定额工程量

序号	项目名称	规格型号	计量单位	数量	计算过程
1	镀锌圆钢避雷网，女儿墙敷设	ϕ12		92.02	(28.8+5.81)×2+(4.8+0.9)×4
2	镀锌圆钢避雷网，混凝土块上敷设	ϕ12		5.81	④～⑩轴间距
3	防雷引下线	ϕ16		169.00	(14.6+2.3)×2×5
4	柱主筋与圈梁钢筋焊接		处	10	
5	总等电位联结箱安装		台	2	
6	测试板制作安装		套	5	
7	总等电位联结线，户内	－140×4		14.80	[1＋0.3＋(2.3－1.45)＋3.3＋0.3＋(2.3－1.45)＋0.8]×2(2个单元)
8	总等电位联结线，户外	－40×4		4.4	(1.2+1)×2(2个单元)
9	局部等电位联结箱		台	16	卫生间局部等电位联结
10	接地线	BV-25 mm		0.2	ZM箱至总等电位联结箱
11	保护管	PC32		0.2	ZM箱至总等电位联结箱
12	接地线	BV-6 mm		8	局部等电位联结
13	保护管	PC16		8	局部等电位联结

序号	项目名称	规格型号	计量单位	数量	计算过程
1	镀锌圆钢避雷网，女儿墙敷设	ϕ12		95.61	[(28.8+5.81)×2+(4.8+0.9)×4]×(1+3.9%)
2	镀锌圆钢避雷网，混凝土块上敷设	ϕ12		6.04	④～⑤轴间距5.81×(1+3.9%)
3	混凝土块制作		块	6	每延长米一块
4	防雷引下线	ϕ16		169.00	(14.6+2.3)×2×5
5	柱主筋与圈梁钢筋焊接		处	10	
6	总等电位联结箱安装		台	2	
7	测试板制作安装		套	5	
8	总等电位联结线，户内	－40×4		15.38	[1＋0.3＋(2.3－1.45)＋3.3＋0.3＋(2.3－1.45)＋0.8]×2(2个单元)×(1+3.9%)
9	总等电位联结线，户外	－40×4		4.57	(1.2+1)×2(2个单元)×(1+3.9%)
10	局部等电位联结箱		台	16	卫生间局部等电位联结
11	接地线	BV-25 mm^2		0.2	ZM箱至总等电位联结箱
12	保护管	PC32		0.2	ZM箱至总等电位联结箱
13	接地线	BV-6 mm^2		8	局部等电位联结
14	保护管	PC16		8	局部等电位联结

序号	项　　目	预留长度(附加)	说　明
1	电缆敷设弛度、波形弯度、交叉	2.5%	按电缆全长计算
2	电缆进入建筑物	2.0 m	规范规定最小值
3	电缆进入沟内或吊架时引上(下)预留	1.5 m	规范规定最小值
4	变电所进线、出线	1.5 m	规范规定最小值
5	电力电缆终端头	1.5 m	检修余量最小值
6	电缆中间接头盒	两端各留 2.0 m	检修余量最小值
7	电缆进控制、保护屏及模拟盘等	高＋宽	按盘面尺寸
8	高压开关柜及低压配电盘、箱	2.0 m	盘下进出线
9	电缆至电动机	0.5 m	从电动机接线盒起算
10	厂用变压器	3.0 m	从地坪起算
11	电缆绕过梁、柱等增加长度	按实计算	按被绕物的断面情况计算增加长度
12	电梯电缆与电缆架固定点	每处 0.5 m	规范最小值

电缆清单工程量统计表

序号	项目名称	规格型号	计量单位	数量	计算过程
1	电力电缆	ZRYJV22-4×50		118.64	[(1.2＋0.8×4－0.8/2＋0.37)(变电所内)＋50(变电所至住宅楼距离)＋2.5(住宅楼内水平)＋(0.5＋2.3－1.45＋1.1)(住宅楼内垂直)]×2
2	电缆保护管	SC50		14.64	[(1＋2.5＋0.5＋2.3－1.45＋1.1)(住宅楼内)＋(1＋0.37)(变电所)]×2

电缆定额工程量统计表

序号	项目名称	规格型号	计量单位	数量	计算过程
1	电缆沟挖填长度			93.00	[50－(3＋2＋2)＋2＋1.5]×2
2	顶管	ϕ100		14.00	(3＋2＋2)×2
3	电缆保护管安装	SC50		14.64	[(1＋2.5＋0.5＋2.3－1.45＋1.1)＋(1＋0.37)]×2
4	铺砂盖盖板		m	89.00	93.00－1×2×2
5	电缆沟内敷设	ZRYJV22-4×50	m	18.45	(1.2＋0.8×4－0.8/2＋1.5＋1.5＋2)×2×(1＋2.5%)
6	电缆埋地敷设	ZRYJV22-4×50	m	182.45	89.00×2×(1＋2.5%)
7	电缆穿管敷设	ZRYJV22-4×50	m	61.66	[14.00＋14.64＋(1.29＋0.9)]×2
8	户内电缆终端头制作、安装		个	4	2×2

序号	项目名称	单位	数量	计算公式
1	土石方工程	m^3	10.14	假设土质为普通土。 15 m杆：a(b)＝1.0＋2×0.1＝1.2(m)，a_1b_1＝1.2＋2×2.3×0.3＝2.58(m)； 12 m杆：a(b)＝0.8＋2×0.1＝1.0(m)，a_1b_1＝1.0＋2×2.0×0.3＝2.20(m)； 10 m杆：a(6)＝0.8＋2×0.1＝1.0(m)，b_1＝1.0＋2×1.7×0.3＝2.02(m)。 V＝2.3/6×[1.22＋(1.2＋2.58)×2＋2.582]＋2.0/6×[1.02＋(1.0＋2.20)×2＋2.202]＋1.7/6×[1.02＋(1.0＋2.02)×2＋2.022]＝10.14
2	水泥电杆 10 m	根	1	
3	水泥电杆 12 m	根	2	
4	水泥电杆 15 m	根	5	
5	JKLYJ-3×240 铝芯交联聚乙烯绝缘架空电缆		1 008	(56＋53＋45＋45＋40＋40＋52＋2.5×2)×3
6	拉盘安装	块	4	
7	卡盘安装	块	6	
8	横担⊥75×8×1 500	根	5	
9	横担⊥75×8×2 240	根	5	
10	耐张横担⊥100×8×2 240	根	6	
11	拉线	根	4	
12	导线跨越	处	5	

工程量清单汇总表

序号	项目名称	规格型号	单位	数量	备注
1	成套配电箱安装(ZM)	500 mm×400 mm×200 mm	台	2	
2	集中计量表箱安装(BM)	1 290 mm×900 mm×180 mm	台	2	
3	配电箱安装(AM)	250 mm×390 mm×140 mm	台	16	
4	配电箱安装(CM)	350 mm×440 mm×180 mm	台	12	
5	配电箱安装(MX)	300 mm×350 mm×180 mm	台	2	
6	压铜接线端子	35 mm^2	个	4	
7	压铜接线端子	70 mm^2	个	16	
8	镀锌钢管	SC32	m	33.66	
9	镀锌钢管	SC50		14.30	
10	镀锌钢管	SC70		14.10	
11	硬质塑料管	PC16	m	8	
12	硬质塑料管	PC20		1 072.32	

续表

序号	项目名称	规格型号	单位	数量	备注
13	硬质塑料管	PC25	m	1 649.40	
14	硬质塑料管	PC32		86.64	
15	管内穿线	BV-2.5		1 910.10	
16	管内穿线	BV-14	m	2 185.88	
17	管内穿线	BV-12		3 303.38	
18	管内穿线	BV-10		524.04	
19	管内穿线	BV-25	m	0.2	
20	管内穿线	BV-35	m	20.28	
21	管内穿线	BV-70	m	81.12	
22	单控单联开关暗装	250 V，6 A	套	96	
23	单控双联开关暗装	250 V，6 A	套	36	
24	双控单联开关暗装	250 V，6 A	套	8	
25	单相暗插座二极＋三极安全型	250 V，15 A	套	180	
26	单相暗插座二极＋三极防溅型	250 V，15 A	套	96	
27	单相暗插座二孔	250 V，15 A	套	32	
28	单相暗插座三孔	250 V，15 A	套	16	
29	一般壁灯	220 V，25 W	套	18	
30	防水灯头	250 V，4 A	套	32	
31	节能座灯头	250 V，4 A	套	6	
32	座灯头	250 V，4 A	套	120	
33	接线箱		台	8	
34	接线盒		个	206	
35	开关盒		个	480	
36	镀锌圆钢避雷网，女儿墙敷设	ϕ12		95.61	
37	镀锌圆钢避雷网，混凝土块上敷设	ϕ12		6.04	
38	混凝土块制作		块	6	
39	防雷引下线	ϕ16		169.00	
40	柱主筋与圈梁钢筋焊接		处	10	
41	总等电位联结箱安装		台	2	
42	测试板制作、安装		套	5	
43	总等电位联结线户内	－140×4		15.38	
44	总等电位联结线户外	－140×4		4.57	
45	局部等电位联结箱		台	16	

分部分项工程费计价表

序号	定额编号	子目名称	工程量		单位价值/元						总价值/元			合计
			单位	数量	主材/设备		基价	其中			材料/	其中		
					单价	损耗		人工费	材料费	机械费	设备费	人工费	机械费	
1	2-264	成套配电箱安装，悬挂嵌入式，半周长 1 m，ZM	口	2	850.00	1.00	110.03	69.83	40.20		1 700.00	139.66	0.00	1 920.06
2	2-264	成套配电箱安装，悬挂嵌入式，半周长 1 m，AM	台	16	450.00	1.00	110.03	69.83	40.20		7 200.00	1117.28	0.00	8 960.48
3	2-264	成套配电箱安装，悬挂嵌入式，半周长 1 m，CM	台	12	500.00	1.00	110.03	69.83	40.20		6 000.00	837.96	0.00	7 320.36
4	2-264	成套配电箱安装，悬挂嵌入式，半周长 1 m，MX	台	2	300.00	1.00	110.03	69.83	40.20		600.00	139.66	0.00	820.06
5	2-266	成套配电箱安装，悬挂嵌入式，半周长 2.5 m，BM	台	2	1 500.00		145.56	108.69	31.76	5.11	0.00	217.38	10.22	291.12
6	2-337	压铜接线端子，导线截面 35 mm^2以内	10 个	0.400			66.32	24.06	42.26		0.00	9.62	0.00	26.53
7	2-338	压铜接线端子，导线截面 70 mm^2以内	10 个	1.600			126.80	48.07	78.73		0.00	76.91	0.00	202.88
8	2-382	扳式暗开关(单控)，单联	10 套	9.600	7.80	10.20	33.94	30.96	2.98		763.78	297.22	0.00	1 089.60
9	2-383	扳式暗开关(单控)，双联	10 套	3.600	8.30	10.20	35.99	32.43	3.56		304.78	116.75	0.00	434.34
10	2-388	扳式暗开关(双控)，单联	10 套	0.800	12.50	10.20	34.32	30.96	3.36		102.00	24.77	0.00	129.46
11	2-412	单相暗插座，15 A，2 孔	10 套	3.200	10.20	10.20	34.46	30.23	4.23		332.93	96.74	0.00	443.20
12	2-413	单相暗插座，15 A，3 孔	10 套	1.600	10.50	10.20	37.94	33.12	4.82		171.36	52.99	0.00	232.06
13	2-415	单相暗插座，15 A，5 孔，安全型	10 套	18.000	13.50	10.20	46.08	40.06	6.02		2 478.60	721.08	0.00	3 308.04
14	2-415	单相暗插座，15 A，5 孔，防溅型	10 套	9.600	16.80	10.20	46.08	40.06	6.02		1 645.06	384.58	0.00	2 087.42
15	2-945	送配电装置系统调试，1 kV 以下交流供电(综合)	系统	1			482.44	388.08	4.64	89.72	0.00	388.08	89.72	482.44
16	2-982	接地装置调试，接地网(系统)	系统	1		163.31	556.03	388.08	4.64	163.31	0.00	388.08	163.31	556.03

续一

序号	定额编号	子目名称	工程量		单位价值/元						总价值/元			合计
			单位	数量	主材/设备		基价	其中			材料/设备费	其中		
					单价	损耗		人工费	材料费	机械费		人工费	机械费	
17	2-1112	钢管砖、混凝土结构暗配 *DN*20	100 m	0.337	15.44	103.00	465.60	327.39	110.26	27.95	535.94	110.33	9.42	692.85
18	2-1114	钢管砖、混凝土结构暗配 *DN*50	100 m	0.143	24.04	103.00	763.35	560.39	164.28	38.68	354.09	80.14	5.53	463.25
19	2-1115	钢管砖、混凝土结构暗配 *DN*100	100 m	0.141	40.90	103.00	1 069.65	813.06	200.61	55.98	593.99	114.64	7.89	7 414.81
20	2-1198	硬质聚氯乙烯管砖、混凝土结构暗配,公称口径 15 mm 以内	100 m	0.080	3.30	106.07	178.47	158.25	5.16	15.06	28.00	12.66	1.20	42.28
21	2-1199	硬质聚氯乙烯管砖、混凝土结构暗配,公称口径 20 mm 以内	100 m	10.723	3.45	106.07	188.62	168.08	5.48	15.06	3 923.99	1 802.32	161.49	5 946.56
22	2-1200	硬质聚氯乙烯管砖、混凝土结构暗配,公称口径 25 mm 以内	100 m	16.494	3.60	106.42	265.42	237.19	5.64	22 59	6 319.05	3 912.21	372.60	10 696.89
23	2-1201	硬质聚氯乙烯管砖、混凝土结构暗配,公称口径 32 mm 以内	100 m	1.864	3.80	106.42	280.41	252.01	5.81	22.59	349.40	217.74	19.52	591.67
24	2-1297	管内穿线,照明线路,铜芯,导线截面 2.5 mm^2 以内	100 m 单线	19.101	1.85	116.00	47.98	35.25	12.73		4 099.00	673.31	0.00	5 015.54
25	2-1298	管内穿线,照明线路,铜芯,导线截面 4 mm^2 以内	100 m 单线	21.859	2.88	110.00	37.62	24.65	12.97		6 924.93	538.82	0.00	7 747.27
26	2-1325	管内穿线,动力线路,铜芯,导线截面 6 mm^2 以内	100 m 单线	33.034	4.80	105.00	41.18	28.21	12.97		16 649.14	931.89	0.00	18 009.48
27	2-1326	管内穿线,动力线路,铜芯,导线截面 10 mm^2 以内	100 m 单线	5.240	7.99	105.00	49.38	33.51	15.87		4 396.10	175.59	0.00	4 654.85
28	2-1328	管内穿线,动力线路,铜芯,导线截面 25 mm^2 以内	100 m 单线	0.002	14.90	105.00	67.09	48.33	18.76		3.13	0.10	0.00	3.26
29	2-1329	管内穿线,动力线路,铜芯,导线截面 35 mm^2 以内	100 m 单线	0.203	29.75	105.00	70.37	51.14	19.23		634.12	1.38	0.00	648.41

续三

序号	定额编号	子目名称	工程量		单位价值/元						总价值/元			合计
			单位	数量	主材/设备		基价	其中			材料/设备费	其中		
					单价	损耗		人工费	材料费	机械费		人工费	机械费	
30	2-1331	管内穿线，动力线路，铜芯，导线截面 70 mm^2 以内	100 m单线	0.811	52.00	105.00	130.68	106.45	24.23		4 428.06	86.33	0.00	4 534.04
31	2-1476	接线箱安装，暗装，半周长 700 mm以内	10 个	0.800	85.00	10.00	379.78	373.63	6.15		680.00	298.90	0.00	983.82
32	2-1478	接线盒安装，暗装，接线盒	10 个	20.600	2.30	10.20	48.62	15.85	32.77		483.28	326.51	0.00	1 484.85
33	2-1479	接线盒安装，暗装，开关盒	10 个	48.000	1.85	10.20	32.07	16.91	15.16		905.76	811.68	0.00	2 445.12
34	2-1494	一般壁灯	10 套	1.800	30.00	10.10	101.39	67.24	34.15		545.40	121.03	0.00	727.90
35	2-1495	防水灯头	10 套	3.200	1.50	10.10	70.69	27.94	42.75		48.48	89.41	0.00	274.69
36	2-1496	节能座灯头	10 套	0.600	3.00	10.10	67.26	45.97	21.29		18.18	27.58	0.00	58.54
37	2-1497	座灯头	10 套	12.000	1.50	10.10	58.03	31.29	26.74		181.80	375.48	0.00	878.16
38	2-787	户内接地母线敷设	10 m	1.540	9.80	10.23	70.20	49.91	14.67	5.62	154.39	76.86	8.65	262.50
39	2-788	户外接地母线敷设，截面 200 mm^2以内	10 m	0.457	9.80	10.23	114.82	111.09	1.69	2.04	45.82	50.77	0.93	98.29
40	2-837	避雷引下线敷设，利用建筑物主筋引下	10 m	16.900			67.62	29.90	5.55	32.17	0.00	505.31	543.67	1 142.78
41	2-839	避雷网安装，沿混凝土块敷设	10 m	0.604	3.52	10.50	51.66	33.49	11.53	6.64	22.32	20.23	4.01	53.52
42	2-840	避雷网安装，沿折板支架敷设	10 m	9.561	3.52	10.50	136.36	99.13	23.95	13.28	353.37	947.78	126.97	1 657.11
43	2-841	避雷网安装，混凝土块制作	10 块	0.600			28.76	16.79	11.97		0.00	10.07	0.00	17.26
44	2-843	避雷网安装，柱主筋与圈梁钢筋焊接	10 处	1.000			163.99	91.08	26.95	45.96	0.00	91.08	45.96	163.99
45	2-324	端子箱安装，户内	台	2	35.00	1.00	119.04	80.50	31.90	6.64	7.00	16.00	13.28	308.08
46	2-325	端子板安装	组	2	22.00	1.00	6.43	2.90	3.53		44.00	5.80	0.00	56.86
47	2-324	端子箱安装，户内	台	16	25.00	1.00	119.04	80. 50	31.90	6.64	400.00	1 288.00	106.24	2 304.64
48	2-325	端子板安装	组	16	18.00	1.00	6.43	2.90	3.53	0.00	288.00	46.40	0.00	390.88
		小计									74 778.32	18 929.11	1 690.61	101 404.23
49	2-1986	脚手架搭拆费	项	1	按人工费的 4%计算，其中人工工资占 25%							189.29		757.16
		分部分项工程费合计									74 778.32	19 118.40	1 690.61	10 216.39
					调整人工价差后的分部分项工程费合计						74 778.32	24 319.44	1 690.61	107 362.43

序号	项目编码	项目名称	项目特征描述	计量单位	工程数量	金额/元		
						综合单价	合价	其中：暂估价
1	030404017003	配电箱安装	成套配电箱 ZM500 mm(*h*)×400 mm×200 mm 悬挂嵌入式	台	2			
2	030404017006	配电箱安装	成套配电箱 AM250 mm(*h*)×390 mm×140 mm 悬挂嵌入式	台	16			
3	030404017007	配电箱安装	成套配电箱 CM350 mm(*h*)×440 mm×180 mm 悬挂嵌入式	台	12			
4	030404017008	配电箱安装	成套配电箱 MX300 mm×350 mm(*h*)×180 mm 悬挂嵌入式	台	2			
5	030404017005	配电箱安装	成套配电箱 BM 1 290 mm(*h*)×900 mm×180 mm 悬挂嵌入式	台	2			
6	030404031081	开关安装	扳式暗开关(单控)，单联，250 V，6 A	套	96			
7	030404031082	开关安装	扳式暗开关(单控)，双联，250 V，6 A	套	36			
8	030404031087	开关安装	扳式暗开关(双控)，单联，250 V，6 A	套	8			
9	030404031111	插座安装	单相暗插座，15 A，2 孔	套	32			
10	030404031112	插座安装	单相暗插座，15 A，3 孔	套	16			
11	030404031157	插座安装	单相暗插座，15 A，5 孔安全型	套	180			
12	030404031114	插座安装	单相暗插座，15 A，5 孔防溅型	套	96			
13	030414002001	送配电装置系统调试	1 kV 以下交流供电(综合)	系统	1			
14	030414011002	接地装置调试	接地网(系统)	系统	1			
15	030411001037	电气配管	钢管砖、混凝土结构暗配 *DN*32		33.66			
16	030411001039	电气配管	钢管砖、混凝土结构暗配 *DN*50		14.30			
17	030411001040	电气配管	钢管砖、混凝土结构暗配 *DN*100		14.10			
18	030411001123	电气配管	硬质聚氯乙烯管砖、混凝土结构暗配，公称口径 15 mm		8.00			
19	030411001124	电气配管	硬质聚氯乙烯管砖、混凝土结构暗配，公称口径 20 mm		1 072.32			
20	030411001125	电气配管	硬质聚氯乙烯管砖、混凝土结构暗配，公称口径 25 mm		1 649.40			
21	030411001126	电气配管	硬质聚氯乙烯管砖、混凝土结构暗配，公称口径 32 mm		86.64			

续表

序号	项目编码	项目名称	项目特征描述	计量单位	工程数量	金额/元		
						综合单价	合价	其中：暂估价
22	030411004004	电气配线	管内穿线，照明线路，铜芯，导线截面 2.5 mm^2		1 874.16			
23	030411004005	电气配线	管内穿线，动力线路，铜芯，导线截面 4 mm^2		2 165.40			
24	030411004032	电气配线	管内穿线，动力线路，铜芯，导线截面 6 mm^2		3 084.20			
25	030411004033	电气配线	管内穿线，动力线路，铜芯，导线截面 10 mm^2		427.62			
26	030411004035	电气配线	管内穿线，动力线路，铜芯，导线截面 25 mm^2		0.20			
27	030411004036	电气配线	管内穿线，动力线路，铜芯，导线截面 35 mm^2		14.10			
28	030411004038	电气配线	管内穿线，动力线路，铜芯，导线截面 70 mm^2		56.40			
29	030412001012	其他灯具	一般壁灯，220 V，25 W	套	18			
30	030412001013	其他灯具	防水灯头，250 V，4 A	套	32			
31	030412001014	其他灯具	节能座灯头，250 V，4 A	套	6			
32	030412001015	其他灯具	座灯头，250 V，4 A	套	120			
33	030409003001	避雷引下线	1. 避雷网安装，用 $\phi12$ 圆钢女儿墙上敷设及沿混凝土块敷设。 2. 结构柱内两根 $\phi16$ 主筋做引下线与基础接地装置可靠焊接。 3. 基础地梁两根 $\phi12$ 钢筋互相焊接，并和与之相交的所有钢筋混凝土桩内的四根大于 $\phi12$ 的主筋焊接连通。 4. 接地母线采用－40×4 镀锌扁钢	m	169			
	本页小计							
	合计							

综合单价分析表

项目编码	030411001040			项目名称		电气配管		计量单位			
清单综合单价组成明细											
定额编号	定额名称	定额单位	数量	单价/元				合价/元			
				人工费	材料费	机械费	管理费和利润	人工费	材料费	机械费	管理费和利润
2-1115	钢管砖、混凝土结构暗配 *DN*70	100 m	0.01	813.06	2 130.61	55.98	408.77	8.13	2.01	0.56	4.09
人工单价			小计					8.13	2.01	0.56	4.09
元/工日			未计价材料费					42.13			
清单项目综合单价								56.92			
材料费明细	主要材料名称、规格、型号					单位	数量	单价/元	合价/元	暂估单价/元	暂估合价/元
	焊接钢管 *DN*70					1.03	40.90	42.13			
	其他材料费										
	材料费小计						42.13		0.00		

注：管理费费率30%，利润率20%

管理费=(813.06+55.98×8%)×30%×0.1=24.53(元)

利润=(813.06+55.98×8%)×20%×0.1=16.35(元)

项目编码	030411001040		项目名称		电气配管		计量单位				
清单综合单价组成明细											
定额编号	定额名称	定额单位	数量	单价/元				合价/元			
				人工费	材料费	机械费	管理费和利润	人工费	材料费	机械费	管理费和利润
2-1115	钢管砖、混凝土结构暗配 *DN*70	100 m	0.141	813.06	200.61	55.98	408.77	114.64	28.29	7.89	57.64
人工单价		小计						114.64	28.29	7.89	57.64
元/工日		未计价材料费						593.87			
清单项目综合单价								56.92			
材料费明细	主要材料名称、规格、型号					单位	数量	单价/元	合价/元	暂估单价/元	暂估合价/元
	焊接钢管 *DN*70					14.52	40.90	593.87			
	其他材料费										
	材料费小计						593.87	0.00			

工程量清单计价程序表

序号	名 称	计算方法
一	分部分项工程费	$\sum$(清单工程量×综合单价)
二	措施项目费	按规定计算
三	其他项目费	按招标文件规定计算
四	规费	按规定计算
五	税金	(一+二+三+四)×规定税率
六	单位工程造价合计	一+二+三+四+五

投 标 总 价

招 标 人：

工 程 名 称：某住宅楼电气安装

投标总价(小写)：140 298.04 元

(大写)：拾肆万贰佰玖拾捌元零角肆分

投 标 人：(略)

(单位盖章)

法定代表人

或其授权人：(略)

(签字或盖章)

编 制 人：(略)

(造价人员签字盖专用章)

编制时间：××年××月××日

总说明

1. 工程概况：(略)。

2. 招标范围：全部电气安装工程。

3. 投标报价编制依据：《建设工程工程量清单计价规范》、《建设工程工程量清单计价规范云南省实施细则》、《云南省建设工程造价计价规则(2013)》、××设计院设计的某住宅楼电气安装工程施工图纸。

单位工程投标报价汇总表

序号	单项工程名称	金额/元	其中：暂估价/元
1	分部分项工程	104 733.05	
1.1	C.2 电气设备安装工程	104 733.05	
2	措施项目	2 587.76	
2.1	安全文明施工费	1 807.76	
3	其他项目	22 187.50	
3.1	暂列金额	20 000	
3.2	专业工程暂估价	0	
3.3	计日工	2 187.50	
3.4	总承包服务费	0	
4	规费	6 163.33	
5	税金	4 626.40	
招标控制价合计：1+2+3+4+5		140 298.04	

分部分项工程量清单与计价表

序号	项目编码	项目名称	项目特征描述	计量单位	工程数量	金额/元			
						综合单价	合价	其中：暂估价	其中：人工费＋机械费
1	030404017003	配电箱安装	成套配电箱 ZM500 mm × 400 mm × 200 mm，悬挂嵌入式	台	2	1 052.50	2 105.00		182.93
2	030404017006	配电箱安装	成套配电箱 AM250 mm(*h*)×390 mm×140 mm，悬挂嵌入式	台	16	586.84	9 389.44		1 117.28
3	030404017007	配电箱安装	成套配电箱 CM350 mm(*h*)×440 mm×180 mm，悬挂嵌入式	台	12	636.84	7 642.08		837.96
4	030404017008	配电箱安装	成套配电箱 MX300 mm×350 mm(*h*)×180 mm，悬挂嵌入式	台	2	436.84	873.68		139.66
5	030404017005	配电箱安装	成套配电箱 BM 1 290 mm(*h*)×900 mm×180 mm，悬挂嵌入式		2	1 754.92	3 509.84		270.87
6	030404031081	开关安装	扳式暗开关(单控)，单联，250 V，6 A	套	96	12.54	1203.84		297.22
7	030404031082	开关安装	扳式暗开关(单控)，双联，250 V，6 A	套	36	13.31	479.16		43.17
8	030404031087	开关安装	扳式暗开关(双控)，单联，250 V，6 A	套	8	17.37	138.96		24.77
9	030404031111	插座安装	单相暗插座，15 A，2孔	套	32	15.01	480.32		96.74
10	030404031112	插座安装	单相暗插座，15 A，3孔	套	16	15.78	252.48		52.99
11	030404031157	插座安装	单相暗插座，15 A，5孔，安全型	套	180	19.92	3 585.60		721.08
12	030404031114	插座安装	单相暗插座，15 A，5孔，防溅型	套	96	23.28	2 234.88		384.58
本页小计							31 895.28		4 169.25

续一

序号	项目编码	项目名称	项目特征描述	计量单位	工程数量	金额/元			
						综合单价	合价	其中：暂估价	其中：人工费+机械费
13	030414002001	送配电装置系统调试	1 kV 以下交流供电（综合）	系统	1	665.92	665.92		477.80
14	030414011002	接地装置调试	接地网(系统)	系统	1	767.76	767.76		551.39
15	030411001037	电气配管	钢管砖、混凝土结构暗配，*DN*32		33.66	46.64	1 569.90		346.02
16	030411001039	电气配管	钢管砖、混凝土结构暗配，*DN*50		14.30	34.70	496.21		85.67
17	030411001040	电气配管	钢管砖、混凝土结构暗配，*DN*70		14.10	56.16	791.86		122.53
18	030411001123	电气配管	硬质聚氯乙烯管砖、混凝土结构暗配，公称口径 15 mm		8.00	5.95	47.60		13.86
19	030411001124	电气配管	硬质聚氯乙烯管砖、混凝土结构暗配，公称口径 20 mm		1 072.32	8.70	9 329.18		2 605.74
20	030411001125	电气配管	硬质聚氯乙烯管砖、混凝土结构暗配，公称口径 25 mm		1 649.40	8.61	14 201.33		4 842.64
21	030411001126	电气配管	硬质聚氯乙烯管砖、混凝土结构暗配，公称口径 32 mm		86.64	7.89	683.59		238.26
22	030411004004	电气配线	管内穿线，照明线路，铜芯，导线截面 25 mm^2		187.416	2.76	517.27		655.96
23	030411004005	电气配线	管内穿线，动力线路，铜芯，导线截面 4 mm^2		2 165.40	3.64	7 882.06		541.35
24	030411004032	电气配线	管内穿线，动力线路，铜芯，导线截面 6 mm^2		3 084.20	5.56	17 148.15		863.58
25	030411004033	电气配线	管内穿线，动力线路，铜芯，导线截面 10 mm^2		427.62	9.01	3 852.86		145.39
			本页小计				57 593.69		11 490.19

续二

序号	项目编码	项目名称	项目特征描述	计量单位	工程数量	金额/元			
						综合单价	合价	其中：暂估价	其中：人工费＋机械费
26	030412004035	电气配线	管内穿线，动力线路，铜芯，导线截面 25 mm^2		0.20	16.50	3.30		0.10
27	030412004036	电气配线	管内穿线，动力线路，铜芯，导线截面 35 mm^2		14.10	32.14	453.17		7.19
28	030412004038	电气配线	管内穿线，动力线路，铜芯，导线截面 70 mm^2		56.40	56.32	3 176.45		59.78
29	030412001012	其他灯具	一般壁灯，220 V，25 W	套	18	43.02	774.36		120.96
30	030412001013	其他灯具	防水灯头，250 V，4 A	套	32	9.66	309.12		89.41
31	030412001014	其他灯具	节能座灯头，250 V，4 A	套	6	11.52	69.12		27.60
32	030412001015	其他灯具	座灯头，250 V，4 A	套	120	8.52	1 022.40		375.48
33	030409003001	避雷引下线	1. 避雷网安装，用 ϕ12 圆钢，女儿墙上敷设及沿混凝土块敷设。 2. 结构柱内两根 ϕ16 主筋做引下线，与基础接地装置可靠焊接。 3. 基础地梁两根 ϕ12 钢筋互相焊接，并和与之相交的所有钢筋混凝土桩内的四根大于 ϕ12 的主筋焊接连通。 4. 接地母线采用－40×4 镀锌扁钢	m	169	26.17	4 423.03		2 490.88
本页小计							10 230.95		3 171.40
合计							99 719.92		18 830.84

措施项目清单与计价表(一)

序号	项目名称	计算基础	费率/%	金额/元
1	安全文明施工费	人工费＋机械费×8%	12.56	1 807.76
2	夜间施工费	人工费＋机械费×8%	5.95	780
3	二次搬运费			
4	冬、雨期施工费			
5	大型机械设备进出场及安拆费			

续表

序号	项目名称	计算基础	费率/%	金额/元
6	施工排水			
7	施工降水			
8	地上、地下设施、建筑物的临时保护设施			
9	已完工程及设备保护			
10	各专业工程的措施项目			
合计				2 587.76

措施项目清单与计价表(二)

序号	项目编码	项目名称	项目特征描述	计量单位	工程量	金额/元	
						综合单价	合价
本页小计							
合　计							

其他项目清单与计价汇总表

序号	项目名称	计量单位	金额/元	备注
1	暂列金额	项	20 000	明细详见暂列金额明细表
2	暂估价		0	
2.1	材料暂估价			明细详见材料暂估单价表
2.2	专业工程暂估价		0	明细详见专业工程暂估价表
3	计日工		2 187.50	明细详见计日工表
4	总承包服务费		0	明细详见总承包服务费计价表
合　计			22 187.50	

暂列金额明细表

序号	项目名称	计量单位	暂定金额/元	备　注
1	工程量清单中工程量偏差和设计变更	项	10 000	
2	政策性调整和材料价格风险	项	5 000	
3	其他	项	5 000	
合　计			20 000	

材料暂估单价表

序号	材料名称、规格、型号	计量单位	单价/元	备　注

专业工程暂估价表

序号	工程名称	工程内容	金额/元	备　注
合计				

计日工表

编号	项目名称	单位	暂定数量	综合单价/元	合价/元
	人工				
1	电工	工日	10	65	650
2	铆工	工日	4	65	260
3	电焊工	工日	4	65	260
4					
人工小计					1 170
	材料				
1	无缝钢管 ϕ25	m	15	18.50	277.50
2	金属软管	m	50	2.80	140
3					
材料小计					417.50
	施工机械				
1	交流电焊机 21 kV·A	台班	5	85	425
2	台式钻床钻孔直径 16 mm	台班	5	35	175
4					
施工机械小计					600
合　计					2 187.50

规费、税金项目清单与计价表

序号	项目名称	计算基础	费率/%	金额/元
1	规费			6 163.33
1.1	工程排污费	按市造价处规定		（略）
1.2	社会保险费及住房公积金	分部分项人工费＋单价措施项目人工费＋其他项目人工费	26	4 622.97
(1)	养老保险费			
(2)	失业保险费			
(3)	医疗保险费			
1.3	危险作业意外伤害保险	分部分项人工费＋单价措施项目人工费＋其他项目人工费	1	（略）
1.4	工程定额测定费	税前工程造价		0
2	税金	分部分项工程费＋措施项目费＋其他项目费＋规费	3.48	4 626.40
		合　计		10 789.73

工程量清单综合单价分析表

项目编码	030404017003		项目名称			成套配电箱安装		计量单位		台	
清单综合单价组成明细											
定额编号	定额名称	定额单位	数量	单价/元				合价/元			
				人工费	材料费	机械费	管理费和利润	人工费	材料费	机械费	管理费和利润
2-264	成套配电箱安装，悬挂嵌入式，半周长 1 m	台	1	69.83	40.20		34.92	69.83	40.20	0.00	34.92
2-337	压铜接线端子	10 个	0.1	24.06	42.26		12.03	2.41	4.23	0.00	12.03
2-338	压铜接线端子	10 个	0.4	48.07	78.73		24.04	19.23	31.49	0.00	24.04
人工单价		小计						91.47	75.92	0.00	70.99
元/工日		未计价材料费						850.00			
清单项目综合单价								1 063.12			
明细	主要材料名称、规格、型号					单位	数量	单价/元	合价/元	暂估单价/元	暂估合价/元
	成套配电箱 ZM500 mm(h)×400 mm×200 mm					台	1	850.00	850.00		
	其他材料费										
	材料费小计						850.00	0.00			

工程量清单综合单价分析表

项目编码	030413001015			项目名称		其他灯具		计量单位		套	
清单综合单价组成明细											
定额编号	定额名称	定额单位	数量	单价/元				合价/元			
				人工费	材料费	机械费	管理费和利润	人工费	材料费	机械费	管理费和利润
2-1497	座灯头	10套	0.10	31.29	26.74		15.56	3.13	2.67	0.00	1.57
人工单价		小计						3.13	2.67	0.00	1.57
元/工日		未计价材料费						1.52			
清单项目综合单价								8.89			
主要材料名称、规格、型号						单位	数量	单价/元	合价/元	暂估单价/元	暂估合价/元
明细	××牌座灯头					套	1.01	1.50	1.52		
	其他材料费										
	材料费小计					1.52	0.00				

其他清单综合单价分析表(略)。

工程量清单费用汇总表

序号	项目编码	项目名称/项目特征	计量单位	工程数量	金额/元		
					综合单价	合价	其中：人工费＋机械费
1	030404017003	成套配电箱安装，悬挂嵌入式，半周长 1 m	台	2	977.91	1 955.82	139.66
2	030404017006	成套配电箱安装，悬挂嵌入式，半周长 1 m	台	16	577.91	9 246.56	1 117.28
3	030404017007	成套配电箱安装，悬挂嵌入式，半周长 1 m	台	12	627.91	7 534.92	837.96
4	030404017008	成套配电箱安装，悬挂嵌入式，半周长 1 m	台	2	427.91	855.82	139.66
5	030404017005	成套配电箱安装，悬挂嵌入式，半周长 2.5 m	口	2	1674.7	3 349.4	227.6
6	030404031036	压铜接线端子，导线截面 35 mm^2 以内	10个	0.4	72.45	28.98	9.62
7	030404031037	压铜接线端子，导线截面 70 mm^2 以内	10个	1.6	139.1	222.56	76.91

续一

序号	项目编码	项目名称/项目特征	计量单位	工程数量	金额/元		
					综合单价	合价	其中：人工费＋机械费
8	030404031081	扳式暗开关(单控)，单联	10套	9.6	121.43	1 165.73	297.22
9	030404031082	扳式暗开关(单控)，双联	10套	3.6	128.95	464.22	116.75
10	030404031087	扳式暗开关(双控)，单联	10套	0.8	169.75	135.8	24.77
11	030404031111	单相暗插座，15 A，2孔	10套	3.2	146.24	467.97	96.74
12	030404031112	单相暗插座，15 A，3孔	10套	1.6	153.52	245.63	52.99
13	030404031114	单相暗插座，15 A，5孔	10套	18	194.04	3 492.72	721.08
14	030404031156	单相暗插座，15 A，5孔	10套	9.6	227.7	2 185.92	384.58
15	030414002001	1 kV以下交流供电系统调试(综合)	系统	1	604.75	604.75	477.8
16	030411011002	接地网调试	系统	1	697.19	697.19	551.39
17	030411001037	砖、混凝土结构暗配，钢管公称口径32 mm以内	100 m	0.337	2 146.91	723.51	119.75
18	030411001039	砖、混凝土结构暗配，钢管公称口径50 mm以内	100 m	0.143	3 392.88	485.18	85.67
19	030411001040	砖、混凝土结构暗配，钢管公称口径70 mm以内	100 m	0.141	5 504.82	776.18	122.53
20	030411001123	砖、混凝土结构暗配，硬质聚氯乙烯管公称口径15 mm以内	100 m	0.08	572.73	45.82	13.86
21	030411001124	砖、混凝土结构暗配，硬质聚氯乙烯管公称口径20 mm以内	100 m	10.723	601.44	6 449.24	1963.81
22	030411001125	砖、混凝土结构暗配，硬质聚氯乙烯管公称口径25 mm以内	100 m	16.494	715.04	11 793.87	4284.81
23	030411001126	砖、混凝土结构暗配，硬质聚氯乙烯管公称口径32 mm以内	100 m	0.864	755.11	652.42	237.26
24	030411004004	管内穿线，照明线路，铜芯导线截面2.5 mm^2以内	100 m单线	19.101	271.61	5 188.02	673.31
25	030411004005	管内穿线，照明线路，铜芯导线截面4 mm^2以内	100 m单线	21.859	360.73	7 885.2	538.82
26	030411004032	管内穿线，动力线路，铜芯导线截面6 mm^2以内	100 m单线	33.034	552.4	18 247.98	931.89
27	030411004033	管内穿线，动力线路，铜芯导线截面10 mm^2以内	100 m单线	5.24	896.91	4 699.81	175.59
28	030411004035	管内穿线，动力线路，铜芯导线截面25 mm^2以内	100 m单线	0.002	1 647.8	3.30	0.1
29	030411004036	管内穿线，动力线路，铜芯导线截面35 mm^2以内	100 m单线	0.203	3 207.17	651.06	10.38

续二

序号	项目编码	项目名称/项目特征	计量单位	工程数量	金额/元		
					综合单价	合价	其中：人工费＋机械费
30	030411004038	管内穿线，动力线路，铜芯导线截面 70 mm^2 以内	100 m 单线	0.811	5 617.93	4 556.14	86.33
31	030411005183	暗装接线箱，半周长 700 mm 以内	10 个	0.8	1 325.43	1 060.34	298.9
32	030411006185	暗装接线盒	10 个	20.6	76.14	1 568.48	326.51
33	030411006186	暗装开关盒	10 个	48	55.27	2 652.96	811.68
34	030413001012	一般壁灯	10 套	1.8	421.6	758.88	121.03
35	030413001013	防水灯头	10 套	3.2	92.99	297.57	89.41
36	030413001014	节能座灯头	10 套	0.6	109.32	65.59	27.58
37	030413001015	座灯头	10 套	12	81.19	974.28	375.48
38	030409001009	户内接地母线敷设	10 m	1.54	94.22	145.10	85.51
39	030409001010	户外接地母线敷设，截面200 mm^2 以内	10 m	0.457	153.57	70.18	51.7
40	030409004003	避雷引下线敷设，利用建筑物主筋引下	10 m	16.9	83.51	1 411.32	1 048.98
41	030409005001	避雷网安装，沿混凝土块敷设	10 m	0.604	65.45	39.53	24.24
42	030409005002	避雷网安装，沿折板支架敷设	10 m	9.561	168.66	1 612.56	1 074.75
43	030409005003	避雷网安装，混凝土块制作	10 块	0.6	33.05	19.83	10.07
44	030409005005	避雷网安装，柱主筋与圈梁钢筋焊接	10 处	1	199.07	199.07	137.04
45	030404031023	端子箱安装户内	台	2	176.35	352.70	174.28
46	030404031024	端子板安装	组	2	29.17	58.34	5.8
47	030404031157	端子箱安装户内	台	16	166.35	2 661.60	1 394.24
48	030404031158	端子板安装	组	16	25.17	402.72	46.4
		合　计				109 162.77	20 619.72

参考文献

[1] 贾宝秋，马少华．建筑工程技术与计量(安装工程部分)[M]．北京：中国计划出版社，2009.

[2] 全国造价工程师执业资格考试培训教材编审委员会．建设工程技术与计量(安装工程)[M]．北京：中国计划出版社，2013.

[3] 吴心伦．安装工程计量与计价[M]．重庆：重庆大学出版社，2012.

[4] 温艳芳．安装工程计量与计价实务[M]．北京：化工工业出版社，2013.

[5] 云南省建设厅．云南省建设工程工程量清单细目指南[M]．昆明：云南科技出版社，2008.

[6] 李君宏．安装工程计量与计价[M]．北京：中国建筑工业出版社，2010.

[7] 傅艺．建筑设备安装工程预算[M]．北京：机械工业出版社，2010.

[8] 景星蓉．建筑设备安装工程预算[M]．2 版．北京：中国建筑工业出版社，2008.

[9]《建筑智能化系统设备安装工程》编委会．建筑智能化系统设备安装工程．北京：水利水电出版社，2007.

[10] 工程造价员网，张国栋．安装工程工程量清单分部分项计价与预算定额计价对照实例详解(给排水、采暖、燃气工程)[M]．北京：中国建筑工业出版社，2012.

[11]《看范例快速学预算之安装工程预算》编委会．看范例快速学预算之安装工程预算[M]．北京：机械工业出版社，2012.

[12]《工程量清单计价编制与典型实例应用图解》编委会．安装工程工程量清单计价编制与典型实例应用图解(安装工程)[M]．2 版．北京：中国建材工业出版社，2009.

[13] 刘志兵．工程量清单计价编制与典型实例应用图解(安装工程)[M]．3 版．北京：中国建材工业出版社，2014.

[14] 岳井峰．建筑电气安装工程预算入门与实例详解[M]．北京：中国电力出版社，2011.